中 国 机 械 工 程 学 科 教 程 配 套 系 列 教 材
教育部高等学校机械类专业教学指导委员会规划教材

可编程自动化控制器原理与实践
——基于国产HPAC系统

王晓宇　编著

清華大學出版社
北　京

内 容 简 介

可编程逻辑控制器（Programmable Logic Controller，PLC）是自动化相关专业的必修专业课，现代PLC已被重新命名为“可编程自动化控制器（Programmable Automation Controller，PAC）”，广泛应用于工业自动化的各个领域。

本书全面讲解了IEC 61131-3语言及其模型驱动开发方法、现场总线基本原理、PLCopen运动和安全规范、安全集成设计方法等内容，其中总线、安全集成、模型化方法等是首次在PLC课程中进行系统性讲解，可帮助读者全面理解PAC控制系统的构成和编程原理，对PAC的工程应用提供指导。

本书可以作为工科本科生或研究生的PLC或开放式数控系统课程教材，也可以作为自动化应用工程师的技术参考书。本书基于国产华中可编程自动化控制器（Huazhong Programmable Automation Controller，HPAC）系统提供的例程和方法，也适用于其他标准化平台。

图书在版编目（CIP）数据

可编程自动化控制器原理与实践：基于国产 HPAC 系统 / 王晓宇编著.—北京：清华大学出版社，2024. 11

中国机械工程学科教程配套系列教材　教育部高等学校机械类专业教学指导委员会规划教材

ISBN 978-7-302-65129-1

Ⅰ. ①可…　Ⅱ. ①王…　Ⅲ. ①可编程序控制器-高等学校-教材　Ⅳ. ①TP332.3

中国国家版本馆CIP数据核字（2024）第019301号

责任编辑：苗庆波
封面设计：常雪影
责任校对：欧　洋
责任印制：沈　露

出版发行：清华大学出版社
网　　址：https://www.tup.com.cn, https://www.wqxuetang.com
地　　址：北京清华大学学研大厦A座　　**邮　　编：**100084
社 总 机：010-83470000　　**邮　　购：**010-62786544
投稿与读者服务：010-62776969, c-service@tup.tsinghua.edu.cn
质量反馈：010-62772015, zhiliang@tup.tsinghua.edu.cn
印 装 者：三河市天利华印刷装订有限公司
经　　销：全国新华书店
开　　本：185mm×260mm　　**印　　张：**19.75　　**插　　页：**1　　**字　　数：**424千字
版　　次：2024年11月第1版　　**印　　次：**2024年11月第1次印刷
定　　价：59.80元

产品编号：097083-01

中国机械工程学科教程配套系列教材
教育部高等学校机械类专业教学指导委员会规划教材

编 委 会

丛书序言

PREFACE

我曾提出过高等工程教育边界再设计的想法，这个想法源于社会的反应。常听到工业界人士提出这样的话题：大学能否为他们进行人才的订单式培养。这种要求看似简单、直白，却反映了当前学校人才培养工作的一种尴尬：大学培养的人才还不是很适应企业的需求，或者说毕业生的知识结构还难以很快适应企业的工作。

当今世界，科技发展日新月异，业界需求千变万化。为了适应工业界和人才市场的这种需求，也即适应科技发展的需求，工程教学应该适时地进行某些调整。一个专业的知识体系、一门课程的教学内容都需要不断变化，此乃客观规律。我所主张的边界再设计即这种调整或变化的体现。边界再设计的内涵之一是课程体系及课程内容边界的再设计。

技术的快速进步，使得企业的工作内容有了很大变化。如自 20 世纪 90 年代以来，信息技术相继成为很多企业进一步发展的瓶颈，因此不少企业纷纷把信息化作为一项具有战略意义的工作。但是业界人士很快发现，在毕业生中很难找到这样的专门人才。计算机专业的学生并不熟悉企业信息化的内容、流程等，管理专业的学生不熟悉信息技术，工程专业的学生可能既不熟悉管理，也不熟悉信息技术。我们不难发现，制造业信息化其实就处在某些专业的边缘地带。那么对那些专业而言，其课程体系的边界是否要变？某些课程内容的边界是否有可能变？目前不少课程的内容不仅未跟上科学研究的发展，也未跟上技术的实际应用。极端情况甚至存在有些地方个别课程还在讲授已多年弃之不用的技术。若课程内容滞后于新技术的实际应用好多年，则是高等工程教育的落后甚至是悲哀。

课程体系的边界在哪里？某一门课程内容的边界又在哪里？这些实际上是业界或人才市场对高等工程教育提出的我们必须面对的问题。因此可以说，真正驱动工程教育边界再设计的是业界或人才市场，当然更重要的是大学如何主动响应业界的驱动。

当然，教育理想和社会需求是有矛盾的，对通才和专才的需求是有矛盾的。高等学校既不能丧失教育理想和自己应有的价值观，也不能无视社会需求。明智的学校或教师都应该而且能够通过合适的边界再设计找到适合自己的平衡点。

我认为，长期以来，我们的高等教育其实是“以教师为中心”的。几乎所有的教育活动都是由教师设计或制定的。然而，更好的教育应该是“以学生为中心”的，即充分挖掘、启发学生的潜能。尽管教材的编写完全是由教师完成的，但是真正好的教材需要教师在编写时常怀“以学生为中心”的教育理念。如此，方得以产生真正的“精品教材”。

教育部高等学校机械设计制造及其自动化专业教学指导分委员会、中国机械工程学会与清华大学出版社合作编写、出版了《中国机械工程学科教程》，规划机械专业乃至相关课程的内容。但是“教程”绝不应该成为教师们编写教材的束缚。从适应科技和教育发展的需求而言，这项工作应该不是一时的，而是长期的，不是静止的，而是动态的。《中国机械工程学科教程》只是提供一个平台。我很高兴地看到，已经有多位教授努力地进行了探索，推出了新的、有创新思维的教材。希望有志于此的人们更多地利用这个平台，持续、有效地展开专业的、课程的边界再设计，使得我们的教学内容总能跟上技术的发展，使得我们培养的人才更能为社会所认可，为业界所欢迎。

是以为序。

2009 年 7 月

前　　言
FOREWORD

德国于 2015 年 4 月发布的“工业 4.0”参考架构模型（Reference Architecture Model Industrie 4.0，RAMI4.0）在国内已被反复解读，国际标准 IEC 61131-3 作为工业 3.0 时代的分水岭、RAMI4.0 中的基石，被很多专家津津乐道。

然而，大学教材里还是以美日德系不同品牌的硬可编程逻辑控制器（Programmable Logic Controller，PLC）为主，教学和实验内容还是分水岭事件之前的指令表、梯形图等，学生不会喜欢在因厂家而异的非标环境中编写功能单一的控制逻辑，IEC 61131-3 也随之被忽视了。

实际上现代 PLC 早已脱胎换骨，并全面渗透到了工业自动化的各个领域，除传统逻辑控制外，还可胜任运动、安全、人机交互、信息化、大数据、边缘计算等新的应用需求。2001 年，ARC 咨询集团提出用可编程自动化控制器（Programmable Automation Controller，PAC）对其重新命名，并总结出 PAC 应该具备的主要特征和性能：

（1）一套符合 IEC 61131-3 的集成开发环境。

（2）支持工业控制系统的现场总线标准 IEC 61158，实现基于现场总线的分布式自动化控制。

（3）采用通用的硬件架构以实现不同功能的自由组合与搭配，减少硬件升级成本。

（4）运行时具有系统资源分配、实时任务调度、信息化组网等工业操作系统功能。

（5）标准化可重用基础库，可以实现多领域的功能，包括逻辑控制、过程控制、运动控制和人机界面（Humar Machine interaction, HMI）等。

（6）支持标准的网络协议，可与制造执行系统（Manufacturing Execution System，MES）、企业资源计划（Enterprise Resource Planning，ERP）系统轻易集成，以保障用户的投资及信息化网络建设。

在德国出现了 CODESYS、OpenPCS 和 MultiProg 等完全对标 IEC 61131-3 的编程系统和以倍福公司 TwinCAT 为代表的 PC-Based 控制系统，其凭借优异的性能和开放性，代表了工业自动化的未来。

华中科技大学的华中可编程自动化控制器（HuaZhong Progoammable Automation Controller，HPAC）项目组从 2010 年开始进行了国产 PAC 技术攻关，取得的主要成果有：基于 Beremiz 开源项目研发了标准化编程系统，提出了可重用易装包技术规范；自主实现了 CANopen、EtherCAT、NCUC、ASI 等多种主流工业总线的 IP，并与裸机、嵌入式 Linux 两类运行时系统实现了融合；研发了符合 PLCopen 规范的运动控制（HuaZhong Motion Control，HZMC）库和华中安全功能（HuaZhong Safety Function，HZSF）库；探索了安全集成的应用设计模式，形成了成熟稳定的国产 PAC 系列产品和解决方案。

在 HPAC 系统研发和应用过程中，作者逐步取得了以下一些认识：

（1）PAC 的成功之处，一是通过 IEC 61131-3 实现了编程语言的标准化，掌握 IEC 61131-3 可以从更高维度审视评估不同厂家的编程系统，在纷呈复杂的自动化市场中构建企业自己的核心技术；二是通过现场总线实现了高性能，EtherCAT 现场总线数据的交换性能甚至已经超过了 PC 的外设设备互连（Peripheral Component Interconnect，PCI）系统总线。

（2）IEC 61131-3 综合了形式化和图形化共 5 种编程语言，其图形化部分是一套特定领域建模（Domain-Specific Modeling，DSM）工具，采用模型驱动开发（Model Driven Development，MDD）开发标准化工控软件是完全可行的（一些商业编程系统的 MDD 能力之差令人意外）。采用 MDD 开发后，逐层代码完全由标准化图元绘制而成，文档自身就是代码。

（3）绘制工控代码图纸的极简形式，能且只能通过安全集成获得。PLCopen Safety 功能块正是对工控现场安全需求的场景化、标准化定义，安全相关的软硬件集成了，各种异常被系统性解决了，安全和功能软件就分离了，安全性就可评估了，软件图纸自然就简化了。

（4）设备的安全（Safety）由物理系统的运营技术（Operational Technology，OT）负责，是信息系统（Information Technology，IT）的盲区，而安全集成作为设备的设计模式，是当前 IT 和 OT 人认知上共同盲区；当前数字孪生的定义也是五花八门，作者欢迎对“极简化的工控代码图纸就是设备数字化大脑的元模型或数字孪生体”这一论断的探讨。

（5）PAC 应用开发者在掌握安全集成方法的基础上，结合实践开发工艺集成功能块库。智能制造中工艺知识诀窍（Knowhow）只能来自工厂的实践，需要探索者从材料、机械、电气及相互耦合的纷繁复杂的机理中，历经多年如一日的思考试验迭代方可逐步获得。虽然我国工业化较晚，与发达国家差距较大，但我国几千年来一直是工艺知识大国，只要生存环境允许，国内制造业从来不乏能工巧匠。标准化 PAC 既是开放式的工艺诀窍软件定义平台，也是高性能的试验研究平台，由它形成的工艺集成功能块库是企业最宝贵的数字化资产。

（6）要把数字孪生、具身智能、基于模型的系统工程等这些美好的愿望植入机器中，控制器是唯一的入口，IEC 61131-3 编程系统就是机器灵魂的画笔，本书的目标就是讲解绘制方法，培养面向未来的机器灵魂画手。

（7）PAC 是由标准化的编程系统、高性能的现场总线、稳定可靠的基础库、安全集成的设计方法构成的有机整体，在研发 HPAC 多年的艰辛过程中，作者见证了多位单项突破到很高水平却陷入生态困境直至转行的团队，相关技术的国产化攻关可谓“九死一生”。HPAC 项目组未来仍需继续坚持面向真实问题、围绕核心技术、体系化推进、独立发展，做好产品和解决方案，不辜负探索者的信任。

（8）在“工业 4.0”愿景实现之时，智能制造领域的各种控制器，包括数控系统、机器人、伺服驱动器、产线控制器、自动导引车（Automated Guided Vehicle，AGV）等都将基于 PAC 实现，现存的大部分工控软件将会被 IEC 61131-3 重写或覆盖（这并非危言耸听，倍福公司已在 20 多个行业提出了上百种解决方案，诸多非标控制器已不复存在），传统工控系统必须尽快找到 PAC 载体。

上述认识中的前 6 条在本书里得到了充分讲解，后 2 条是一家之言，提出来仅供参考。全书共 11 章，前 5 章主要是 IEC 61131-3 编程语言知识介绍，删减了一些为了与硬 PLC 兼容而保留的特性，使得内容比较简洁，增加了 HPAC 编程系统对标准的支持情况，可作为 HPAC 与 IEC 61131-3 的兼容性说明。第 6 章介绍 IEC 61131-3 的模型驱动开发方法，详细介绍了状态机建模原理、顺序功能图（Sequence Function Chart，SFC）风格、转换与典型问题等内容。第 7 章介绍现场总线原理，讲解了 CANopen 总线的基本概念，帮助读者理解现场总线与 PAC 控制器的共生关系，简要介绍了 HPAC 在 CANopen Over Ether CAT（COE）目标系统的总线组态操作。第 8 章分析了 HPAC 运行时系统的组成和生成过程，对 HPAC 功能模型所涉及的数据访问功能块进行了介绍。第 9 章和第 10 章是符合 PLCopen 运动控制规范的 HZMC 库和 PLCopen 安全控制规范的 HZSF 库功能块的介绍，对标准的一些较为烦琐的特性进行了归类和适当删减，更易于理解。第 11 章给出 20 个应用案例，对 PLC、可编程运动控制器（Programmable Motion Controller，PMC）到 PAC 的典型案例进行了实现和讲解：逻辑控制类用了多种语言实现，有助于读者对标准功能块语言知识的运用和练习；电动机运动控制类按几种典型的电动机运动形式进行了整理；安全集成最小模式部分采用了“step by step”的方式，让读者由浅入深逐步理解其构成原理，帮助读者掌握这种完全采用标准化图形绘制自动化软件的设计模式。

本书可以作为工科本科生或研究生的 PLC 或开放式数控系统课程教材，也可以作为自动化应用工程师的技术参考书。本书示例程序源码有 90 多个，可扫描书中二维码进行下载。

HPAC 支持 90% 以上的标准特性，生成的运行时系统具有工业级稳定性；在功能块图（Function Block Diagram，FBD）的灵活性、SFC 行动类型完整性等方面优于

CODESYS，操作上也更为简单直观；而在结构体和结构化文本（Structured Text，ST）的断点调试等方面还有硬伤，后续会在本书的基础上研发课件、视频和实验装置，使HPAC 对初学者更加友好。本书的编程语言、总线、运动、安全等内容都是标准化的，可适用于其他标准化编程系统。安全集成设计方法和框架是通用的，现有文献包括倍福、3S 公司的文档均未涉及，后续会将这些示例程序移植到商业系统上，以方便读者学习实践。

本书受到自然基金区域联合基金项目“制造装备可编程自动化控制器安全集成设计理论与方法”（U19A2072）的资助，感谢项目负责人国防科技大学范大鹏教授对HPAC 项目组多年的支持，感谢 HPAC 项目组朱冲、赵东林、周敏等同仁多年的坚持，感谢高朝阳、陈霖、吕晓凡、刘晶和近几届研究生在本书编写过程中所付出的劳动。

作　者

2024 年 6 月

HPAC 教例示例

目　　录
CONTENTS

第 1 章

公有元素

IEC 61131-3 的公有元素包括控制器的基础模型和在 5 种语言中均可使用的公共语言特性，例如，本章依次介绍的数据表示方法、数据类型、变量的声明和引用等。

1.1 控制器模型

控制器基础模型是所有 PAC 都应具备的构成元素、连接关系、通信方式和功能集合，即 IEC 61131-3 的软件模型、通信模型和功能模型。

1.1.1 软件模型

IEC 61131-3 的软件模型描述了 PLC 软件元素及其相互关系，可将一个复杂的软件系统分解为若干个小的可管理部分，并清晰地定义了各部分间的接口方法。其层次结构如图 1-1所示，从最上层到最下层依次是：配置、资源和任务，上层元素可包含下层元素的多个实例。该图也说明了一台 PLC 可以实现多个独立程序的同时装载和运行，并通过任务优先级实现对程序执行的控制。

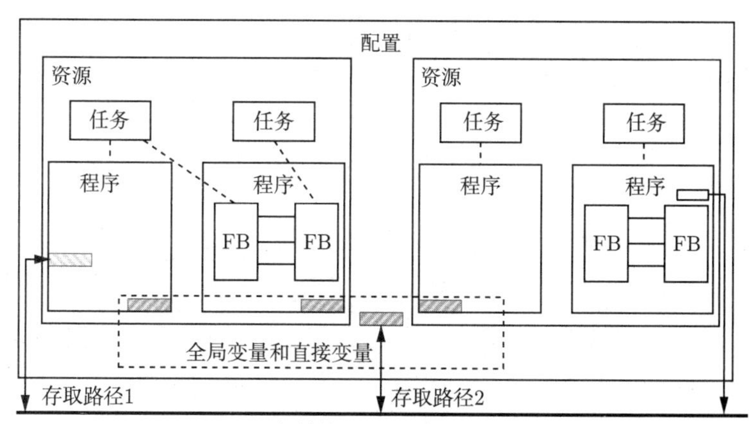

图 1-1 IEC 61131-3 的软件模型 [1]

在一个配置中可以定义一个或多个资源，为程序的执行提供了所需要的资源需求，在一个具有多核处理器的 PLC 中，每个资源可以对应一个处理器核，提供 PLC 的计算资源，资源中还可以定义 PLC 的全局数据资源。

在一个资源内可以定义一个或多个任务，任务用于规定程序组织单元（Programming Organisation Unit，POU）的运行特性。例如，是周期扫描式执行，还是事件驱动式执行。

任务被配置后可以控制一组程序，程序用 IEC 61131-3 定义的 5 种编程语言来编写，是多种互联的 POU 容器，POU 之间可相互交换数据。函数与功能块是程序内 POU，其内部封装了数据结构和算法。

传统的硬 PLC 模型一般仅包括一个资源，运行一个任务，控制一个程序，且运行于一个封闭系统中，IEC 61131-3 的软件模型则具有以下特点：

（1）适用性强。该软件模型不针对具体的 PLC 系统。

（2）缩放性好。该软件模型既适合小规模系统也适合大型分布式系统。

（3）程序并发性高。在一台 PLC 中可同时装载、启动和并发执行多个独立程序。

（4）结构性好。一个复杂程序可以通过分层分解为多层可管理的 POU。

（5）重用性好。函数、功能块、程序可在符合标准的各控制器上重复使用。

（6）任务机制完善。该软件模型保证了 PLC 系统对程序执行的完全控制能力。

IEC 61131-3 编程系统都会具有对标准软件模型进行设置的功能，HPAC 的操作界面如图 1-2（a）所示，可以定义如图 1-2（b）所示的各构成元素，开发者无须（也无法）输入软件模型的结构化文本代码，因为构建时会自动生成这些代码。

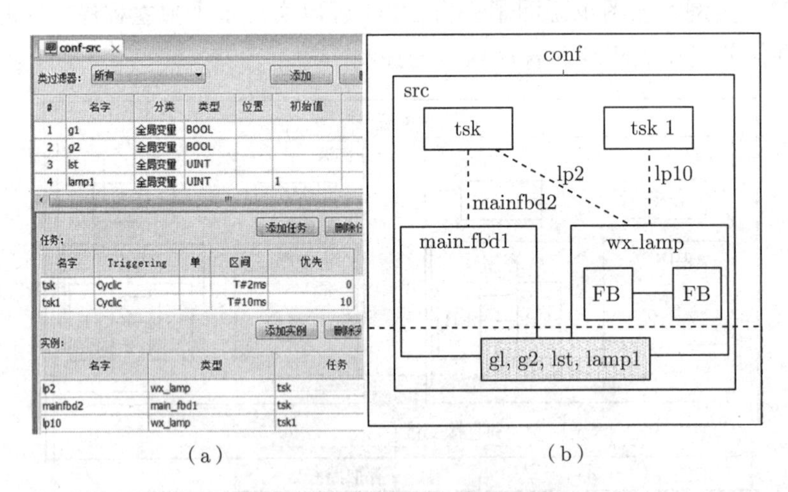

（a）　　　　　　　　　　（b）

图 1-2　HPAC 软件模型操作

（a）操作界面；（b）连接关系

1. 配置

配置的定义从关键字“CONFIGURATION”开始，以“END_CONFIGURATION”关键字结束，其内部定义了配置级全局变量、资源和任务属性。

2. 资源

资源的定义从关键字“RESOURCE”开始，以“END_RESOURCE”关键字结束，其内部定义了资源级全局变量、任务和程序实例。

3. 任务

任务的定义由关键字“TASK”开始，以“END_TASK”关键字结束，其内部定义了任务名、类型和优先级等信息。HPAC 中任务优先级的范围为 0~99，0 为最高优先级，支持抢占式多任务，高优先级任务可以打断低优先级任务的执行。

HPAC 规定应用的最高优先级必须为扫描任务，并将其扫描周期规定为总线的通信周期。

例 1-1 软件模型编译后的 ST 代码

```
CONFIGURATION conf
  RESOURCE src ON PLC
    TASK tsk(INTERVAL := T#10ms,PRIORITY := 0);
    PROGRAM prg : lamp;
  END_RESOURCE
END_CONFIGURATION
```

例 1-1 中定义了一个名为“conf”的配置，包括名为“src”的资源，运行了一个名为“tsk”的 10 ms 周期任务，优先级为 0，扫描周期 10 ms 也作为总线同步通信周期。“tsk”任务执行名为“prg”的程序实例，其原型来自名为“lamp”的 POU 程序。

4. 全局变量

全局变量被定义在配置或资源内，在配置中声明的全局变量可在这个配置的多个资源中使用，在资源中声明的全局变量可以在资源内多个程序中使用，由于 HPAC 不支持多个资源，所以全局变量定义在资源或配置里没有区别。

5. 实例

HPAC 通过实例建立任务与程序的联系。在图 1-2（a）所示的实例列表中，第一列是实例名；第二列是类型名，在类型栏中可以选择工程中已有的程序；第三列是启动该实例的任务，在任务栏中可选择已有的任务。如果把程序类比为 C++ 语言的类，则实例就是程序的对象，程序只有实例化并与任务绑定才能被执行。

1.1.2 通信模型

IEC 61131-3 定义了图 1-3所示的数据流连接、全局变量连接、通信功能块连接和访问路径连接 4 种通信形式：

（1）数据流连接。图 1-3（a）中直接连接两个功能块的输入和输出接口，就是数据流的数据通信连接，功能块 FB1 中的输出数据变化会改变功能块 FB2 中的输入数据。

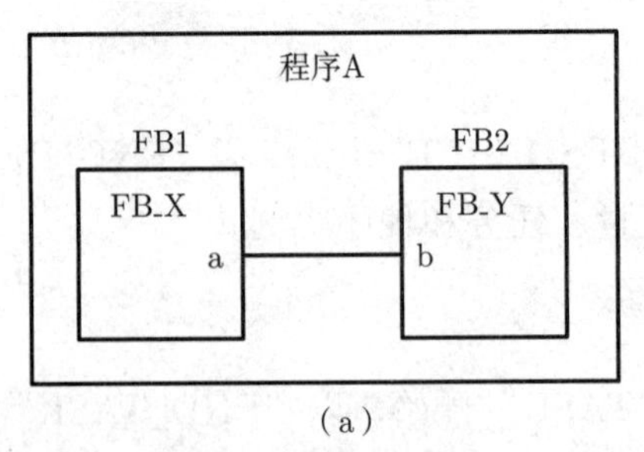

(a)

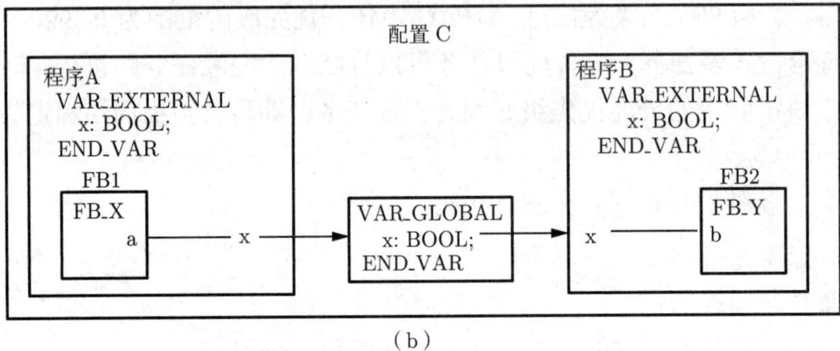

(b)

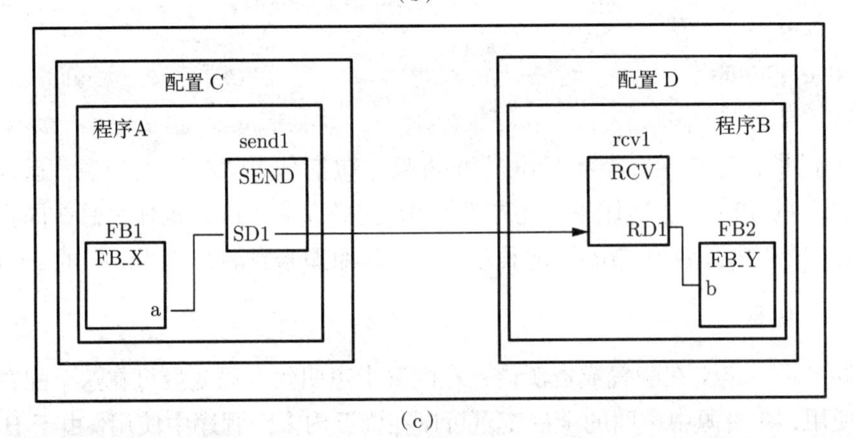

(c)

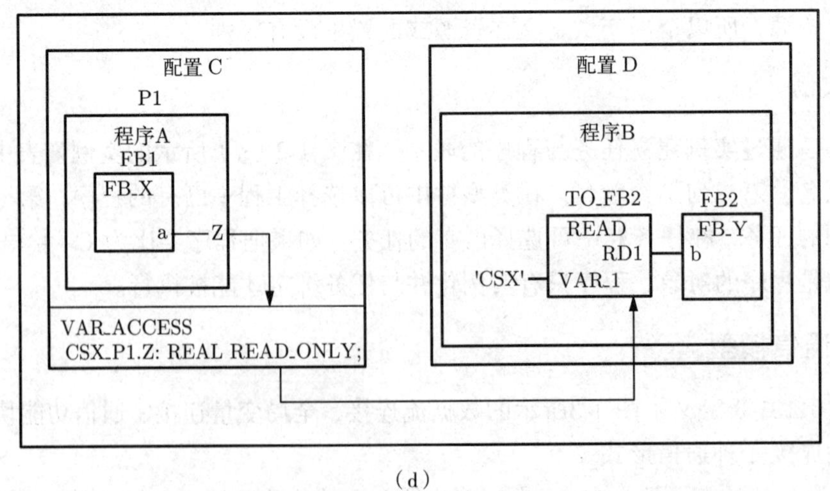

(d)

图 1-3 IEC 61131-3 的通信模型 [1]

(a) 数据流连接;(b) 全局变量连接;(c) 通信功能块连接;(d) 访问路径连接

（2）全局变量连接。图 1-3（b）中的程序 A 和程序 B 都引用了配置 C 中（也可以在资源中）定义的全局变量 x，程序 A 中对全局变量的修改会影响程序 B 中的值，反之亦然（程序对全局变量的引用见图 1-8）。

（3）通信功能块连接。图 1-3（c）中多个配置间的两个程序可以通过功能块进行通信，程序 A 可将数据发送到另一个配置的程序 B 中。

（4）访问路径连接。图 1-3（d）中多个配置间的程序可通过访问路径实现通信。

HPAC 编程系统只支持与图 1-2（b）类似的单资源、单配置的软件模型，即只支持单 PLC 的单核编程，全局变量定义在配置中或在资源中没有区别。对不同配置间的通信，只能在两个配置上调用通信功能块独立编程后实现，也不支持图 1-3（d）所示的“VAR_ACCESS”关键字和访问路径等。

1.1.3　功能模型

IEC 61131-3 的功能模型描述了可编程控制器系统所具有的功能集合，包括信号处理功能、过程数据接口功能、通信功能、人机界面功能、编程调试功能及电源功能等（见图 1-4），具体功能如下：

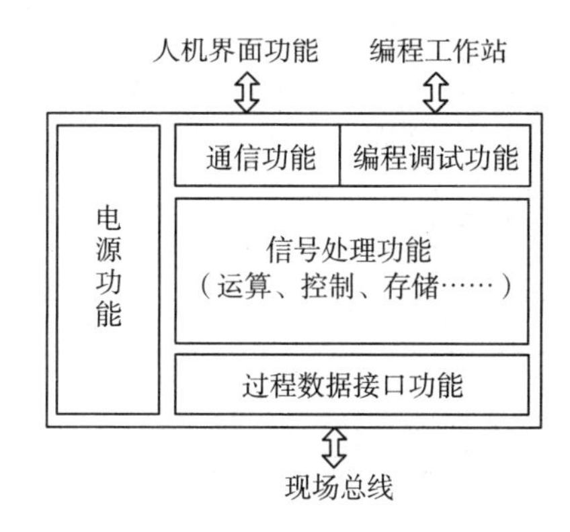

图 1-4　IEC 61131-3 的功能模型

（1）信号处理功能。信号处理功能由应用程序寄存器功能、操作系统功能、数据寄存器功能、应用程序执行功能等组成，它根据应用程序，处理从传感器或内部数据寄存器获得的信号，处理后输出信号送执行器或内部数据寄存器。

表 1-1 给出了最基本的可编程信号处理功能。

（2）过程数据接口功能。HPAC 提供了 BUF_READ 和 BUF_WRITE 等功能块操作总线 I/O 数据区，传感器和执行器通过总线组态工具进行数据区分配，具体内容见 8.2.1 节。

（3）通信功能。HPAC 提供了 HOLD_READ 和 HOLD_WRITE 等功能块操作 Modbus 数据区，实现与其他人机界面（human-machine interface, HMI）及信息化系统的通信集成，具体内容见 8.2.4 节。

（4）人机界面功能。HPAC 提供了 QTOUCH_READ 和 QTOUCH_WRITE 等功能块操作 QTouch 数据区，实现了与内置人机界面组态界面的交互，见 8.2.3 节。

（5）编程调试功能。HPAC 提供了在线调试功能，可观察、强制内部变量的值，并提供了实现单步调试的 PLC_PAUSE 功能块，见 8.2.7 节。

（6）电源等辅助控制功能。在 HPAC 产品体系中，与 H842BS 控制器配套的电源模块具有半分钟的不停电备用电源（Uninterruptible Power Supply，UPS）功能，当电源掉电后应用可进行现场保存处理。

表 1-1 可编程信号处理功能

功能组别		示例
逻辑控制	逻辑	与、或、非、异或、触发
	定时器	接通延迟、断开延迟、定时脉冲
	计数器	脉冲信号加和减
	顺序控制	SFC
数据处理	接口	选择、传送、格式、组织
	模拟量	PID、积分、微分、滤波
	其他系统	通信协议
	人机接口	显示、命令
	大容量存储器	记录
	执行控制	周期执行、事件驱动执行
运算	基本运算	加、减、乘、除、模除
	扩展运算	平方、开方、三角函数
	比较	大于、小于、等于

1.2 标准符号

IEC 61131-3 的符号有语言编码的字符集、标识符、分界符、关键字、空格和注释等。

1.2.1 字符集

IEC 61131-3 规定了 POU 的文本部分，包括文本语言和图形化语言中的文本代码部分，都应采用 ISO/IEC 10646 规范的字符集。目前的 HPAC 中文支持不足，不能使用中文文件夹和带有空格的长文件夹作为项目目录，要尽量避免在代码中使用中文，最好结合代码版本管理工具做好备份和恢复。

1.2.2 标识符

IEC 61131-3 规定，标识符必须由字母、数字、下划线组成，用于区分不同的变量、函数、功能块等语言元素，表 1-2给出了一些标识符的示例。标识符的使用规则如下：

（1）标识符的第一个字符必须是字母或下划线，最后一个字符必须是字母或数字，中间字符只允许是字母、数字或下划线，例如，bT1_ 最后一个字符是下划线，是一个非法的标识符。

（2）标识符中不区分字母大小写。

（3）下划线是标识符的一部分，但不允许有两个或更多连续的下划线。

（4）标准规定编程系统至少支持 6 个有效位的标识符（在 6 个有效位的编程系统中，AxisID_1 与 AxisID_2 是一样的），HPAC 支持的标识符位数不限。

表 1-2　标识符示例

序号	特性描述	示例
1	大写字母和数字	R123，T43，SZ，DWW
2	大、小写字母，数字，中间的下划线字符	F_W_5，cbd_123，CNN_ABC
3	大、小写字母，数字，开头或中间的下划线字符	_MC，_R_D_431，_CDA_TIE

1.2.3　分界符

分界符是分隔程序语言元素的字符或字符组合的专用字符，表 1-3列出了 HPAC 的分界符及应用示例。

表 1-3　分界符及应用示例

分界符	应用场合	说明和示例
空格	允许在 PLC 程序中插入空格	不允许在关键字、标识符中插入空格
（*	注释开始符号	用户的注释，不允许注释嵌套
*）	注释结束符号	用户的注释，不允许注释嵌套
+	十进制数字的前缀符号	+147
	加操作	1+2
-	十进制数字的前缀符号	-123
	年、月、日的分隔符	D#2018-05-15
	减操作	3-2
#	基底数的分隔符	2#1111_1111
	时间标称的分隔符	T#4ms
.	整数和小数的分隔符	1.0，2.3
	功能块限定符	TON1.Q
e 或 E	实指数分界符	1.0e+6
'	字符串开始和结束符号	'ABCDE'
:	时刻文字分隔符	TOD#15:36:35
:=	赋值操作符	OUTPUT := TRUE;
()	功能块参数表	TON1（IN := %IX1.1，PT := T#50ms);
	子表达式分级	（IN1*（IN3-IN2）+IN4）
	函数参数表	ABS（X1）
,	功能块参数表分隔符	TON1（IN := %IX1.1，PT := T#50ms);
	初始值分隔符	ARRAY（1..2，1..3）OF INT := 1，2，3（4)，6;
	被声明变量的分隔符	VAR_INPUT A，B，C: REAL；END_VAR

续表

分界符	应用场合	说明和示例
;	类型分隔符	TYPE W: REAL; END_TYPE
	语句分隔符	OUTPUT1 := A + B; OUTPUT2 := B + C;
%	直接表示变量的前缀	%IX1.1, %QB5
=>	输出连接操作符	TON1 (IN := %IX1.1, PT := T#50ms, Q =>Q1);

1.2.4 关键字

关键字是语言预先定义的标识符，用于定义不同结构、开始或结束特定软件的元素。部分关键字配对使用，如 FUNCTION 与 END_FUNCTION 等，部分关键字单独使用，如 TASK、ABS 等。关键字不能用于任何其他目的，如不能作为变量名或扩展名，例如，不能用 TON 作为变量名，不能用 VAR 作为扩展名等。关键字应遵循标识符的命名规则，不能包含空格。表 1-4 列出了 IEC 61131-3 规定的关键字及其含义。

表 1-4 关键字及其含义

关键字	含义
CONFIGURATION..END_CONFIGURATION	配置段开始、结束关键字
RESOURCE ON..END_RESOURCE	资源段开始、结束
TASK	任务
PROGRAM..END_PROGRAM	程序段开始、结束
PROGRAM WITH	与任务结合的程序
FUNCTION..END_FUNCTION	函数段开始、结束
FUNCTION_BLOCK..END_FUNCTION_BLOCK	功能块段开始、结束
ABS，ADD，GT，BCD_TO_INT 等	标准函数
RS，TOF 等	标准功能块
VAR..END_VAR	内部变量段开始、结束
VAR_INPUT..END_VAR	输入变量段开始、结束
VAR_OUTPUT..END_VAR	输出变量段开始、结束
VAR_IN_OUT..END_VAR	输入、输出变量段开始、结束
VAR_GLOBAL..END_VAR	全局变量段开始、结束
VAR_EXTERNAL..END_VAR	外部变量段开始、结束
ARRAY OF	数组
INT，BOOL 等	数据类型名称
EN，ENO	使能端输入和输出
TRUE，FALSE	逻辑真、逻辑假
TYPE..END_TYPE	数据类型段开始、结束
STRUCT..END_STRUCT	结构段开始、结束

续表

关键字	含义
IF THEN ELSIF..ELSE END_IF	选择语句 IF
CASE OF ELSE..END_CASE	选择语句 CASE
FOR TO BY DO..END_FOR	循环语句 FOR
REPEAT UNTIL..END_REPEAT	循环语句 REPEAT
WHILE DO..END_WHILE	循环语句 WHILE
WITH	与任务结合的 POU
RETURN	跳转返回符
NOT，AND，OR，XOR	逻辑操作符
STEP..END_STEP	步段开始、结束
INITIAL_STEP..END_STEP	初始步段开始、结束
TRANSTION FROM TO..END_TRANSTION	转换段开始、结束
ACTION..END_ACTION	动作段开始、结束

下列功能模块和函数的标识符被保留作为关键字：

（1）标准数据类型名称，如 BOOL、REAL 等。

（2）标准函数名和标准功能块名，即 SIN、COS、RS、SR、TON 等。

（3）指令表语言中的文本操作符，即 LD、ST、DIV 等。

（4）文本语言中的操作符，如 NOT、AND 等。

1.2.5　空格和注释

关于空格和注释的规定有：关键字、标识符、分界符等内不能包含空格；在程序文本里，除了第一种情况，其他任何地方都可以插入空格；程序中允许插入空格的地方都可以添加注释，注释不允许嵌套。表 1-5是空格的示例。

表 1-5　空格示例

特性描述	示例
允许的空格	IF %IX1.2 THEN SB := TRUE；ENG_IF
不允许的空格	I F%IX0.2 TH EN SB := TRUE；ENG_IF

1.3　数据标称

数据外部表示（External Representation of Data）是程序中操作数的表示规则，操作数可以作为常量直接传递给功能块，按类型可分为三类：数值、字符串、时间。在 IEC 61131-3 中被称为三类标称数据“Literal Data”，所谓“Literal”即字面量是指一个字母或符合字面本身所代表的意义，而与它在特定场合的意义无关，例如符号 $，在特定场合下有特殊的含义（例如在正则表达式里表示某行文本的结尾），但作为字面量“Literal”，它只是代表美元符号，由于这些量的表示方法通常包括了量纲等信息，本书将“Literal”译为“标称”。

1.3.1 数值标称

数值标称（Numeric Literal）按照数据类型分为整数标称和实数标称。按照数制类型分类则可分为二进制、八进制、十进制、十六进制等。十进制实数需要用小数点，布尔型数据可取值为 0 或者 1。

标准规定用数制类型名称和“#”作为前缀表示不同的数制类型（无前缀则为十进制），例如 127 可表示成 2#1111111 或十六进制 16#7F。标准规定数值的数制类型（2,8,10,16）不允许前置分界符（+ 或 −），如 −16#1A 为错误类型，应改为 16#−1A。HPAC 仅支持十进制的负数表示，例如 −127，但对二进制、八进制、十六进制形式表示的负数（例如 2#−010），也会编译出错。

为了提高可读性，数值标称表示时允许使用单一的下划线分段，如 2#111_1111 和 2#1111111 都表示整数 127。表 1-6是数值标称的示例。

表 1-6 数值标称示例

数值标称类型	表示方法	示例
整数	[整数类型名 #] 符号整数或二（八、十、十六）进制整数	INT#−1，UDINT16#A1
	符号整数	−1，1234_5
	二进制整数	2#10_1110 （=46）
	八进制整数	8#123 （=83）
	十六进制整数	16#FF （=255）
实数	[实数类型名 #] 符号实数，实数 [指数]	REAL#2.3，2.1e-2
	符号实数，实数	−2.123，3.654
布尔数	[BOOL#]0 或 1	BOOL#0，0，1
	[BOOL#]FALSE 或 TRUE	BOOL#FALSE，TRUE

在 HPAC 中，所有实数标称的小数点及小数位均不能省略，例如，代码“a:=2.0;”既不能写成“a:=2;”也不能写成“a:=2.;”这两种写法均会产生编译错误。

1.3.2 字符串标称

字符串标称（Character String Literal）分为单字节字符串和双字节字符串两类：单字节字符串的标称以单引号（‘ ’）作为前后标识，如果单字节字符串里出现单引号字符，则需转义表示为 $'，用 $ 与十六进制 ASCII 码可转义为相应的字符，例如，函数 RIGHT（‘a$63’，1）相当于调用 RIGHT（‘ac’，1），返回值为‘c’；双字节字符串标称以双引号（“”）作为前后标识，字符串里使用 $” 表示转义，HPAC 中不支持双字节字符串文本，也不能在 PLC 中处理中文。表 1-7是字符串标称的示例。

表 1-7 字符串标称的示例

单字节字符串示例	双字节字符串示例	说明
‘’	“ ”	长度为零的空串
‘B’	“B”	单字符 B 的长度为 1 的字符串
‘ ’	“ ”	空格字符的长度为 1 的字符串
‘$’’	“’ ”	含单引号的长度为 1 的字符串
‘”’	“$””	含双引号的长度为 1 的字符串
‘$$5.00’	“$$5.00”	字符为 $5.00 的长度为 5 的字符串
STRING# ‘YES’	WSTRING# “YES”	字符为 YES 的长度为 3 的字符串
‘BC’	“BC”	长度为 2 的字符串

1.3.3 时间标称

时间标称（Time Literal）用于表示时间操作数，IEC 61131-3 的时间数据类型有以下四种。

1. 持续时间（Duration Time）T

用于表达一个持续特定状态的时间，持续时间主要用于以下场合：

（1）定义过程阶段的持续时间，例如 SFC 中处于某个步的持续时间。

（2）定义暂停时间，如 TON 功能块的延时，定时器开始定时后，要持续到该设定时间后才能有输出。

持续时间类型符可用 T 或 TIME，也可以写为 t 或 time，T 或 t 称为短前缀，TIME 或 time 称为长前缀。分界符 # 后的时间单位可以为 D（天）、H（小时）、M（分）、S（秒）、MS（毫秒），时间单位可随意组合且不分大小写，如 T#1d2H3M4S。

持续时间值可以是整数、实数，例如 T#2s，T#1.5h 都可以，持续时间有零值甚至负值，如 T#−2h，但是不能以负号做前缀，例如 −T#2h，持续时间允许数据超过有效的时间单位，如 T#70m80s，70min 已经超过 1h（60min），80s 也超过了 1min（60s），HPAC 会自动将其转为不超过有效时间单位的数据，即与 T#1h11m20s 等效。

2. 一天中的时间（Time of Day，TOD）

TOD 也称为时刻，用于表示一天中的时间，例如当前时刻，用时刻类型符、分界符 # 及时刻值表示。TIME_OF_DAY 或 time_of_day 是时刻类型符的长前缀，TOD 或 tod 是时刻标识符的短前缀，例如，tod#1:21:23 与 TIME_OF_DAY#1:21:23 是等效的。时刻标称分界符 # 用来分隔时刻类型和时刻值。时刻值的分界符用冒号，不用下划线，例如 tod#12_34 是错误的表示。时刻单位为时、秒、分，没有毫秒单位，可以用小数表示，例如 tod#1:23:12.3，表示 1h23min12.3s。时、分、秒数据在没有最小时间单位时可以省略，比如 tod#1 就表示 1h。

3. 日期（DATE）

日期表示某年某月某日，如 D#2016-01-01 表示 2016 年 1 月 1 日，用日期类型符、分界符 # 和日期值表示。日期类型符的长前缀用 DATE 或 date 表示，短前缀用 D 或 d 表示。日期值中的分界符用“-”表示，不能用冒号“:”或下划线“_”，年月日的数据都不能缺省，例如不可以表示成 d#01-01。

4. 日期和时刻（Date and Time，DT）

日期和时刻用来表示某年某月某日某时某分某秒某毫秒的时间，由于既有日期，又有时刻，因此必须注意时间之间分界符的不同：年、月、日的分界符与日期的分界符相同，都是连字符号“-”；时、分、秒的分界符与时刻分界符相同，都是冒号“:”；毫秒用“.”分隔；日期与时刻时间之间用连字符分界。

注意：HPAC 中 DT 标称为格林尼治时间，对应的北京时间则需要加 8 个小时，例如标称 DT#2009-01-01-2:12 表示的是北京时间 2009 年 1 月 1 日 10 时 12 分。

持续时间标称中的数据可以缺省，如 T#3h2s，但后三种只能省略空缺的最小时间单位。表 1-8为时间标称示例。

表 1-8 时间标称示例

特性描述	示例
不带下划线的持续时间	T#1ms，TIME#−3.5ms，t#1h2.5m，time#3.2s
带下划线的持续时间	T#1h_2m
一天中的时间	TOD#13:10:12.35， Time_of_Day#13:10:38
日期	DATE#1972-10-18
日期和时刻	DT#2001-08-23-15:10:12.35， Date_and_time#2015-09-09-13:10:38

1.4 数据类型

数据类型决定了数据在数据存储器内所占用的数据宽度，IEC 61131-3 的数据类型有基本数据类型、一般数据类型、衍生数据类型。

1.4.1 基本数据类型

标准中预先定义了 21 种基本数据类型（Elementary Data Type, EDT）的关键字、数据位数、取值范围及约定的初始值等基本属性，见表 1-9。

表 1-9 基本数据类型的性能

数据类型	关键字	位数	允许的取值范围	约定的初始值
布尔数	BOOL	1	0 或 1	0
短整数	SINT	8	−128∼+127，即 $-2^7 \sim 2^7-1$	0
整数	INT	16	−32768∼32767，即 $-2^{15} \sim 2^{15}-1$	0
双整数	DINT	32	$-2^{31} \sim 2^{31}-1$	0
长整数	LINT	64	$-2^{63} \sim 2^{63}-1$	0
无符号短整数	USINT	8	0∼+255，即 $0 \sim 2^8-1$	0
无符号整数	UINT	16	0∼+65535，即 $0 \sim 2^{16}-1$	0
无符号双整数	UDINT	32	$0 \sim +2^{32}-1$	0
无符号长整数	ULINT	64	$0 \sim +2^{64}-1$	0
实数	REAL	32	单精度	0
长实数	LREAL	64	双精度	0
8 位长度的位串	BYTE	8	0∼16#FF	
16 位长度的位串	WORD	16	0∼16#FFFF	
32 位长度的位串	DWORD	32	0∼16#FFFF_FFFF	
64 位长度的位串	LWORD	64	0∼16#FFFF_FFFF_FFFF_FFFF	
单字节字符串	STRING	8	与执行有关的参数	单字节空串
双字节字符串	WSTRING	16	与执行有关的参数	双字节空串
持续时间	TIME	128		T#0s
日期	DATE	128		D#1900-01-01
时刻	TOD	128	TIME OF DAY	TOD#00:00:00
日期和时刻	DT	128	DATE AND TIME	DT#1900-01-01-00:00:00

1.4.2 一般数据类型

一般数据类型（Generic Data Type, GDT）具有前缀“ANY”，它们具有一定的泛化能力，可作为同源基础类型的祖先。图 1-5 列出了 IEC 61131-3 语言所有类型的衍生关系，其中 ANY_DERIVED 是一般衍生数据类型，衍生类型都是此类型的子类型；ANY_ELEMENTARY 表示一般成员类型，基本类型都是此类型的子类型；ANY_BIT 表示逻辑运算中的位；而 ANY_MAGNITUDE 表示数值运算中具有大小的标量，它分成一般数值 ANY_NUM 和时间 TIME，一般数值类型可分为整数和浮点数，整数和浮点数也各自有多种基本类型，分别作为 ANY_INT 和 ANY_REAL 的子类型；ANY_STRING 和 ANY_DATE 分别表示字符串和日期的一般类型。

图 1-5 中的叶子节点是基本数据类型，基本类型的变量具有确定大小的内存空间，如果几个基本类型在派生树中具有相同的一般类型祖先，则这些基本类型是同源的。

IEC 61131-3 通过一般数据类型提供了基本的泛型编程能力，也为 IEC 61131-3 语言增加了一些面向对象的多态特性。例如所有数值运算功能块和函数都使用了

ANY_NUM 类型，这意味着 ANY_NUM 下所有的同源基本类型均可进行加、减、乘、除等数值运算。

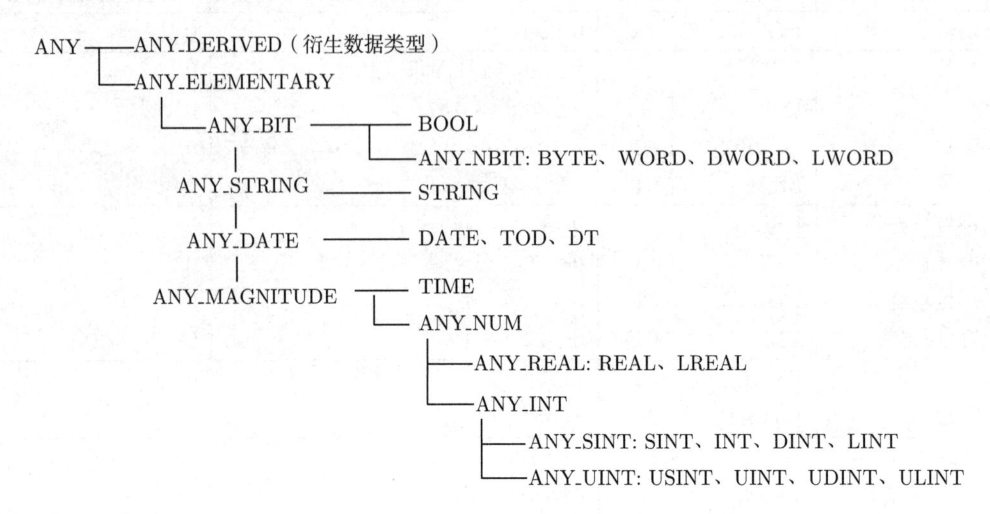

图 1-5 一般数据类型的派生树

注意：只有 IEC 61131-3 函数方可使用一般数据类型作为接口，而用户自定义的函数和功能块均不支持，因此 IEC 61131-3 只是借助泛型简化了标准函数接口，避免了部分低效重复代码，其面向对象的特性并不完整。

1.4.3 衍生数据类型

衍生数据类型（Derived Data Type, DDT）也称为导出数据类型，是以基本数据为基础由用户自定义的数据类型。衍生数据类型一旦定义则全局有效，可在资源，配置和各类 POU 中声明该衍生类型的变量。

IEC 61131-3 共有表 1-10中给出的五种衍生数据类型，在 ST 代码中都用 TYPE.. END_TYPE 的结构声明。在 HPAC 软件中，衍生类型的定义均在图形环境下操作，开发者无须输入相关的 ST 代码。

表 1-10 衍生数据类型示例

衍生数据类型	示例	说明
直接衍生数据类型	TYPE Gravity:REAL := 9.8; END_TYPE	Gravity 衍生数据类型用于表示 REAL 实数数据，其初始值是 9.8
枚举数据类型	TYPE Hnc_AxisMoveMode:（Hnc_MoveAbs, Hnc_MoveRel，Hnc_MoveVel）; END_TYPE	Hnc_AxisMoveMode 是枚举数据类型，它有三种数据类型：Hnc_MoveAbs，Hnc_MoveRel，Hnc_MoveVel

续表

衍生数据类型	示例	说明
子范围数据类型	TYPE Analog:INT（0..1600）; END_TYPE	Analog 的数据类型是整数，其允许的范围为 0~1600
数组数据类型	TYPE rInchStep: ARRAY [1..4] OF REAL:= [0.001，0.01，1，10]; END_TYPE	rInchStep 是一维数组，数据元素的数据类型是 REAL，其中四个元素被初始化为 0.001，0.01，1，10

结构体数据类型	TYPE Hnc_Mpg :
	STRUCT
	bPulseDir:BOOL := FALSE;
	iMgpCtrol:UINT;
	iMpgCount:UINT;
	bMpgButtonEn: BOOL := FALSE;
	END_STRUCT
	END_TYPE
		Hnc_Mpg 数据类型是结构体数据，由 bPulseDir、iMgpCtrol 等组成。其中 bPulseDir 的数据类型是 BOOL，iMgpCtrol 的数据类型为 UINT

1. 直接衍生数据类型

由基本类型直接衍生的自定义类型就是直接衍生数据类型，除可将 IEC 的数据类型改名为开发者约定的类型名之外，直接衍生类型用处不多。

例 1-2 直接衍生数据类型

```
TYPE
  Radius: REAL（2.0..10.0）:= 2.0;
END_TYPE
```

示例中定义了直接衍生自 REAL 的半径类型 Radius，其范围为 [2.0..10.0]，初始值为 2.0，此后就可以用 Radius 定义表示系统允许的半径类型变量。

2. 枚举数据类型

例 1-3 枚举数据类型

```
TYPE
    Axis_State: （A_reset,A_move,A_error）;
END_TYPE
```

示例声明了衍生数据类型 Axis_State，枚举了轴的三种状态：静止、运动、出错，可用 Axis_State#A_move 作为轴处于运动状态的常量标称。

例 1-4 枚举数据类型使用

```
FUNCTION_BLOCK FS
  VAR
```

```
    as : Axis_State;
    cs : INT;
  END_VAR

  as:=A_reset;
  if as=A_move then
   cs:=1;
  else
   cs:=2;
  end_if;
  {{
  int cv=GetFbVar（AS）;
  int cs=Sizeof（AXIS_STATE_A_RESET）;
  SetFbVar（ASI.CS）;
  }}
END_FUNCTION_BLOCK
```

该示例演示了直接用枚举项进行枚举变量的赋值和比较等操作，还演示了 HPAC 中在 ST 语言中用双大括号直接插入 C 语言片段的用法，分别用内置系统函数 GetFbVar 和 SetFbVar 实现 ST 变量的读取和设置（注意变量名要全部转换为大写字母），在本例中读取了枚举值送到 ST 功能块的 asi 变量中（在 ST 中直接用 asi:=as；会提示类型不匹配，另外 HPAC 不支持枚举变量的调试）。

3. 子范围数据类型

如果数据只允许在一个范围内出现，则可定义子范围类型。

例 1-5 子范围数据类型使用

要求电动机转速只能在 $-10.0 \sim 10.0\text{r/s}$ 之间，可以设置子范围数据 Axis_Velocity 如下：

```
TYPE
    Axis_Velocity:LREAL（-10..10.0）;
END_TYPE
```

在 HPAC 中，只支持整数（ANY_INT 同源）的子范围类型，定义时只需要在界面上输入范围即可，无须输入例中的代码。

4. 结构体数据类型

结构体用“STRUCT”关键字开始，以“END_STRUCT”结束，二者之间是结构体内数据的声明。结构体数据类型可以将多个不同的数据类型组合在一起，例如将轴运动指令参数组合成一个结构体 Axis_In。

例 1-6 结构体数据类型

```
TYPE Axis_In:
    STRUCT
        Axis:        INT;
        Velocity:    LREAL;
        Position:    LREAL;
    END_STRUCT
END_TYPE
```

HPAC 中新建类型后，在“衍生类型”下拉框中选择“结构体”，“添加”建立一个元素，输入元素的类型和初始值，对元素的编辑和排列与其他变量栏的操作相同，图 1-6（a）所示说明了上述操作。

5. 数组数据类型

一个数组由多个相同的数据类型构成，编译后的结构化文本代码中用关键字 ARRAY 表示，用方括号里的数据定义范围，维数大于一维时，用逗号隔开。注意，HPAC 中的数组是上下限闭区间的一个范围，如果起始地址为 1 则访问地址 0 会编译出错。

例 1-7 数组数据类型

```
TYPE Axis_In22:
    ARRAY[1..2,1..2] OF Axis_In;
END_TYPE
```

二维数组 Axis_In22 定义了两个运动轴组，每组两个轴，每个轴元素类型为例 1-6所示的 Axis_In 数据结构，包括了轴的轴号、速度、终点位置等指令。

HPAC 中新建类型后，在“衍生类型”下拉框中选择“数组”，选择基类型，点击“建立项目”工具按钮建立一个“维数”项，选中该项后点击“编辑”按钮，输入维数 1..2 后保存即可，图 1-6（b）所示说明了上述操作。

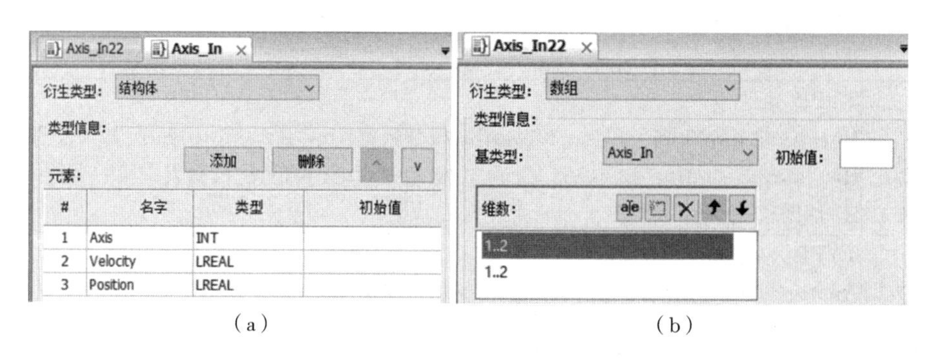

（a） （b）

图 1-6 类型编辑界面

（a）结构体数据类型；（b）数组数据类型

HPAC 不支持对直接衍生类型化定义初始值，不支持对枚举和结构体变量的在线调试，其他方面均与标准一致。

1.4.4 取值范围和初始化

基本数据类型和衍生数据类型都有允许的取值范围，基本数据类型的取值范围见表 1-9。衍生数据类型及其允许的取值范围规定如下：

（1）直接衍生的数据类型取值范围与父数据类型一致。

（2）枚举数据类型的允许取值范围由枚举表的长度决定。枚举表是枚举文字的有序集，枚举值是枚举文字在枚举表中的序号。

（3）子范围数据类型的取值范围由定义的子范围决定。子范围数据类型取值是上下限值为边界值的闭区间，子范围数据取值不允许在该闭区间之外。

（4）数组数据类型的取值根据数据类型中单元素的数据类型值范围确定。若该元素的数据类型为 USINT，则数组数据类型的取值范围为 0~255。

（5）结构体数据类型规定数据元素应由包含已定义类型名的子元素构成，例如，例 1-6 中 Axis_In 的 Velocity 也可以用例 1-5 的子范围数据类型 Axis_Velocity。

定义变量时若不定义初始值，则采用系统中该数据类型约定的初始值，否则采用定义时给定的初始值。基本数据类型的初始值见表 1-11，衍生数据类型的初始值根据数据类型的派生和构成依次确定初始值。

表 1-11　数据类型的初始值

数据类型	示例	说明
基本类型	VAR iCommand ：INT; END_VAR	变量 iCommand 是整数，初始值未赋值，使用系统约定的初始值 0
	VAR bStartCmd：BOOL:=TRUE; END_VAR	变量 bStartCmd 是布尔类型，初始值是 TRUE
	VAR STR：STRING; END_VAR	变量 STR 是字符串，初始值是空串
枚举类型	TYPE Hnc_AxisMoveMode：（Hnc_MoveAbs，Hnc_MoveRel，Hnc_MoveVel）; END_TYPE	枚举数据 Hnc_AxisMoveMode 如果没有设置初始值，则初始值是枚举表中第一个枚举数据
子范围类型	TYPE Analog：INT（1..1600）; END_TYPE	子范围数据 Analog，初始值为 1
数组类型	rInchStep：ARRAY[1..4] OF REAL:=[2（1.01），2（2.01）];	数组数据类型的变量 rInchStep 有 4 个元素，前两个元素的初始值为 1.01，后两个元素的初始值为 2.01

续表

数据类型	示例	说明
结构体类型	TYPE Hnc_Mpg : STRUCT bPulseDir：BOOL := FALSE; iMpgCtrol：UINT; iMpgCount：UINT; bMpgButtonEn：BOOL := FALSE; END_STRUCT END_TYPE	结构体数据类型的变量 Hnc_Mpg 中，bPulseDir 的数据类型为布尔，初始值为 FALSE，iMpgCtrol 的数据类型为 UINT，初始值为 0

初始值的具体规定如下：

（1）直接衍生数据类型的约定初始值为定义时的初始值，如例 1-2 的 Radius 类型，其初始值是 2.0。

（2）枚举数据类型的约定初始值是枚举表中的第一个枚举文字，如例 1-3 中 Axis_State 的初始值是 A_reset。

（3）子范围数据类型的约定初始值是其定义的第一个限值，如例 1-5 中 Axis_Velocity 的取值范围为 $-10.0 \sim 10.0$，则约定初始值为 -10.0。

（4）数组数据类型的约定初始值是其基本数据类型的约定初始值，若初始化表给出的个数超过了数组项的个数，则超过的初始值被忽略；若初始值个数小于数组项个数，则剩余的数组项初始值与其基本类型相同。

（5）结构体数据类型是不同数据类型数据的组合，类型声明时可直接赋初始值，否则设置为约定的初始值，HPAC 中可在类型设置窗口设置结构体成员的初始值。

（6）HPAC 暂不能为数组类型设置初始值，只能在定义变量时设置初始值。

1.4.5 衍生类型

应用衍生数据类型的具体规定：

（1）衍生数据类型是开发者结合应用需求而自定义的数据类型，主要用于建立应用的信息模型。

（2）衍生数据类型可作为其他衍生数据类型的基础。衍生数据类型的数组或者结构可以作为另一个衍生数据的数据类型，即衍生数据类型可以嵌套，但是如果嵌套造成递归，则这种嵌套非法。

例 1-8 递归嵌套

```
TYPE
    A1
    STRUCT
        D1:    INT;
        D2:    A2;
```

```
    END_STRUCT
    A2
    STRUCT
        D1:   A1;
        D2:   LREAL;
    END_STRUCT
END_TYPE
```

在例 1-8 中，结构体 A1 中的 D2 子元素为结构体 A2 的类型，而结构体 A2 中的子元素 D1 为结构体 A1 的类型，造成了递归，所以该嵌套定义非法。

（3）定义数组类型时，用重复因子对数组中连续的若干（如 n 个）数据项赋相同的初始值（如 x），则重复因子的格式为：$n(x)$。

例 1-9　重复因子的使用

```
TYPE
    A1:ARRAY[1..2] OF LREAL := [2（0.0）];
END_TYPE
```

（4）定义数组类型时，可采用枚举的方式赋予其初值。枚举表在赋值方括号内列出，各初始值用逗号分隔开；也可以使用重复因子赋予连续数据相同的初始值。如果不列出初始值，则使用标准约定的初始值。

例 1-10　枚举数据和子序列的使用

```
TYPE
    A1:ARRAY[1..6] OF LREAL := [1.0, 2（2.0）,2（3.0）];
END_TYPE
```

在例 1-10 中，数组 A1 由 6 个长实数构成，A1[1] 为 1.0，A[2..3] 为 2.0，A[4..5] 为 3.0，A[6] 为约定的初始值 0.0。

（5）功能块实例的参数可以重新初始化，如果没有初始化则使用功能块参数的缺省值，否则使用与系统同类型变量的缺省值。

例 1-11　功能块实例的初始化

```
VAR
    velo1:MC_Velocity（AxisID:=11,Execute:=0,Velocity:=0.0）;
END_VAR
```

在例 1-11 中，功能块 MC_Velocity 的实例名是 velo1，该功能块有 4 个参数，除了圆括号中已经对 AxisID、Execute、Velocity 给定初始值重新初始化外，还有 Acceleration 没有给定初始化值，则其使用功能块定义的缺省值。

（6）子范围数据类型会约束其数据范围，如果越界则截取到该区间。例 1-5 中定义了轴的速度范围是 $[-10.0, 10.0]$。

（7）数组数据类型可为多个同类型元素预留存储空间并设置初值。例 1-7 中定义了两组轴，每组存放两个轴的控制指令数据。

（8）结构体数据类型的初始值可在定义其衍生数据类型时定义新值。

例 1-12 结构体衍生修改初始值

```
TYPE
    Velocity:LREAL:=0.0;            (* 速度值约定为 0.0 *)
END_TYPE
TYPE    Axis_Data:
    STRUCT
        IN1:Velocity:=1.0;          (* 速度值约定为 1.0mm/s *)
        HIGH_LIMIT:LREAL:=10.0;     (* 上限值约定为 10.0mm/s *)
        ALARM:BOOL:=0;              (* 约定无报警 *)
    END_STRUCT
END_TYPE
TYPE CASE_VELOCITY_AXIS:
    Axis_Data（Velocity:=2.0;               (* 重新定义速度值约定为 2.0mm/s *)
              HIGH_LIMIT:=6.0）;            (* 重新定义上限值为 6.0mm/s *)
END_TYPE
```

CASE_VELOCITY_AXIS 是由 Axis_Data 衍生的数据类型，对 Velocity 和 HIGH_LIMIT 重新定义了初始值。

HPAC 数据类型的定义包括初始值的设置在类型定义界面中操作即可，无须输入相关的 ST 代码。其支持除枚举类型外的其他数据类型：子范围类型的基类型只能是整数；对数组类型不能设置初值，只能在声明变量时定义初值，且支持重复因子和枚举赋值；对结构体类型可以设置初值，也支持结构体衍生后初始值的重新定义。

1.5 变　量

变量与数据标称的区别是它可以改变与输入、输出或存储器相关的数据内容，变量可以被声明为基本数据类型、一般数据类型、衍生数据类型。

1.5.1 变量的表示

变量分为单元素变量和多元素变量两类。

1. 单元素变量

单元素变量（Single-Element Variable）表示基本数据类型的单一数据元素、衍生的枚举数据类型或者衍生子范围数据类型，单元素变量可以是直接变量或符号变量。

1）直接变量

直接变量（Direct Variable）以百分数符号“%”开始，随后是位置前缀符号和大小前缀符号，若有分级，则用小数点符号“.”分隔的无符号整数串表示。

直接变量与传统 PLC 位置变量的概念相似，通常对应于某一可寻址的存储单元，例如输入单元、输出单元等，需要总线组态等专门配置软件进行设置。表 1-12是直接变量前缀符号的定义和特性，表 1-13给出一些示例。

HPAC 中只有 CANopen 形态的 PAC 和编写数据交互插件时可以用到直接变量，而这两部分内容本书并不涉及。

2）符号变量

符号变量（Symbolic Variable）是更常见的用符号表示的变量。符号变量并不与寻址单元相联系，因此用符号变量编写的功能块很容易在多个程序间复用。

当然如果需要操作外部设备，符号变量也可以与设备相关的直接变量进行关联，例如在 HPAC CANopen 版中，可直接从对象字典中将过程数据映射到符号变量的位置栏，建立符号与位置的关联，每个扫描周期会将总线上的过程数据自动更新到该符号变量上。这种方式需要开发者理解 HPAC 对象字典的过程数据区映射，一般开发者还是使用标准功能块访问过程数据更为简单直观。

表 1-12 直接变量的前缀符号

序号	前缀符号		定义	约定数据类型
1	位置前缀	I	输入单元位置	
2		Q	输出单元位置	
3		M	存储器单元位置	
4	大小前缀	X	单个位	BOOL
5		无	单个位	BOOL
6		B	字节位（8）	BYTE
7		W	字位（16 位）	WORD
8		D	双字位（32 位）	DWORD
9		L	长字位（64 位）	LWORD
10	*		在 VAR_CONFIG..END_VAR 结构中，表示未指定位置的内部变量	

表 1-13 直接变量示例

示例	说明
%IX2.1 或%I2.1	表示输入单元 2 的第 1 位
%IW3	表示输入字单元 3（即输入单元 6 和 7）
%QX75 和%Q75	表示输出位 75
%MD48	表示双字，位于存储器 48 中
%Q*	表示输出未在一个特定的位置
%IW2.3.4.5	表示 PLC 系统第 2 块 I/O 总线的第 3 个机架上第 4 个模块的第 5 个通道输入

2. 多元素变量

多元素变量（Multi-Element Variable）包括数组数据类型和结构体数据类型的变量。

1）数组数据类型的变量

数组是相同类型数据元素的组合，通过下标位置访问其中的数据项，下标可由一个或多个逗号分隔的方框号构成。例如数组变量 list1[1..2,1..2] OF INT 表示数组变量 list1 由 2×2 个 INT 型数据组成，对 list1 的访问下标从 1 开始（如果定义范围的下界是 0，则下标从 0 开始），4 个元素依次为 list[1,1]、list1[1,2]、list[2,1]、list1[2,2]。

HPAC 不能定义数组类型的初始值，但可在数组变量定义时设置初始值（见图 1-7），并完整支持重复因子和枚举赋值规则。

2）结构体数据类型的变量

结构体是按层次嵌套的元素的组合，可按层次通过“.”限定符进行访问。

cm1

类过滤器：所有

#	名字	分类	类型	初始值	附加属性	备注
1	I1	局部	INT			
2	aLR	局部	ARRAY[1..2] OF LREAL	[2(0.0)]		
3	LR1	局部	LREAL	1.1		

图 1-7　数组变量初始化

1.5.2　变量的属性

IEC 61131-3 中定义变量时需要指定其分类和附加属性，在 HPAC 变量表中分别在“分类”和“附加属性”栏进行设置，如图 1-8（a）所示。变量的分类属性表明了变量的用途，包括：作为各类 POU 接口的参数（输入、输出）、POU 内部变量（局部、缓冲）、全局变量（外部）等，如图 1-8（b）所示。

全局变量定义的关键字是 VAR_GLOBAL，全局变量必须定义在配置或资源里，被程序和功能块以外部同名变量的方式引用，外部变量引用声明的关键字是 VAR_EXTERNAL，任何一个引用处的修改，会使其他所有引用处均发生变化。

图 1-8（a）所示是资源中的变量区，图 1-8（b）所示是在程序中的引用，外部引用的变量名必须与全局变量名相同。同名和引用二者缺一不可：引用但名称不同则编译会报错；同名但不声明为引用，则同名变量为局部变量，与全局变量是独立的。

附加属性有常量和掉电保持等类型，HPAC 仅支持常量类型的附加属性，常量 CONSTANT 定义时赋初值后，其值不可改变，对其赋值会编译报错。

掉电保持需要铁电等特殊存储器的支持，基于通用硬件的工控机一般不具备，因此 HPAC 不再直接支持掉电保持属性，可使用脚本存储在文件系统中通过上电初始化进行恢复（见 11.3.4 节），或通过 QTouch 将掉电数据保持到内部数据库中（见图 8-12）。

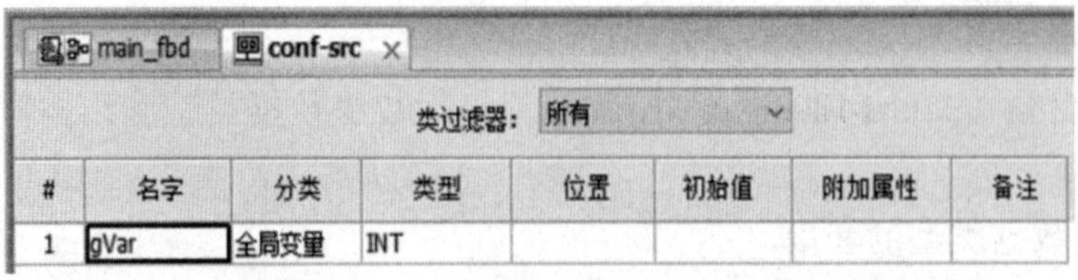

main_fbd | conf-src

类过滤器：所有

#	名字	分类	类型	位置	初始值	附加属性	备注
1	gVar	全局变量	INT				

（a）

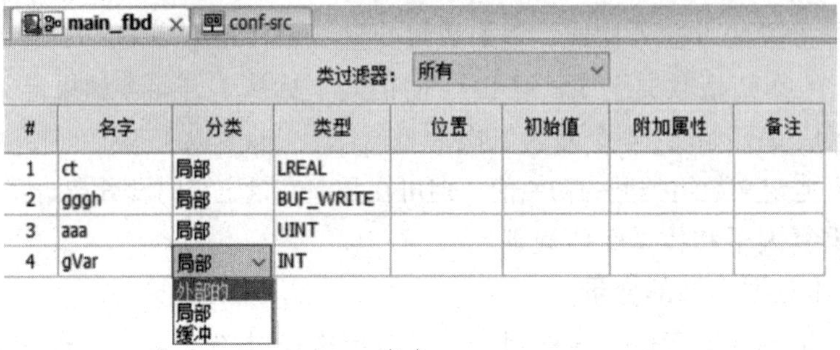

main_fbd | conf-src

类过滤器：所有

#	名字	分类	类型	位置	初始值	附加属性	备注
1	ct	局部	LREAL				
2	gggh	局部	BUF_WRITE				
3	aaa	局部	UINT				
4	gVar	局部	INT				

外部的
局部
缓冲

（b）

图 1-8　全局变量的声明和引用

（a）全局变量声明；（b）全局变量引用

HPAC 系统中变量的定义也是在编程界面中完成的，在图 1-8 所示的全局变量定义中，包括了在变量编辑区的操作界面，变量的分类可以选择输入、输出、外部的、局部和缓冲，其中前三类用于定义功能块的接口，会在第 2 章进一步介绍；第 4 类是对同名全局变量的引用声明；最后两类都是局部变量，区别是缓冲变量调用结束后会释放其占用的内存，现代 PAC 内存资源充足，不必缓冲释放。

HPAC 初始值的定义与类型中的规则完全相同；附加属性仅支持常量，较少使用故不做介绍。另外，图 1-8 与例 1-12 均来自同一个包括了多种类型和变量定义的示例程序，读者可以自行更改调试。

总之，HPAC 对掉电保持、直接变量等传统 PLC 的特性保留较少，对 IEC 61131-3 的设备组态特性也进行了较多简化，例如暂不支持多配置组态，也没有访问路径等概念，它更近似于一个图形化软件建模平台，而非面向具体设备或硬件平台的配置或组态工具。虽然在设备组态方面能力稍弱，但它的设计非常简洁，操作也很直观，更易于学习并发挥 IEC 61131-3 在软件上的价值。

习　题　1

1. 试绘制 IEC 61131-3 软件模型的层次图，并简述每个层次的作用。

2. IEC 61131-3 的标准函数和功能块是标识符还是关键字？这样设计的意义是什么？

3. 试总结时间标称的分界符和省略规则。

4. ANY_MAGNITUDE 派生了哪些基本类型？

5. 试在 HPAC 软件中定义表 1-11 中的数组和结构体，要求使用重复因子。

第 2 章

程序组织单元

POU 按其来源可分为标准和用户自定义两类：标准 POU（如标准函数、标准功能块等）的名称和接口由 IEC 颁布，由可编程控制器制造商提供实现，如 HPAC 提供的标准逻辑库、运动控制库和安全功能库等；自定义 POU 则由开发者根据应用需求编写，每个应用是由用户自定义和标准 POU 共同组成的。

POU 可分为函数、功能块、程序等形态，均由声明和本体两部分构成，本章将介绍这些不同形态的构成规则和使用方法。

2.1 函　　数

函数（Function）是一种通过参数化实现的可重用无状态代码片段：参数化是将需要外部设置的变量定义为形式参数（简称形参），调用时用外部实际参数（简称实参）对形参赋值；无状态也称参数依赖性，是指对每次相同的输入参数都会得到相同的返回值，不会随函数内、外部状态的不同而变化，为确保这一点，函数没有实例，也不允许引用掉电保持或外部变量。

无须实例化和无内部状态使得函数具有完全的可重入性，可通过函数名在其他函数、功能块、程序中自由调用，函数调用可直接作为表达式中的一个操作数。函数可用标准语言实现，但不能使用 SFC 编写函数，因为函数是无内部状态的，而作为状态机代码的 SFC 一定是有内部状态的。

2.1.1　函数的表示

函数的表示（Representation）解释了函数在图形和文本编程语言中的外观形态、代码格式等规则。在结构化文本编程语言中，函数由关键字 FUNCTION、函数名、冒号、返回值数据类型、变量声明、函数本体构成，函数以关键字 END_FUNCTION 结束。

函数可以有零到多个输入参数（VAR_INPUT），不能有输入输出参数（VAR_IN_OUT），否则编译会报错，也不能使用除使能输出 ENO 外的输出参数（VAR_OUTPUT），只能通过返回值获得函数结果，函数的返回值可以是一个数组或结构体。

函数的表示见表 2-1，第二列函数在结构化文本语言中的用法与其他高级语言的规则类似，参数表带与不带形参变量名都可以，函数的图形表示规则如下：

（1）函数用矩形框表示，函数的名称位于函数图形符号的内部，信号处理方向从左到右（输入变量在左，返回值在右）。

（2）IEC 61131-3 标准函数对单个输入参数约定的名称是 IN（例如 NOT 函数），对多个输入参数约定的名称是 IN1、IN2……（例如 ADD 函数）。函数的返回值位于图形符号的最右上面（如果打开了使能控制选项则返回值在 ENO 的下方），约定的名称为 OUT。

（3）布尔类型参数可以设置反相，在连接图形符号输入、输出线外部用一个小圆显示（见表 2-1第三例），函数具有参数过载、参数可扩展、使能控制等一些附加属性，也会在函数图形符号上有所体现（见 2.1.2节）。

（4）所有实参用单线连接在函数图形符号相应侧的外部，实参可以是结构体或数组等多元素变量，函数返回值连接作为其他变量、函数或功能块的输入。

表 2-1 函数表示示例

图形表示	文本表示	说明
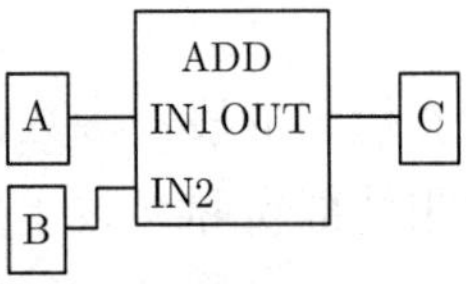 A → ADD (IN1, IN2 ← B) OUT → C	C:=ADD（A，B）;	无形参变量名
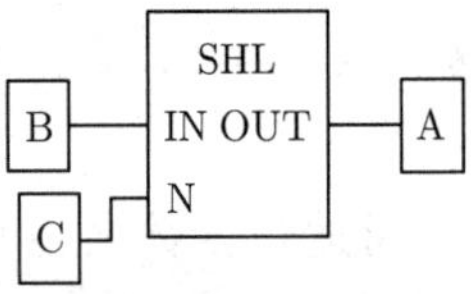 B → SHL (IN, N ← C) OUT → A	A:=SHL（IN:=B，N:=C）;	有形参变量名
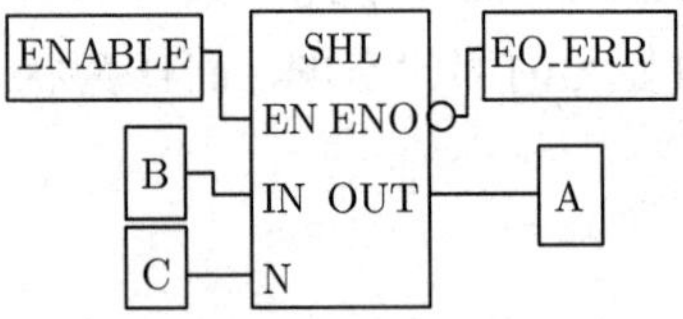 ENABLE → SHL (EN, IN ← B, N ← C) ENO ○→ EO_ERR, OUT → A	A:=SHL（EN:=ENABLE，IN:=B，N:=C，NOT ENO=>EO_ERR）;	有形参变量名，打开了使能控制选项使用 ENO 的反向输出

2.1.2 函数的附加属性

1. 过载属性

如果函数的输入变量为一般数据类型，则称该函数具有过载（Overloading）属性。标准函数的参数可以具有过载属性，使标准函数适用于多种基本数据类型而不必重复定义，注意要使用该一般类型衍生同源的基本类型。

过载属性实质上是将不同的数据类型经类型转换为运算所需的数据类型，进行有关函数运算后，将运算结果再转换为所需的数据类型，类型转换的行为和 C 语言一致。

IEC 61131-3 仅对标准函数定义了函数的过载属性。对用户自定义函数未做要求，HPAC 不支持用户自定义函数的过载属性。

2. 可扩展属性

如果函数可以增加输入变量的个数，则称为函数具有可扩展属性，标准选择和比较类函数、部分算术类函数和按位布尔函数具有参数可扩展属性。在 HPAC 中，双击函数矩形框进入函数属性对话框（见图 2-1（a）），在属性对话框中可增加输入参数的个数，图 2-1（b）给出了扩展到 5 个参数的逻辑和数值运算函数示例。

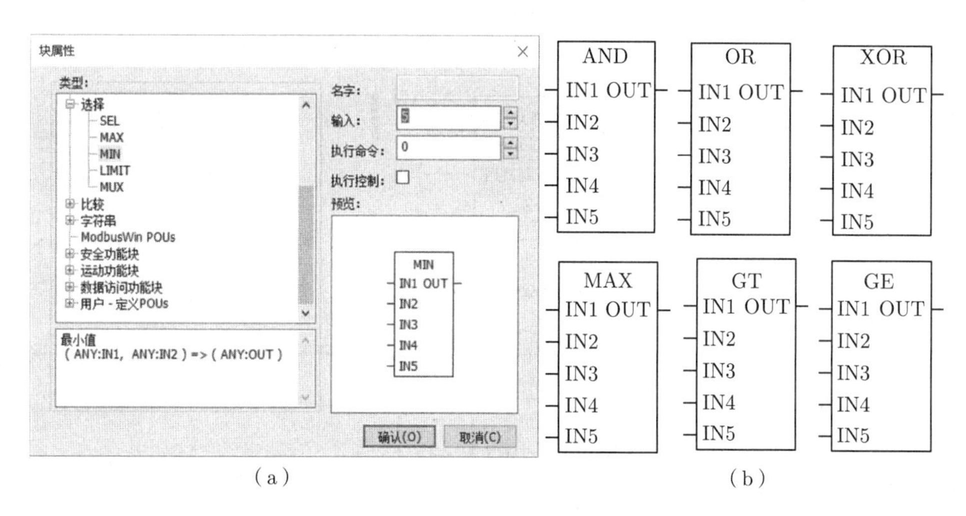

图 2-1　函数输入参数扩展

（a）函数属性对话框；（b）扩展示例

算术加、乘和逻辑与、或、异或及比较和选择函数等均具有可扩展属性，减函数只能对两个输入变量进行运算，因此函数 SUB 不具有可扩展属性，操作数较多时可扩展属性可以简化程序。

3. 调用属性

函数通过函数名调用，函数调用由函数名及其后面的参数列表组成。参数列表圆括号内的各参数用逗号分隔，参数列表分为有形参变量名和无形参变量名两类（见表 2-1）。对有形参的参数列表，用操作符“:=”即实参对输入形参赋值来设置输入，用操作符“=>”将输出形参赋值到实参来读取输出。

4. 使能控制

如果选中函数属性对话框（见图 2-1（a））的“执行控制”复选框，则打开了该函数的使能控制选项，便会出现 EN 和 ENO 两个使能输入和输出。只有当 EN 为真时，函数的代码才会真正执行，并且 ENO 也输出为真。在实际应用中，EN 和 ENO 可使用其中任何一个或两个或均不使用。表 2-2给出了 EN 和 ENO 的使用示例。

使能控制规则如下：

（1）函数被调用时，如果 EN 的值是 0（FALSE），则该函数体定义的操作不被执行，同时 ENO 的值也被复位到 0（FALSE）。

（2）函数被调用时，如果 EN 的值是 1（TRUE），则该函数体定义的操作被执行，同时 ENO 的值也被置位到 1（TRUE）。

（3）函数执行过程中出错时，ENO 的值自动复位到 0（FALSE）。

表 2-2　EN 和 ENO 的使用示例

序号	特性	示例	说明
1	在梯形图程序中 EN 和 ENO 的使用	AEN ADD AENO EN ENO ( ) A IN1OUT C B IN2	当 AEN 为 1 时，才能执行 ADD 函数的运算，运算不出错时，AENO 被置为 1
	在结构化文本程序中 EN 和 ENO 的使用	C := ADD（EN:=AEN，IN1:=A，IN2:=B，ENO=>AENO）;	
2	在功能块图程序中没有使用 EN 和 ENO 的 ADD 函数	ADD A IN1 OUT C B IN2	执行 ADD 的运算
3	在功能块图程序中没有使用 ENO 的 ADD 函数	ADD AEN EN ENO A IN1 OUT C B IN2	当 AEN 为 1 时，才能执行 ADD 函数的运算，忽略了 ENO 的输出
4	在功能块图程序中没有使用 EN 的 ADD 函数	ADD EN ENO AENO A IN1 OUT C B IN2	EN 缺省值为 0，不执行 ADD 的运算，AENO 为 0

2.1.3　用户自定义函数

用户自定义函数可以是标准函数的组合或调用（但不可能有功能块的调用），也可以是用户根据项目需求编写的函数。注意，函数只有一个返回值，如果需要多个输出应使用用户功能块。

在 HPAC 项目的“函数”节点右键菜单中选择“ADD POU”，选择语言类型（例如 ST）和函数名后即可新建自定义函数并进入图 2-2（a）所示的 POU 编辑界面：① 函数必须选择返回类型；② 对函数名的赋值表示函数的返回值。函数不能引用外部变量，也不能使用输入输出和除 ENO 外的输出参数。

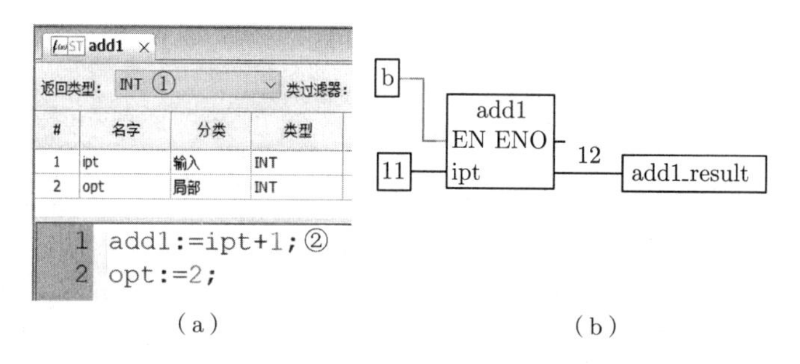

图 2-2　函数的定义和调用

(a) 函数本体;(b) 函数调用

将函数拖拽到 FBD 程序中无须实例即可调用，图 2-2（b）对应的 ST 命令如下：

```
add1_result := add1 (EN := b, ipt := 11) ;。
```

2.2　标准函数

IEC 61131-3 定义了 8 类标准函数，其作用类似于 C 语言标准运行库提供的函数。

2.2.1　类型转换类函数

IEC 61131-3 语言要求严格检查类型，必须保证 POU 调用的数据类型完全一致，因此标准规定了各种数据类型间相互转换的类型转换函数（Type Conversion Function），HPAC 提供的该类函数位于“功能块库”标签下的“类型转换”分类下。该类函数数量众多（HPAC 中有 190 个），但功能简单，表 2-3给出了 4 种示例。

表 2-3　类型转换类函数表示示例

序号	图形表示	文本表示
1	B — UINT_TO_REAL (IN, OUT) — A	A:=UINT_TO_REAL (B);
2	B — TRUNC (IN OUT) — A	A:=TRUNC (B);
3	B — BCB_TO_UINT (IN, OUT) — A	A:=BCD_TO_UINT (B);
4	B — UINT_TO_BCD (IN, OUT) — A	A:=UINT_TO_BCD (B);

使用类型转换类函数时的注意事项如下：

（1）数据类型转换时的误差，例如实数转整数时，根据四舍五入的原则转换。

例 2-1　实数数据类型转整数函数引入误差

```
REAL_TO_INT（2.3）=2;
REAL_TO_INT（-1.7）=-2;
REAL_TO_INT（3.2）=3;
REAL_TO_INT（-2.1）=-2;
REAL_TO_USINT（-1.7）=0;
REAL_TO_USINT（257）=1;
```

（2）TRUNC 函数用于将一个 REAL 或者 LREAL 表示的浮点数的整数部分转为一个整数类型的整数，但截去小数部分。

（3）位串变量包含 BCD 码数据时，BCD_TO_* 函数和 *_TO_BCD 函数执行 USINT、UINT、UDINT、ULINT 类型到相应长度位串变量之间的转换，例如 1 字节的 USINT 到 BYTE、2 字节的 UINT 到 WORD 等。

例 2-2　数据类型转换函数示例

```
USINT_TO_BCD（25）=2#0010_0101;
BCD_TO_UINT（2#0001_0110_1000）=168;
```

（4）类型转换类函数的输入或输出是 STRING 或 WSTRING 时，字符串内容应符合相应数据的标称格式。

例 2-3　字符串数据的类型转换函数示例

```
STR:=DINT_TO_STRING（DINT#16#AAAA）;
I1:=STRING_TO_INT（'123'）;
```

在例 2-3中，STR 是字符串数据类型，运行结果是内存中十六进制串‘AAAA’相应真值的字符串‘43690’，即将内存中的‘AAAA’作为 DINT 即 32 位整数解释后得到的字符串值。

（5）数据类型范围不一致时的特殊处理，例如转换到 SINT 越界时会对数值取模，负数转成无类型数据时结果为其补码值（INT_TO_USINT(−1)=255）。

2.2.2　数值类函数

数值类函数（Numerical Function）用于对数值变量进行数学运算，位于 HPAC 软件“功能块库”标签下的“数学式”分类下。数值类函数的标准图形形式、函数名、参数类型和描述见表 2-4。

数值标准函数包括绝对值（ABS）、平方根（SQRT）、自然对数（LN）、常用对数（LOG）、自然指数（EXP）、正弦（SIN）、余弦（COS）、正切（TAN）、反正弦（ASIN）、反余弦（ACOS）和反正切（ATAN）11 种，数值类函数的输入和输出数据类型基本是相同的。使用数值类函数的注意事项如下：

（1）除绝对值函数是 ANY_NUM 外，其他数值类函数的输入、输出都是一般实数类型的 ANY_REAL。

（2）正弦、余弦、正切函数的输入参数以弧度为单位，通过反正弦、反余弦、反正切函数计算获得角度值。

（3）LN 是自然对数，EXP 是自然指数，都以自然对数 e 为基。

（4）数值类函数只有一个输入变量和一个返回值。

（5）数值类函数的运算结果与输入数据的类型相同。

（6）数值类函数支持参数过载和使能控制，但不支持参数扩展。

表 2-4　数值类函数表示示例

图形表示			文本表示
[B]—[SIN IN OUT]—[A]			A:=SIN（B）;
序号	函数名	输入、输出类型	描述
一般函数			
1	ABS	ANY_NUM	绝对值
2	SQRT	ANY_REAL	平方根
对数函数			
3	LN	ANY_REAL	自然对数
4	LOG	ANY_REAL	以 10 为底的对数
5	EXP	ANY_REAL	自然指数
三角函数			
6	SIN	ANY_REAL	以弧度输入的正弦函数
7	COS	ANY_REAL	以弧度输入的余弦函数
8	TAN	ANY_REAL	以弧度输入的正切函数
9	ASIN	ANY_REAL	反正弦角度值
10	ACOS	ANY_REAL	反余弦角度值
11	ATAN	ANY_REAL	反正切角度值

2.2.3　算术类函数

算术类函数（Arithmetic Function）包括加（ADD）、减（SUB）、乘（MUL）、除（DIV）、模除（MOD）、幂（EXPT）和赋值（MOVE）等，位于 HPAC 软件“功能块库”标签下的“运算”分类下。算术类函数的标准图形形式、函数名、符号及描述见表 2-5。

使用算术类函数的注意事项如下：

（1）输入变量和输出变量的数据类型都是 ANY_NUM，都只有一个返回值。

（2）MOVE 函数将输入变量的数据移动赋值到函数的返回值，即 OUT:=IN。

（3）如果数值越界或企图除以零则会出错。

（4）除了加和乘运算可以有多个输入变量，赋值函数只有一个输入变量外，其他函数均为两个输入变量，例如 IN1-IN2、IN1/IN2、IN1 MOD IN2 等，加和乘函数称为可扩展的算术函数。

（5）输入、输出变量的数据类型相同，例如，整数除法的结果是整数，实数除法的结果也是实数。

（6）模除操作只对整数有效。

表 2-5　算术类函数表示示例

图形表示				文本表示
ADD B — IN1 OUT — A C — IN2 F — IN3				A:=ADD（B，C，F）; 或 A:=B+C+F;
序号	函数名		符号	描述
可扩展的算术函数				
1	加	ADD	+	OUT:=IN1+IN2+···+INn
2	乘	MUL	*	OUT:=IN1*IN2*···*INn
不可扩展的算术函数				
3[①]	减	SUB	−	OUT:=IN1−IN2
4[②]	除	DIV	/	OUT:=IN1/IN2
5[③]	模除	MOD		OUT:=IN1 MOD IN2
6[④]	幂	EXPT	**	指数：OUT:= $IN1^{IN2}$
7[⑤]	赋值	MOVE	:=	OUT:=IN

注：① 减法的一般类型是 ANY_MAGNITEDE。

② 整数相除的结果是相同数据类型的整数，向零截断取位。例如，$5/2=2, (-5)/2=-2$。

③ 对模除函数，IN1 和 IN2 应是一般类型的 ANY_INT。该函数的计算结果等效于执行下列语句：IF(IN2=0) THEN OUT :=0;ELSE OUT:=IN1−(IN1/IN2)*IN2;END_IF。

④ 对幂函数，IN1 数据类型是 ANY_REAL，IN2 数据类型是 ANY_NUM，输出与 IN1 的数据类型相同。

⑤ 赋值函数有一个数据类型 ANY 的输入 IN 和一个数据类型 ANY 的输出 OUT。

2.2.4　位串类函数

位串类函数（Bit String Function）包括位串移位函数和位串按位布尔函数。

1. 位串移位函数

位串移位函数（Bit Shift Function）位于 HPAC 软件“功能块库”标签下的“位移”分类下，均有两个输入变量，第 1 个变量是需要移位的位串，数据类型是 ANY_BIT，表示位串可以是 BOOL、BYTE、WORD、DWORD 和 LWORD 等；第 2 个变量是移动的位数，数据类型是 ANY_INT；函数返回值仍是位串，数据类型是 ANY_BIT。位串移位函数的格式如下：

RESULT:= 位串函数名（IN:= 输入的位串，N:= 移动位数）。

表 2-6给出了位串移位函数表示示例。

表 2-6 位串移位函数表示示例

图形表示		文本表示
B —[SHL IN OUT]— A；4 —N		A:=SHL（IN:=B，N:=4）;
序号	函数名	示例
1	SHL	A:=SHL（IN:=B，N:=4）；输入位串 B 左移 4 位，右边填 0
2	SHR	A:=SHR（IN:=B，N:=5）；输入位串 B 右移 5 位，右边填 0
3	ROL	A:=ROL（IN:=B，N:=2）；输入位串 B 循环左移 2 位
4	ROR	A:=ROR（IN:=B，N:=3）；输入位串 B 循环右移 3 位

使用位串移位函数的注意事项如下：

（1）移位函数分为不循环左移（SHL）、不循环右移（SHR）、循环左移（ROL）、循环右移（ROR）4 种。

（2）SHL 函数将输入位串 IN 左移 N 位，右边填 0，N 是整数；

（3）SHR 函数将输入位串 IN 右移 N 位，左边填 0，N 是整数；

（4）ROL 函数对输入位串 IN 循环移位 N 位，N 是整数；

（5）ROR 函数对输入位串 IN 循环移位 N 位，N 是整数。

例 2-4 位串移位例

```
IF SHL（WORD#1, 2） = WORD#4 THEN
（* 此处代码会执行 *）
END_IF1
```

2. 位串按位布尔函数

按位布尔函数（Bitwise Boolean Function）位于 HPAC 软件“功能块库”标签下的“位操作”分类下，主要用于对位串进行逻辑运算，如“与”“或”“非”和“异或”运算。表 2-7给出了按位布尔函数表示示例。

使用位串按位布尔函数的注意事项如下：

（1）按位布尔函数可采用函数名或符号两种文本形式，其符号为 &，符号形式的示例为：OUR:=IN1&IN2&⋯IN_n;，函数名形式为：OUT:=AND(IN1, IN2, ⋯, INn);。

（2）OR 和 XOR 函数文本表示只能用函数名形式，不能用符号形式。

（3）IN1，IN2，⋯，INn 符号表示输入，OUT 表示函数的返回值。

（4）除了 NOT 非运算函数外，其他按位布尔函数都是可扩展的函数，即有两个或两个以上的输入和支持过载数据类型 ANY_BIT。

表 2-7 按位布尔函数表示示例

符号	函数名	图形表示	文本符号表示	文本函数表示
&	AND	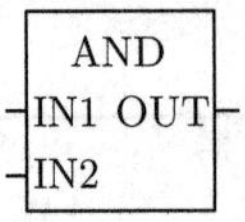 AND IN1 OUT IN2	OUR:=IN1&IN2&···INn;	OUT:=AND（IN1，IN2，···，INn）;
	OR	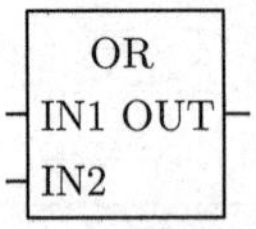 OR IN1 OUT IN2	不能表示	OUT:=OR（IN1，IN2，···，INn）; OUT:=IN1 OR IN2···OR INn;
	XOR	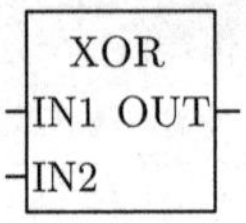 XOR IN1 OUT IN2	不能表示	OUT:=XOR（IN1，IN2，···，INn）; OUT:=IN1 XOR IN2···XOR INn;
	NOT	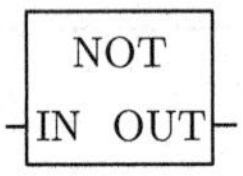 NOT IN OUT	不能表示	OUT:=NOT IN;

2.2.5 选择和比较类函数

1. 选择类函数

选择类函数（Selection Function）位于 HPAC 软件“功能块库”标签下的“选择”分类下，根据条件来选择输入信号作为输出返回值。选择的条件包括单路或多路选择，输入信号本身的最大、最小、限值等。表 2-8给出了选择类函数表示示例。

表 2-8 选择类函数表示示例

序号	图形表示	功能说明及文本表示
1	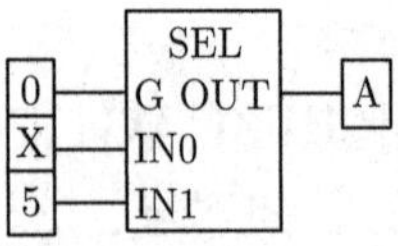 SEL 0 — G OUT — A X — IN0 5 — IN1	两路选择：根据 G 值取输入之一作为输出 OUT:=IN0 IF G=0 OUT:=IN1 IF G=1 示例： A:=SEL（G:=0，IN0:=X，IN1:=5）; 结果等效于 A:=X;
2	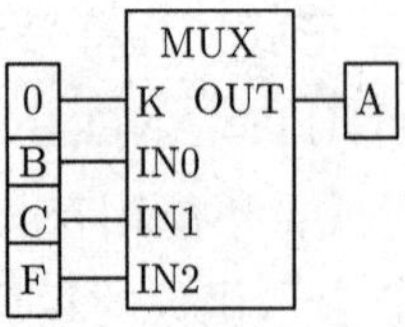 MUX 0 — K OUT — A B — IN0 C — IN1 F — IN2	可扩展多路选择器： 根据输入 K，选择 N 个输入中的一个。 示例： A:=MUX（0，B，C，F）; 结果等效于 A:=B;

续表

序号	图形表示	功能说明及文本表示
3	MAX: B—IN1 OUT—A; C—IN2; F—IN3	可扩展的最大函数：输入的最大值作为输出 OUT:=MAX（IN1，IN2，⋯，INn）; 示例： A:=MAX（B，C，F）;
4	MIN: B—IN1 OUT—A; C—IN2; F—IN3	可扩展最小函数；输入的最小值作为输出 OUT:=MIN（IN1，IN2，⋯，INn）; 示例： A:=MIN（B，C，F）;
5	LIMIT: 0—MN OUT—A; B—IN; 5—MX	限值器：输出被限制在最大值和最小值之间 OUT:=LIMIT（MAX（IN，MN），MX）; 示例： A:=LIMIT（MN:=0，IN:=B，MX:=5）;

使用选择类函数的注意事项如下：

（1）按从上到下的顺序，IN1，IN2，⋯，INn 符号表示输入，其中 n 是输入变量的总数，OUT 表示函数的返回值。

（2）除 SEL 选择类函数的 G 输入和 MUX 多路选择器的 K 输入外，其他选择类函数中的输入必须为相同的数据类型。

（3）选择类函数运算返回值的数据类型与输入相同。

2. 比较类函数

比较类函数（Comparison Function）位于 HPAC 软件“功能块库”标签下的“比较”分类下，用于比较多个输入变量数值的大小。表2-9给出了比较类函数表示示例。

使用比较类函数的注意事项如下：

（1）比较类函数采用文本形式时，有函数名和符号两种形式。以 GT 为例，符号表示为：$OUT := (IN1 > IN2)\&(IN2 > IN3)\&\cdots\&(INn-1 > INn)$，函数名表示为：$OUT := GT(IN1，IN2，\cdots，INn)$。

（2）从上到下顺序 IN1，IN2，⋯，INn 符号表示输入，OUT 表示输出的返回值。

（3）所有比较类函数返回值的数据类型是布尔类型。

（4）字符串的比较从最高有效位（最左）开始，逐位向最低位（最右）比较，因此“ABC”比“BCA”小。

（5）比较类函数的符号在文本类编程语言中也可作为操作符号使用。

表 2-9 比较类函数表示示例

图形形式			文本形式的示例
B—IN1 GT OUT—A C—IN2 F—IN3			A：=GT（B，C，F）；或 A:=（B>C）&（C>F）；
序号	符号	函数名	示例
1	>	GT	递减序列：OUT :=（IN1>IN2）&（IN2>IN3）&···&（INn-1>INn） OUT:=GT（IN1，IN2，···，INn）
2	>=	GE	单调序列：OUT :=（IN1>=IN2）&（IN2>=IN3）&···&（INn-1>=INn） OUT:=GE（IN1，IN2，···，INn）
3	=	EQ	相等：OUT :=（IN1 = IN2）&（IN2=IN3）&···&（INn-1=INn） OUT:=EQ（IN1，IN2，···，INn）
4	<=	LE	单调序列：OUT :=（IN1<=IN2）&（IN2<=IN3）&···&（INn-1<=INn） OUT:=LE（IN1，IN2，···，INn）
5	<	LT	递增序列：OUT :=（IN1<IN2）&（IN2<IN3）&···&（INn-1<INn） OUT:=LT（IN1，IN2，···，INn）
6	<>	NE	不相等：OUT :=（IN1<>IN2） OUT:= NE（IN1，IN2）

2.2.6 字符串类函数

字符串类函数（Character String Function）位于 HPAC 软件“功能块库”标签下的“字符串”分类下，用于对字符串进行处理，例如确定字符串的长度、截取等，处理后的新字符串作为该函数的返回值，生成操作员可读的报文或信息。表 2-10给出了字符串类函数表示示例。

表 2-10 字符串类函数表示示例

函数	图形形式	文本形式示例
字符串长度 ①	LEN —IN OUT—	A := LEN（‘Finished’）; 等效于 A := 8;
截取 IN 的最左边 L 个字符	LEFT —IN OUT— —L	A := LEFT（IN := ‘Finished’，L := 3）; 等效于 A := ‘Fin’;

续表

函数	图形形式	文本形式示例
截取 IN 的最右边 L 个字符	RIGHT IN OUT L	A := RIGHT（IN := 'Finished'，L := 3）; 等效于 A := 'hed';
截取 IN 的 L 个字符，开始于第 P 个字符	MID IN OUT L P	A := MID（IN := 'Finished'，L := 3，P := 2）; 等效于 A := 'ini';
字符串串联扩展	CONCAT IN1 OUT IN2	A := CONCAT（'Fin'，'ish'，'ed'）; 等效于 A := 'Finished';
将 IN2 插入 IN1，从 IN1 的第 P 个字符后面插入	INSERT IN1 OUT IN2 P	A := INSERT（IN := 'Fished'，IN2 := ni，L := 3）; 等效于 A := 'Finished';
从 IN1 的第 P 个字符开始，IN2 替换 IN1 的 L 个字符	REPLACE IN1 OUT IN2 L P	A := REPLACE（IN1 := 'Finished'，IN2 := 'y'， L := 2，P := 3）; 等效于 A := 'Finished';
寻找 IN1 中 IN2 第一次出现的位置，如果未找到，则 OUT 为空值②	FIND IN1 OUT IN2	A := FIND（IN1 := 'Finished'，IN2 := 'ini'）; 等效于 A := 2;

注：① HPAC 中替换为 SLEN 功能块。
② HPAC 中替换为 SFIND 功能块。

使用字符串类函数的注意事项如下：

（1）字符串的位置从最左依次为 1，2，3，···，L，L 是字符串的长度。

（2）字符串类函数中，用于定位开始的变量应是大于零的整数，若存取在字符串中不存在的字符位置时，则返回空值。

（3）目前版本的 HPAC 中字符串查找和求长度分别用 SFIND 和 SLEN 功能实现（在表 8-1 的数据访问插件中），见例 2-5。

例 2-5 字符串操作示例

在例 2-5中，如果匹配 “SPD=” 成功则用 RIGHT 函数截断所需信息，如果 SFIND 输出 −1，则表示匹配不成功，则 GT 函数的输出不会使能 RIGHT 函数，此时字符串变量 “sspd” 保留为缺省值 0.0。

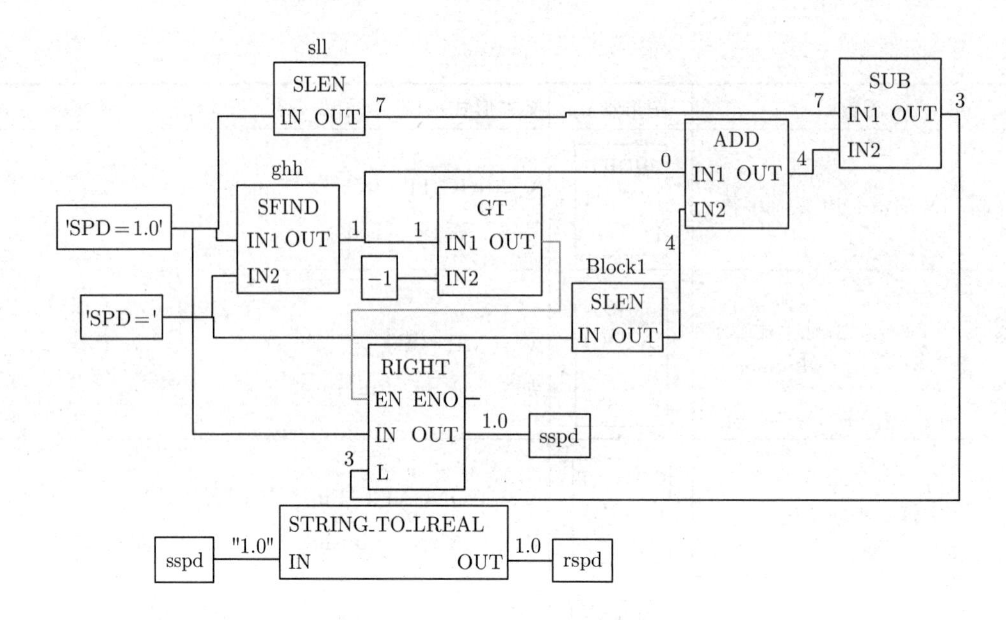

2.2.7 时间数据类型函数

时间数据类型函数（Function of Time Data Types）包括时间类型转换函数、时间算术函数、时间字符串串联函数等（见表 2-11）。

表 2-11 时间数据类型函数

时间类型转换函数					
序号	函数名	功能描述			
1	DT_TO_TOD	DT 类数据转换为 TOD 类数据			
2	DT_TO_DATE	DT 类数据转换为 DATE 类数据			
时间算术函数					
序号	函数名	符号	IN1	IN2	OUT
1a	ADD	+	TIME	TIME	TIME
1b	ADD_TIME	+	TIME	TIME	TIME
2a	ADD	+	TIME_OF_DAY	TIME	TIME_OF_DAY
3a	ADD	+	DATE_AND_TIME	TIME	DATE_AND_TIME
4a	SUB	−	TIME	TIME	TIME
4b	SUB_TIME	−	TIME	TIME	TIME
5a	SUB	−	DATE	DATE	TIME
6a	SUB	−	TIME_OF_DAY	TIME	TIME_OF_DAY
7a	SUB	−	TIME_OF_DAY	TIME_OF_DAY	TIME
8a	SUB	−	DATE_AND_TIME	TIME	DATE_AND_TIME
9a	SUB	−	DATE_AND_TIME	DATE_AND_TIME	TIME
10a	MUL	*	TIME	ANY_NUM	TIME
11a	DIV	/	TIME	ANY_NUM	TIME
时间字符串串联函数					
序号	函数名	符号	IN1	IN2	OUT
1	CONCAT_DATE_TOD		DATE	TIME_OF_DAY	DATE_AND_TIME

1. 时间类型转换函数

时间类型转换函数分为 DT 到 TOD 的转换和 DT 到 DATE 的转换两种，分别提取日期和时刻数据一天中的时间或仅提取日期，位于 HPAC 软件“功能块库”标签下的“类型转换”分类的最后。

2. 时间算术函数

时间算术函数位于 HPAC 软件“功能块库”标签下的“时间”分类下，可以实现持续时间数据类型与其他时间类型的算术运算，例如 TOD 数据与 TIME 数据进行 ADD 函数运算的结果是 TOD 数据，TIME 数据与 ANY_NUM 数据调用 MULTIME 进行乘运算的结果是 TIME 数据等。

3. 时间字符串串联函数

CONCAT_DATE_TOD 将日期和一天中的时间串联成日期和时刻数据类型，位于 HPAC 软件“功能块库”标签下的“字符串”分类下。

例 2-6中使用功能块 SYS_TIM 获得系统时间，该功能块有 DT 和 ULING 类型两个输出，ULINT 是当前时间到 1970-01-01 零点的时间差，例 2-7可以转成 DT 数据类型。

例 2-6 系统时间示例

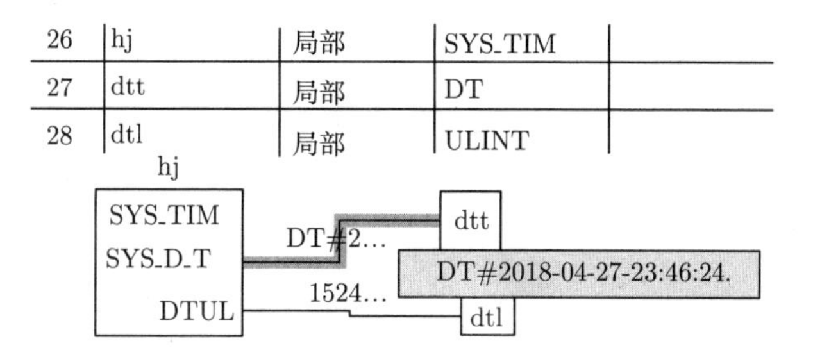

例 2-7 时间转换函数

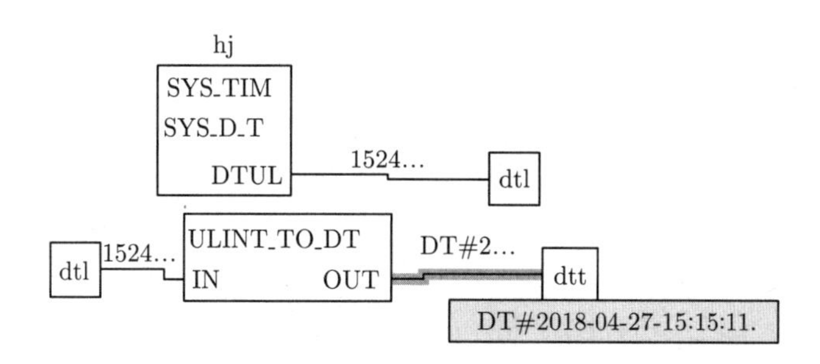

2.2.8 枚举数据类型函数

枚举数据类型函数（Function of Enumerated Data Type），主要有表 2-8中的 SEL、MUX 和表 2-9 中的 EQ、NE 等几个函数可支持枚举类型，使用时注意输入应与枚举个数相同，HPAC 不支持枚举类型，只能用整数调用这些函数。

2.3 功 能 块

功能块（Function Block）是最为常见的 POU，在控制系统中，功能块一般封装了某种控制算法或功能。

从面向对象的角度看，用户自定义功能块相当于定义了一个类。对功能块的引用则相当于类的一个实例，不同实例的状态是独立的。功能块使用时应声明功能块类型的实例变量，再用该实例名来调用相应的功能块，对一个实例的操作不会改变另一个同类型功能块实例的状态。

功能块实例具有内部、接口等变量结构。实例的输出变量和内部变量的状态值从本次执行会一直保持到实例的下一次执行，实例的外部只有输入和输出变量是可见的，实例的内部变量对调用者来说是不可见的。与函数不同，功能块的接口不支持数据类型的过载，这样在对基础库功能块做标准化定义时接口数据类型是固定的。

2.3.1 功能块的表示

与函数一样，功能块也可以使用文本或图形形式。功能块定义在 FUNCTION_BLOCK···END_FUNCTION_BLOCK 结构中，包括功能块名、功能块变量声明和功能块本体代码。

功能块变量声明包括输入变量、输出变量、外部变量、内部变量声明等。功能块本体是由标准定义的文本或图形类编程语言编写的程序（包括 SFC 语言）。功能块实例与 C++ 的对象一样，具有功能块所有数据成员的存储空间和被定义的有关算法。

功能块与函数的区别如下：功能块没有返回值，但可以有多个输出变量，而函数刚好相反；功能块允许使用 VAR、VAR_INPUT、VAR_IN_OUT、VAR_OUTPUT、VAR_EXTERNAL 等类型的变量；功能块具有记忆功能；用相同的输入变量调用功能块时，功能块的输出与其实例的属性和它引用的外部变量状态有关，而函数只与输入有关，无内部状态和记忆能力。

例 2-8 自定义功能块

本例定义了名为 DELAY_OFF 的衍生功能块，代码如图 2-3（a）所示，实现了延时断开功能：IN 接通 OUT 立即输出 TRUE 并保持，经 IN_TIME 秒后 TON1 输出 TRUE 复位 RS1，则 OUT 为 FALSE，实现了延时断开。DELAY_OFF 功能块的使用如图 2-3（b）所示，当 b 为 TRUE 后，变量 o 立刻为真，5s 后复位为假。

用 FBD 编写的 DELAY_OFF 功能块代码构建后可以生成例 2-9的 ST 代码，可以把 ST 代码复制粘贴到用 ST 语言实现的 DELAY_OFF2 功能块中，与例 2-8 在功能上是相同的，FBD 和 ST 可分别看成是模型及其生成的代码。

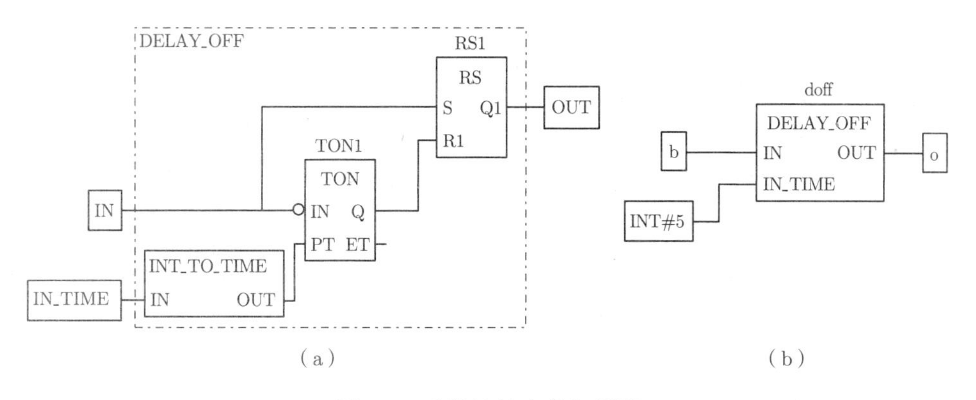

图 2-3 功能块的定义和调用

(a) 功能块本体；(b) 功能块调用

例 2-9 图 2-3 生成的 ST 代码

```
FUNCTION_BLOCK DELAY_OFF2
  VAR_INPUT
    IN : BOOL;
    IN_TIME : INT;
  END_VAR
  VAR_OUTPUT
    OUT : BOOL;
  END_VAR
  VAR
    RS1 : RS;
    TON1 : TON;
    INT_TO_TIME4_OUT : TIME;
  END_VAR

  INT_TO_TIME4_OUT := INT_TO_TIME (IN_TIME) ;
  TON1 (IN := NOT (IN) , PT := INT_TO_TIME4_OUT) ;
  RS1 (S := IN, R1 := TON1.Q) ;
  OUT := RS1.Q1;
END_FUNCTION_BLOCK
```

直接调用 TON1(IN := NOT(IN), PT := INT_TO_TIME(IN_TIME),Q=>OUT);。一句话就可以实现例 2-9 的功能，可见手工编程一般比模型生成代码更为精简。

功能块实例的作用域属于实例所在的 POU，可在该 POU 内调用实例属性，具体规则如下：

（1）功能块实例的图形表示方法与函数的图形表示方法类似，都是矩形框。

（2）布尔输入可以选用属性上升沿检测和下降沿检测或否定（思考函数为什么不能进行边沿检测）。

（3）由于功能块允许调用函数及功能块，如例 2-9中 RS1(S:=IN,R1:=TON1.Q)，所以也可将功能块实例调用 TON1.Q 作为功能块实例 RS1 的输入变量。

（4）标准功能块的参数名可能厂商实现略有区别，以实际编程软件为主。

（5）功能块输入的不赋值和不连接表示使用初始值。

（6）功能块中不能声明 VAR_GLOBAL 变量，也不能声明掉电保持属性。

（7）VAR_EXTERNAL 型的功能块变量是对全局变量的引用，功能块内部的修改也会改变全局变量的值。

（8）功能块实例的输入和输出能够保持其值，直到下一次调用。

（9）输入、输出变量名称在图形符号的左右两边均会显示。

（10）功能块的 EN 和 ENO 行为属性与函数相同。

功能块中不能使用直接变量，也不能定义 VAR_ACCESS 或 VAR_GLOBAL 类型的变量，但可以用 VAR_EXTERNAL 引用一个全局变量或直接变量。在传统的硬 PLC 中，功能块通常会依赖全局数据区，IEC 61131-3 为 PLC 引入了现代软件工程的一些理念，如果功能块内部不依赖全局、直接、输入输出或通信变量，功能块就具有面向对象的封装特性，可以独立于外部环境而存在，甚至形成跨编程平台的标准化组件。

对功能块输入、输出变量的赋值规则见表 2-12，标准不允许在功能块内对输入变量赋值（HPAC 中允许，但建议按标准执行），功能块实例的示例见表 2-13。

表 2-12　功能块接口变量用法示例

用法	功能块内部	功能块外部
读输入	IF EN THEN...	不允许
对输入赋值	不允许	FB_INST（IN1 := A，IN2 := B）;
读输出	OUT := OUT AND NOT IN2;	C := FB_INST.OUT;
对输出赋值	OUT := 1;	不允许
读输入、输出	IF INOUT THEN...	IF FB1.INOUT THEN···
对输入、输出赋值	INOUT := OUT OR IN1	FB_INST（INOUT := 0）;

与 C++类和对象的概念类似，功能块被定义成了一个独立的、封装了数据结构及操作此数据结构的算法软件模块；与 Simulink 等功能块网络模型类似，功能块可以看成是具有唯一函数成员的特殊类（这一点与 C++不同），可创建功能块的实例，实例间的内部状态相互独立，对实例的调用就是对其唯一函数成员的访问。

在 PLC 应用开发过程中，主要时间都用于编写各种用户自定义功能块。自定义的功能块也被称为衍生功能块，由标准功能块和函数共同构成，图 2-3即为由 TON、RS 功能块和 INT_TO_TIME 函数组合编写的衍生功能块。

表 2-13 功能块实例的示例

表示形式	示例 1	示例 2
图形（FBD 语言）	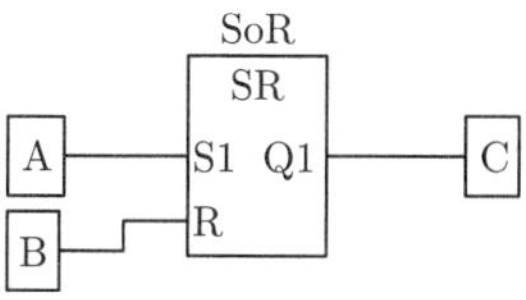 SoR SR A — S1 Q1 — C B — R	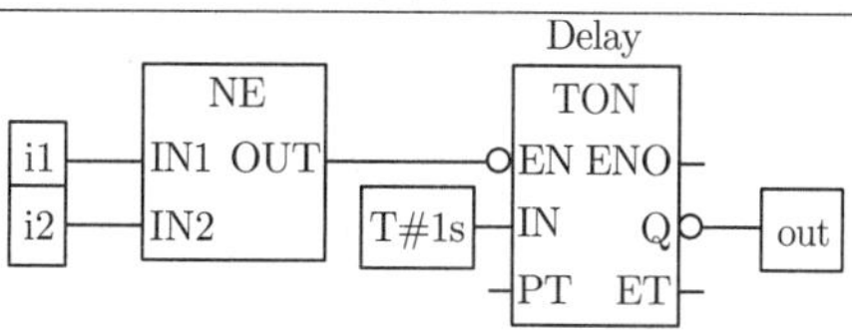 Delay NE: i1 — IN1 OUT, i2 — IN2 TON: OUT —o EN ENO; T#1s — IN Q o— out; PT ET
文本（ST 语言）	VAR A，B，C:BOOL; Sor: SR;（* SR 功能块实例 *） END_VAR SoR（S1:=A，R:=B）;（* 调用 SoR *） C:=SoR.Q1;（* 赋值输出 *）	VAR i1，i2，out:BOOL;（* 内部变量声明 *） Delay：TON;（* Delay是TON功能块实例名 *） END_VAR Delay（EN:=NOT（i1<>i2），IN:=T#1s, NOT Q =>out）;（* 调用 Delay *）

2.3.2 功能块的特性

1. 记忆功能

功能块有输入变量、输出变量和外部变量等完整的接口。功能块的不同示例具有独立的内部状态，输出变量的值是其内部状态和外部变量共同作用的结果，不具有参数依赖性。

功能块的记忆功能还表现为：

（1）功能块实例的输入参数在下次调用前保持不变。

（2）功能块实例的输出参数在两次调用之间保持不变。

功能块的记忆功能对一些需要保持特定状态的功能块非常重要，例如 RS、SR 双稳态触发功能块及计数器功能块等，它们的输出取决于输入和功能块内部状态（触发器当前状态或计数器的当前计数值等）的共同作用。

2. 结构体功能

功能块实例化的同时也得到了一个结构体对象，其表现为：

（1）可包含定时器或计数器的实际状态，每个实例都是一个独立对象，其内部状态也是独立的。

（2）可像结构体一样描述功能块的调用接口，如输入变量、输出变量等。

HPAC 可利用功能块的结构体功能进行结构体变量的调试（见 11.2.6 节）。

3. 调用功能

如前所述，功能块可以看成是只有唯一函数成员的特殊的类，对实例调用就是对该函数的调用。调用功能块时，有关的形参用实参代入，从实例的输出变量获取运算结果。例如图 2-3中有 TON1 和 RS1 两个功能块实例，它们分别是 TON 和 RS 的实例，在功能块本体调用了这两个功能块，调用后其输出可以用“实例名. 输出变量名”的形式表示，例如 TON 功能块的实例名为 TON1，则其输出用 TON1.Q 表示。

4. 使能控制功能

功能块具有 EN 及 ENO 属性，与函数中 EN 和 ENO 的使用方法类似。

2.4 标准功能块

标准功能块是 IEC 61131-3 规定的由编程系统实现的基础功能块，主要有双稳元素、边沿检测、计数器和定时器功能块等，以下功能块位于 HPAC 软件“功能块库”标签下的“标准功能类型”分类下（“附加功能类型”分类下的积分，比例、积分、微分（PID）控制，斜坡等功能块不做介绍）。

2.4.1 双稳元素功能块

双稳元素（Bistable Element）功能块输出稳态 0 或者 1，有置位和复位两个输入，根据输入均为 1 时输出稳态值的不同，分为置位优先（SR 稳态输出 1）和复位优先（RS 稳态输出 0）两种。表 2-14给出了它们的图形表示和实现代码。

表 2-14 双稳元素功能块的图形表示和实现代码

图形表示	图形示例	文本代码
置位优先的双稳元素功能块		
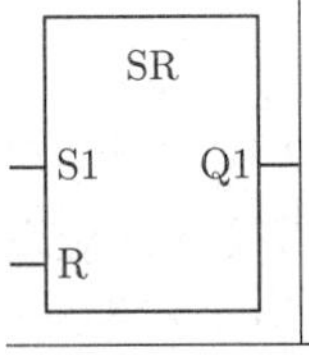 SR S1 Q1 R	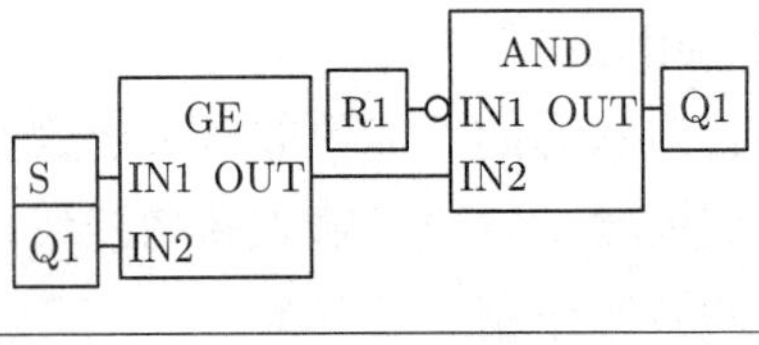 S, Q1 → GE (IN1 OUT, IN2)；R1 →o AND (IN1 OUT, IN2) → Q1	FUNCTION_BLOCK SR VAR_INPUT S1，R：BOOL；END_VAR； VAR_OUTPUT Q1：BOOL；END_VAR； Q1 := S1 OR （NOT R AND Q1）； END_FUNCTION_BLOCK
复位优先的双稳元素功能块		
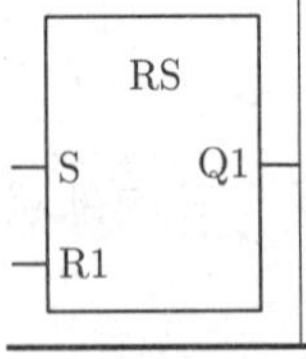 RS S Q1 R1	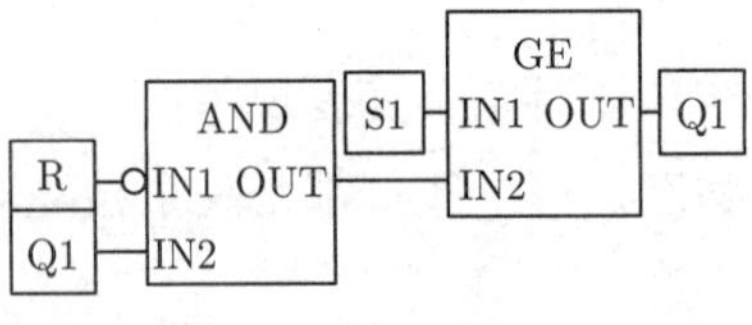 R →o AND (IN1 OUT, IN2) ← Q1；S1 → GE (IN1 OUT, IN2) → Q1	FUNCTION_BLOCK RS VAR_INPUT S，R1：BOOL；END_VAR； VAR_OUTPUT Q1：BOOL；END_VAR； Q1 := NOT R1 AND （S OR Q1）； END_FUNCTION_BLOCK

双稳元素功能块使用的注意事项如下：

（1）在双稳元素功能块类型名中，S 在前表示置位优先，即 SR 表示置位优先双稳元素功能块，R 在前表示复位优先，即 RS 表示复位优先双稳元素功能块。同样在输入变量名中，添加 1 表示该变量是优先的，因此 S1 表示置位优先的 S 端，R1 表示复位优先的 R 端。

（2）双稳元素功能块具有记忆功能。例如，对 RS 功能块，当输入变量 S 从 1 变到 0 后，输出能够对功能块的状态记忆，其输出 Q1 变为 1，并能够保持到输入变量 R1 为 1，一旦 R1 从 1 变回 0，输出 Q1 仍能够保持其输出为 0。

2.4.2 边沿检测功能块

边沿检测（Edge Detection）功能块用于对输入信号的上升沿和下降沿进行检测，分为上升沿检测和下降沿检测两种功能块。表 2-15给出了边沿检测功能块的图形表示和实现代码。

表 2-15　边沿检测功能块的图形表示和实现代码

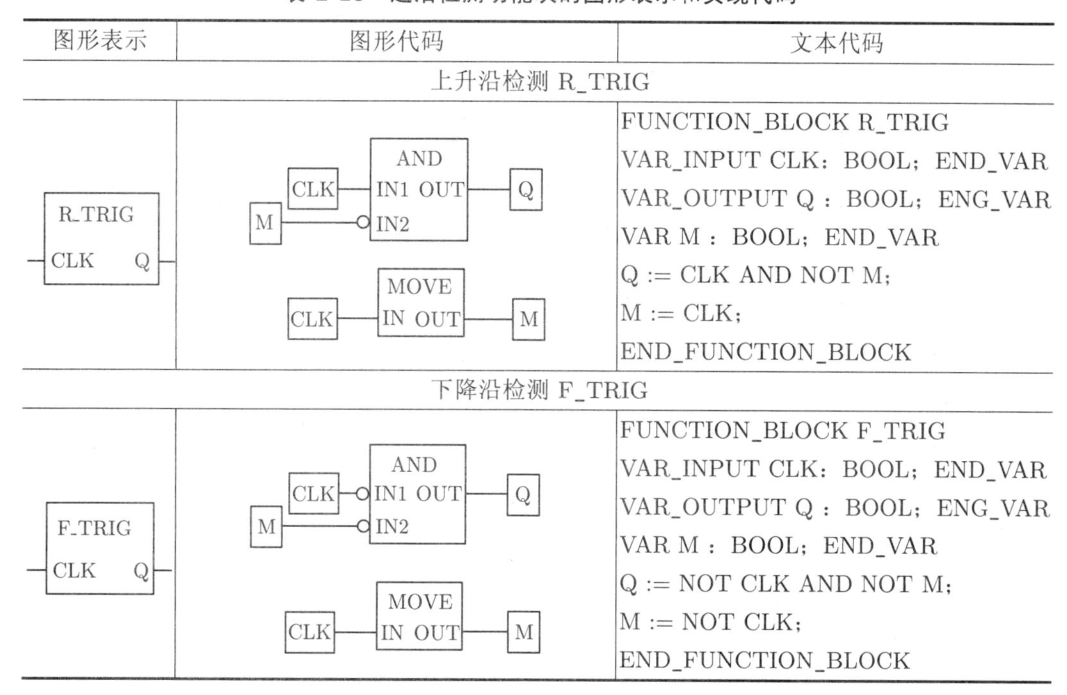

图形表示	图形代码	文本代码
上升沿检测 R_TRIG		
R_TRIG CLK　Q	AND: CLK—IN1, M—○IN2, OUT—Q MOVE: CLK—IN, OUT—M	FUNCTION_BLOCK R_TRIG VAR_INPUT CLK：BOOL；END_VAR VAR_OUTPUT Q ：BOOL；ENG_VAR VAR M ：BOOL；END_VAR Q := CLK AND NOT M; M := CLK; END_FUNCTION_BLOCK
下降沿检测 F_TRIG		
F_TRIG CLK　Q	AND: CLK—○IN1, M—○IN2, OUT—Q MOVE: CLK—IN, OUT—M	FUNCTION_BLOCK F_TRIG VAR_INPUT CLK：BOOL；END_VAR VAR_OUTPUT Q ：BOOL；ENG_VAR VAR M ：BOOL；END_VAR Q := NOT CLK AND NOT M; M := NOT CLK; END_FUNCTION_BLOCK

边沿检测功能块使用的注意事项如下：

（1）边沿检测功能块对输入信号的变化灵敏，用于检测输入信号的跳变，输出是宽度为一个扫描周期的脉冲信号。

（2）上升沿检测 R_TRIG 功能块的输出 Q 随 CLK 输入从 0 到 1 转换，在 PLC 当前扫描周期保持布尔值为 1，在下一个扫描周期返回 0。

（3）下降沿检测 F_TRIG 功能块的输出 Q 随 CLK 输入从 1 到 0 转换，在 PLC 当前扫描周期保持布尔值为 1，在下一个扫描周期返回 0。

（4）在冷启动的第一次执行时，如果 R_TRIG 实例的 CLK 输入为 1 或 F_TRIG 实例的 CLK 输入为 0，则 Q 被置 1。

（5）边沿检测功能块也可用设置变量的边沿检测属性实现。

2.4.3 计数器功能块

计数器（Counter）功能块有加计数器、减计数器和加减计数器3种，它们的图形表示和实现代码见表2-16。HPAC的计数器预设值PV是INT类型，可根据需要将计数器功能块类型化，例如双整数加计数器功能块CTU_DINT等。

表 2-16 计数器功能块的图形表示和实现代码

图形表示	输入参数	输出参数
CTU CU Q R CV PV	CU 上升沿加计数脉冲 R 下复位 PV 预设值（INT）	Q 完成 CV 当前计数值
CTD CD Q LD CV PV	CD 上升沿减计数脉冲 LD 上复位 PV 预设值（INT）	Q 完成 CV 当前计数值
CTUD CU QU CD QD R CV LD PV	CU 上升沿加计数脉冲 CD 上升沿减计数脉冲 R 下复位 LD 上复位 PV 预设值（INT）	QU 上完成 QD 下完成 CV 当前计数值

加计数器输入变量CU是上升沿触发的计数脉冲信号（图形表示中用“>”表示边沿触发的脉冲信号），复位输入R用于将加计数器的计数值恢复到零。每次计数脉冲的上升沿，加计数器将计数值CV加1。当CV大于或等于设定值PV时，输出Q被置1，CV输出不再变化。

减计数器输入变量CD是上升沿触发的计数脉冲信号，复位输入LD用于将减计数器的当前计数值恢复到计数设定值PV。每次计数脉冲的上升沿，减计数器将当前计数值CV减1。当计数值小于或等于零时，输出Q被置1，CV输出不再变化。

加减计数器是上述两个功能块的合并，输入变量CU是加计数的脉冲信号，输入变量CD是减计数的脉冲信号，复位变量R用于将计数值CV置为0，复位变量LD用于将CV置为PV。每次CU计数脉冲的上升沿使CV加1，每次CD计数脉冲的上升沿使CV减1。当计数值CV大于或等于PV，则QU被置1；如果计数值CV小于或等于零，则QD被置1。QU或QD置1后，计数器CV输出不再变化。

使用计数器功能块的注意事项如下：

（1）由于功能块不支持数据类型的过载，对其他数据类型的计数器需单独实现，标准规定应在计数器功能块名后添加类型名，例如 CTU_DINT（HPAC 只有 INT 版本的 CTU 功能块）。

（2）计数器触发的脉冲信号都是上升沿触发脉冲。上升沿触发脉冲信号变量的附加属性是 R_EDGE，在变量声明段应予以声明。在图形符号表示中，上升沿触发脉冲信号用“>”表示。

（3）加计数器、减计数器和加减计数器的当前计数值都是输出变量 CV，它是阶梯变化的数值，设定的计数值都从 PV 输入。

2.4.4 定时器功能块

定时器（Timer）功能块用定时器实现接通延迟、断开延迟和定时脉冲。表 2-17给出了 3 类定时器的图形形式和描述。

表 2-17 定时器的示例

名称	图形示例	文本示例
接通延迟定时器	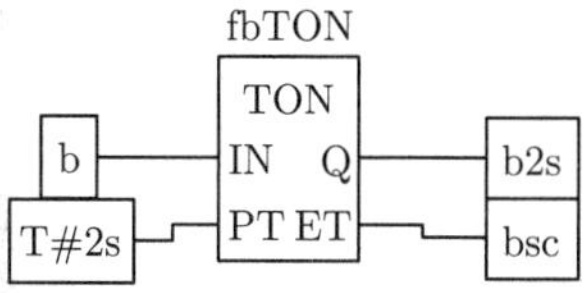 fbTON TON b — IN Q — b2s T#2s — PT ET — bsc	fbTON（IN := b，PT := T#2S，ET=>bsc，Q =>b2s）;
断开延迟定时器	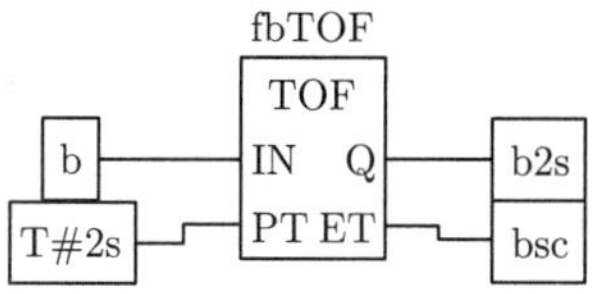 fbTOF TOF b — IN Q — b2s T#2s — PT ET — bsc	fbTOF（IN := b，PT := T#2S，ET=>bsc，Q =>b2s）;
脉冲定时器	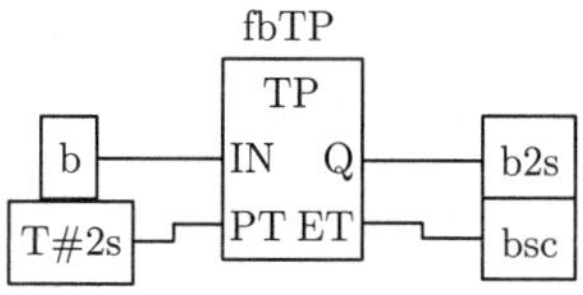 fbTP TP b — IN Q — b2s T#2s — PT ET — bsc	fbTP（IN := b，PT := T#2S，ET=>bsc，Q =>b2s）;

接通延迟定时器的工作过程如下：当输入变量 IN 为 1 时，定时器开始计时，当前计时值 ET 作为定时器功能块的输出；当 ET 等于 PT 的设定值时，功能块 Q 输出为 1；当 IN 为 0 时，Q 输出回到 0；如果在计时过程中（未达到 PT 计时设定值）输入 IN 回到 0，则 ET 也复位到 0 并停止计时。

断开延迟定时器的工作过程如下：当输入变量 IN 为 1 时，定时器输出 Q 立刻为 1；当输入变量 IN 回到 0 时，定时器开始计时，当前计时值 ET 作为定时器功能块的输出；当 ET 等于 PT 的设定值时，功能块 Q 输出 0；如果在计时过程中（未到计时设定值 PT）输入 IN 变到 1，则 ET 也复位到 0 并停止计时。

脉冲定时器的工作过程如下：当输入变量 IN 变为 1 时，定时器输出立刻为 1，同时定时器开始计时；当 ET 等于设定时间 PT 时，定时器输出 0，使得 Q 输出的脉冲宽度等于设定时间 PT；如果计时过程中输入 IN 回 0 或波动，则计时过程仍继续不受影响；直到计时时间到后，Q 输出才回 0。

2.5 程　　序

2.5.1 程序的表示

在 IEC 61131-3 中，程序（Program）是控制器最大的 POU，是应用必须具备的，是其他 IEC 可编程语言元素的容器和执行入口。

每个程序与控制系统的一个具体任务相关。例如在机床应用中，与运动控制和执行 G 代码有关的任务逻辑可放到一个程序中，而另一个与外部设备交互的任务逻辑可放到另一个程序中。程序在资源内被定义的任务所引用，同时指定了每个程序是按照周期还是以事件触发方式执行，例如机床运动控制可能在一个 4ms 的周期任务中执行，而外部交互可能在外部事件触发的单任务中执行。

与其他 POU 类似，程序由包括输入、输出变量等声明的程序类型定义段及程序本体组成（HPAC 中程序的输入、输出变量用处不大），程序图形形式与函数或功能块图形形式类似。

程序文本表示格式如下：

```
PROGRAM 程序名
    程序变量声明
    程序本体
END_PROGRAM
```

2.5.2 程序的特性

除了具有功能块的特性外，程序的其他注意事项如下：

（1）功能块可以在程序或其他功能块中实例化，而程序不能由其他 POU 调用，程序仅在资源中实例化，程序的实例必须与一个任务结合，由任务调用。

（2）程序不能包含其他程序的实例，即程序不能嵌套。

（3）程序可以调用函数和功能块，功能块可以调用函数和功能块，函数只能调用函数。

2.6 小　　结

传统的可编程控制器中有多种功能不同的块，例如组织块、程序块、数据块、功能块等，IEC 61131-3 将其简化为 3 种基本类型，即函数、功能块和程序，并统一了 POU 的类型含义。POU 是一个封装的单元，能够相互连接成一个完整的程序。

POU 都由其各自的关键字（FUNCTION、FUNCTION_BLOCK 和 PROGRAM）开始，随后是名称（函数名、功能块名、程序名），中间是声明部分及 POU 本体部分，最后以各自的结束关键字（END_FUNCTION、END_FUNCTION_BLOCK 和 END_PROGRAM）结束。声明部分是用于该 POU 的变量声明，包括变量类型、变量名、数据类型和初始值等。POU 的本体是该 POU 要完成的任务，可用于 IEC 61131-3 规定的任何一种编程语言编写，也可以组合编写。

在整个 PLC 工程中，POU 名称是唯一的，POU 被定义后，其名称及调用接口就具有全局可访问性，可被引用（实例化或调用），在 HPAC 中如果一个 POU 被其他 POU 引用，则在删除其所有引用前，不能从工程中删除这个 POU 或修改接口。

POU 具有调用属性，POU 的接口特性应在变量声明段定义，POU 的接口包括调用属性接口、返回值接口和全局接口。在 VAR_INPUT 定义 POU 的输入变量，调用时依照参数列表将实参的数值赋值给 POU 实例的输入变量，称为“按值调用”（call by value），输入变量在 POU 内只读（HPAC 中图形化语言输入变量的连接方向只能选择输入，文本语言中仍可赋值），对其修改不会影响实参，函数返回也以赋值的方式“以值返回”（return by value）。调用 POU 包括无形参数和有形参数变量名两种形式，有形参可以更改参数的顺序，也可以使用省略参数。

全局变量、外部变量用于在配置（或资源）的程序和功能块间进行数据交换，具有全局统一的实例。

POU 不是递归的，即 POU 的调用不能造成同类型 POU 的另一次调用。除函数不能使用 SFC 语言外，POU 的本体部分可采用标准规定的 5 种语言编写，构建时统一生成结构化文本代码。

POU 的特性总结见表 2-18，POU 的变量声明应定义其数据类型，可选择初始值和其他属性（例如过载或保持），所有 POU 支持局部变量、输入参数、调用函数等，但函数由于不允许有内部状态，因此不能使用输入输出参数（也不建议使用除 ENO 外的其他输出参数），与全局变量和直接变量也不能有任何关系，不能调用其他功能块，无法检测边沿，但标准函数的参数具有过载能力，无须声明即可直接用函数名调用；功能块有完整的输入输出参数，可以引用全局变量和直接变量，也可以调用其他功能和边沿检测，但不能定义全局变量，需要声明并实例化后用实例名调用；程序比功能块支持的特性更多，但程序的输入、输出用处不大，程序更大的作用是充当功能块的容器，对功能块的实例进行调用和集成，程序只能在与任务绑定后被系统调用。HPAC 不支持访问路径，全局变量只能定义在资源和配置中。

IEC 61131-3 中的语言借鉴了现代编程语言的设计理念，定义了概念清晰、功能明确的 POU 概念，包含了泛型等一些面向对象特征，但更注重接口标准化的实用性和模型驱动开发的领域性，也更易于被工程技术人员理解和接受。

实践中，开发者可根据应用需求，使用 POU 通过组态完成应用所需的功能；开发者还可以从工程应用中归纳出具有重用价值的功能块库，并将实现某种独特功能的工艺知识作为诀窍（Knowhow）封装到功能块中，对功能块进行详尽的单元测试，完成后即可零成本无限次重复使用。只要功能块的重用价值足够大、接口设计足够合理，这些功能块本身即可打包成库而成为标准向行业推广，例如 PLCopen 运动控制库、安全功能库等，从而最大限度地体现软件的价值、标准的力量。

表 2-18 POU 的特性

特性	函数	功能块	程序
允许使用 VAR	是	是	是
允许使用 VAR_INPUT	是	是	是
允许使用 VAR_OUTPUT	是①	是	是
允许使用 VAR_IN_OUT	否	是	是
允许使用 VAR_EXTERNAL	否	是	是
允许使用 VAR_GLOBAL	否	否	是②
允许使用 VAR_ACCESS	否	否	是②
函数值	是	否	否
函数调用	是	是	是
功能块调用	否	是	是
间接功能块调用	否	是	是
过载和可扩展性	是	否	否
边沿检测可能性	否	是	是
局部和输出变量的保持功能	否	是	是
直接表示变量的声明	否	是	是
局部变量的声明	是	是	是
功能块实例的声明	否	是	是

注：① 不建议使用；

② HPAC 不支持。

习 题 2

1. 为确保函数的参数依赖性，IEC 61131-3 对函数做了哪些限制？

2. 如果打开了函数的执行控制选项，但没有给 EN 赋值，函数代码是否会执行？为什么？

3. 举例解释功能块的结构体功能。

4. 两个双稳元素功能块的区别是什么？

第 3 章

文本类编程语言

3.1 指令表编程语言

指令表（Instruction List，IL）编程语言是一种与汇编语言类似的低级编程语言，程序员使用基本指令进行排列式编程，其主要特点是实现简单和容易学习。

对于小型的简单过程控制，IL 语言是理想的编程语言。因为其编译执行器实现非常简单，所以功能局限的低档 PLC 就可以支持指令表编程。如果在运行时系统中实现了 IL 指令，编译和构建过程也可省略，可直接解释执行。因此，IL 也常被一些传统的硬 PLC 作为目标指令集，将其他编程语言转化为 IL 语言后可解释执行。

IEC 61131-3 对各厂商五花八门的指令集进行了归纳和简化。例如采用了修正符、函数和功能块，以及复杂数据类型的支持等，将原来必须通过专门指令实现的操作改为通过修正符、函数和功能块调用的方式实现，大幅减少了指令的数量。

由于 IL 语言的功能和开发方式过于底层，在大型复杂的控制程序中较少使用，IEC 61131-3 提出了新的结构化文本语言而不再以 IL 语言作为基础和目标语言，因此其存在感日益降低。

3.1.1 指令格式

指令表编程语言代码由指令顺序排列组成，指令由操作符（可带修正符）和操作数组成，指令具有如下格式：

```
标号: 操作符/函数   操作数    (* 注释 *)
```

每条指令占一行，指令由一个操作符、一个或几个操作数组成，指令的修正符可根据实际需求结合操作符及操作数组合使用。操作符与操作数之间至少需要有一个空格来分隔，多于一个的操作数用逗号分隔，标号与操作符用冒号分隔。可根据应用要求对每行指令添加注释，注释应在程序行的最后面，不允许在行首和中间。

操作符也叫指令符，用于规定操作的方法，例如和当前结果寄存器进行或逻辑运算、和当前结果寄存器进行与逻辑运算等。操作符可以与修正符进行组合，以实现对操作符的修正；操作数是操作的对象，可以是数据常量或变量。

标号用于流程控制操作，例如 JMP 操作的操作数表示跳转的目的地址，标号无须作为变量进行定义，但不能与变量重名。

指令表编程语言定义了一个堆栈保存运算结果，最新的结果保持在栈顶称为当前结果寄存器，栈内元素的存储位数是可变的，可适应所有的数据类型。

执行 IL 时，依次将当前结果寄存器与操作数进行操作符规定的运算，并将运算结果存放回当前结果寄存器，直到指令表结束。

例 3-1 指令格式

```
标号      操作符   操作数       注释
BEGIN:   LD      Start       (* Start 为启动按钮，按下为 1 *)
         OR      Ready       (* 自保触点 *)
         ANDN    Stop        (* Stop 为停车按钮，按下为 1 *)
         ST      Ready       (* 启动设备 *)
```

例 3-1 用于对某设备进行启保停控制。程序中标号为 BEGIN 的指令读取变量 Start 中的信号（启动按钮），存放至当前结果寄存器。第 2 行用于将第 1 行指令的结果和变量 Ready 中的信号（设备的自保信号）进行或逻辑运算，运算结果仍存放到当前结果寄存器。第 3 行指令用于将第 2 行的运算结果和变量 Stop 中的信号（停止按钮）取反后的结果进行与逻辑运算，结果仍存放到当前的结果寄存器。第 4 行指令用于将当前结果寄存器存放的信号传送到变量 Ready 中存放。

3.1.2 指令集

IEC 61131-3 对传统的硬 PLC 指令表编程语言进行了标准化，采用函数和功能块，使用数据类型的超载属性等，使编程语言更简单灵活，指令更精简，其主要变化如下：

（1）采用函数和功能块调用，将指令集简化为表 3-1 中的 9 类 24 种指令。例如，移位指令、算术运算指令、位串类指令等都可以用标准提供的函数直接实现。

表 3-1 操作符和修正符

操作符	修正符	操作数	说明	传统 PLC 操作符和修正符示例
LD	N	ANY	设置当前值等于操作数	LD, LDI, STR, LD NOT
ST	N	ANY	存储当前值到操作数位置	OUT, OUT NOT
S R		BOOL BOOL	如果当前值是布尔值 1，则操作数置位到 1 如果当前值是布尔值 1，则操作数复位到 0	S, SET R, RESET, RST
AND & OR XOR NOT	N, (N, (N, (N, (	ANY ANY ANY ANY ANY	布尔逻辑与 布尔逻辑与 布尔逻辑或 布尔逻辑异或 布尔逻辑反（取反）	AND, NOT, ANDI, ORI, ANI, OR, AD, ORD, INV
ADD SUB MUL DIV MOD	(((((	ANY ANY ANY ANY ANY	加 减 乘 除 模除	ADD, SUB, MUL, DIV

续表

操作符	修正符	操作数	说明	传统 PLC 操作符和修正符示例
GT GE EQ NT LE LT	((((((	ANY ANY ANY ANY ANY ANY	比较：大于 比较：大于或等于 比较：等于 比较：不等于 比较：小于或等于 比较：小于	GMP，GT，GE，EQ, NE, LE, LT
JMP RET	C，N C，N	LABEL NAME	跳转到标号 从被调用的函数、功能块和程序返回	JMP，IME
CAL	C，N		调用功能块	
)			计算延缓的操作	

（2）数据类型的过载属性使运算变得方便。传统 PLC 指令对不同数据类型的运算要用不同的指令，IEC 61131-3 采用相同的指令实现。例如整数加指令和实数加指令在传统 PLC 中是不同的指令，而 IEC 61131-3 中采用相同的指令 ADD 即可实现。同时数据类型的过载属性简化了数据类型转化指令等。

（3）采用圆括号可以方便地将程序块组合。传统 PLC 指令集对程序块的操作采用专用指令，如 AND LD、OR LD、AND、ORB 等，标准提供圆括号，使程序可以在圆括号内部执行，从而简化指令。此外，主控指令和主控返回指令、条件转移和返回指令等也可以用圆括号的方式实现。

（4）采用边沿检测属性的方法对信号设置了微分功能，简化了指令集。传统 PLC 中，各种指令都可以采用微分指令，即在边沿条件满足时只执行一次。标准中将这些指令用数据类型的边沿检测属性来区分，从而大大简化指令。例如，传统 PLC 指令集的 PLS 和各种指令的微分指令等在标准中都被边沿检测属性代替。

（5）数据传送指令可直接用赋值函数 MOVE 实现。因为该函数具有数据类型过载属性，所以使数据传送指令得到简化。

（6）设置时间类型文字和数据类型，使定时器定时设定信号的输入变得简单。传统 PLC 的定时器设定时间不仅与设定数值有关，还与所采用的时基时钟信号有关。在 IEC 61131-3 中，用 Time 事件类型数据可直接设置有关的时间。设定时间也因数据类型过载属性而使设定时间范围大大扩展，能够满足工业应用的要求。传统 PLC 由于存储单元范围的限制，对长计时或长计数的应用项目，通常要用多个定时器和计数器串联来实现。

（7）数据存储变得简单。传统 PLC 沿用电气控制的习惯，采用输入、输出、专用继电器等分类，容易造成数据存储的出错。IEC 61131-3 对数据存储采用按数据类型分类存储的方法，数据存储更为简单安全。

（8）不需要 END 标志。POU 等有 END_PROGRAM 等结束标志，因此采用标准规定的指令编程时，程序的结束不需要 END 标志。

（9）不再用控制器、处理器状态位，直接用比较操作结果作为条件跳转的依据，跳转更加简洁统一。

IEC 61131-3 指令表编程语言的指令集见表 3-1。表中的操作符可以有 0、1 或 2 个修正符。例如 OR 有 OR、OR(、ORN 和 ORN(4 种格式，修正符 N 表示对操作符运算的结果取反（NOT 指令操作的是当前结果寄存器）；JMP 有 JMP、JMPC、JMPCN 3 种格式，修正符 C 表示所连接的操作符指令只有在当前运算结果的布尔值为 1 时才执行，而与“CN”修正符结合时，当操作结果的布尔值为 0 时才执行；跳转和返回指令中的操作数含义比较确定，JMP 指令操作需配有一个可以跳转执行的标号指令，CAL 的操作数是一个被调用的功能块的实例名，RET 操作符不需要操作数。

比较操作符是将当前结果与操作数比较，满足比较条件时比较结果的布尔值为 1。例如当前结果为 2#0000_0101，则比较指令 GT ub 执行时，如果变量 ub 的内容大于 2#0000_0101，则比较结果为 1，反之为 0。

左圆括号“(”表示操作符的运算被延缓直到遇到右圆括号“)”，可用来实现传统 PLC 中的程序块操作。

操作数可以是常量或符号变量，表 3-1 中 ANY 类型的操作数具有过载功能，可以是任何一种基本数据类型。例如，ADD I4 表示当前值与变量 I4 的内容相加，结果作为当前值；OR %IX1.2 表示将当前结果与位置变量输入单元 1 的第 2 位进行或逻辑运算，结果作为当前值；JMP Step2 表示当前计算值的布尔值为 1 时，从标号 Step2 的位置开始执行。RET 是无操作数的操作符，当执行到该指令时，程序将返回到函数调用的后一条指令处执行。

在传统 PLC 中，不同制造商产品的位置变量地址规则是不同的，例如可以直接用 0000 表示存储器的第 1 个 0 位，也可以用 I0.0 表示第 1 个 0 位等。IEC 61131-3 则实现了地址规则的标准化，用%表示这些存储单元是直接表示变量的地址，用位置前缀表示输入（I）、输出（Q）和存储器（M）单元。用位（X）、字节（B）、字（W）、双字（D）和长字（L）表示数据存储单元的大小前缀，HPAC 的位置变量地址规则见 1.5.1 节。

3.1.3 指令分类

本节依次介绍指令表编程语言的 9 类指令。

1. 数据读取类指令

数据读取类指令用于读取操作数对应数据单元的内容，传统 PLC 中包括了 LD（Load）、LD NOT、STR（Start）、XIC、XIO 等指令。标准指令集统一为 LD 和 LDN 指令实现数据的读取和读取取反。LD 是 Load 的缩写，对常开触点的数据读取用 LD 指令；LDN 是 Load Not 的缩写，是 LD 操作符加修正符 N 组合的指令，对常闭触点的数据读取用 LDN 指令。指令具体格式如下：

```
LD  操作数（* 将操作数指定的单元内容作为当前结果存储 *）
LDN 操作数（* 将操作数指定的单元内容取反后作为当前结果存储 *）
```

LD 或 LDN 的操作数是对相应的常量或变量进行读取，读取的数据被放在当前结果寄存器，称为当前值。标准对操作数的数据类型没有特别规定，该指令可以读取基本数据的任意数据类型。

表 3-2 是 LD 和 LDN 指令的一些示例。

表 3-2　LD 和 LDN 指令示例

指令		说明	当前结果寄存器的数据类型
LD	FALSE	当前值为 FALSE	布尔量
LD	1.123	当前值为 1.123	实数
LD	T#1s	当前值为时间常数 1s	时间类型
LD	A1	当前值为变量 A1 的值	A1 的数据类型
LDN	BOOL_A1	当前值为布尔型变量 BOOL_A1 的值取反	布尔量

数据存取类指令的执行过程如图 3-1（c）所示。

图 3-1（a）中的梯形图代码与图 3-1（b）中的指令表代码对应，图 3-1（c）中用“Res”表示当前结果寄存器。LD 指令执行后，会把读取的数据保存到当前结果寄存器，原当前结果寄存器的数据则被压到堆栈的下一层 S[−1]；对常闭触点或动断触点，采用逻辑取反指令 LDN，该操作是把地址为%IX0.1 的输入状态寄存器状态取反，并把取反的结果传送到当前结果寄存器。

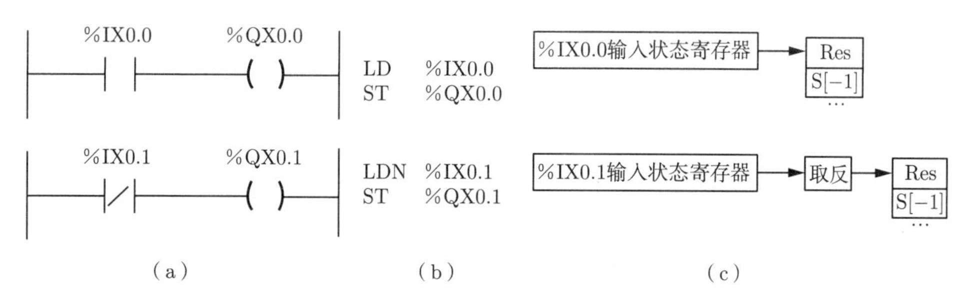

图 3-1　LD 和 LDN 指令执行过程

（a）梯形图代码；（b）指令表代码；（c）指令的执行过程

2. 数据输出类指令

输出类指令用于将当前结果寄存器 Res 的内容传送到输出寄存器，传统 PLC 中的输出类指令一般包括 OUT、Q、OUT NOT、OTE 等指令。标准指令集定义了 ST 和 STN 指令实现数据的输出和取反输出，ST 是 Store 的缩写，STN 是 Store Not 的缩写，是 ST 操作符加修正符 N 组合的指令，具体格式如下：

```
ST 操作数（* 将当前结果存储到操作数指定的单元 *）
STN 操作数（* 将当前结果取反后存储到操作数指定的单元 *）
```

表 3-3 是 ST 和 STN 指令的一些示例。

表 3-3　ST 和 STN 指令示例

指令		说明
LD	TRUE	当前值为 TRUE
ST	A1	当前值为 TRUE，A1 变量值为 TRUE
STN	A2	当前值为 TRUE，A2 变量值为 FALSE
LD	T#1s	当前值为 1s
ST	Ton1.PT	当前值为 1s，Ton1 的 PT 值为 1s

与继电器的逻辑电路相似，对激励线圈用 ST 指令，例如 ST %QX0.0 指令执行输出到%QX0.0 激励线圈的操作；从寄存器看，该操作是把当前结果寄存器 Res 的状态传送到地址为%QX0.0 的输出状态寄存器。对失励线圈用 STN 指令，例如 STN %QX0.2 指令执行输出到%QX0.2 失励线圈的操作；从寄存器看，该操作是把当前结果寄存器 Res 的状态取反，并把取反的结果传送到地址为%QX0.2 的输出状态寄存器。

图 3-2（c）显示了输出类指令的执行过程。注意：在执行 ST 和 STN 指令后，当前运算结果并未出栈，仍被保留在当前结果寄存器的存储单元中。

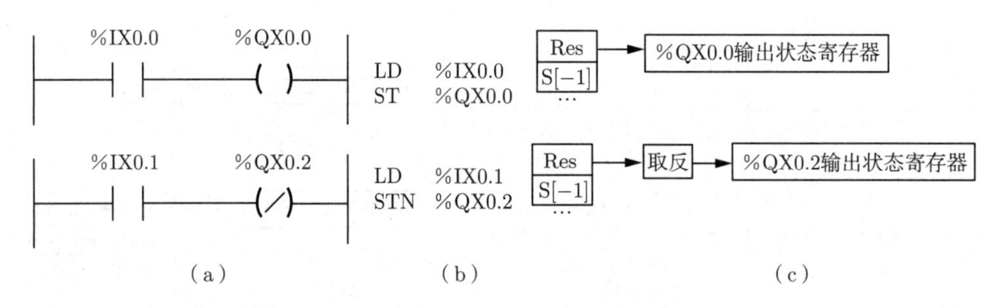

图 3-2　ST 和 STN 指令执行过程

（a）梯形图代码；（b）指令表代码；（c）指令执行的过程

传统 PLC 有 3 类存储器，分别是输入、输出存储器，当前结果寄存器和堆栈。存取机制如下：当执行 LD 指令时，CPU 从操作数对应的输入存储器读取数据并存放到当前结果寄存器；当执行 OUT 指令时，当前结果寄存器的内容传送到输出存储器。

IEC 61131-3 规定的存取机制与传统 PLC 类似，但有下列区别：传统 PLC 中，存储器是位存储器，只能存储位的内容，而 IEC 61131-3 的存储器可以存储位、字节、字、双字、长字及字符等各种数据类型的数据或变量，更为简洁灵活。

例 3-2　存取机制

```
VAR
    A1, A2, A3: INT:=5;
    STR1: WORD:=123;
    STR2: WORD;
END_VAR
LD    A1     (* 将 A1 内容送当前结果寄存器，即当前结果寄存器的内容为整数 5 *)
ADD   A2     (* 将 A2 内容与当前结果寄存器内容相加后的结果，即 10，送当前结果
               寄存器 *)
ST    A3     (* 将当前结果寄存器内容，即 10，送 A3，使 A3 的内容从 5 变为 10 *)
LD    STR1   (* 将 STR1 的内容送当前结果寄存器，即当前结果寄存器的内容为位串 123 *)
ST    STR2   (* 将当前结果寄存器内容，即 123，送 STR2 *)
```

在例 3-2 中，A1、A2 和 A3 是内部变量，初始值均为 5，STR1 和 STR2 是 16 位长度的位串，STR1 的初始值为 123。执行过程中，当前结果寄存器的内容从整数类型变为 16 位的位串。由于存储器存储数据的类型可以变化，因此连续两个运算之间应注意数据类型的匹配。

例 3-3　8 台电动机的启保停控制

```
VAR_INPUT
    Start : BYTE;
    Stop : BYTE;
END_VAR
VAR_OUTPUT
    Motor : BYTE;
END_VAR
LD      Start     (* 读取 Start 的数据 *)
OR      Motor     (* 与 Motor 的数据进行 OR 运算 *)
ANDN    Stop      (* 将当前结果寄存器的内容与 Stop 的数据进行 ANDN 操作 *)
ST      Motor     (* 将当前结果送至 Motor *)
```

该系统的接线图如图 3-3 所示。

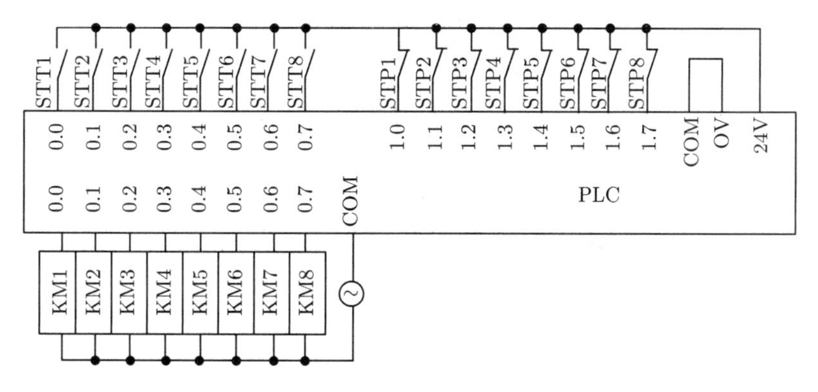

图 3-3　8 台电动机启保停控制接线图

用 BYTE 类型存放 8 台电动机的启动和停止信号按钮，其中常开触点 0.X 接 Start 字节输入，常闭触点 1.X 接 Stop 输入，激励线圈 0.Y 接电动机继电器，成组实现了 8 台电动机的启保停控制，不必把例 3-1 的代码写 8 遍。

例 3-4 数据类型的错误匹配

```
VAR
A1, A2, A3: INT:=5;
BB : DWORD;
END_VAR
LD   A1  (* 将 A1 内容送当前结果寄存器，即当前结果寄存器的内容为 5 *)
ADD  33  (* 将整数 33 与当前结果寄存器的内容相加的结果，即 38，送当前结果寄存器 *)
ST   A2  (* 将当前结果寄存器的内容，即 38，送 A2，使 A2 的内容从 5 变为 38 *)
LD   A3  (* 将 A3 内容送当前结果寄存器，即当前结果寄存器的内容为 5 *)
ST   BB  (* 出错，因 BB 数据类型 DWORD 与 A3 数据类型不匹配 *)
```

在例 3-4 中，执行 LD A1 后，当前结果寄存器内的数据是整数 A1，因此可与整数 33 相加，将结果 38 送回当前结果寄存器。但在执行 LD A3 后，不能将该数据输出到 DWORD 数据类型的 BB 中，修改 BB 类型为 INT 后即可正确编译执行。

开发者应注意当前结果寄存器 Res 内的数据类型是可以改变的，表 3-4 给出了当前结果寄存器的操作规则。

表 3-4 当前结果寄存器的操作规则

改变 Res 数据类型的操作	缩写	示例
Create（建立）	C	LD
Process（处理）	P	GT，GE，LT，ADD，SUB，AND，OR
Leave unchanged（保持不变）	U	ST，JMPC，CALC，RETC
Set to undefined（设置为未定义）	—	CAL 功能块

当功能块被调用时，随后的指令必须重新装载到当前结果寄存器，因为当从被调用的功能块返回时，当前结果寄存器内是未定义值的。在功能块中的第一个指令也应是 LD、JMP、CAL 或 RET 指令，这些指令不要求当前结果寄存器有值。

保持不变的几条指令不改变当前结果寄存器的数据类型和值。例如，ST 指令执行后，在当前结果寄存器中仍保持原有的输出结果。

例 3-5 改变当前结果寄存器的数据类型

```
VAR
   A1, A2, A3: INT:=8;
END_VAR
LAB1: LD    A1    (* 将 A1 内容送当前结果寄存器，即当前结果寄存器的内容为 8 *)
      ADD   2     (* 整数 2 与当前结果寄存器的内容相加后的结果 10 送当前结果寄
                     存器 *)
```

```
        ST    A2 (* 将当前结果寄存器的内容，即 10，送 A2，使 A2 的内容从 8
                    变为 10 *)
        ST    A3 (* 当前结果寄存器的内容没有改变，为 10，因此 10 被送到 A3 *)
        GT    5  (* 当前结果寄存器的内容大于 5，使当前结果寄存器的内容变为
                    布尔值 1 *)
        JMPC LAB2 (* 当前结果寄存器的内容为 1，跳转执行 LAB2 开始的程序 *)
        JMP  LAB3 (* 当前结果寄存器的内容为 0，跳转执行 LAB3 开始的程序 *)
LAB2: ……
```

在例 3-5 中，GT 5 指令使当前结果寄存器的内容从整数类型改变为布尔类型，JMPC LAB2 指令执行后，LAB2 标号开始的程序应首先设置当前结果寄存器的内容。

3. 置位类指令和复位类指令

输出类指令用于对操作数指定的数据单元进行复位和置位，传统 PLC 中一般包括 S、SET、R、RST 等同类指令，标准指令集定义了 S 和 R 指令表示置位和复位类指令，S 是 Set 的缩写，R 是 Reset 的缩写，具体格式如下：

```
S 操作数（* 当结果为 1 时将数据单元设置为 1，否则不变 *）
R 操作数（* 当结果为 1 时将数据单元设置为 0，否则不变 *）
```

本类指令具有记忆属性。执行 S 操作后，数据存储单元的内容被设置为 1，并且被记忆和保持到执行 R 操作数指令，执行 R 操作数指令使数据存储单元的内容被设置为 0；同样，该存储单元的内容要保持到执行 S 操作数的指令，并使其内容设置到 1 为止。

S 和 R 指令功能可用 SR 和 RS 功能块的调用实现，但与 RS 或 SR 不同，S 指令和 R 指令的执行是根据程序中的位置确定优先级的，另外功能块要先设置 S 和 R 两个输入端才能执行调用指令。

相比电气控制中的启动和停止控制，S 指令实现启动控制，R 指令实现停止控制。两者的区别是电气控制的启动和停止控制中，启动信号按钮是常开触点，停止信号按钮是常闭触点。而 S 和 R 指令中，这两个信号都是常开触点。

表 3-5 是 S 和 R 指令的一些示例。

表 3-5　S 和 R 指令示例

指令			说明
SETEX:	LD	TRUE	当前值为 TRUE
	S	START	当前值为 TRUE，START 变量值写 TRUE 且保持
	LD	FALSE	当前值为 FALSE
	S	STOP	当前值为 FALSE，STOP 变量保持不变
RESETEX:	LD	TRUE	当前值为 TRUE
	R	STOP	当前值为 TRUE，STOP 变量值写 FALSE 且保持

S 表示有条件的输出 ST 指令，R 表示有条件的输出 STN 指令。当前结果寄存器为 1 时，S 操作数指令执行置位操作，R 操作数指令执行复位操作。而当前结果寄存器为 0 时，指令不执行。

4. 逻辑运算类指令

传统 PLC 指令表编程语言中也有逻辑类运算指令，但操作范围一般局限于位，指令除 AND、OR 等外，也有用 A、O 等指令，小型 PLC 通常不设 XOR 指令。标准指令集定义的逻辑运算指令有 AND（N）、OR（N）、XOR（N）和 NOT 等。指令的具体格式如下：

```
逻辑运算操作符      操作数
逻辑运算操作符 N      操作数
```

可表示为下列形式：

```
AND   操作数     或    ANDN   操作数     或   &操作数     或   &N   操作数
OR    操作数     或    ORN    操作数
XOR   操作数     或    XORN   操作数
NOT   操作数
```

逻辑运算操作符包括与（AND 或 &）、或（OR）、非（NOT）和异或（XOR）等逻辑运算，将当前结果寄存器的内容与操作数内容进行规定的逻辑运算，并将运算结果存放到当前结果寄存器。逻辑运算操作符 N 是上述逻辑运算符与 N 修正符的组合，是将当前结果寄存器的内容与数据存储单元内容的取反结果进行规定的逻辑运算，并将运算结果存放到当前结果寄存器中。

在标准指令表编程语言中，逻辑运算类指令的操作数只能是一个。但操作范围可以是对位、字节、字、双字和长字的逻辑运算，它们对其中的每个位进行相应的逻辑运算。

例 3-6 电动机控制程序

```
LD      A    (* 存取符号变量即启动按钮A的信号 *)
OR      C    (* 与输出变量 C 进行“或”运算，实现触点自保 *)
ANDN    B    (* 与停止按钮 B 的取反信号进行"与"逻辑运算 *)
ST      C    (* 输出到输出变量即接触器 C 的信号 *)
```

例 3-6 与例 3-3 是典型的电动机控制程序。注意：输入变量 A、B 和输出变量 C 都是符号变量，传统的 PLC 程序较多使用直接变量，使用符号变量的好处是代码复用比较方便。

5. 算术运算类指令

算术运算类指令包括 ADD（加）、SUB（减）、MUL（乘）、DIV（除）和 MOD（模除）等。指令的具体格式如下：

```
ADD 操作数 (* 送当前结果加操作数的结果到当前结果寄存器 *)
SUB 操作数 (* 送当前结果减操作数的结果到当前结果寄存器 *)
MUL 操作数 (* 送当前结果乘操作数的结果到当前结果寄存器 *)
DIV 操作数 (* 送当前结果除操作数的结果，即商到当前结果寄存器 *)
MOD 操作数 (* 送当前结果模除操作数的结果，即余数到结果存储器 *)
```

与传统 PLC 指令表编程语言相比较，IEC 61131-3 的算术运算类指令有下列特点：

（1）IEC 61131-3 的算术运算类指令和当前结果寄存器可适用于各种不同的数据类型，指令功能大大增强，能适应各种算术运算要求。

（2）IEC 61131-3 的 DIV 运算将商作为当前结果，MOD 运算将余数作为当前结果，传统 PLC 中进行除法运算时，商和余数存放在不同的数据存储单元地址。

例 3-7　温度补偿系数计算

```
LD    273.15    (* 存取热力学温度零度的温度值，即实数 273.15 *)
ADD   T1        (* 与实数变量 T1 进行加法运算 *)
DIV   373.15    (* 除以设计温度 100℃ 对应的热力学温度值 *)
ST    COMP      (* 输出到输出变量 COMP，作为温度补偿系数 *)
```

例 3-7 用于对气体流量进行温度补偿。其中 T1 是实际温度，单位是℃，程序第 1 行读取 273.15；第 2 行将温度实际值 T1 与当前值 273.15 相加作为当前值；第 3 行将该当前值除以设计温度值（已转换为热力学温度），结果存放在当前值存储器；第 4 行将运算结果作为温度补偿数值存放于 COMP 变量。程序中，ADD 和 DIV 指令都是实数数据类型的运算。

6. 比较运算类指令

比较运算类指令包括 GT(>), GE(>=), EQ(=), NE(<>), LE(<=), LT(<) 等，其具体格式如下：

```
GT 操作数 (* 送“当前结果 > 操作数”表达式结果到当前结果寄存器 *)
GE 操作数 (* 送“当前结果 ≥ 操作数”表达式结果到当前结果寄存器 *)
EQ 操作数 (* 送“当前结果 = 操作数”表达式结果到当前结果寄存器 *)
NE 操作数 (* 送“当前结果 ≠ 操作数”表达式结果到当前结果寄存器 *)
LE 操作数 (* 送“当前结果 ≤ 操作数”表达式结果到当前结果寄存器 *)
LT 操作数 (* 送“当前结果 < 操作数”表达式结果到当前结果寄存器 *)
```

比较类指令用于将当前结果与操作数内容比较，满足操作符规定的比较条件时，当前结果被置 1，反之，当前结果被清零。比较类指令将当前结果寄存器的数据类型改变为布尔数据类型。应用比较类指令时应注意下列问题：

（1）传统 PLC 中，用 CMP 等比较类指令，它将比较结果存放在专用的存储单元，用户根据该专用存储单元的状态（0 或 1）确定后续程序的执行。而且比较的功能单一，只有大于、小于和等于等指令，没有大于或等于指令和小于或等于等指令，要将有关指令的结果用或逻辑运算后才能实现大于或等于和小于或等于等指令的功能。

（2）IEC 61131-3 的比较运算类指令适用于对不同数据类型的比较，而不局限于单一位的比较，应用范围大大扩展。

例 3-8 比较运算类指令

```
LD     A1     (* 存取实数变量 A1 *)
GT     20.0   (* 变量 A1 与 20.0 进行大于比较 *)
ST     RED    (* 如果大于 20.0，表示 A1 超限，因此红色报警灯 RED 置 1 *)
STN    GREEN  (* 如果小于等于 20.0 则绿色 GREEN 灯置 1 *)
```

在例 3-8 中，变量 A1 是过程测量值，当其值大于 20.0 时，表示测量值超限，红色报警灯 RED 被点亮，反之，测量值在允许范围内，绿色 GREEN 灯被点亮。

7. 跳转和返回类指令

IEC 61131-3 的跳转指令是 JMP 指令，JMP 是 Jump 的缩写。执行该指令时，如果当前结果为布尔值 1，则跳转条件满足，跳转到操作数标号所在的程序继续执行。指令的具体格式如下：

```
JMP 标号 (* 跳转到标号的位置继续执行 *)
RET      (* 返回到跳转时的断点后继续执行 *)
```

跳转指令的操作数是标号，不是操作数。返回指令是没有操作数的指令，用于调用函数、功能块和程序的返回。

JMP 与 RET 指令配合，用于实现子程序的执行。可以带修正符 C 和 CN，根据指令前的表达式结果执行或者取反该结果后执行。使用跳转和返回指令时注意下列事项：

（1）跳转指令是从主程序跳转到子程序的指令，子程序不能用跳转指令跳转到主程序，只能用返回指令返回。

（2）子程序的开始标志是标号，子程序的结束标志是 RET 指令。

（3）程序中的标号具有唯一性。在子程序中，标号必须位于其第一行的首位，标号与其分隔符号“：”之间应有空格。

（4）SFC 编程语言中，在 ACTION...END_ACTION 结构内使用 JMP 指令时，操作数应是同一个行动子程序中的标号。

（5）标号是字母开头的标识符，不能与变量重名，也不能是功能块名。

例 3-9 跳转指令

```
LD     AUTO1      (* 存取布尔变量 AUTO1 *)
JMPC   AUTOPROG   (* 如果 AUTO1 为 1，则跳转到 AUTOPROG 子程序 *)
JMP    MANPROG    (* 如果 AUTO1 为 0，则跳转到 MANPROG 子程序 *)
```

例 3-9 是 IL 实现自动和手动控制的程序切换。若 AUTO1 开关切换到自动位置，则 AUTO1 为 1，跳转指令 JMPC 在当前值为 1 时执行跳转操作，因此程序会跳转到 AUTOPROG 子程序，执行在自动子程序；当跳转条件不满足时，执行 JMP 指令，程序跳转到 MANPROG 子程序。注意：虽然没有列出来，但 AUTOPROG 和 MANPROG 是同一程序中的子程序标号，不是功能块名。

8. 调用指令

IEC 61131-3 的调用指令是 CAL 指令，CAL 是 Call 的缩写。指令的具体格式如下：

```
CAL 操作数（* 调用操作数表示的功能块实例 *）
```

通过调用功能块可简化程序结构，有助于提高代码的可读性。CAL 指令的操作数是功能块实例名和参数表，参数用逗号分隔，也可以不列出 CAL，直接用功能块实例名和参数表调用。

9. 圆括号指令

IEC 61131-3 采用圆括号对指令的执行顺序进行修正，优先执行括号内指令的操作。

左圆括号“（”用于将当前结果寄存器的内容压入堆栈，并将操作符的操作命令延迟，堆栈的其他内容下移一层，右圆括号“）”用于将堆栈最上层的内容弹出，并与当前结果寄存器的内容进行相应的操作（左括号延迟的命令），操作结果存放在当前结果寄存器内，这时堆栈的其他内容上移一层。

圆括号被称为指令的延迟操作，它产生的瞬时结果不影响当前结果寄存器，例如表 3-6 的示例中，第 1 行的 LD 的入栈操作在右圆括号后会弹出，因此不会影响当前结果寄存器，与第 2 行的结果是一样的。

表 3-6　圆括号指令示例

序号	描述/示例	
1	显式 LD 操作	AND（ LD　A1 OR　A2 ）
2	短格式	AND（A1 OR　A2 ）

采用括号指令可以方便地实现传统 PLC 中程序块的串联和并联操作。

例 3-10 圆括号在程序块并联中的应用

```
LD     0           (* 读取 0，作为当前值 *)
OR   ( IN0         (* 读取 IN0 的值 *)
    AND IN1        (* 与 IN1 的内容进行与运算 *)
    )              (* 运算结果压入堆栈 *)
OR ( IN2           (* 读取 IN2 的值 *)
    AND IN3        (* 与 IN3 的内容进行与运算 *)
    )              (* 运算结果与堆栈的内容进行或运算 *)
ST STOP            (* 最终结果存放在 STOP 变量 *)
```

程序 LD FALSE 开始，两个 OR 指令是两个触点串联（与）的程序块，最后经或运算，将运算结果存放到 STOP 变量中。

数学运算中的括号功能与圆括号指令相似，即括号外的操作被延迟执行。

例 3-11 圆括号的延迟功能

```
LD    A       (* 读取变量 A 的值 *)
ADD   B       (* 加上 B，将结果 A+B 存放到当前结果寄存器 *)
MUL ( C       (* 对 C 的乘被延迟，即 C 被压入堆栈，乘运算操作被存储 *)
SUB   D1      (* 将 C-D1 的结果存放在堆栈 *)
    )         (* 存储的乘运算被执行，运算结果存于当前结果寄存器 *)
ST    RE      (* 最终结果存放在 RE 变量 *)
```

在例 3-11 中，由于左圆括号“（”左侧的乘运算操作被延迟到右圆括号“）”，因此运算结果是（A+B）×（C−D1）。

下面的示例说明当前结果寄存器和堆栈的关系。

例 3-12 当前结果寄存器和堆栈的数据关系

```
LD    A      (* 读取变量A的值，并存在当前结果寄存器 *)
ADD  ( B     (* 延迟加，读取的B被压入堆栈 *)
MUL  ( C     (* 延迟乘，读取的C被压入堆栈 *)
SUB   D1     (* C-D1运算，并存回堆栈 *)
      )      (* 堆栈内的数据B弹出，乘运算被执行 *)
      )      (* 当前结果寄存器与堆栈内的数据A弹出，加运算被执行 *)
ST    RE     (* 最终结果存放在RE变量 *)
```

例 3-12 中的堆栈内数据和当前结果寄存器的内容见表 3-7。

表 3-7 堆栈内数据和当前结果寄存器的内容

指令	1	2	3	4	5	6
当前结果寄存器	A	A	A	A	A	A+B ×（C−D1）
堆栈 S-1	—	B	B	B	B ×（C−D1）	—
堆栈 S-2	—	—	C	C−D1	—	—

注意：从圆括号指令内进行跳转也会产生不可预测的结果，应注意避免。由于圆括号嵌套层次较多会使代码可读性变差，因此不建议深度大于 1 的堆栈操作。

3.1.4 函数和功能块调用

1. 函数及调用

指令表编程语言中，函数调用指令没有与之配合的修正符，函数调用指令格式包括无形参赋值（仅有实参）和有形参赋值两种，即

```
（1） LD 实参 1
      函数名   实参 2，…，实参 N
（2） 函数名   (形参 1 := 实参 1，…，形参 N:= 实参 N)
```

在仅有实参的调用方法中，实参 1 来自结果存储器，HPAC 的 IL 只支持这种函数调用，不支持第二种有形参赋值的调用形式。表 3-8 给出了一些无形参赋值的调用示例。

表 3-8 无形参赋值的调用示例

方式	编程格式	示例	
单参数	LD 参数	LD 1	(* 读取 1 弧度 *)
	函数名	SIN	(* 调用 SIN 函数 *)
	ST 返回值	ST A1	(* 运算结果存放在 A1 变量 *)
双参数	LD 参数 1	LD A1	(* 读取变量 A1 的值 *)
	函数名 实参 2	ADD A2	(* 与变量 A2 的值相加 *)
	ST 返回值	ST A3	(* 运算结果，即返回值存放在 A3 *)
多参数	LD 参数 1	LD A4	(* 读取布尔变量 A4 的值 *)
	函数名 实参 2，…，实数 N	SEL IN0，IN1	(* 根据 A4 选择 IN0 或 IN1 作为返回值 *)
	ST 返回值	ST A1	(* 返回值存放在 A1 *)

函数调用的其他注意事项如下：

（1）形参、实参的概念与 C 语言完全相同。

（2）在仅有实参的函数调用指令中，第一个参数是当前结果寄存器的内容，因此在函数调用前，需要将兼容类型的参数送当前结果寄存器。

例 3-13 函数调用示例

```
LD   INT#1
ADD  INT#2, INT#3, INT#4
ST   A
```

在例 3-13 中，用 ADD 函数直接实现多个数值的相加运算，HPAC 支持多个操作数的指令，有的编程系统的指令只能有一个操作数。这时可用几行相加指令实现，可参考例 3-14 建立用户自定义函数，实现多个变量相加。

例 3-14 多个变量相加

建立用户函数 ADDN 如下：

```
FUNCTION ADDN:INT
VAR_INPUT
A1, B1, B2, B3:INT;
END_VAR
LD   A1
ADD  B1
ADD  B2
ADD  B3
ST   ADDN
END_FUNCTION
```

其中，A1，B1，B2，B3 和 ADDN 都是整数数据类型。计算时可调用上述 ADDN 自定义函数（在建立 ADDN 时应声明其返回值的数据类型是整数类型），示例如下：

```
LD     1
ADDN   2, 3, 4
ST     A
```

程序运行后可以看到 A 的值为 10。

例 3-15 无形参的函数调用示例 1

```
LD     1.0    (* 将 1.0 读入当前结果寄存器，作为函数 LIMIT 的最小值 MN 参数 *)
LIMIT B,5.0 (* 将 B 作为函数 LIMIT 的输入 IN 信号,5.0 作为 LIMIT 的最大值 MX *)
ST     A      (* 调用函数 LIMIT 的返回值输出到 A *)
```

在例 3-15 中，调用 LIMIT 函数时，第一个参数用 LD 读入，其他参数用调用函数指令实现，各参数用逗号分隔，ST 指令将函数调用后的返回值输出到 A，执行后可以看到 A 的值为 LIMIT（1.0，B，5.0）。

例 3-16 无形参的函数调用示例 2

```
LD     A         (* 将整数 A 读入当前结果寄存器 *)
INT_TO_REAL     (* 调用整数到实数的类型转换函数 *)
ST     AR        (* 将整数 A 转换为实数，并存放在 AR *)
LIMIT B,5.0     (* 将 B 作为函数 LIMIT 的输入信号，5.0 作为 LIMIT 的最大值 *)
ST     CR        (* 调用限幅函数后的实数结果存放在 CR *)
REAL_TO_DINT    (* 调用实数转双整数的类型转换函数 *)
ST     C         (* 转换后结果是双整数，存放在 C *)
```

调用函数时，数据类型应匹配。在例 3-16 中，变量 A 是整数，B 是实数，C 是双长整数，须先转换 A 为实数数据类型，再进行函数 LIMIT 的调用。本例中，第 3 条和第 5 条指令用于说明数据类型的变化。

函数返回值可用于后续操作，但须注意与后续操作的数据类型是否匹配，否则需要转换。调用带形参的函数时，对形参赋值也应注意类型匹配。

例 3-17 有形参的函数调用示例 1

```
INSERT (
INT1 := 'ABC',
INT2 := 'XYZ',
P    := 2
)
```

在例 3-17 中，调用 INSERT 函数时，第一参数是 INT1，用实参‘ABC’赋值给 INT1，用实参‘XYZ’赋值给 INT2，用实参 2 赋值给 P，调用该函数后，当前结果寄存器存放的字符串是‘ABXYZC’。

例 3-18 有形参的函数调用示例 2

```
DELETE (
IN := 'ABCDEFG',
L  := 3,
P  := 2
)
```

在例 3-18 中，调用 DELETE 函数时，第一参数是 IN，用实参‘ABCDEFG’赋值给 IN，用实参 3 赋值给 L，用实参 2 赋值给 P，调用该函数后，当前结果寄存器存放的字符串是‘AEFG’。

注意：一些编程系统（包括 HPAC）不支持带形参的函数调用，另外 HPAC 的指令表也不支持字符串数据类型，因此例 3-17 至例 3-20 无法在 HAPC 上运行。

在调用带形参的函数时，可先将第一参数保存到当前结果寄存器后，再调用函数。

例 3-19 保存第一参数的调用

```
LD     'ABC'     (* 读取 INSERT 函数的输入 IN1 *)
INSERT 'XYZ',2   (* 调用 INSERT 的第一参数来自结果存储器 *)
ST      A        (* 调用 INSERT 的返回值存放到 A 字符串变量 *)
```

可以添加 EN 和 ENO 参数，将函数成功与否的状态传递到下一个指令，对 ENO 参数的输出须用赋值语句。注意，一些编程系统（包括 HPAC）的 IL 语言不支持 EN 和 ENO 的函数调用。

例 3-20 带形参和使能控制的示例

```
INSERT (
EN  := CON,
IN1 := 'ABC',
IN2 := 'XYZ',
P   := 2,
```

```
ENO => IOK
)
```

在例 3-20 中，增加的 EN 参数表示当布尔量 CON 为 1 时，才执行插入 INSERT 函数，运行后 ENO 的布尔值 1 被赋值给 IOK 参数，用于后续指令。

2. 功能块及调用

在指令表编程语言中，功能块调用有下列 4 种格式：

（1）仅有实参的功能块调用，即

```
CAL 功能块实例名（实参表）
```

（2）形参赋值表的功能块调用，即

```
CAL 功能块实例名（形参赋值表）
```

（3）带参数读/存储的功能块调用，即

```
CAL 功能块实例名
```

（4）使用功能块输入操作符的功能块调用，即

```
参数名  功能块实例名
```

下面以调用 TON 功能块为例说明 4 种功能块调用的方法，4 种功能块调用方法的变量声明相同，所以统一在例 3-21 中给出声明代码。

例 3-21　4 种功能块调用方法的比较-变量声明部分

```
VAR
Cond : BOOL;  (* 为 1 才执行延时 *)
OUT1 : BOOL;  (* 延时功能块输出 *)
TMR1 : TON;   (* TON 功能块实例 *)
TV   : TIME;  (* 当前计时 *)
END_VAR
```

例 3-22　仅有实参的功能块调用

```
CAL  TMR1（Cond，T#500ms,OUT1，TV）;
(* 用形参表调用 TON 的实例 TMR1，形参表内变量的顺序应与功能块 TON 一致 *)
(* 下面的程序用于调用 TMR1 实例后的输出送有关变量 *)
LD   TMR1.Q      (* 读取定时器 TON 实例 TMR1 的输出 Q *)
ST   OUT1        (* 存放到 OUT1 *)
LD   TMR1.ET     (* 读取定时器 TON 实例 TMR1 的 ET *)
ST   TV          (* 存放到 TV *)
```

例 3-23　形参赋值表的功能块调用

```
CAL TMR1（PT:=T#500ms,IN:=Cond，Q=>OUT1，ET=>TV）;
(* 带形参表的功能块调用时，各形参的名称被显示，因此其先后顺序可由用户确定 *)
(* 由于输出参数可直接赋值给有关变量，因此不像上述调用方法要有输出的有关程序 *)
(* 输出用 => 操作符表示，它将该操作符左边输出的值赋值给其右边的变量 *)
```

例 3-24 带参数读/存储的功能块调用

```
LD  Cond        (* 读取 Cond 的数据 *)
ST  TMR1.IN     (* 赋值给功能块 TON 实例 TMR1 的 IN 变量 *)
LD  T#500ms     (* 读取时间数据 500ms *)
ST  TMR1.PT     (* 赋值给功能块 TON 实例 TMR1 的 PT 变量 *)
CAL TMR1        (* 调用功能块实例 TMR1 *)
 (* 下面的程序用于调用 TMR1 实例后的输出送有关变量，与第一种方法相同 *)
LD  TMR1.Q      (* 读取定时器 TON 实例 TMR1 的输出 Q *)
ST  OUT1        (* 存放到 OUT1 *)
LD  TMR1.ET     (* 读取定时器 TON 实例 TMR1 的 ET *)
ST  TV          (* 存放到 TV *)
```

例 3-25 使用功能块输入操作符的功能块调用

```
LD  Cond        (* 读取 Cond 的数据 *)
IN  TMR1        (* 直接赋值给功能块 TON 实例 TMR1 的 IN 变量 *)
LD  T#500ms     (* 读取时间数据 500ms *)
PT  TMR1        (* 直接赋值给功能块 TON 实例 TMR1 的 PT 变量 *)
CAL TMR1        (* 调用功能块实例 TMR1 *)
 (* 下面的程序用于调用 TMR1 实例后的输出送有关变量，与第一种方法相同 *)
LD  TMR1.Q      (* 读取定时器 TON 实例 TMR1 的输出 Q *)
ST  OUT1        (* 存放到 OUT1 *)
LD  TMR1.ET     (* 读取定时器 TON 实例 TMR1 的 ET *)
ST  TV          (* 存放到 TV *)
```

HPAC 仅支持后两种调用方式，因此例 3-22 和例 3-23 无法在 HPAC 上运行。功能块实例名与功能块参数之间用小数点分隔。功能块调用的其他注意事项如下：

（1）调用功能块时如果参数未赋值，则会使用初值或最近的值。

（2）功能块调用时，所有参数仅在调用时执行一次，调用操作符与修正符 C 结合表示当前结果寄存器内容为真时执行调用，与修正符 CN 结合表示当前结果寄存器内容为假时执行调用。

（3）方法 4 只允许对标准功能块采用，其他 3 种调用方法可以用于衍生功能块的调用。

（4）需要使用功能块的 EN 和 ENO 参数时，应采用第 2 种带形参表（HPAC 不支持）的调用方法。

例 3-26 打开使能控制功能块的调用

```
VAR_INPUT
  EN:BOOL;
END_VAR
VAR_OUTPUT
  ENO,TEMPL:BOOL;
```

```
END_VAR
VAR
  TMR:TON;
END_VAR
TMR（EN:=TRUE,IN:=Cond, PT:=T#5S,ENO=>TEMPL）;
```

（5）在形参赋值表中，输出赋值操作符 => 将输出变量的值赋值到变量，如例 3-23 中的 Q => OUT1, ET => TV，例 3-26 中的 ENO => TEMPL 等。

3.1.5 示例

例 3-27 计算整数相除的商和余数

1）控制要求

编写衍生功能块 DIVREMIL，用于计算两个整数相除的商及余数，当除数为零时，功能块输出 DivERR 为真。该功能块有两个输入，即被除数 Dividend 和除数 Divisor，均为整数；有 3 个输出，两个整数参数为商（Quotient）、余数（Divrem）和一个布尔型参数为出错标志（DivERR）。

2）功能块 DIVREMIL 的变量声明

```
FUNCTION_BLOCK  DIVREMIL
VAR_INPUT
   Dividend: INT;（* 被除数， 整数类型 *）
   Divisor: INT; （* 除数， 整数类型 *）
END_VAR
VAR_OUTPUT
    Quotient: INT;（* 商， 整数类型 *）
    Divrem: INT;  （* 余数， 整数类型 *）
    DivERR: BOOL;  （* 除数为零布尔标志 *）
END_VAR
```

3）功能块本体

功能块本体要先判别除数是否为 0，若为 0，则将 DivERR 置 1；若不为 0，则进行相除运算。功能块本体程序如下：

```
        LD      Divisor      （* 读取余数 *）
        EQ      0            （* 是否等于 0 *）
        JMPC    ERROR        （* 若等于 0，则跳转到 ERROR *）
        LD      Dividend     （* 被除数若不为 0，读取 *）
        DIV     Divisor      （* 除以除数 *）
        ST      Quotient     （* 商放入 Quotient *）
        LD      Dividend     （* 读被除数 *）
        MOD     Divisor      （* 对除数进行模除运算 *）
        ST      Divrem       （* 余数放在 Divrem *）
```

```
        JMP     END             (* 无条件跳转至 END *)
ERROR:  LD      0               (* ERROR 标号开始的子程序，读取整数 0 *)
        ST      Quotient        (* 将商置 0 *)
        ST      Divrem          (* 将余数置 0 *)
        LD      1               (* 读取布尔量 1 *)
        ST      DivERR          (* 将 DivERR 置 1 *)
END:    RET                     (* 返回 *)
```

4）功能块调用

调用程序如下，其中 DIVREMIL 的实例名是 DIV1，计算 20 除以 3 的商 A 及余数 B，出错标志存放在 C。

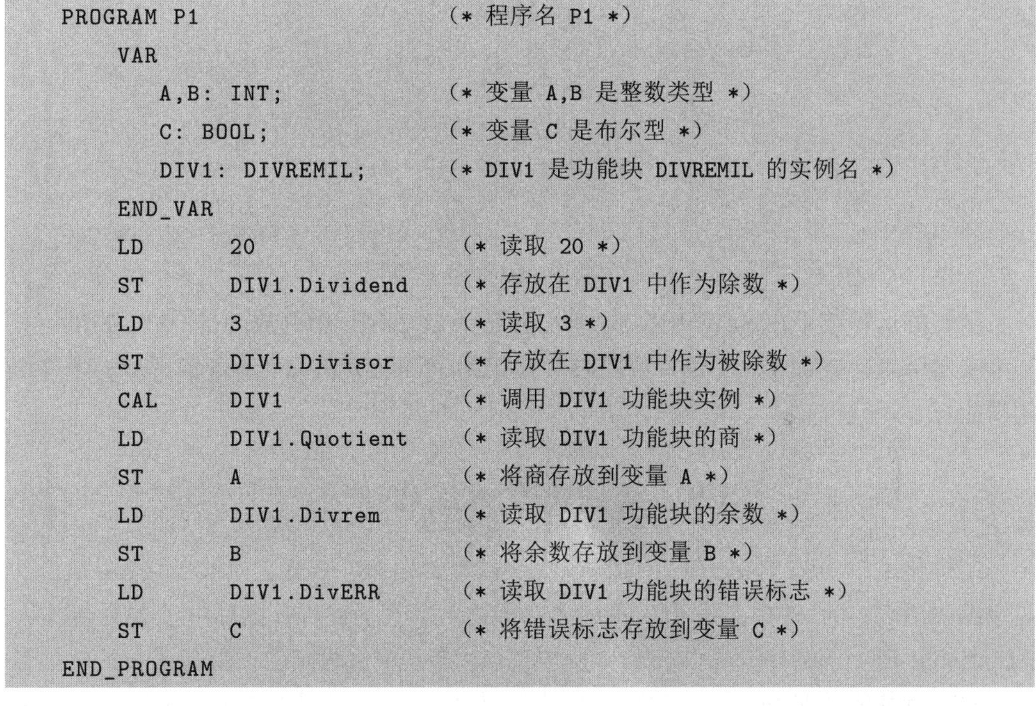

```
PROGRAM P1                      (* 程序名 P1 *)
    VAR
       A,B: INT;                (* 变量 A,B 是整数类型 *)
       C: BOOL;                 (* 变量 C 是布尔型 *)
       DIV1: DIVREMIL;          (* DIV1 是功能块 DIVREMIL 的实例名 *)
    END_VAR
    LD      20                  (* 读取 20 *)
    ST      DIV1.Dividend       (* 存放在 DIV1 中作为除数 *)
    LD      3                   (* 读取 3 *)
    ST      DIV1.Divisor        (* 存放在 DIV1 中作为被除数 *)
    CAL     DIV1                (* 调用 DIV1 功能块实例 *)
    LD      DIV1.Quotient       (* 读取 DIV1 功能块的商 *)
    ST      A                   (* 将商存放到变量 A *)
    LD      DIV1.Divrem         (* 读取 DIV1 功能块的余数 *)
    ST      B                   (* 将余数存放到变量 B *)
    LD      DIV1.DivERR         (* 读取 DIV1 功能块的错误标志 *)
    ST      C                   (* 将错误标志存放到变量 C *)
END_PROGRAM
```

运行结果，对本例 20 除以 3 的运算，得到 A 变量值为 6（商），B 变量值为 2（余数），C 变量值为 0。

例 3-28 循环计算

1）控制要求

计算 1~10 的累加和及阶乘的程序，采用 JMPC 指令实现。

2）变量声明

变量声明如下:

```
VAR
  A,SUM,FACTORIAL: DINT;  (* 变量 A,SUM,FACTORIAL 是双整数数据类型 *)
END_VAR
```

3）程序本体

循环累加和及阶乘的计算程序如下:

```
        LD      DINT#1      (* 读取双整数 1，作为 A 和 FACTORIAL 的初值 *)
        ST      A           (* 置 A 为 1 *)
        ST      FACTORIAL   (* 置 FACTORIAL 为 1 *)
        LD      DINT#0      (* 读取双整数 0，作为 SUM 的初值 *)
        ST      SUM         (* 置 SUM 为 0 *)
START:  LD      SUM         (* 循环开始，读取 SUM *)
        ADD     A           (* 加 A，进行累加运算 *)
        ST      SUM         (* 累加和存放在 SUM *)
        LD      FACTORIAL   (* 循环开始，读取 FACTORIAL *)
        MUL     A           (* 乘以 A，进行阶乘运算 *)
        ST      FACTORIAL   (* 阶乘结果存放在 FACTORIAL *)
        LD      A           (* 读取 A *)
        ADD     DINT#1      (* 加 1 运算 *)
        ST      A           (* 存放到 A *)
        LE      DINT#10     (* 若 A 的值小于 10，则置当前值为 1 *)
        JMPC    START       (* 若当前值为 1，则跳转到 START 进行循环 *)
        RET                 (* 返回 *)
```

示例的运算结果在 SUM 中存放 55，在 FACTORIAL 中存放 3628800（如果运算结果溢出结果会被置 0）。示例说明跳转和比较指令可以实现高级语言编程中的条件语句功能。

3.2 结构化文本编程语言

结构化文本（ST）是 IEC 61131-3 唯一新增的语言，形式上是类似 PASCAL 的高级编程语言，为 PLC 编程引入了诸多高级语言特性。此外，国际电工委员会（International Electrotechnical Commission，IEC）将其定性为其他图形化语言的转换目标，它支持其他 4 种编程语言的所有特性。因此，ST 是采用 IEC 61131-3 实现 PLC 标准化的关键，是 IEC 61131-3 制定者必须完整掌握的编程语言。软 PLC 编程系统与传统硬 PLC 的主要区别就是基于 ST 实现运行时系统概念，而非基于 IL 编程语言或其他语言。它具有以下特点:

（1）表达形式紧凑，结构性强。

（2）具有结构化程序设计所需的完整的流程控制语句。

（3）功能完备，可胜任复杂运算。

（4）对开发者要求较高，须经过高级语言编程训练。

ST 易被具有高级语言软件开发经历的开发者接受，但它也很容易被滥用，一些单位甚至要求只用 ST 构建应用系统。作者极力反对这种放弃 IEC 61131-3 模型驱动开发能力、用画笔码字的做法，ST 只适用于应用中与计算、填表和配置有关的子功能开发。

3.2.1 语句和表达式

ST 的程序由语句构成，而语句由表达式和关键字组成，每条 ST 语句必须用分号结束。一行代码可以包含多个语句，一个语句也可以跨多行；几个语句编写在同一行时编译器也可以根据分号进行区别，一条代码也可以编写在多行，此时换行被理解为一个空格符。

ST 的注释包含在符号“（*”和“*）”之间，注释可以出现在语句的空格位置。

例 3-29 代码注释

```
a (* dest var *) := (* assign operator *) b (* source var *) +1;
```

例 3-29 在空格位置有 3 个注释，也是合法的语句。

表达式由操作符和操作数组成，表 3-9 列出了 ST 语言的操作符及其优先级。

表 3-9 ST 语言的操作符及优先级

操作符	功能	优先级	操作符	功能	优先级
（表达式）	圆括号	0	+，−	加减	6
函数（参数表）	函数求值	1	>，<，<=，>=	比较	7
−	取反	2	=，<>	等、不等	8
NOT	非	3	&，AND	与	9
**	指数	4	XOR	异或	10
*，/，MOD	乘、除、模除	5	OR	或	11

优先级按照函数调用、数值计算、逻辑运算到布尔运算的类别递减，如果把取反和 & 分别看作逻辑和布尔运算的乘除运算的话，那么每类按照先乘除后加减的顺序优先级依次递减，对于同优先级的运算符则按照先左后右的顺序执行。括号优先级最高，因此对复杂表达式，可用括号控制表达式各部分求解顺序，以提高代码的可读性。

操作数可以是数据、字符串和时间文本或单元素、多元素变量及函数和表达式等，例如：23，'abc'，T#20ms，a，ar3[1,2,3]，SIN(a)，(a>1.0)&(a<2.0)，ULINT_TO_LREAL (16#100000000) 等。有些函数调用和操作符具有相同的效果，例如 2+3 与 ADD(2，3) 是等价的。

ST 语句分为两类，即赋值调用类和流程控制类，它们均以分号作为语句结束标志。第一类主要涉及求解和赋值等操作，第二类主要涉及程序的流程控制，可细分为选择和循环两个子类。由于程序跳转不符合结构化程序设计理念，因此 ST 中没有跳转语句。

3.2.2 赋值调用类语句

1. 赋值语句

赋值语句用于将赋值操作符右边的表达式求值后赋给左边的变量，其格式如下：

```
变量:= 表达式;
```

例 3-30　几种形态的赋值

```
TYPE
  pLR : STRUCT
    X : LREAL := 1.0; (* 声明类型时赋初始值 *)
    Y : LREAL := 1.0; (* 声明类型时赋初始值 *)
  END_STRUCT;
END_TYPE
    ...
  VAR
    I1 : INT;
    aLR : ARRAY[1..2] OF LREAL := [2 (0.0) ]; (* 声明变量时赋初始值 *)
    LR1 : LREAL := 1.1; (* 声明变量时赋初始值 *)
    pLR1 : pLR;
    pLR2 : pLR;
  END_VAR

  I1:=2; (* 运行时整形变量赋值 *)
  aLR[1]:=2.0;aLR[2]:=3.0; (* 运行时数组变量赋值 *)
  LR1:=int_to_lreal (I1) ; (* 类型转换后赋值 *)
  pLR1.X:=LR1; (* 结构变量成员赋值 *)
  pLR2:=pLR1; (* 结构体赋值 *)
```

例 3-30 包括了声明时的赋值，对变量、数组和结构体的赋值等多种形态的赋值语句。对数组可以用下标进行访问或赋值，对结构体成员可以用属性成员限定符进行访问或赋值，对相同类型的结构体和数组也可以整体赋值。注意，IEC 61131-3 是一种强类型语言，在 ST 中表达式与变量的类型必须完全一致，否则必须转换才能赋值。另外，在 HPAC 中用相同维数的 ARRAY 关键字定义的两变量并不是同一个数组类型，对这两个变量做整体赋值时会报类型匹配错误。正确做法是，先定义一个衍生数组类型，这两个变量均为此衍生类型才可直接赋值。

2. 函数调用

函数调用的目的是获得返回值，IEC 61131-3 中要求函数的返回值具有参数依赖性，即在任何上下文中用相同的输入参数调用函数总得到相同的返回值。因此，函数是一种无状态的 POU，在函数内部不允许引用全局变量或功能块（因为功能块是有状态的），否则随着程序的执行，全局变量可能发生变化，函数的状态变化可能会造成相同输入的结果不同，返回值也不再具有确定性。

在赋值中的函数调用语句格式为：

```
变量:= 函数名 (参数表) ;
```

在例 3-31 中，函数调用是表达式，出现在赋值语句的右边，参数表可以是无形参赋值（仅有实参）和有形参赋值两种，前者是按形参顺序提供实参表做位置匹配，后者是提供实参对形参的赋值列表，用形参名作关键字匹配（将在“3. 功能块调用”中讲解其格式），在 HPAC 中直接将函数作为语句编译时会报错，在函数中引用全局变量编译时也会报错。

例 3-31 函数调用

```
VAR
    sinab: LREAL;
    a    : LREAL:= 3.1415927;
    b    : REAL := 3.1415927;
END_VAR
sinab:=SIN（a/2.0）;              (* a 和 sinab 均为 LREAL，不需要类型转换 *)
sinab:=REAL_TO_LREAL（SIN（b））;(* b 和 SIN(b)为 REAL,须类型转换才能赋值 *)
sinab:=SIN（REAL_TO_LREAL（b））;（* 或将 b 转成 LREAL *）
```

例 3-31 调用了 SIN 函数，得到变量正弦值赋值给长浮点数变量 sinab。其中，SIN 函数的形参“IN”的输入类型为 ANY_REAL，具有过载属性，实参可以 REAL 或 LREAL 的同源类型作为参数，但在 IEC 61131-3 中，REAL 和 LREAL 是两种不同的类型，应调用类型转换函数进行显式类型转换，否则编译器会报错。

HPAC 支持 IEC 61131-3 中函数的过载属性参数，但不支持用户自定义函数的过载属性（IEC 61131-3 中未做要求）。函数的返回值通过对函数名赋值实现，虽然在 IEC 61131-3 中函数支持输出参数，但作者建议仅使用返回值获得输出。

在例 3-32 中，HPAC 可在 ST 中调用有输出参数的函数。

例 3-32 函数输出参数与返回值混用

```
FUNCTION ADD1 : INT (* 函数返回值 *)
  VAR_INPUT
    a : INT;          (* 输入参数 *)
  END_VAR
  VAR_OUTPUT
    oa : INT;         (* 输出参数 *)
  END_VAR
  ADD1:=a+1;          (* 设置函数返回值 *)
  oa:=a;              (* 设置输出参数 *)
END_FUNCTION
FUNCTION_BLOCK FB1
  VAR
    (* 注意调用函数不需要实例 *)
    pa : INT;
    ra : INT;
```

```
  END_VAR
  ra:=ADD1（a:=123,oa=>pa）;（* ra=124,pa=123 *）
END_FUNCTION_BLOCK
```

在例 3-32 中，定义了一个具有输出参数和返回值的函数 ADD1，在功能块 FB1 中不需要实例化，可直接用函数名调用，并把返回值赋给变量 ra，函数的输出参数则使用 => 操作符赋值给变量 pa，执行后 pa 和 ra 并不相同，但都具有函数特有的参数依赖性。

3. 功能块调用

功能块调用语句通过输入、输出参数而非返回值进行数据传递，功能块可拥有内部状态，也可引用全局变量，对功能块的调用相当于调用子程序，调用自身就是完整的语句。

功能块调用格式为

```
功能块实例名（参数表）;
```

关键字匹配和位置匹配的输入参数表格式如下：

```
（输入形参 1 := 实参 1，输入形参 2 := 实参 2,…）;
（实参 1，实参 2,…）;
```

例 3-33 功能块调用

```
FUNCTION_BLOCK DeltaHome
VAR_INPUT
    ac1 : INT;                  (* 轴号 1 *)
    sw1 : BOOL;                 (* 回零开关 1 *)
    start : BOOL;               (* 启动信号 *)
END_VAR
VAR
    hspd : LREAL := 2.0;        (* 回零速度 *)
    rtg : R_TRIG;               (* 上升沿触发功能块 *)
    mh1 : MC_Home;              (* 回零功能块 *)
    BOOL: hok;                  (* 回零成功标志 *)
END_VAR
rtg（CLK := start）;            (* 启动信号上升沿触发回零功能块执行 *)
(* 调用回零功能块 *)
mh1（AxisID := ac1, Execute := rtg.Q, Position := 0.0,
VelSwitch := hspd, Switch := sw1）;
hok:=mh1.Done;                  (* 回零完成标志 *)
...
END_FUNCTION_BLOCK
```

在例 3-33 中，功能块 DeltaHome 在启动信号的上升沿触发回零功能块的执行，代码中 rtg 和 mh1 分别是功能块 R_TRIG 和 MC_HOME 的实例，用实例名加参数表的方式调用功能块。功能块的调用不能像函数表达式一样出现在赋值语句的右边，功能块实例调用本身即为语句。

由于功能块是通过其实例调用的，因此可以用“功能块实例名. 输出参数名”的方式访问功能块的输出参数（功能块的结构体功能见 2.3.2 节）。在例 3-33 中，变量 hok 用 mh1 的输出变量 Done 赋值，mh1 功能块也使用了 rtg 的输出变量 Q 作为实参赋值给形参 Execute，因此启动信号 start 的上升沿会触发回零功能块执行，回零成功后，变量 hok 会为真。

可以使用 => 操作符将功能块的输出直接赋值给输出实参变量，这样例 3-33 中可直接在功能块调用语句中实现对 hok 的赋值，参数表中输出参数的格式为：

```
（输出形参 1=> 输出实参 1，输出形参 2=> 输出实参 2,…）；
```

例 3-34　输出参数对输出实参变量赋值

```
...
mh1（AxisID := AC1，Execute := rtg.Q，Position := 0.0，VelSwitch :=
    hspd,Switch := SW1，mh1.Done=>hok）；
```

4. 参数匹配

在例 3-35 中，可以按照参数的次序进行位置匹配。

例 3-35　非形参位置匹配

```
（* 按位置匹配调用回零功能块 *）
mh1（ac1,rtg.Q,0.0,hspd,sw1）；
```

如果参数类型不匹配则编译报错。如果按照例 3-33 给形参赋值的方式进行关键字匹配，则可以不必按照实参的顺序进行赋值，见例 3-36，交换前两个实参的顺序也是合法的。

例 3-36　形参关键字匹配

```
（* 关键字匹配乱序调用回零功能块 *）
mh1（Execute := rtg.Q，AxisID := ac1,Position := 0.0，VelSwitch :=
hspd，Switch := sw1）；
```

如果定义函数或功能块时使用了缺省参数，则调用时不必提供所有参数。

例 3-37　缺省参数

```
FUNCTION_BLOCK Plus4
VAR_INPUT
 vin:INT:=4;
END_VAR
```

```
VAR_OUTPUT
 vout:INT;
END_VAR
 vout:=vin+4;
END_FUNCTION_BLOCK
...
VAR
 fb4:Plu4;
 fb4o:INT;
END_VAR
 fb4 ();                  (* 使用缺省参数，fb4.vout 等于 8 *)
 fb4o:=fb4.vout;          (* fb4o 等于 8 *)
 fb4 (vin:=5);            (* 使用实参，fb4.vout 等于 9 *)
 fb4o:=fb4.vout;          (* fb4o 等于 9 *)
 fb4 (vout=>fb4o);        (* 使用缺省参数，用输出直接给变量赋值 *)
```

5. RETURN 语句

RETURN 语句是函数、功能块等 POU 的出口，它没有操作数，不能用它输出函数和功能块的返回值。如果需要返回值，则对于函数需要对函数名变量赋值，对于功能块需要对输出变量赋值，然后再执行 RETURN 语句返回。

例 3-38 RETURN 语句

```
FUNCTION_BLOCK MyCTU
VAR_INPUT
 cu:BOOL;(* 计数脉冲 *)
 re:BOOL;(* 复位 *)
 pv:INT; (* 预设计数值 *)
END_VAR
VAR_OUTPUT
 q:BOOL;
 cv:INT; (* 内部计数值 *)
END_VAR
 IF NOT (cu) THEN
   q:=FALSE;
   cv:=0;
   RETURN;
 END_IF;
 IF re THEN
   cv:=0; (* 复位 *)
 ELSEIF (cv<pv) THEN
   cv:=cv+1; (* 计数 *)
```

```
 END_IF;
 q:=（cv>=pv）;（* 完成否 *）
END_FUNCTION_BLOCK
```

在例 3-38 中，当输入信号 cu=0 时，输出 q 和 cv 复位并通过 RETURN 语句终止功能块执行；如果 cu=1，则程序执行后继动作；如果 re 真则复位 cv，否则计数加 1，最后可直接根据 (cv < pv) 作为 q 的输出；RETURN 语句使得后继动作无须再考虑 cu=0 的情况。

6. 使能控制

结构化文本编程语言调用函数或功能块时，可选择是否启用 EN 和 ENO 输入、输出参数，这两个参数均为布尔类型。EN 和 ENO 参数缺省是不启用的，此时函数或功能块的调用将被执行，如果对 EN 和 ENO 参数进行了设置则启用了 EN 和 ENO 控制逻辑，此时只有 EN 为真时函数或功能块的代码才会被执行，如果 EN 为假，则对函数来说不会有返回值，对功能块来说所有的输出参数不会改变。EN 和 ENO 逻辑是 IEC 61131-3 规定的、由系统内部处理，不能在功能块或函数内部操作 EN 和 ENO 参数。

例 3-39　函数使用 EN

```
ra:=ADD1（EN:=0,a:=123,oa=>pa）;（* ra=0,oa=0 *）
```

例 3-39 改编自例 3-32，为参数 EN 赋值启用了 EN 和 ENO 逻辑，由于实参为 0，所以函数代码不会被执行，结果为 0。

3.2.3　流控类语句

流控类语句包括选择语句和循环语句两类。

1. 选择语句

选择语句可根据选择表达式的值选择是否执行代码片段，在 ST 中有 IF 语句和 CASE 语句两种选择语句。

1）IF 语句

IF 语句用于对多种条件的选择执行，既支持单层选择语句，也支持多层选择语句的嵌套，IF 语句的格式如下：

```
IF 表达式 1 THEN 语句组 1;
ELSIF 表达式 2 THEN 语句组 2;
ELSE 语句组 3;
END_IF;
其他语句
```

在上述语句中，程序自上而下执行，如果表达式 1 为真，则执行语句组 1 后执行其他语句，如果表达式 1 不为真，则判断表达式 2，如果表达式 2 为真则执行语句组

2 后再执行其他语句，如果表达式 1 至表达式 2 都不为真，才会执行 ELSE 关键字后的语句组 3。

最简单的 IF 语句结构没有 ELSIF 和 ELSE 子句，在 IF 语句结构中可以有多个 ELSIF 子句，但最多只能有一个 ELSE 且必须出现在语句最后。

例 3-40 IF 语句示例程序

```
FUNCTION_BLOCK DirectionSel
VAR
  dir:INT:=1;              (* 方向 *)
  mv:MC_MoveVelocity;      (* 轴速度功能块 *)
END_VAR
  ...
  IF dir=1 THEN
    mv（AxisID:=INT#11, Execute:=TRUE, Velocity:=5.0,
       Acceleration:=5.0）;
  ELSIF dir=-1 THEN
    mv（AxisID:=INT#11, Execute:=TRUE, Velocity:=-5.0,
       Acceleration:=5.0）;
  END_IF;
END_FUNCTION_BLOCK
```

在例 3-40 中，如果 dir 为 1 则轴正转；dir 为 -1 则轴反转。

例 3-41 一元二次方程求根

```
FUNCTION_BLOCK SquareRoot
VAR
  A,B,C,D,X1,X2:REAL;
  NROOT:INT;
END_VAR

  D:=B*B-4.0*A*C;                    (* 计算判别式 *)
  IF D<0.0 THEN                      (* 判别式小于 0，方程无根 *)
    NROOT:=0;
  ELSIF D=0.0 THEN                   (* 判别式等于 0，两个重根 *)
    NROOT:=1;
    X1:=-B/（2.0*A）;
  ELSE
    NROOT:=2;
    X1:=（-B+SQRT（D））/（2.0*A）;     (* 计算一个根 *)
    X2:=（-B+SQRT（D））/（2.0*A）;     (* 计算另一个根 *)
  END_IF;
END_FUNCTION_BLOCK
```

在例 3-41 中，首先计算判别式 D 的值，分为 3 种情况：若 D<0.0，则表示没有实根，NROOT 被赋值 0；若 D=0.0，则表示有一个重根 X1，其值为 –B/(2.0A)；若 D>0.0，则方程有两个不等根，分别为 X1 和 X2。

例 3-42　3_8 编码器

```
FUNCTION_BLOCK 3_8Decoder
VAR
  S0,S1,S2,SUM:INT;
  KEY1,KEY2,KEY3:BOOL;
END_VAR
  ...
  S0:=0;S1:=0;S2:=0;
  (* 按键 1，则对应变量的值为 1，否则为 0 *)
  IF KEY1 THEN S0:=1; END_IF;
  (* 按键 2，则对应变量的值为 2，否则为 0 *)
  IF KEY2 THEN S1:=2; END_IF;
  (* 按键 3，则对应变量的值为 4，否则为 0 *)
  IF KEY3 THEN S2:=4; END_IF;
  (* 3_8 编码运算 *)
  SUM:=S0+S1+S2;
END_FUNCTION_BLOCK
```

在例 3-42 中，用 IF 语句判别按键是否按下，如果按下则对应的变量被赋值，如果没有按下则对应的变量为初始值 0，3 个选择语句执行后，将按键对应的变量值相加，可获得 0~7 的整数值。IF 语句的注意事项如下：

①IF 语句结构中间可插入多个 ELSIF 语句。

②关键字是 ELSIF，不是 ELSEIF。

③IF 和 END_IF 相匹配，成对出现。

④若 IF 语句结构有过多分层，则建议使用 CASE 语句结构。

2）CASE 语句

在 CASE 语句中，将控制变量与几个值作比较，如果控制变量与其中一个表达式的结果相同，则执行相应的语句组。如果与任何一个表达式的结果都不相同，则执行 ELSE 分支语句组。语句组执行完后，继续执行 END_CASE 后的程序。CASE 语句的格式如下：

```
CASE 控制变量 OF
  表达式结果 1: 语句组 1;
  表达式结果 2: 语句组 2;
ELSE
  语句组 3;
END_CASE
```

例 3-43 采样选择

```
FUNCTION_BLOCK CASEInst1
VAR
  calMethod :UINT := 1;                   (* 调用方法: 1 中值 2 均值 3 最新值 *)
  AD_UNWIND : ARRAY [1..7] OF INT;        (* 采样值 *)
  TempRes:REAL:=0.0;
  I:INT:=1;
  AD_Result:REAL;                         (* 返回值 *)
END_VAR
...
CASE calMethod OF
  1:
     AD_Result:=AD_UNWIND[4];
  2:
     FOR I:=1 TO 7 DO
TempRes:=TempRes+REAL_TO_INT（INT_TO_REAL（AD_UNWIND[I]）/10.47）;
     END_FOR;
     AD_Result:=TempRes/7.0;
ELSE
   AD_Result:=AD_UNWIND[7];
END_CASE
END_FUNCTION_BLOCK
```

例 3-43 的功能是取采集的电压值。calMethod 为 1，则取电压数组的中间值；calMethod 为 2，则取电压数组的平均值；否则取电压数组的最后一个数据值。

例 3-44 出错处理

```
FUNCTION_BLOCK CASEErrorCoded
VAR_IN
  ERROR_CODE:UINT;
END_VAR
VAR_OUT
  ERR_MSG:STRING;
END_VAR
...
CASE ERROR_CODE OF
  1: ERR_MSG := '无法处理变量';              (* 代码是 1 表示无法处理变量 *)
  2: ERR_MSG := '函数返回值数据类型失配';    (* 代码是 2 *)
  3: ERR_MSG := '将 EN 和 ENO 作为变量';     (* 代码是 3 *)
  4: ERR_MSG := '非法直接表示变量';          (* 代码是 4 *)
  ...
  255: ERR_MSG := '变量的初始值无效';        (* 代码是 255 *)
```

```
  ELSE ERR_MSG := '未知错误';                        (* 列表之外错误发生 *)
END_CASE;
END_FUNCTION_BLOCK
```

例 3-44 用于程序错误代码的显示，根据错误代号选择错误提示的字符串信息，更新到显示终端提示操作者。

图 3-4（a）所示的数码管的显示码由 a~g 七位组成，为显示 0~9 的数字，只需按图 3-4（b）所示的数码管点亮即可，CASE 语句很适合这种填表的应用场景。

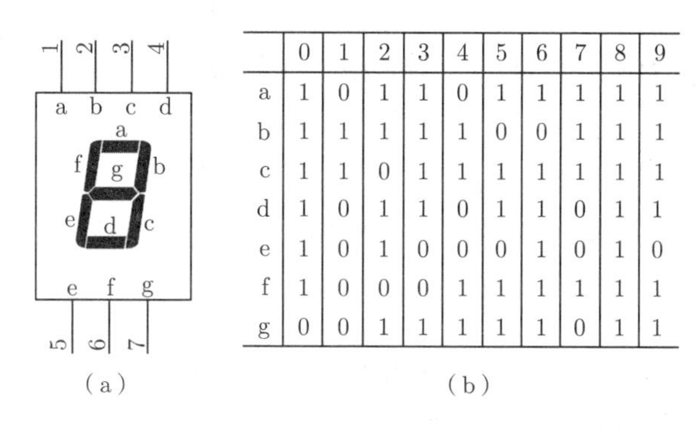

	0	1	2	3	4	5	6	7	8	9
a	1	0	1	1	0	1	1	1	1	1
b	1	1	1	1	1	0	0	1	1	1
c	1	1	0	1	1	1	1	1	1	1
d	1	0	1	1	0	1	1	0	1	1
e	1	0	1	0	0	0	1	0	1	0
f	1	0	0	0	1	1	1	1	1	1
g	0	0	1	1	1	1	1	0	1	1

图 3-4 七段数码管

（a）原理图；（b）显示码表

例 3-45 七段显示码管

```
FUNCTION_BLOCK LED7
VAR_IN
  NUMB:UINT; (* 待显示的数值 *)
END_VAR
VAR_OUT
  A,B,C,D,E,F,G:BOOL; (* 七段数码管值 *)
END_VAR
...
CASE NUM OF
  0:A:=1;B:=1;C:=1;D:=1;E:=1;F:=1;G:=0;
  1:A:=0;B:=1;C:=1;D:=0;E:=0;F:=0;G:=0;
  2:A:=1;B:=1;C:=0;D:=1;E:=1;F:=0;G:=1;
  3:A:=1;B:=1;C:=1;D:=1;E:=0;F:=0;G:=1;
  4:A:=0;B:=1;C:=1;D:=0;E:=0;F:=1;G:=1;
  5:A:=1;B:=0;C:=1;D:=1;E:=0;F:=1;G:=1;
  6:A:=1;B:=0;C:=1;D:=1;E:=1;F:=1;G:=1;
  7:A:=1;B:=1;C:=1;D:=0;E:=0;F:=1;G:=0;
  8:A:=1;B:=1;C:=1;D:=1;E:=1;F:=1;G:=1;
  9:A:=1;B:=1;C:=1;D:=1;E:=0;F:=1;G:=1;
```

```
END_CASE;
END_FUNCTION_BLOCK
```

在例 3-45 中，用 NUMB 的值做 CASE 语句的控制变量，并依次填表即可。

CASE 语句的注意事项如下：

①CASE 与 END_CASE 成对出现。

②CASE 表达式结果的值必须是整数。

③若表达式的值是一个范围，比如表达式 2 的范围是 1~5，则可写成 CASE 1..5: 语句组。

④若表达式的多个值后跟同一个语句组，比如 6 和 8，则可写成 CASE 6,8: 语句组。

⑤若事项③和④同时出现，则该 CASE 分支可写成 CASE 1..5,6,8: 语句组。

⑥在程序的一次循环中，只执行 CASE 的一个子句。

2. 循环语句

循环语句用于对部分语句组重复执行的控制，分为 FOR、WHILE 及 REPEAT 这 3 种语句结构。循环语句的注意事项如下：

（1）循环重复执行的语句都将在 PLC 一个扫描周期内完成。

（2）循环语句可以嵌套在其他语句中。

（3）应设置合理的循环终止条件或循环执行次数，否则死循环会造成系统崩溃。

（4）若要提前结束循环，则使用 EXIT 关键字。

在其他高级语言中，每个指令周期执行一条语句，因此循环语句的完成需要很多指令周期，所以循环语句也经常被用来实现延时功能。但在 PLC 中的循环语句，在一个扫描周期内就执行完毕，因此无法用循环来做延时，而且如有死循环则只会在扫描周期结束时才会被系统打断，循环语句之后的代码将无法执行。

1）FOR 循环

FOR 循环适用于通过重复次数进行控制的场合，其格式如下：

```
FOR 控制变量:= 初始表达式 TO 终止表达式 [BY 增量表达式] DO
  语句组
END_FOR;
```

例 3-46 FOR 循环累加

```
FUNCTION_BLOCK FORInst1
VAR
  Counter1:INT:=1;
  Var1:INT:=0;
END_VAR
FOR Counter1:=1 TO 100 BY 1 DO
```

```
Var1:=Var1+Counter1;
END_FOR;
END_FUNCTION_BLOCK
```

例 3-46 是用 FOR 循环计算 1~100 的累加值。

2）WHILE 循环

WHILE 循环利用布尔表达式控制重复的条件，当条件满足时，执行循环语句；反之，则不执行循环语句，其格式如下：

```
WHILE 表达式 1 DO
  语句组
END_WHILE;
```

WHILE 语句执行时首先检测条件，如果条件为 TRUE 就执行语句组。当执行完语句组后，再次检测条件，如果条件仍为 TRUE，那么就再次执行语句组，直至条件不为 TRUE。如果条件一开始就为 FALSE，那么就不会执行语句段。

例 3-47　WHILE 循环累加

```
FUNCTION_BLOCK WHILEInst1
VAR
  Counter1:INT:=1;
  Var1:INT:=0;
END_VAR
WHILE Counter1<=100 DO
  Var1:=Var1+Counter1;
  Counter1:=Counter1+1;
END_WHILE;
END_FUNCTION_BLOCK
```

例 3-47 是用 WHILE 循环计算 1~100 的累加值。

3）REPEAT 循环

REPEAT 与 END_REPEAT 循环类似于 ANSI C 里的 DO..While 结构。REPEAT 语句与 WHILE 语句的区别在于它是先执行后判断，即在循环执行后检测条件，不管有没有达到终止条件，循环至少执行一次。该循环的格式如下：

```
REPEAT
  语句组 1
UNTIL 表达式1
END_REPEAT;
```

例 3-48 REPEAT 循环累加

```
FUNCTION_BLOCK REPEATInst1
VAR
  Counter1:INT:=1;
  Var1:INT:=0;
END_VAR
REPEAT
  Var1:=Var1+Counter1;
  Counter1:=Counter1+1;
  UNTIL Counter1>100
END_REPEAT;
END_FUNCTION_BLOCK
```

例 3-48 是用 REPEAT 循环计算 1~100 的累加值。

4）EXIT

EXIT 语句的用法类似于 ANSI C 里的 break 语句，用于退出本层循环结构，不再执行本层循环结构的后续语句。在嵌套循环语句中使用时，内部循环的 EXIT 会打断内部循环，但外层循环会继续执行。

例 3-49 退出循环

```
FUNCTION_BLOCK EXITInst1
VAR
  Counter1:INT:=1;
  Var1:INT:=0;
END_VAR
WHILE Counter1<=100 DO
  Var1:=Var1+Counter1;
  Counter1:=Counter1+1;
  IF Counter1>5 THEN
   EXIT;
  END_IF;
END_WHILE;
END_FUNCTION_BLOCK
```

例 3-49 的功能是对 1~100 累加，当 Counter>5 时，提前退出循环结构。EXIT 语句只能在循环中使用，否则在编译 C 代码阶段会出错。

习 题 3

1. 举例解释什么是修正符？它有什么作用？

2. 请说明以下指令执行时，当前结果寄存器的值的变化情况：

LD，ST，AND。

3. 简述例 3-12 中当前结果寄存器和堆栈的变化过程。

4. 在 HPAC 中用 IL 自定义如图 2-2 所示的函数，编写 IL 程序对这个函数进行调用。

5. 编写 ST 程序，用仅有实参和有形参赋值两种格式调用习题 4 的函数。

6. 用 ST 语言编写求阶乘的函数，并调用它。

第 4 章

图形类编程语言

4.1 梯形图编程语言

梯形图（Ladder Diagram，LD）是随 PLC 出现的编程语言，是最具传统硬 PLC 特色的编程语言，以至于“学 PLC 就是学梯形图编程”的观念根深蒂固，随着 IEC 61131-3 标准化软件工程理念的推广，这种观念受到日益严峻的挑战。

传统梯形图自身存在以下缺陷：

（1）不同硬 PLC 厂家的编程系统各异，梯形图的图形符号和工具不统一。

（2）对寻址和数据结构的处理能力较弱，一般仅用于处理位级的寄存器，程序冗长。

（3）比较适合对电气连接关系和简单逻辑进行建模，但对数值处理、分支循环等复杂逻辑处理能力很弱，写出来的程序繁琐，难以维护和调试。

（4）全局线性的梯形图代码结构性差，代码难以复用，应用中大量状态标志交织在一起，程序的调试、执行效率、可维护性都有一系列问题。

IEC 61131-3 梯形图语言对上述缺陷进行了改善：实现了图形符号的统一，支持了完整的数据类型，增加了函数和功能块的调用等结构化特征，等等。

4.1.1 组成元素

梯形图源于如图 4-1 所示的由继电器、按钮等实体构成的电气系统逻辑控制图。

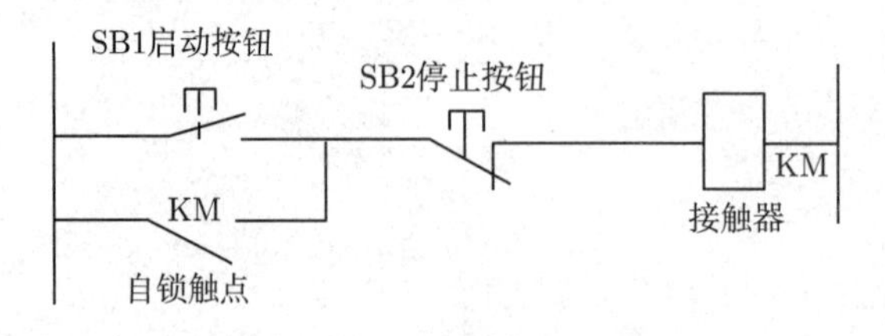

图 4-1 电气系统逻辑控制图

图 4-1 是继电器 KM 得失电的控制逻辑：当按下按钮 SB1 后，继电器 KM 得电并保持，当按下按钮 SB2 后，继电器 KM 失电。IEC 61131-3 梯形图的 5 种图形元素包括电源轨线、连接元素、触点、线圈、函数和功能块，图 4-1 就包括了前 4 种。

1. 电源轨线

梯形图电源轨线（Power Rail）的图形元素也称为母线，是位于梯形图左侧和右侧的两条垂直线，图 4-2 中左侧的垂直线称为左电源轨线或左母线，右侧的垂直线称为右电源轨线或右母线。在梯形图中必须绘制左电源轨线，如无线圈输出可不绘制右电源轨线，能量流从左电源轨线开始，向右流动，经连接元素和其他图形元素后到达右电源轨线。

图 4-2　电源轨线的图形表示

（a）左电源轨线；（b）右电源轨线

2. 连接元素和状态

梯形图中，用水平横线段表示连接元素（Link Element）将各图形符号连在一起。连接元素的状态是布尔量，如果连接元素的状态为 1，表示有能量流流过；如果连接元素的状态为 0，表示没有能量流流过。连接元素的状态从左到右传递，可实现能量流的流动。

状态的传递应遵守下列规则：

（1）左电源轨线是能量流的起点。连接到左电源轨线的连接元素的状态在任何时刻均为 1；右电源轨线类似于电气图中的零电位，其状态不确定。

（2）连接元素左侧有连接图形元素时，若该图形元素允许能量流流过，则该图形元素的左侧状态传递到该图形元素的右侧。

（3）HPAC 在调试梯形图代码时，连接元素用绿色表示允许能量流通过，用黑色表示不允许能量流通过，如果强制修改了某个图形元素的状态，则用蓝色表示（注：书中绿色高亮部分做了加粗处理，印刷后为浅灰色，请注意辨识）。

图 4-3 是连接元素及其状态的传递示例。其中数字 1~6 是 6 个连接元素，连接元素 1 和 2 与左电源轨线连接，其状态为 1；由于触点 X1 和 X2 为常开触点，且值均为 0 不允许能量流流过，故连接元素 3 和 4 的状态为 0；X3 为常闭触点，其值为 0 允许能量流流过，故 X3 两边为绿色垂直短线，将连接元素 3 和 4 的状态传递给连接元素 5，连接元素 5 的状态为 0；Y1 为线圈，允许能量流通过，故连接元素 5 的状态传递给连接元素 6，即连接元素 6 的状态也为 0。

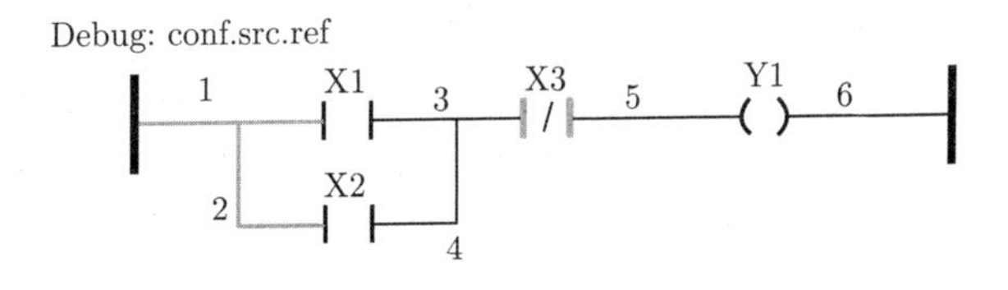

图 4-3　连接元素及其状态的传递

点

（Contact）术语沿用自电气逻辑图，对应一个输入开关。在梯形图中关联
尔类型的输入变量，关联的变量名标注在触点的上方，触点类型和关联变量值
定其左侧的状态可否传递到其右侧。表 4-1 是各种触点的图形符号和状态传递

表 4-1　触点的图形符号

类型		图形符号	说明
静态触点	常开触点	┤ ├	当该触点左侧连接元素的状态为 1 时，如果触点关联变量布尔变量的值为 1，则触点左侧连接元素的状态 1 被传递给其右侧的连接元素；反之，如果该触点关联变量值为 0，则触点右侧连接元素的状态为 0
	常闭触点	┤/├	当该触点左侧连接元素的状态为 1 时，如果触点关联布尔变量的值为 0，则触点左侧连接元素的状态 1 被传递给其右侧的连接元素；反之，如果该触点关联的布尔变量值为 1，则触点右侧连接元素的状态为 0
动态触点	正跳变触发触点	┤P├	当触点左侧连接元素的状态为 1 时，如果检测到该触点关联布尔变量的值从 0 转变到 1，则该触点右侧连接元素的状态从 0 跳变到 1，并保持一个求值周期，然后返回到 0。其他时间该触点右侧连接元素的状态为 0
	负跳变触发触点	┤N├	当触点左侧连接元素的状态为 1 时，如果检测到该触点关联布尔变量的值从 1 转变到 0，则该触点右侧连接元素的状态从 0 跳变到 1，并保持一个求值周期，然后返回到 0。其他时间该触点右侧连接元素的状态为 0

静态触点分为常开触点（Normally Open Contact，NO）和常闭触点（Normally Closed Contact，NC）。常开触点指在没有事件发生的情况下，关联布尔变量值为 0，触点断开，不允许状态传递到右侧；事件发生后，关联布尔变量值为 1，触点闭合，允许状态传递到右侧。常闭触点指在没有事件发生的情况下，关联布尔变量值为 0，触点闭合，允许状态传递到右侧；事件发生后，关联布尔变量值为 1，触点打开，不允许状态传递到右侧。

动态触点分为上升沿触发触点或正跳变触发触点（Positive Transition Contact）和下降沿触发触点或负跳变触发触点（Negative Transition Contact），分别对应检测到上升沿和下降沿信号后打开一个周期的动态触点。

如图 4-4 所示，在 HPAC 中在触点上双击鼠标的弹出对话框中可修改触点的类型，对于转换触点，也可以用 R_TRIG 或 F_TRIG 功能块（见例 4-7）或形参动作修正（见图 4-6）替换。

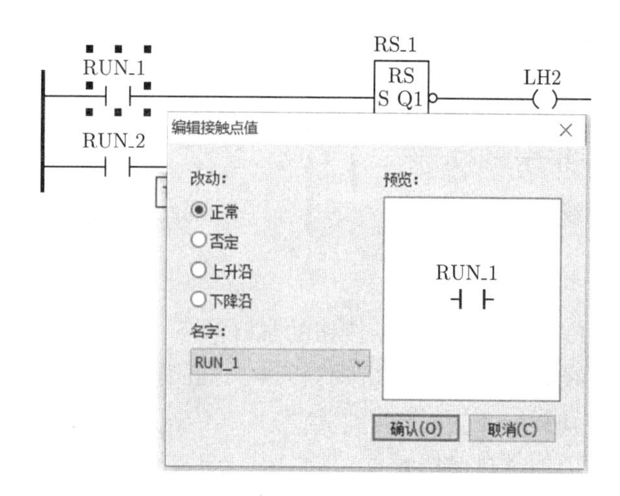

图 4-4　触点类型选择对话框

4. 线圈

线圈（Coil）术语也沿用自电气逻辑图，对应一个输出继电器。在梯形图中关联一个布尔类型的输出变量，关联的变量名标注在线圈上方。线圈可分为瞬时线圈、锁存线圈和跳变触发（检测）线圈等，表 4-2 是不同线圈的符号表示和行为规则。

表 4-2　不同线圈的符号表示和行为规则

类型		图形符号	说明
瞬时线圈	线圈	-( )-	当该线圈左侧连接元素的状态为 1 时，线圈关联布尔变量值为 1（得电激励），反之为 0（掉电失励）
	取反线圈	-(/)-	当该线圈左侧连接元素的状态为 1 时，线圈关联布尔变量值为 0，反之为 1
锁存线圈	置位线圈	-(S)-	当线圈左侧连接元素的状态为 1 时，该线圈关联布尔变量值被置位为 1 并保持，直到由 RESET（复位）线圈复位
	复位线圈	-(R)-	当线圈左侧连接元素的状态为 1 时，该线圈关联布尔变量值被复位为 0 并保持，直到 SET（置位）线圈置位
跳变触发（检测）线圈	正跳变触发线圈	-(P)-	当线圈左侧连接元素从 0 跳到 1 时，该线圈关联布尔变量值变为 1，并保持一个扫描周期，然后返回 0。在其他时刻该布尔变量值为 0
	负跳变触发线圈	-(N)-	当线圈左侧连接元素从 1 跳到 0 时，该线圈关联布尔变量值变为 1，并保持一个扫描周期，然后返回 0。在其他时刻该布尔变量值为 0

例 4-1 线圈的示例

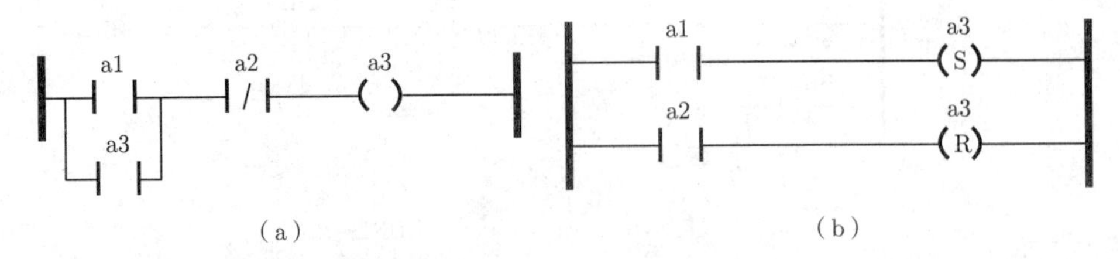

在例 4-1（a）中，触点 a1 是启动按钮的常开触点，触点 a2 是停止按钮的常闭触点，触点 a3 是瞬时线圈 a3 所带的自保持触点（Self Holding Contact）。按下启动按钮，触点 a1 为 1，因触点 a2 为 0，因此 a2 导通，传送 a1 到瞬时线圈 a3，使线圈 a3 为 1；在下一个扫描周期，自保持触点 a3 为 1，不管触点 a1 是否为 1，线圈 a3 保持为 1。按下停止按钮，触点 a2 为 1，触点 a2 右侧连接元素的状态变为 0，使线圈 a3 变为 0；在下一个扫描周期使自保触点 a3 变为 0，使线圈 a3 输出并保持为 0，直到下一次手动按下启动按钮。

在例 4-1（b）中，触点 a1 和触点 a2 都是常开触点，当触点 a1 为 1 时，其右侧连接元素状态为 1，置位线圈 a3 得电，a3 为 1 并保持该值。按下停止按钮时，触点 a2 变为 1，其右侧连接元素的状态为 1，复位线圈 a3 得电，a3 为 0 并保持该值。

上述两个梯图都是复位优先的控制逻辑，即当置位和复位按钮同时按下时，线圈应处于复位（停止）的状态。两者的区别是线圈类型不同，为获得相同的控制功能，触点的类型也相应有所不同：例 4-1（a）是瞬时线圈，因此采用了一个常开触点，一个常闭触点；而例 4-1（b）是复位和置位线圈，因此都采用了常开触点。此外，从网络看，例 4-1（a）是一个梯级网络，例 4-1（b）是两个梯级网络。

如图 4-5 所示，在线圈上双击后的弹出对话框可修改线圈类型，对于跳变线圈，也可以用 R 或 F_TRIG 功能块（见例 4-7）或形参动作修正（见图 4-6）所示的方法替换。

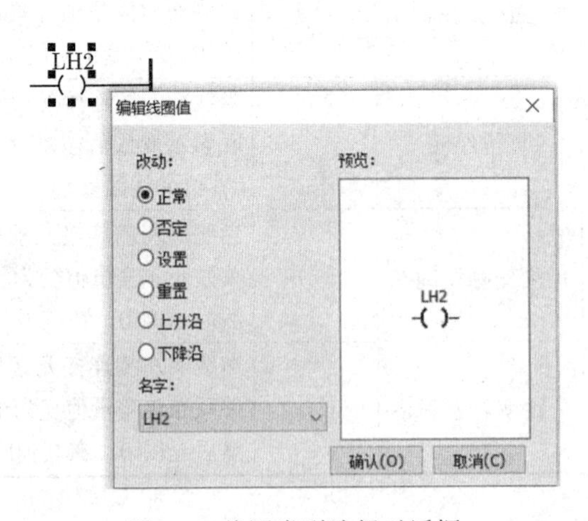

图 4-5 线圈类型选择对话框

例 4-2 两个线圈的错误

在例 4-2 中，一个梯级有两个线圈，这样是不允许的，软件编译时会报错。

4.1.2 函数和功能块的图形表示

在梯形图中用矩形框表示函数和功能块。函数可以有多个输入参数和一个返回值，功能块可以有多个输入参数和多个输出参数，输入列于矩形框的左侧，输出列于矩形框的右侧。函数和功能块的名称显示在框内的上、中部，函数和功能块的实例名列于框外的上、中部。用函数和功能块的实例名作为其在项目中的识别符。

为了保证能量流可以通过函数或功能块，每个被调用的函数和功能块至少应有一个输入参数和一个输出（或返回）参数；为了使被连接的功能块执行，至少应有一个布尔输入经水平梯级连接到垂直的左电源轨线。

例 4-3 功能块调用时的实参设置

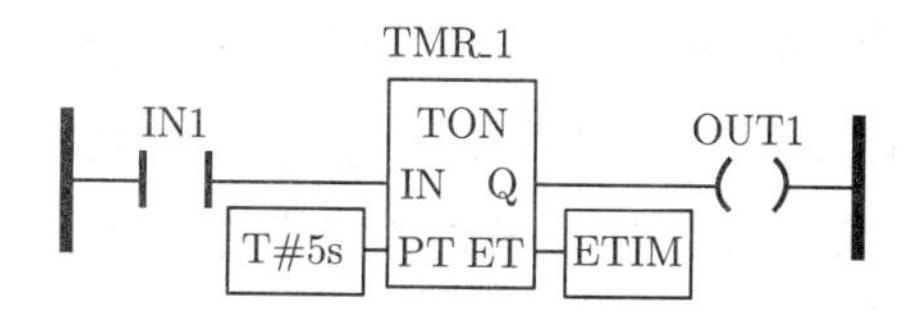

例 4-3 调用延时输出 TON 功能块。功能块的形参 PT 设置为 T#5s，其值直接填写在与 PT 连接的功能块外部连接线附近，输出形参 ET 被连接到变量 ETIM；功能块 TON 的输出 Q 被连接到瞬时线圈 OUT1，当触点 IN1 的布尔变量值 1 保持 5s 后，输出线圈 OUT1 就得电被激励，直到触点 IN1 的布尔变量值返回到 0 时，输出线圈 OUT1 才失励；如果触点 IN1 的布尔变量值 1 保持的时间小于 5s，则线圈 OUT1 不会被激励。示例中，TMR_1 是功能块的实例名，如果后继程序不需要使用变量 ETIM，ET 形参也可以为空。

功能块调用时，输入的形参变量也可以连接到其他函数或功能块的返回值或输出参数，输出的形参变量也可连接到其他函数或功能块的输入参数。

例 4-4 功能块参数的连接

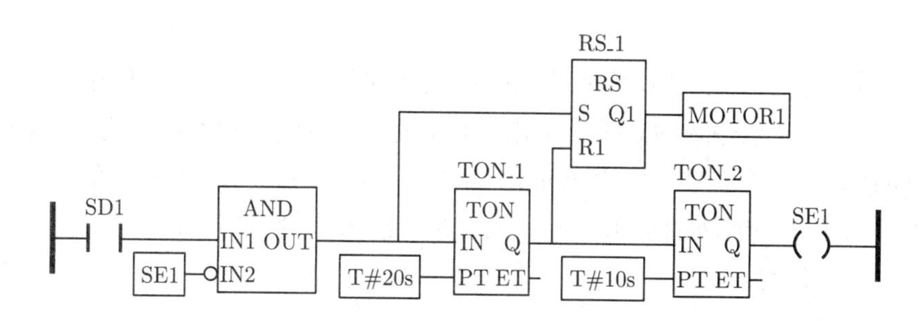

在例 4-4 中，功能块 TON 实例 TON_1 的输入 IN 和 RS 功能块实例 RS_1 的输入 S 都连接到函数 AND 的返回值，RS_1 的输入 R1 连接到 TON_1 的输出 Q，该输出也作为 TON 实例 TON_2 的输入 IN，这个程序的功能是 SD1 触点启动逻辑后，电动机转 20s 后关闭 10s，以此循环直到 SD1 复位，程序用到了图 4-8 中介绍的隐式反馈。

在 HPAC 软件中，将鼠标移至函数或功能块的形参位置点击右键后，右键菜单列出了该形参支持的修正动作，如图 4-6 所示，可选择取反和边缘检测等形参修正操作。

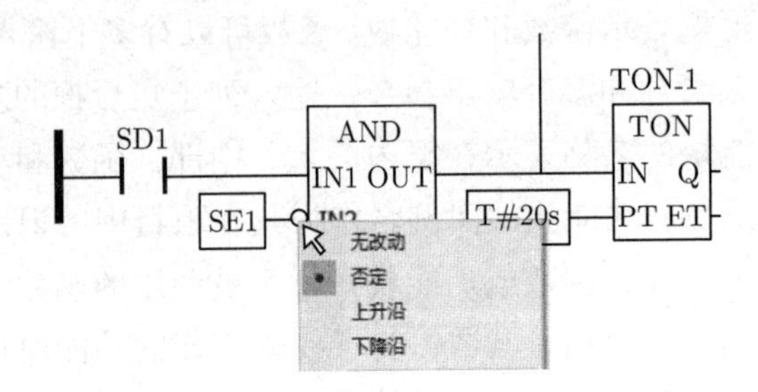

图 4-6　形参动作修正

梯图中的功能块至少应有一个参数是布尔类型，且必须与左电源轨线或右电源轨线进行直接或间接连接。在例 4-3 中，TON 的布尔类型参数 IN 间接通过触点 a1 连接到左电源轨线，参数 Q 间接通过线圈 a2 连接到右电源轨线。

如果功能块没有使用 EN 和 ENO，函数和功能块自动执行并传递状态，否则根据下列规则确定功能块的操作：

（1）EN 输入 FALSE 时，则功能块本体操作不被执行，ENO 的值为 FALSE。

（2）EN 输入 TRUE 时，功能块本体操作被执行，无错误则 ENO 的值为 TRUE。

（3）ENO 输出的值为 FALSE 时，功能块的其他输出（VAR_OUTPUT）保持为上一次的输出值。

例 4-5　功能块的 EN 和 ENO

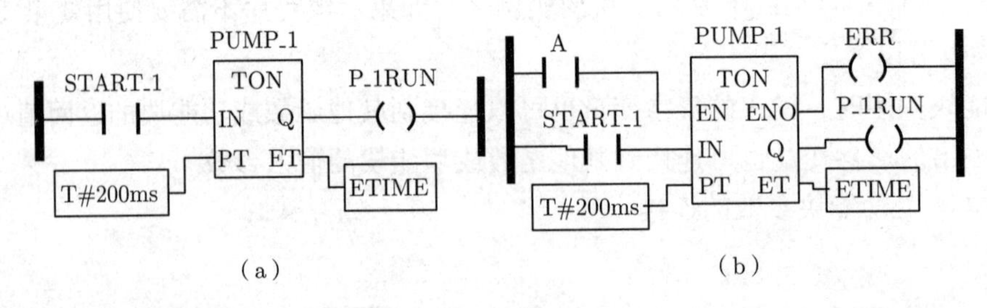

例 4-5 分别显示了使用和不使用 EN 和 ENO 时的梯形图。当不使用 EN 和 ENO（见图（a））时，布尔输入 START_1 用于定时器 PUMP_1 的启动，定时器输出作为线圈 P_1RUN 的激励信号。使用 EN 和 ENO（见图（b））时，EN 的信号 A 可来自其他触点、函数或功能块的输出信号，而 ENO 输出信号可用于出错报警，从而为控制系统提供更多信息。

例 4-6 EN 和 ENO 实际应用 1

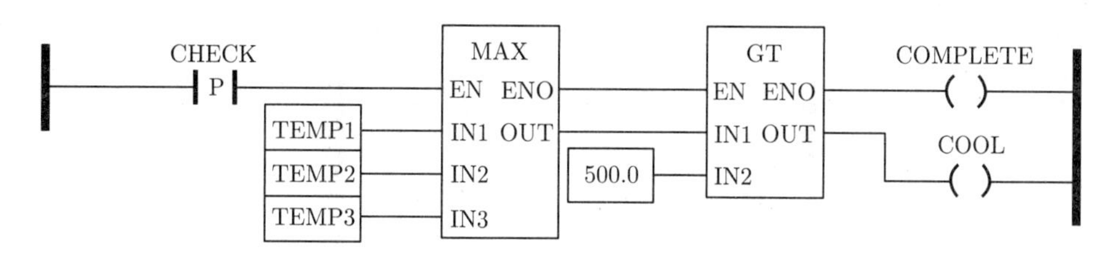

例 4-6 是某加热罐冷风机实际应用的控制逻辑：由 CHECK 给出温度检测的脉冲信号触发，从 3 个温度检测点检测温度，当最高温度高于 500.0°C 时，COOL 冷风机运转。程序中当检测信号 CHECK 从 OFF 变到 ON 时，通过 EN 参数打开了 MAX 函数的使能，获得 3 个温度检测的最高值，MAX 的 ENO 输出为 1，打开了 GT 函数的使能，会将来自 MAX 函数的最高温度与 500.0 比较，如果最高温度超过 500.0，则 GT 函数设置变量 COOL 变为 ON，否则 COOL 被置 OFF。任何一种情况下，与 GT 求值的同时，其 ENO 输出置位，并设置 COMPLETE 为 1，表示温度检测已经完成。

例 4-7 也可使用 R_TRIG 或 F_TRIG 功能块替换实现例 4-6 中的 CHECK 正跳变转换触点。

例 4-7 EN 和 ENO 实际应用 2

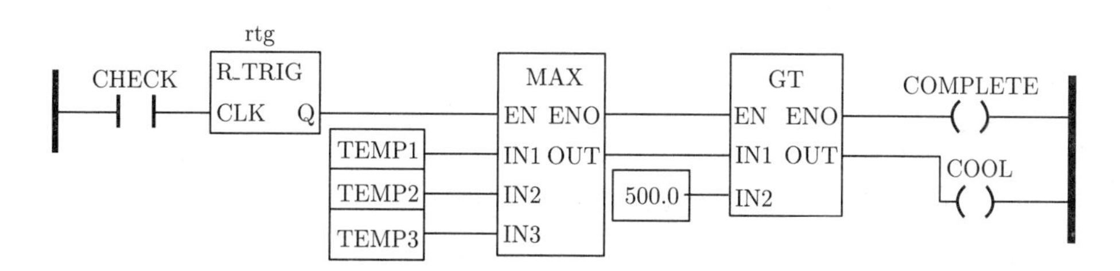

4.1.3 扫描执行顺序

梯形图采用网络结构，一个梯形图的网络以左电源轨线和右电源轨线为界。梯级是梯形图网络的一行，从输入条件开始，到一个线圈的有关逻辑的网络称为一个梯级（Ladder Rung），一个梯级包含输入指令和输出指令。输入指令与左电源轨线连接，输出指令与右电源轨线连接。

输入指令在梯级中执行一些逻辑运算操作、数据比较操作等，并根据操作结果设置输出状态。例如，图 4-7 所示的第一梯级中如果变量 A 或 B 为 1，且 C 的状态为 0，则线圈 F 就被置 1。

梯形图的执行按从上到下、从左到右的顺序进行。首先从最上层梯级开始执行，从左到右确定图形元素的状态，并确定其右侧连接元素的状态，逐个向右执行，直到线圈输出到右电源轨线；然后重复进行下一梯级从左到右的执行。

当梯级中有分支出现时，同样依据从上到下、从左到右的执行顺序分析各图形元素的状态，从而逐个从左到右、从上到下执行求值过程。例如，图 4-7 中第一梯级先执行 A，再执行 B，然后执行 C，最后执行 F。

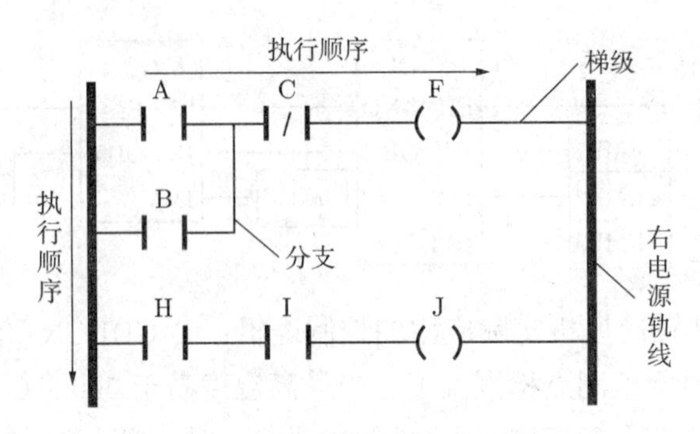

图 4-7 梯形图的执行过程

梯形图网络结构中，用标签（LABEL）、跳转（JMP）和跳转返回（RETURN）等图形符号分别表示跳转的目标、跳转和返回的指令和条件。当 JMP 图形符号条件满足后会先跳转到 LABEL 处执行，并在 RETURN 处返回到 JMP 下一个梯级继续执行。HPAC 软件统一了梯形图和功能块图的跳转和连接（将在功能块图章节中详细介绍），可在梯级上嵌入连接进行跳转。

梯形图中，作为输出的线圈变量也可以参与输入条件作为触点变量使用（见例 4-1（a）中的 a3 自保持触点）。HPAC 软件将梯形图和功能块图 FBD 语言的反馈变量也实现了统一（见图 4-13），按照标准反馈变量第一个扫描周期为初始值，输出后下一个周期为当前值。

图 4-8（a）直接从 OR 的输出引线连接到 AND 的输入，称为显式编程；图 4-8（b）使用 OUT1 的同名线圈和触点构成隐性连接，称为隐式编程。

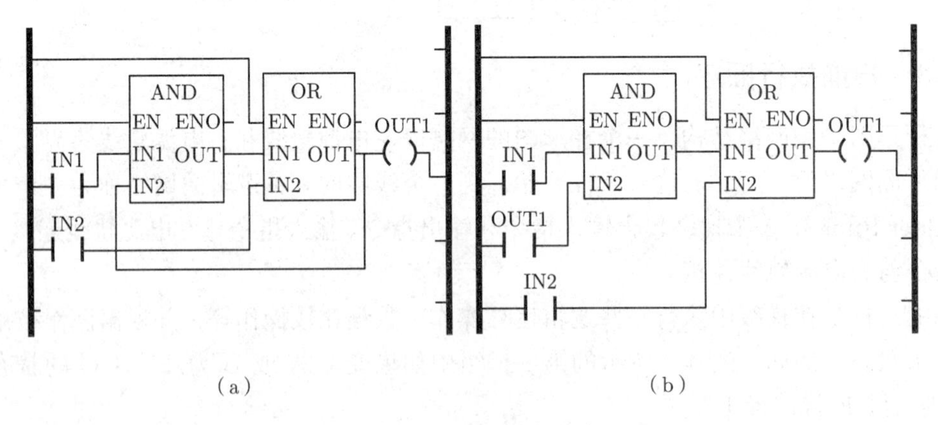

图 4-8 反馈变量的用法
（a）显式编程；（b）隐式编程

注意：虽然梯形图与电气系统逻辑控制图的形态非常相似，但两者在实际执行顺序上存在本质区别，即电气逻辑图在工作中是并发执行的，而梯形图程序是被控制器按顺序扫描的方式串行执行的，例 4-8 对比了两种执行顺序的不同结果。

例 4-8　扫描串行执行

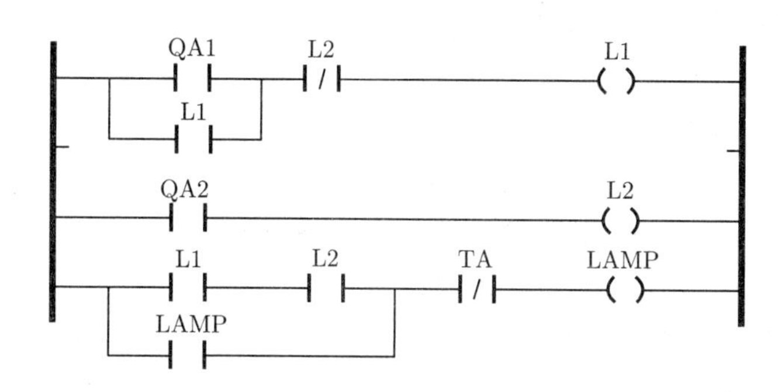

例 4-8 有两个信号按钮 QA1 和 QA2，一个停止按钮 TA，一个输出信号灯 LAMP，中间变量是 L1 和 L2。程序执行时，按下 QA1，则 L1 的状态为 1，并经自保使其继续保持 L1 的状态为 1。按下 QA2，则 L2 的状态变为 1，根据梯形图的执行顺序应执行第三梯级，因 L1 已经为 1，当 L2 为 1 时，使 LAMP 的状态变为 1，并经自保，使 LAMP 继续保持为 1，因此信号灯 LAMP 点亮，并保持。

将例 4-8 的梯形图转换为图 4-9 所示的等价电气逻辑图，第一种情况是当按下信号按钮 QA1 后，L1 继电器激励，第一梯级第 2 行自保触点 L1 闭合。当按下信号按钮 QA2 时 L2 继电器激励，一种情况是第一梯级先执行则 L1 失励，再执行第三梯级，虽然 L2 闭合，但因 L1 失励，L3 继电器不能被激励，信号灯 LAMP 不能点亮；第二种情况是按下信号按钮 QA2 时，L2 继电器激励后，第三梯级先执行，常开触点 L1 和 L2 均闭合，L3 继电器被激励，信号灯 LAMP 被点亮，下一周期执行第 1 梯级常闭触点 L2 断开，使 L1 继电器失励。第二种情况与梯形图的执行顺序一样，但在并发执行时上述两种情况都可能发生，信号灯能否被点亮取决于硬件电路的布线延迟。

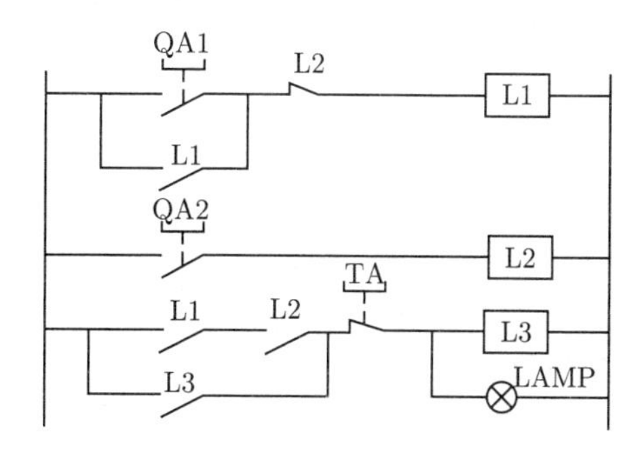

图 4-9　并发执行的电气逻辑图

在例 4-8 的梯形图中，如果将第一梯级与第二梯级的位置上下互换，则按下信号按钮 QA2 时，根据程序扫描顺序，将使 L2 常闭触点的触点布尔值变为 1，即 L2 常闭触点断开，最终不能点亮信号灯。本例说明：

（1）电气逻辑图与梯形图的执行顺序不同，电气逻辑图采用并行执行方式，梯形图程序采用顺序扫描方式。一些电气逻辑图不能实现的逻辑关系，用梯形图程序可以实现，反之也存在一些电气逻辑图可实现而梯形图程序不能实现的情况。

（2）梯形图程序采用顺序扫描方式执行程序时，程序执行的先后顺序决定了程序的执行结果。

（3）假如梯形图执行到第 N 行，则第 N 行前的代码不会执行，其后的代码会继续执行；而电气逻辑图执行第 N 行后，其 N 行的上部分和下部分会同时执行，但这个同时不是绝对的，还是会有时间差，无法确定是先执行上部分还是先执行下部分，所以会有歧义存在，从而出现图 4-9 的情况。

（4）梯形图转换成逻辑电路图时，如果梯形图中第 X 梯级的输出是第 Y 梯级的输入，而第 Y 梯级的输出又是第 Z 梯级的输入，其中 $Y < X < Z$，则这种情况一般不能直接转换。例如例 4-8 中第二梯级的输出 L2 是第一梯级的输入，而第一梯级的输出 L1 是第三梯级的输入。在梯形图中输出信号灯 LAMP 可以自保，而电气逻辑图中的信号灯 LAMP 不可以自保，必须添加一个继电器来实现自保，例如图 4-9 中的 L3。

（5）逻辑电路图转换成梯形图时，如果逻辑电路图中有两行或两行以上的程序需要同时执行程序才能正确执行，则这种情况一般不能直接转换成梯形图。

4.1.4 示例

例 4-9 地下停车场进出管制

1. 控制要求 [2]

（1）地下停车场的出入车道为单行车道，须设置红绿交通灯来管理车辆的进出，红灯表示禁止车辆进出，而绿灯表示允许车辆进出。

（2）当有车从一楼出入口处进入地下室时，一楼出入口和地下室出入口处的红灯都亮，绿灯熄灭，此时禁止车辆从一楼出入口和地下室出入口处进出，直到该车完全通过地下室出入口处（车身全部通过单行车道），绿灯才变亮，允许车辆从一楼或地下室出入口处进出。

（3）当车从地下室出入口处离开进入一楼时，也是必须等到该车完全通过单行车道处，才允许车辆从一楼出入口或地下室出入口处进出。

（4）一楼出入口和地下室出入口处交通灯的初始状态为：绿灯亮，红灯灭。

2. 梯形图程序

如例 4-9 中图所示，两个输入 X1 和 X2 分别表示当车触碰到一楼出入口和地下室入口处时触发；由于一楼和地下室的红灯信号和绿灯信号是一样的，因此可共享红灯输出信号 Y1 和绿灯输出信号 Y2。

程序需要根据车的位置判断方向，再按逻辑控制输出，为判断方向设计 4 个跳变触发线圈：M1 记录 X1 正跳变，M2 记录 X1 负跳变，M3 记录 X2 正跳变，M4 记录 X2 负跳变。

为记录方向设计 2 个锁存线圈：M20 表示车从一楼到地下室方向，X1 正跳变时设置 M20，X2 负跳变时复位 M20；M30 表示车从地下室到一楼方向，X2 正跳变时设置 M30，X1 负跳变时复位 M30。

这样输出的控制逻辑如下：

①当有车从一楼进入车道（M1）且无车从地下室到一楼（NOT M30），或有车从地下室进入车道（M3）且无车从一楼到地下室（NOT M20）时，则车道被占用，红灯亮。

②当车由一楼到地下室（M20）且通过 X2（M4），或由地下室到一楼（M30）且通过 X1（M2）时，说明车离开车道，绿灯亮。

③当车从一楼到地下室（M20）且通过 X2（M4），或从地下室到一楼（M30）且通过 X1（M2），说明车离开车道，则复位 M20、M30。

停车场梯形图程序和变量见表 4-3。

表 4-3　停车场梯形图程序和变量

梯形图程序	梯形图变量	
	变量名	说明
X1 —(P) M1, —(N) M2, —(S) M20 X2 —(P) M3, —(N) M4, —(S) M30 ① M1 M30(/), M3 M20(/) —(S) Y1, —(R) Y2 ② M4 M20, M2 M30 —(R) Y1, —(S) Y2 M4 M20 —(P) M5 M2 M30 —(R) M30 ③ M4 M20, X2 M30, M5 —(R) M20	X1	一楼出入口处的光电开关，有车辆出入该处时，X1 的状态为 On
	X2	地下室出入口处的光电开关，有车辆出入该处时，X2 的状态为 On
	M1	X1 正跳变时，M1 导通一个扫描周期
	M2	X1 负跳变时，M2 导通一个扫描周期
	M3	X2 正跳变时，M3 导通一个扫描周期
	M4	X1 负跳变时，M4 导通一个扫描周期
	M5	M30 复位时，M5 导通一个扫描周期
	M20	车辆从一楼进入地下室的过程中，M20 的状态为 On
	M30	车辆从地下室离开到一楼的过程中，M30 的状态为 On
	Y1	一楼和地下室出入口处红灯亮，初始值为 0
	Y2	一楼和地下室出入口处绿灯亮，初始值为 1

M5 的作用是确保 M20 能被成功复位，程序的最后两个梯级应该同时执行才能确

保 M20 和 M30 均被复位。但梯形图是顺序执行的，所以当倒数第二梯级执行后，M30 被复位，执行到最后一个梯级时，M30 已经为 0，所以 M20 不能被复位！所以必须增加 M5，当 M30 被复位时，M5 会导通一个扫描周期，确保最后一行 M20 能被复位。总之，遇到两个梯级同时执行正确而顺序冲突时，可增加中间变量以保证与同时执行的行为一致。

例 4-10 跑马灯

1. 控制要求

按下开始按钮，8 盏灯以 0.2s 的间隔时间依次亮灭。

2. 梯形图程序

跑马灯的梯形图程序和变量见表 4-4。按下 Enable 按钮之后，会设置 Q1 点亮第一盏灯，间隔 0.2s 后 TON 功能块会设置 Q2 点亮第二盏灯，并复位 Q1 关闭第一盏灯，以此类推，灯依次亮灭。

表 4-4 跑马灯的梯形图程序和变量

<table>
<tr><th rowspan="2">梯形图程序</th><th colspan="2">梯形图变量</th></tr>
<tr><th>变量名</th><th>说明</th></tr>
<tr><td rowspan="9"> 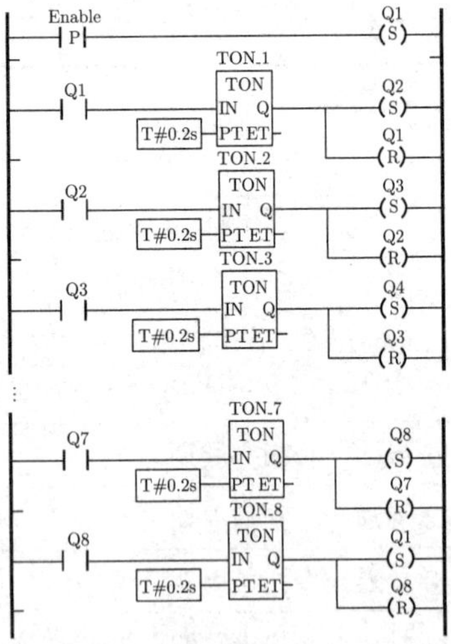Enable ┤P├ —— Q1 (S)
TON_1: Q1 ┤ ├ — TON IN Q — Q2 (S), Q1 (R); T#0.2s — PT ET
TON_2: Q2 ┤ ├ — TON IN Q — Q3 (S), Q2 (R); T#0.2s — PT ET
TON_3: Q3 ┤ ├ — TON IN Q — Q4 (S), Q3 (R); T#0.2s — PT ET
⋮
TON_7: Q7 ┤ ├ — TON IN Q — Q8 (S), Q7 (R); T#0.2s — PT ET
TON_8: Q8 ┤ ├ — TON IN Q — Q1 (S), Q8 (R); T#0.2s — PT ET</td><td>Q1</td><td>第一盏灯</td></tr>
<tr><td>Q2</td><td>第二盏灯</td></tr>
<tr><td>Q3</td><td>第三盏灯</td></tr>
<tr><td>Q4</td><td>第四盏灯</td></tr>
<tr><td>Q5</td><td>第五盏灯</td></tr>
<tr><td>Q6</td><td>第六盏灯</td></tr>
<tr><td>Q7</td><td>第七盏灯</td></tr>
<tr><td>Q8</td><td>第八盏灯</td></tr>
<tr><td>Enable</td><td>跑马灯的开始按钮，按下后启动</td></tr>
</table>

4.2 功能块图编程语言

SFC 是用方框图的形式来表示操作功能的一种图形化编程语言。该形式与数字逻辑电路使用的与或非门的方框表示逻辑运算类似，信号在网路上自左向右流向，方框的左侧为运算的输入变量，右侧为输出变量。

功能块网络编程方法应用非常广泛。算法仿真软件 MATLAB 的 Simulink 仿真建模框图、数据分析控制软件 LabVIEW 的函数框图和 SFC 等都属于此类方法，其代码的执行遵循信号流或数据流思想，以输入端口的数据是否全部就绪为执行前提，输出端口有数据输出则表示功能块执行结束。

熟悉数字电路或使用过其他图形编程技术的开发者普遍接受这种拖拽组态的编程方式。此外，SFC 具有一定的抽象组织能力，例如最为细节的逻辑可以封装为功能块，这些功能块可被抽象为一个具有接口的方框，在上层逻辑中通过 SFC 可进行直观而清晰的集成。但 FBD 程序占用幅面较大，稍微复杂点的计算都需要大量的方框和连接线，降低了程序的可读性。可使用更适合描述算法的语言（比如结构化文本或 SFC）来实现这些功能块。

SFC 非常适合描述有一定抽象层次的上层逻辑，从这个角度看，FBD 也与统一建模语言（Unified Modeling Language，UML）的包（Package）图类似，把 SFC 作为控制系统的主程序尤其合适，主程序就是系统的构成图，可以清晰地呈现一个系统的内部构成部分及各部分之间的信息接口。对各个子系统也尽量用 FBD 作为总图，风格良好的 FBD 图可作为电气连接图，稍作修改即可用于现场布线（见参考文献 [3]）。

如果程序没有良好的模块化设计，把程序的所有逻辑放到 FBD 的主程序则是糟糕的风格。这样主程序代码必须占用极大的页面，且包含很多重复代码拷贝，为代码的增删改查操作增加了无谓的烦恼。

相比其他商业编程系统，HPAC 的 SFC 编辑器没有位置限制，更为灵活方便，连接和目标也使得程序结构更为清晰，但拖拽过于密集的连接会偶发 XML 源文件格式错误，因此 FBD 做主程序应结合设计良好的功能模块，避免病态密集的 FBD 编辑。

4.2.1　组成元素

函数和功能块是功能块图编程语言的基本图形元素。函数和功能块包括标准函数和功能块，以及衍生函数和功能块。功能块程序由函数、功能块和执行控制元素组成。

函数的图形符号是一个如图 4-10 所示的矩形框，矩形框内有函数名和函数参数。函数的输入参数相同时，其返回值是相同的，函数不具有记忆功能和内部状态，函数没有输出参数，只有返回值，函数的输入参数与同类型的实参变量连接形成参数传递。

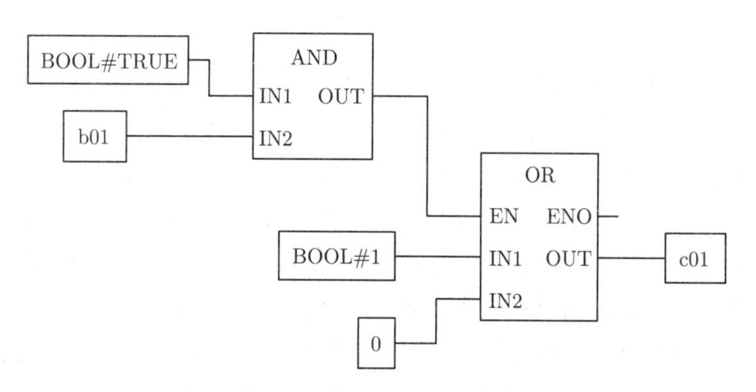

图 4-10　函数的图形符号

IEC 61131-3 是一种强类型语言，如果输入形参是基本数据类型，则输入实参的类型必须完全匹配；如果输入形参是一般数据类型，则输入实参须与形参同源；在具有多个一般类型的输入形参时，还要求这多个同源基本数据类型是相同的，例如不能用 INT 和 SINT 分别作为参数调用加法函数。

对于某些具有二义性的值，例如 0，1 可以是 BOOL，BYTE 等 ANY_BIT 类型，也可能是 INT 等 ANY_INT 类型（不会是 ANY_REAL 类型，因为合法的浮点常量必须带至少一个小数位）。做输入时应显式提供其类型，否则会报类型匹配错误。图 4-10 中可根据 BOOL#1 参数确定另一个实数 0 是布尔类型的假，因此可以正确执行，反之如果是 1 和 BOOL#0 也可确定实参 1 为布尔类型的真，因此也可以正确运行。但如果例中将常量“BOOL#1”改为“1”，即 OR 的输入为参数 0 和 1，由于两个输入参数都没有类型声明，就不能确定是 BOOL 的真假还是 BYTE 类型的 0 和 1，因此 OR 函数会报类型匹配错误。

功能块用如图 4-11 所示的矩形块表示，与函数不同的是，功能块具有多个输出参数和记忆功能。每一功能块的左侧有不少于一个输入端口，在右侧有不少于一个输出端口。在矩形块内部的靠上方位置显示功能块的类型名称，在矩形块边框的正上方位置显示实例名称（HPAC 中函数不需要实例名可直接拖入代码中，但功能块必须输入实例名才可使用），输入、输出端口的名称分别显示在矩形块内的左右两侧。

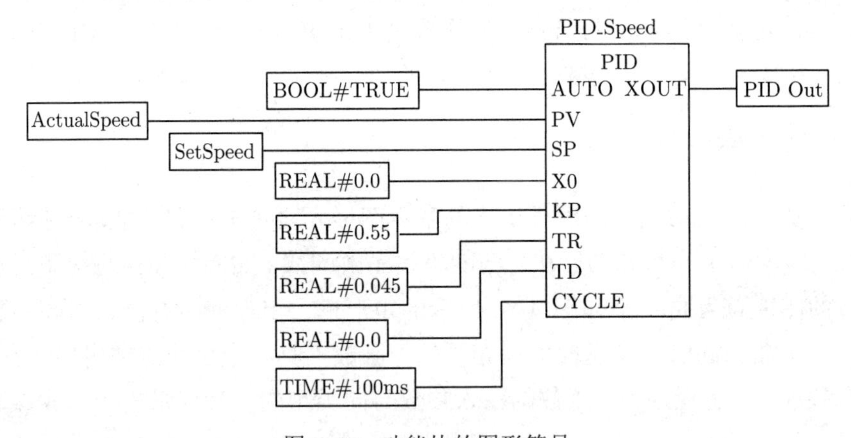

图 4-11　功能块的图形符号

图 4-11 中的 PID 是实现了比例-积分-微分控制算法的标准功能块（位于 HPAC 软件“功能块库”标签下的“附加功能类型”分类下）。其中，“PID_Speed”为 PID 功能块实例化的名称；功能块的输入端口有 AUTO、PV、SP、X0、KP、TR 等，XOUT 为功能块的输出端口。其中，输入端口 SP 的连接类型为 REAL 的变量“SetSpeed”，作为转速的给定值；输入端口 PV 的连接类型为 REAL 的变量“ActualSpeed”，表示转速的实际值；其他输入端口还设置了比例系数 KP 为 0.55，积分系数 TR 为 0.045，微分系数 TD 为 0.0，以及时间缩放系数 CYCLE 为 100ms。经过 PID 运算后，其输出端口 XOUT 输出 REAL 类型的运算结果，赋给变量 PIDOut 用于控制。

图 4-11 中输入端口接收变量值 (SetSpeed、ActualSpeed) 或者常量值 (0.0、0.55) 等，输入端口也可以接收来自其他功能块的输出，只要数据提供端与数据接收端的数据类型匹配即可。同理，PID 功能块的输出端口可直接赋值给变量 (PIDOut)，也可以送至与下一个功能块类型匹配的输入端口。

在功能块编程语言编制的方框图网络中，某一个函数或功能块的求值只能在它的所有输入已经求值后进行，即功能块所有输入端口数据都就绪后，该功能块才被执行。若功能块有 EN 和 ENO 信号，则有些函数或功能块可能因 EN 和 ENO 为 0 而不被执行。

例 4-11 EN 和 ENO

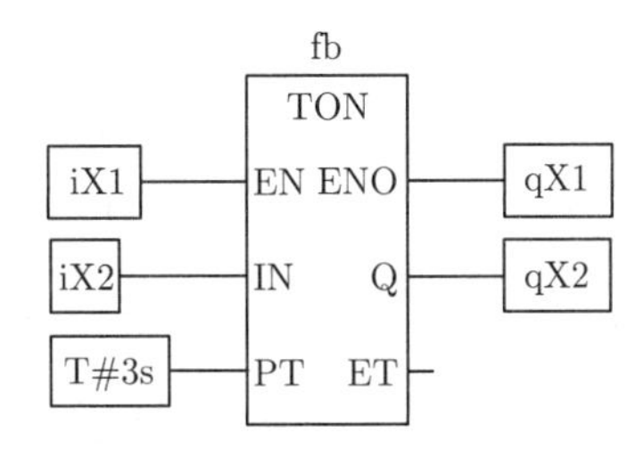

在例 4-11 中，只有 iX1 为真，使能 TON 功能块后，iX2 才可以进一步启动 TON 功能块的 3s 定时。

4.2.2 连接和执行顺序

FBD 的图形是从上到下排列的，函数或功能块的求值只有在它的左边所有输入已经求值后才能进行，FBD 的总体执行顺序是从左到右、从上到下，所以从连接关系上看（不一定是图形位置关系），左侧和上方是上游，而右侧和下方是下游。

上游功能块的输出连接到下游功能块的输入时，上游输出端口的类型也应与下游接收数据的功能块或变量类型匹配。组态编程时，HPAC 会检测连接两段变量的类型是否匹配，如果不匹配则会用红色线条提示开发者修改，否则编译时会出现类型不匹配错误。图 4-10 中，AND 函数的 OUT 输出端和下游功能块 TON1 的 IN 输入端均为 BOOL 类型，如果把 OUT 连接到 TON1 的 PT 输入端则出现类型不匹配的红线提示。

功能块的输入端口信号具有唯一性，即不可同时接收多个变量或功能块的输出，而功能块的输出端口可同时送给多个变量或多个功能块的输入，只要数据类型一致即可。功能块的输入或输出也可以悬空，对于输入来说悬空意味着使用缺省参数，对于输出则意味着忽略该结果，在例 4-11 中，定时器 TON 模块的输出端 ET 即被忽略。

FBD 中也可使用梯形图中介绍过的功能块形参动作修正符（见图 4-6）。在图 4-13 中，若要对 AND 函数的 IN2 输入端取反，在 IN2 形参处的右键菜单中选择“取反”即可。除取反外，对功能块的布尔量输入端还支持上升沿、下降沿设置，这与在布尔量输入端前添加 R_TRIG 或 F_TRIG 功能块的效果一致。

当 FBD 网络较大时，受屏幕的限制，一个页面不能显示多个有连接的函数或功能块，或者 FBD 程序连接凌乱希望用符号代替连接时，可采用如图 4-12 所示的连接符。连接符是一个标识符，但它不是变量，只在组态时存在，构建时不会生成相应的代码。它也只能在一个 POU 内部使用，用于将图形中的两个端点（变量，输入、输出参数等）连接在一起，作为出口的“连接”和作为入口的“目标”，只要两者名称一致，即可认为它们之间存在连接关系。

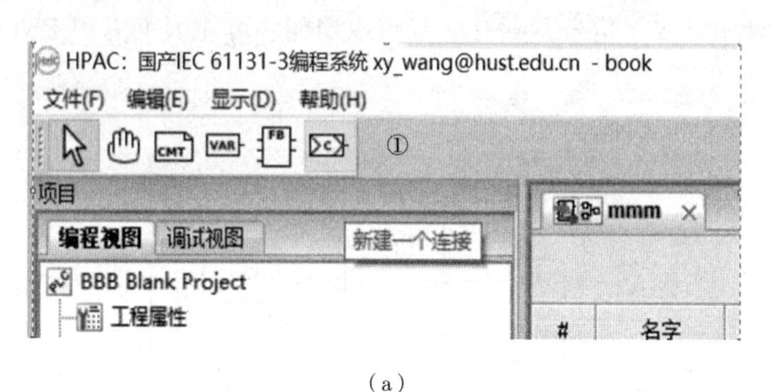

（a）

#	名字	分类	类型	位置	初始值	Option	Documentation
7	qX2	局部	BOOL				
8	qX3	局部	BOOL				
9	qX4	局部	BOOL				
10	qX5	局部	BOOL				
11	b2u	局部	B16_U16				
12	bw20	局部	BUF_WRITE				

（b）

图 4-12 连接和目标

（a）工具按钮；（b）图形表示

点击图 4-12（a）中的“新建连接”①按钮，在对话框中输入名字，选择连接或目标的种类即可。连接的表示如图 4-12（b）中②所示，类似一个带有菱形边框的输出变量；目标如图 4-12（b）中③所示，类似一个带有菱形边框的输入变量。名称一致的连接和目标之间存在连接关系。

图 4-12（b）和图 4-16 的代码几乎是一样的，区别在于 qX1 是一个连接符而不是变量（加了变量 qX1 也不会编译出错，因为 qX1 连接符只在组态时存在，构建时不生成代码，因此也不会与变量 qX1 冲突），qX2 到 qX5 都是变量而非连接符，构建时会生成相应的代码。

功能块图编程语言允许下游功能块的输出反馈到上游功能块的输入形成反馈回路，在有反馈回路的功能块图代码第一次执行时，由于下游功能块没有执行，因此使用功能块输出参数的初始值作为上游功能块的反馈输入，直到下游功能块有输出后，再将此输出作为反馈输入使用。

图 4-13 用脉冲信号 FBD 程序演示了几种反馈形式。

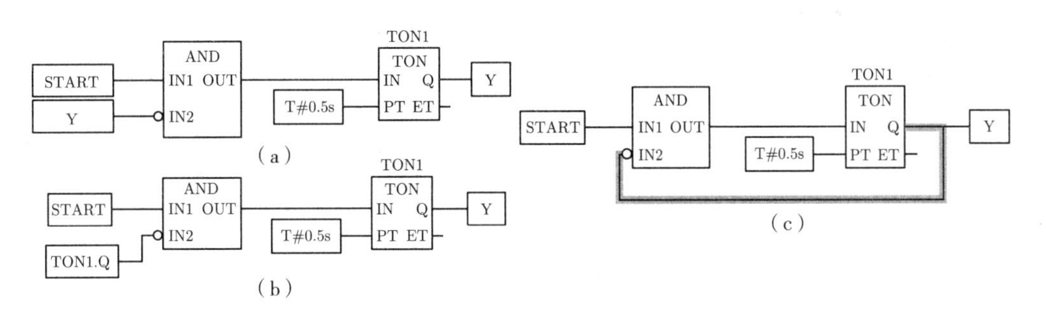

图 4-13 功能块隐式反馈和显式反馈

（a）隐式反馈 1；（b）隐式反馈 2；（c）显式反馈

START 作为使能控制的输入信号，仅在它为真时，才可能执行下游代码，下游功能块 TON1 产生一个以 0.5s 为周期的脉冲信号。图 4-13（a）中上游 AND 函数的输入端 IN2 为变量 Y，而变量 Y 是下游定时器功能块实例 TON1 的输出 Q，这种通过变量的反馈连接方式即为第一种隐式反馈；图 4-13（b）直接用 TON1.Q（功能块结构功能）作为 AND 函数 IN2 参数的输入，是第二种隐式反馈；图 4-13（c）中则是通过直接连线的方式反馈给 AND 函数的输入端，这种反馈形式即为显式反馈。图 4-13 的仿真时序图如图 4-14 所示。

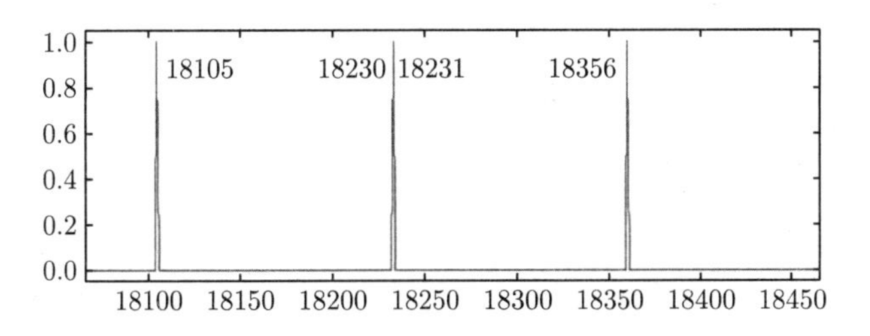

图 4-14 仿真时序图

程序的 PLC 扫描周期为 4ms，而相邻两个脉冲之间的时间差为 0.5s，即相邻两个脉冲之间须执行 0.5s/4ms=125 次个扫描周期，图 4-14 中的横坐标为扫描周期计数值，纵坐标表示脉冲幅值，曲线中相邻两个尖峰之间的横坐标之差为 125，表明程序逻辑正确。

建议采用隐式反馈方式（两种隐式反馈都可以，第一种查找更方便，第二种更简单直接），其减少了连线代码，更好理解，隐式反馈连接顺序与求解顺序也是一致的。

HPAC 对梯形图和功能块图中的很多概念进行了统一，例如函数和功能块的 EN/ENO 使能控制、形参动作修正符等，程序的扫描执行顺序、连接和目标、显式和隐式反馈等在两种语言中都是一致的。

在 IEC 61131-3 中，这两种图形语言的区别也没有想象的大，梯形图虽然增加了导轨、触点、线圈等元素，但观察梯形图功能块调用示例程序（例 4-3~ 例 4-7）会发现它们除了导轨外，其他部分与上下排列整齐的功能块图非常相似。CODESYS 的功能块图正是这样严格按行线性排列的结构，因此相比于 HPAC，它的功能块图更接近梯形图，而 HPAC 的功能块图则排列更灵活、连接更清晰、拖拽易用性更强，更接近 Simulink 等模型化语言。

4.2.3 示例

例 4-12 锯齿波信号发生器

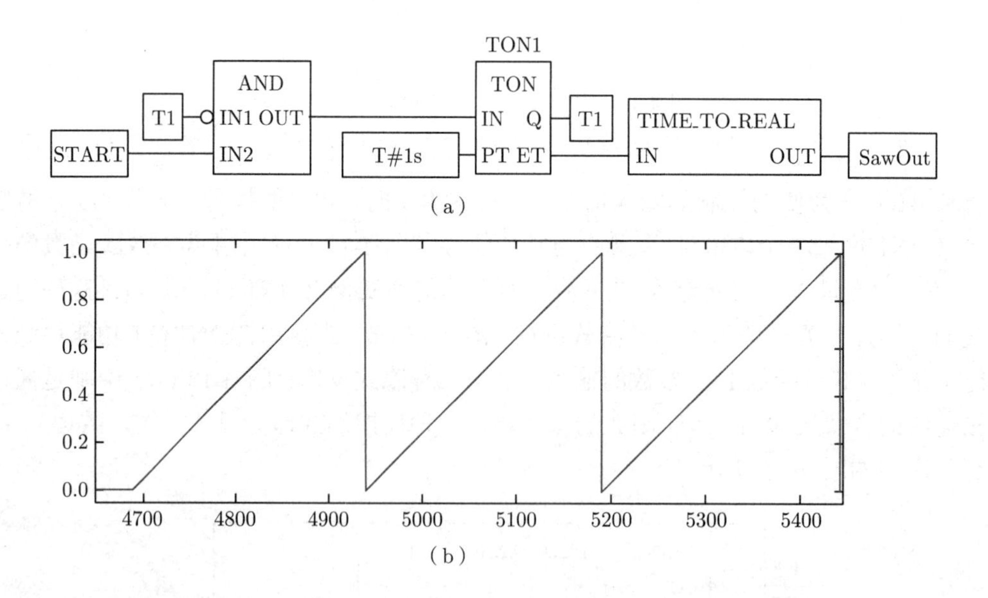

示例程序 FBD 代码中 T1 为一隐式反馈变量，初始值为 FALSE。START 为锯齿波的启动信号，启动后 START 为 TRUE，与 T1 的反 AND 函数输出 TRUE，从而启动 TON1 定时器。TON1 的输出端 ET 表示当前已逝时间，其范围是 [0,T#1s)，通过 TIME_TO_REAL 函数，将 ET 转化为 [0,1) 范围内的线性递增数据。当 1s 时间到

时，TON1 的 Q 输出 1，T1 置位后取反会关闭 TON1 定时器。复位 T 和 ET 开始下一个周期，而 T1 的复位又会重启 TON1 定时器，从而产生锯齿波的周期信号。

锯齿波的周期为 1s，图中数据的采样周期为 4ms，START 信号为 TRUE 后，经 250 周期（250 周期 ×4ms=1s）后锯齿波达到最大值，并在下一扫描周期返回起点。注意：由于需要一个扫描周期去复位 TON1，所以两个锯齿波周期之间不是 0，会延迟一个扫描周期。

如果把例 4-12 的锯齿波作为自变量，加上其他计算函数可以生成其他类型的信号，如例 4-13 所示增加 MUL 和 SIN 函数即可生成正弦波。

例 4-13　正弦波信号发生器

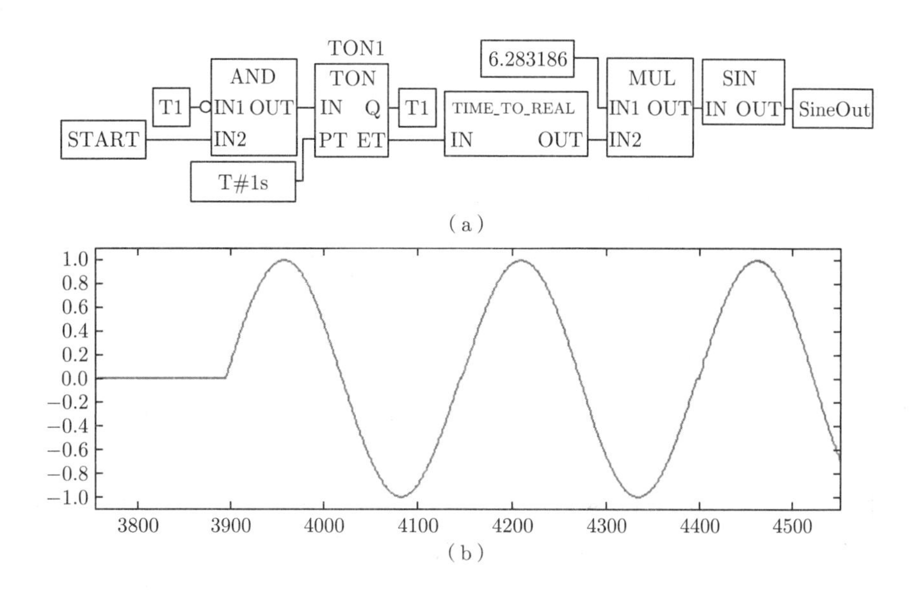

（a）

（b）

代码前半部跟例 4-12 一样，后半部首先将 [0,1) 范围内的锯齿波通过 MUL 函数转换为弧度值 [0,2PI)，然后对弧度值取正弦结果，即得幅值为 1，周期为 1s 的正弦波信号。其他幅值和相位做相应的运算即可。

例 4-14　信号灯顺序点亮控制

信号灯点亮系统是一个时间顺序控制系统，其控制要求如下：闭合 START 开关后，每隔 1s 点亮一盏信号灯，共有 5 盏信号灯，最后一盏信号灯点亮后隔 1s 全部信号灯熄灭。并重复上述过程，直到 START 开关断开。信号灯运行的时序图如图 4-15 所示。

由于 5 盏信号灯的行为类似，都是在 T1 时刻点亮，后延时 T2 时间关闭 T3 时间，因此可首先编写实现上述行为的 CYCTIME 功能块，对 5 盏灯分别调用该功能块即可。

功能块 CYCTIME 有一个输入 START，3 个定时器设定信号 T1、T2、T3，有一个输出 Q，用 3 个定时器实现延时，其中第一个用于控制相位，从 T1 开始输出亮灭的控制信号；T2 用于控制点亮时间；T3 用于控制关闭时间。即当输入信号 START 为 1 后，先延时时间 T1，然后点亮 T2 时间，再熄灭 T3 时间，如此循环往复，代码如图 4-15 所示。

#	名字	分类	类型	初始值	Option
1	START	输入	BOOL		
2	T1	输入	TIME		
3	T2	输入	TIME		
4	T3	输入	TIME		
5	Q	输出	BOOL		
6	TON_1	位置	TON		

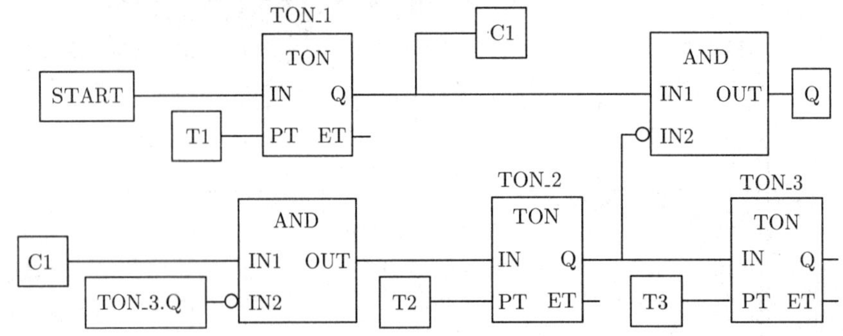

图 4-15 定时功能块实现

在图 4-15 中，当 START 为 TRUE 时，TON_1 开始延时导通，延时为 T1(TIME 类型)，以 TON_1 的输出 C1 和 NOT TON3.Q 隐式反馈启动第二个 TON 定时器，C1 导通后会一直为 1，直到 START 为 0 才会复位，在 TON2.Q 为假的 T2 延时内，Q 输出 1，T2 延时完成则取反，将 Q 输出 0，并在 TON3.Q 为假的 T3 延时内保持。

如图 4-16 所示的主程序对 5 路输出信号分别调用各自的定时模实例 CYCTIME_1..5，bw20 功能块将二进制组合后的结果输出到了总线上的数字输出模块。图 4-17 是信号灯的仿真信号波形图，程序执行周期为 20ms，图中每个周期的执行次数为 300，经计算得到每个周期为 6s，与程序设置一致。

qX1 会在 1s 后启动，保持 5s 后拉低，保持 1s 后依次循环，qX2 会在 2s 后启动，保持 4s 后拉低……这样多盏灯循环起来后，组合效果就是 5 盏灯每隔 1s 依次点亮，然后保持 1s 后全灭的效果。除非开发者有数字电路背景，否则 FBD 做信号处理分析和理解起来并不简单，它更适合做应用的主程序。

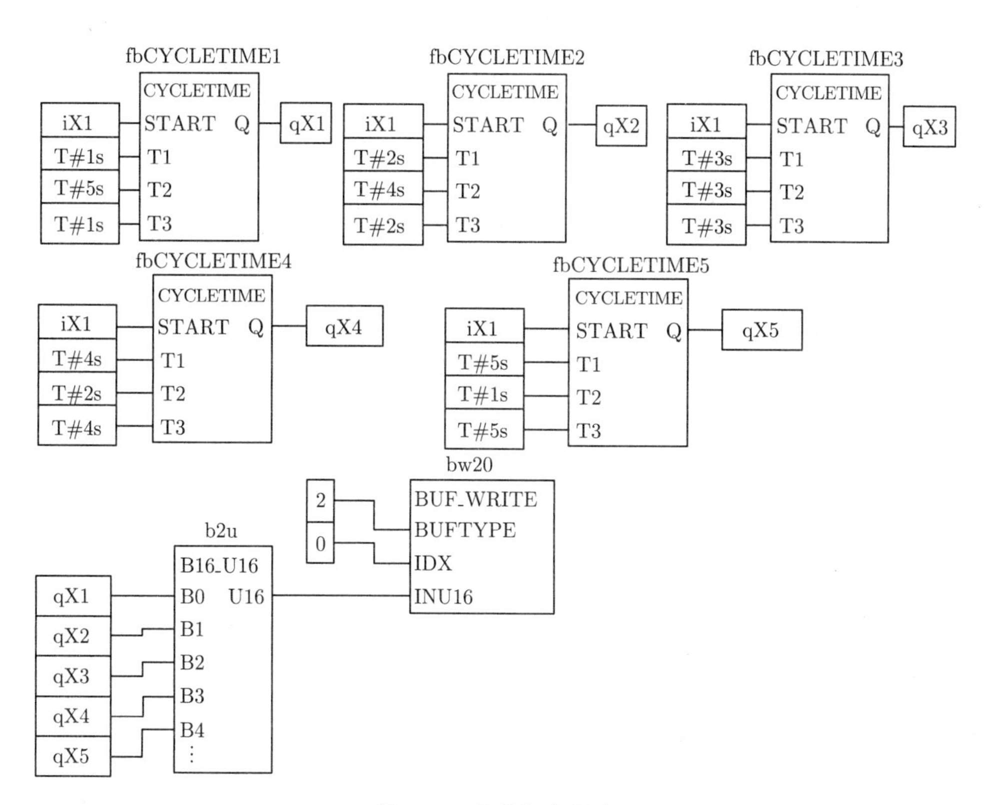

图 4-16　信号灯主程序

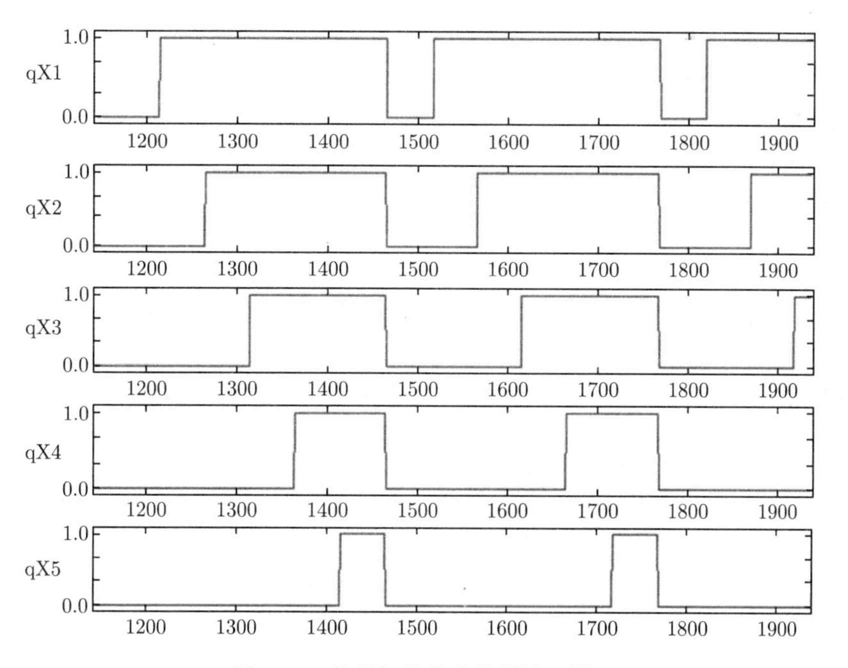

图 4-17　信号灯的仿真信号波形图

习　题　4

1. 简述 4 种触点和 6 种线圈的功能。
2. 验证例 4-8 扫描执行现象。
3. 删掉例 4-9 中 M5 的相关代码进行验证并简述其功能。
4. 用 FBD 编写三角波信号发生器。
5. 在例 4-13 的基础上编写幅值 K 初始相位 C 的正弦波。
6. 用 FBD 实现数字电路课程中的四位全加器。

第 5 章

SFC编程语言

SFC 是 IEC 61131-3 的重要组成部分。SFC 编程语言既具有图形编程语言的特点，也具有文本编程语言的特点，IEC 将 SFC 定义为一种公共元素而非编程语言，一方面是因为它是构架于其他语言之上的一种语言，SFC 的步（动作）可以使用任何一种语言来描述；另一方面，它独特的局部扫描执行方式提供了一定的执行控制能力：在一个执行周期内，其他语言的任何代码均要被执行一次，或者说扫描一次，SFC 中则只有活动步的代码才会被执行。

SFC 特别适用于基于状态的流程控制，SFC 能形象地描述被控对象的控制逻辑和流程，便于程序的编写和维护。对于此类问题使用 SFC 可以轻松实现，但使用其他语言可能就会非常困难，而且 SFC 代码在可读性、可解释性等方面独具优势。因此 SFC 是最具 IEC 61131-3 特色的语言，是其取得巨大成功的关键，把它讲清楚也是本书的目标使命之一。

步、行动和转换是 SFC 的 3 种主要元件，SFC 还提供 D、L、S、P 等限定符，以及选择序列、并行序列等连接结构，本章介绍这些知识。

5.1 组成元素

5.1.1 步

SFC 编程语言把一个过程分解成若干个清晰的阶段，每个阶段称为“步”（step），步与步之间由“转换”分隔。程序执行时，只有活动步的行动块才会被执行，而其他步的行动块不会被执行，即 SFC 是局部扫描执行的。当两步之间的转换条件得到满足时，转换得以实现，则上一步的行动结束而下一步的行动开始，不会出现步的重叠。

1. 步的表示

步是程序执行的逻辑单位，在 SFC 程序中，用一个带步名的矩形框表示。步分为初始步和一般步两种，见表 5-1，其中用带步名的双线矩形框表示初始步，用带步名的单线矩形框表示一般步，一个 SFC 只能有一个初始步。

HPAC 作为集成开发环境，具备程序组态编辑和运行调试功能，因此工程具有如图 5-1 所示的编程和调试两种视图，前者用于组态编程，后者用于运行调试。调试还可细分以 Win32 作为目标系统的离线仿真调试和以 COE（CANopen Over EtherCAT）

为目标系统且需要 PAC 设备的在线调试两类，程序运行后在线和离线两类的外观和操作是一样的（在线调试构建前还必须做 7.5 节所述的总线组态操作）。

表 5-1　步的分类及图形符号

图形符号	说明	图形符号	说明
InitialState	双线矩形框表示初始步	InitialState	运行时绿色高亮表示活动步
STEP1	单线矩形框表示一般步	STEP1	运行时绿色高亮表示活动步

图 5-1 所示的编程和调试两种视图的区别如下：① 除选择外，调试视图的其他工具按钮消失，表示在调试过程中程序是只读的；② 编程视图的目录树按类型分类，包括数据类型、函数、功能块、程序和配置的类型名；③ 调试视图的目录树按实例分类，树上的节点均为各实例名；④ 调试视图的工作区左上方会出现 POU 的实例树；⑤ 程序启动后，会用绿色高亮突出一些为真的布尔量或在连接线上显示一些数字量的值以方便调试（注：书中绿色高亮部分做了加粗处理，印刷后为浅灰色，请注意辨识）。

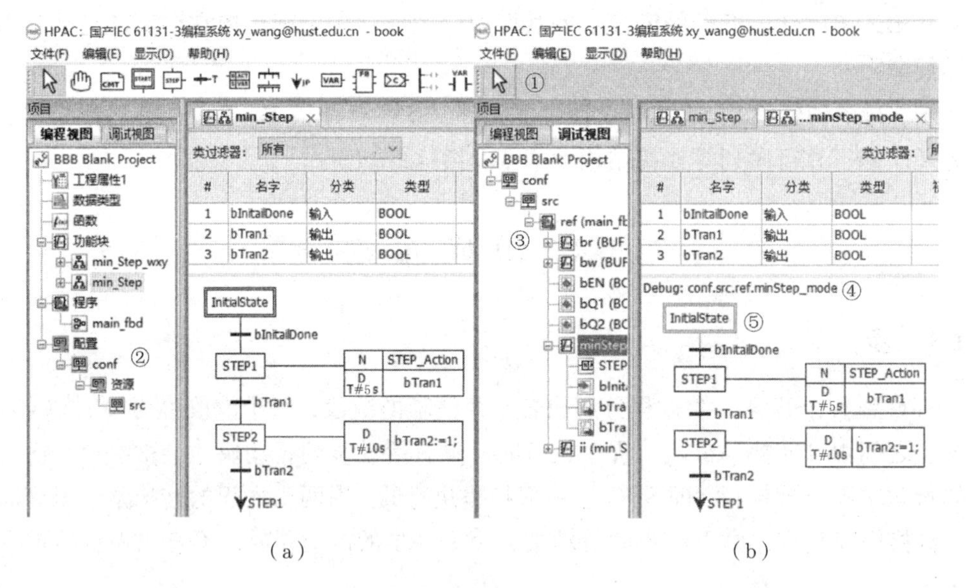

图 5-1　初始步和一般步

(a) 编程视图；(b) 调试视图

SFC 的每个步都要有名字作为标识，步名规则如下：

（1）步名应该具有明确的含义以提高代码的可读性。

（2）在同一段 SFC 程序里，步名不能重复（否则编译不能通过）。

（3）在同一个 SFC 的全部嵌套程序里，所有步名均不能重名（编译能通过，但执行会出错）。

（4）步名的本质是代表步的一个变量，遵循标识符命名规则。不能使用系统关键字或汉字，不能以数字及“!”“#”等字符开始等。

图 5-2（a）所示是一个正在调试运行中的 SFC 程序（见图 4-3 和图 4-14，LD 和 FBD 也可以有类似调试的图形界面）。

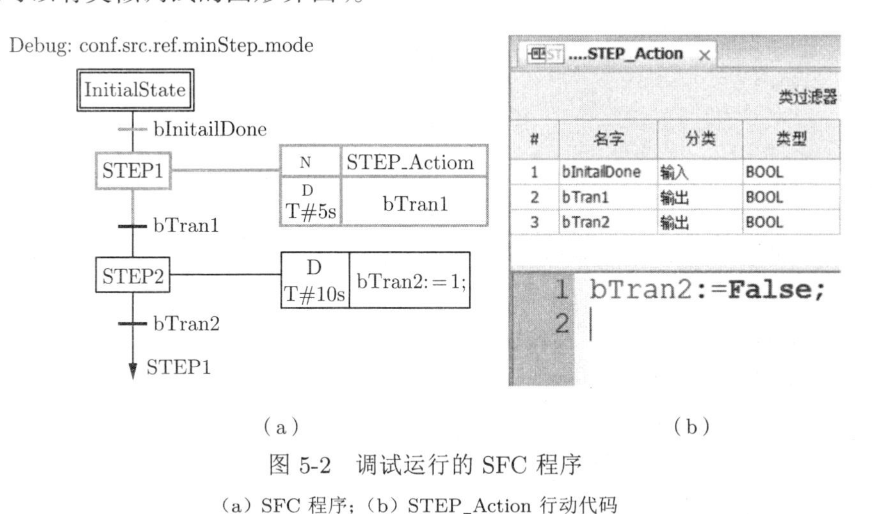

图 5-2 调试运行的 SFC 程序

（a）SFC 程序；（b）STEP_Action 行动代码

图 5-2（a）中用双方框表示的初始步 InitialState 是 SFC 程序运行后的第一个活动步，当跃迁条件 bInitialDone 为真时，发生将 STEP1 步作为目标的跃迁，图 5-2（a）显示的正是此时的运行状态，一般步或初始步均可作为跳转步。

2. 步的状态和步的消逝时间

SFC 运行后，步有两种状态，即活动状态和非活动状态。类比于令牌环计算机网络，活动步类似取得令牌的计算机，它可以执行相应的命令或行动，非活动步是未取得令牌的计算机，它不能执行相应的命令或行动。因此，某一步处于活动状态意味着与该步相连接的命令或行动被执行，在图 5-2（a）所示的状态中，STEP1 步的行动块会被执行。

执行过程中，当步处于活动状态时称该步为活动步，反之称为非活动步。步从成为活动步开始到成为非活动步结束的时间称为步的消逝时间。当步成为非活动步时，令牌或焦点离开当前步，与步相连的命令或行动被挂起，步消逝时间的值保持在被挂起时所具有的值，当步激活（成为活动步）时，步消逝时间的值被复位到 T#0s，并开始计时。

活动状态下 STEP1 步的属性 STEP1.X 为 TRUE，当 STEP1.X 为 FALSE 时，表示该步的执行结束。在 HPAC 软件中，当 SFC 进入调试状态后，双击步即可看到如图 5-3 所示的时序图。

图 5-3 中从上到下依次是 STEP1 步、STEP2 步的执行时间。如果程序设置的执行周期为 T#200ms，则 STEP1 执行 5s，STEP2 执行 10s 分别对应 25、50 个执行周期，对比图 5-3 中显示的 STEP1.X 和 STEP2.X 值，可验证 STEP1 和 STEP2 的执行时间正确。

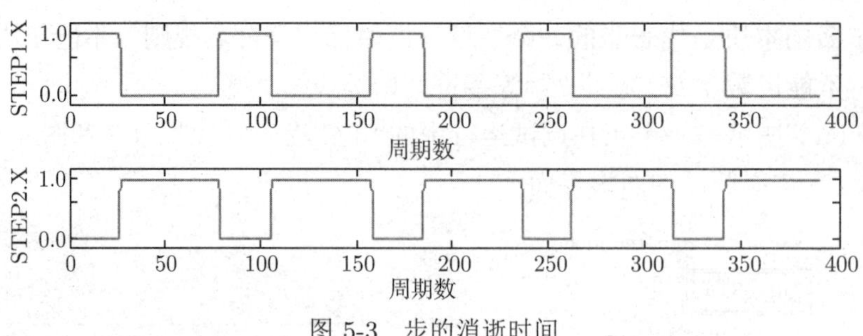

图 5-3　步的消逝时间

5.1.2　行动

行动（Action）也叫活动或作用，是可被活动步执行的代码片段。步的行动可以为空（见图 5-2（a）中的 InitialState 步），表示它是一个等待某特定信号的空步。更常见的与行动相关联的步，步与行动的关联操作步骤如下：

（1）在 SFC 中双击步，在步编辑对话框中选择“行动”复选框，确定后在步的右侧会出现一个与功能块输出接口类似的行动连接口。

（2）在 SFC 中工具栏中选择“新建一个作用块”，在 SFC 编辑区点击后，出现“编辑行动块属性”对话框，在“行动”列表中添加行动，确定后会在程序中出现一个左侧有输入接口的行动块。

（3）将步的行动连接口与此行动块的输入接口进行连接，此后可随时双击行动块进行编辑。

行动块没有名字，必须要与步关联后才有意义，否则不会作为实体生成代码。行动块中每行都是一个行动，可以执行一条 ST 语句、操作一个变量或调用一个行动子程序。行动子程序是 SFC 内部的有名字的代码片段，例如图 5-2（b）所示的编辑器中即为行动子程序“STEP_action”的代码片段，被图 5-2（a）的 STEP1 步调用。行动子程序可在其 SFC 程序中被多处调用，因此一般用于有复用价值的代码片段。在 SFC 内添加和使用行动子程序的操作过程如图 5-4 所示。

在 SFC 右键菜单中选择“添加行动”，输入子程序名后会出现代码块，在代码块中编写子程序。使用时，在行动块二维表的第四列“值”下拉框中选择类型为“行动”，在列表框中可查到该 SFC 已经定义好的行动子程序，选中后即可。

行动块是一个如图 5-5 所示的二维表，每个行动占据一行，包括 5 列属性：限定符、时间、类型、值和指示器。限定符定义了该行动的执行特性，包括执行时机、执行次数等，某些限定符需要额外的时间属性在第二列设置。

第三列是行动的类型，行动可以是一条 ST 语句、内部变量状态操作或行动子程序的调用 3 种形态，分别对应 HPAC 第三列的在线、变量和行动 3 种选项。变量行动类型可以和限定符配合实现对变量的延时、复位、置位等功能，在活动步变量行动改变的变量值，运行焦点离开后会自动复位；在线类型可以执行单条 ST 语句或进行函数或功能块调用，焦点离开后语句修改的变量值保持不变，必须手工复位；行动类型可实现行动子程序的调用（见图 5-4，CODESYS 仅支持这一种）。

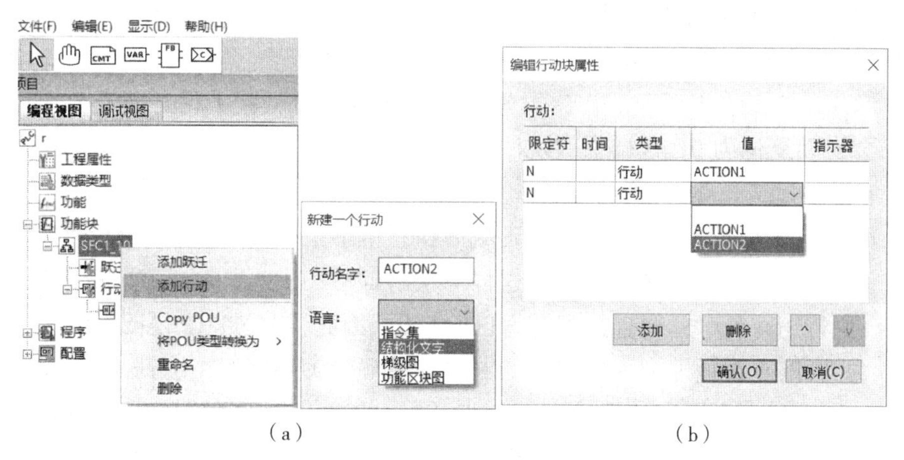

（a） （b）

图 5-4 添加和使用行动子程序的操作过程

（a）添加行动；（b）使用行动

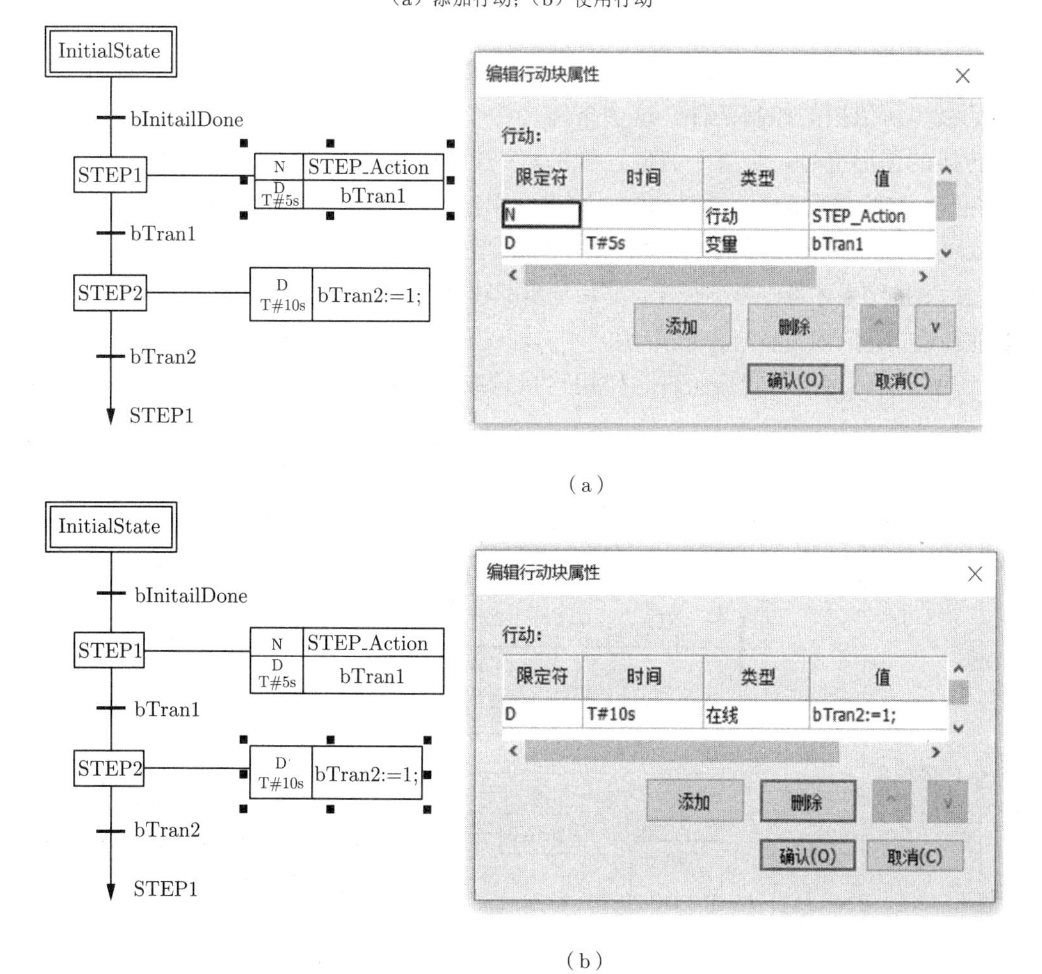

图 5-5 在线和变量类型行动

（a）行动和变量；（b）在线

第四列填写的是具体实现代码或变量的内容或行动子程序名。第五列指示器只是起到注释作用，告诉阅读者本行动会操作哪些布尔量，一般较少使用。

图 5-5 主要操作了 bTran1 和 bTran2 两个跃迁变量：

（1）bTran1 是在 STEP1 中 5s 延时后由变量类型行动置 1 的，进入 STEP2 步时 bTran1 会自动复位为 0，这样下次跳回 STEP1 步时，仍会执行 5s 延时后运行焦点离开本步。

（2）bTran2 是在 STEP2 中 10s 延时后执行的 ST 在线语句置 1 的，为真后进入 STEP1 步，此时 bTran2 仍然为 1，这样下次跳回 STEP2 步时，由于跃迁条件为 1，因此不会执行 10s 延时，会直接离开 STEP2 步。因此，在 STEP_Action 中对其复位非常关键，可以直观地理解为进门（STEP1）后顺手关上门锁（bTran2）。

在 CODESYS 中不支持在线类型的行动，在 HPAC 中对更为灵活的在线类型操作的跃迁变量必须进行正确的开关门操作，以保证行动块按照设计的时序执行。

5.1.3 转换

转换（Transition）也称为跃迁或过渡，它表示从一个或多个前级步沿有向连线变换到后级步所依据的控制条件，这个条件是一个布尔表达式。

转换的图形符号是垂直于有向连线的水平短粗线，转换通过有向连线与步的图形符号相连。与步关联的是一组行动或语句，而与转换关联的是一个条件或布尔表达式。

依照 SFC 的局部扫描执行规则，只有连接到转换符号的前级步是活动步时，当前转换布尔表达式的结果才可以影响跃迁，非活动步的转换表达式根本不会被执行。跃迁发生后，与当前转换相连的前级步成为非活动步，与该转换相连的后级步成为活动步。

HPAC 支持直接写转换条件、使用连接符或使用跃迁名 3 种转换形态，见表 5-2。

表 5-2 转换的表示

序号	方法	示例	描述
1	转换条件直接写在转换附近	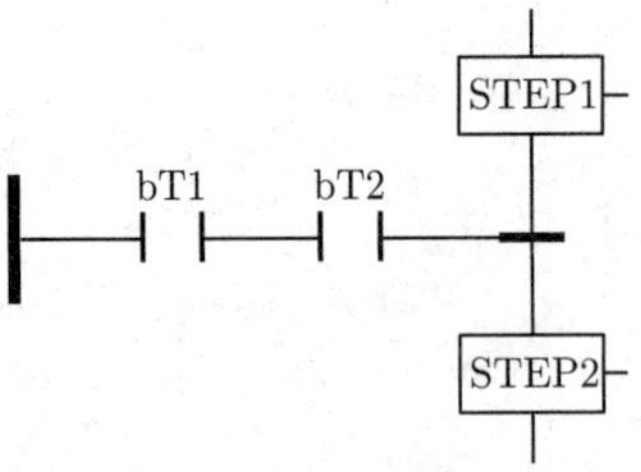 STEP1 bT1 bT2 STEP2	前级步 STEP1，用 LD 线圈作为转换条件
2		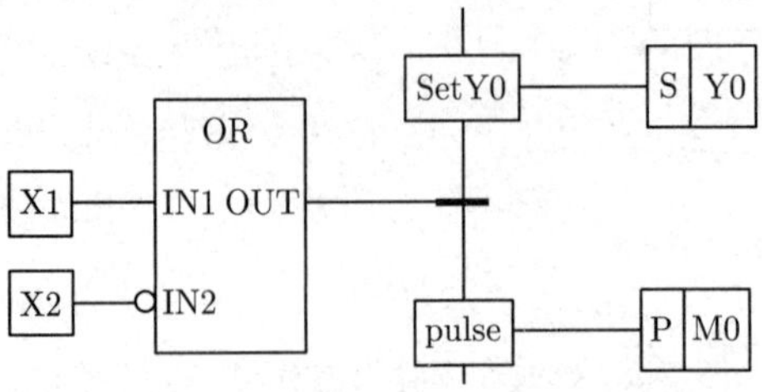 SetY0 — S Y0 OR: X1 → IN1 OUT, X2 → IN2 pulse — P M0	前级步 SetY0，直接将功能块输出作为转换

续表

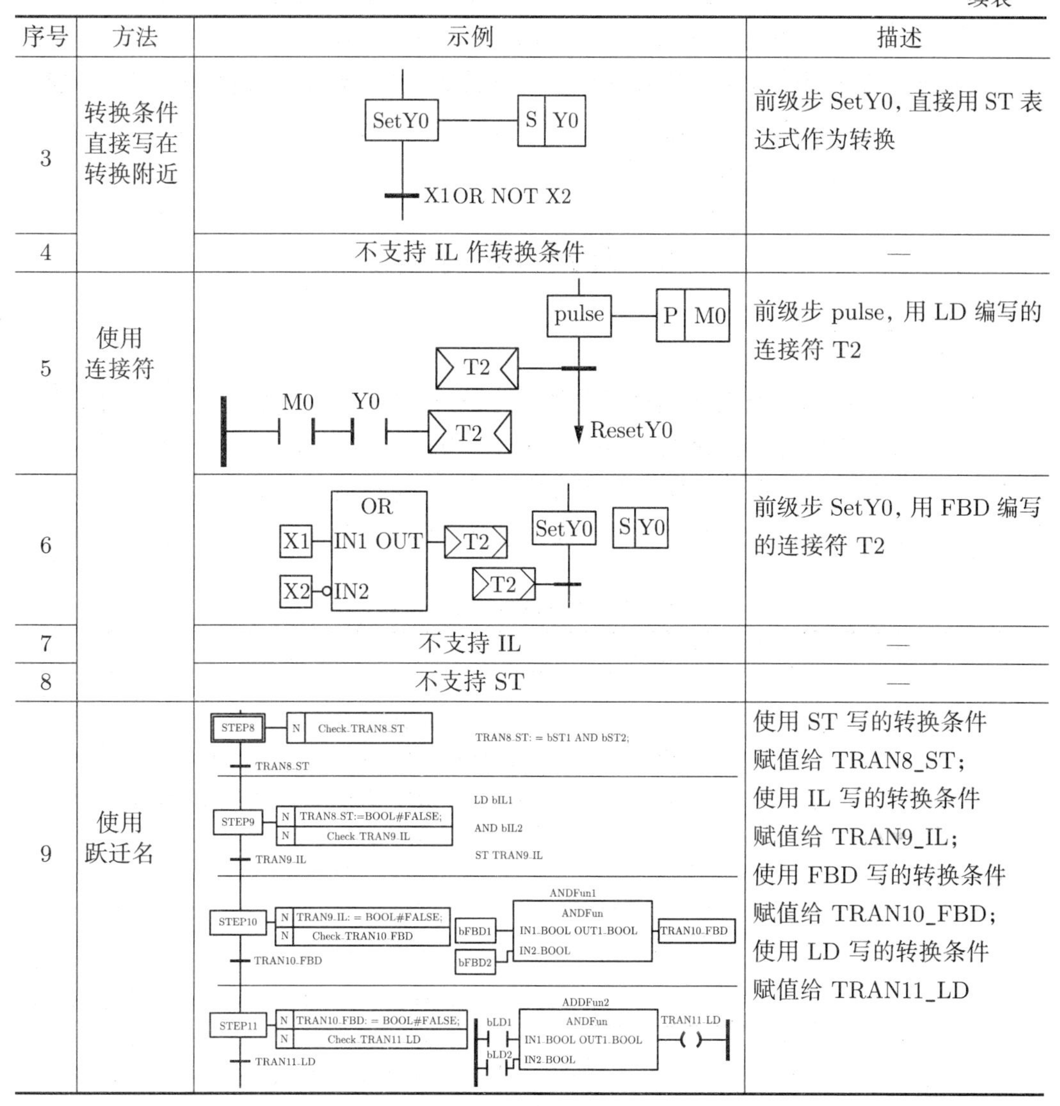

序号	方法	示例	描述
3	转换条件直接写在转换附近		前级步 SetY0，直接用 ST 表达式作为转换
4		不支持 IL 作转换条件	—
5	使用连接符		前级步 pulse，用 LD 编写的连接符 T2
6			前级步 SetY0，用 FBD 编写的连接符 T2
7		不支持 IL	—
8		不支持 ST	—
9	使用跃迁名		使用 ST 写的转换条件赋值给 TRAN8_ST；使用 IL 写的转换条件赋值给 TRAN9_IL；使用 FBD 写的转换条件赋值给 TRAN10_FBD；使用 LD 写的转换条件赋值给 TRAN11_LD

其中第三种需要先定义与跃迁名关联的表达式，操作步骤如图 5-6 所示。

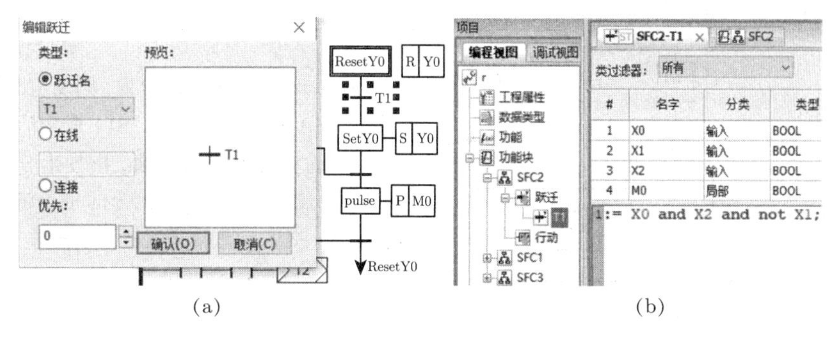

(a) (b)

图 5-6 自定义跃迁

(a) 跃迁编辑对话框；(b) 跃迁的 ST 代码

在 SFC 的右键菜单中选择“添加跃迁”增加跃迁名，用其他 4 种语言编写跃迁表达式，然后在 SFC 中新建跃迁后在跃迁编辑对话框中引用这个自定义跃迁名即可，跃迁的代码如图 5-6（b）所示。需要注意，在跃迁定义处只能填写赋值表达式，不能填写语句，如果把图 5-6 中的表达式“: =X0 and X2 and not X1;”写成语句“T1:=X0 and X2 and not X1;”，则编译会报错。

5.2　连接和执行顺序

5.2.1　连接结构

有向连线也称为弧或连接，它的图形符号则是水平或垂直的细直线。SFC 中，步活动状态的进展按有向连线的路线进行，步的进展方向总体上从上到下或从左到右，具体进展路线由历经转换条件的满足与否来实现控制，并与被控对象的状态变化相对应，按照进展方式可以分成表 5-3 中的单序列、选择序列、并行序列 3 种连接序列结构。

表 5-3　序列结构的图形符号

序列名称		图形符号	说明
单序列		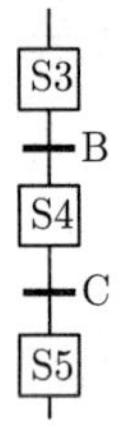 S3 B S4 C S5	如 S3 是活动步（S3.X=1）且条件 B 为真，发生 S3 到 S4 的进展，S3 成为非活动步，S4 成为活动步；如条件 C 为真，发生 S4 到 S5 的进展，S5 成为活动步
选择序列	选择发散	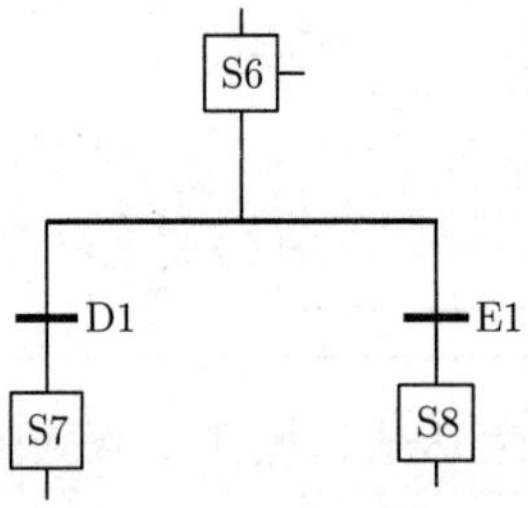 S6 D1 E1 S7 S8	如 S6 是活动步且条件 D1 为真，发生 S6 到 S7 的进展，S6 成为非活动步，S7 成为活动步；如 S6 是活动步且条件 E1 为真，发生 S6 到 S8 的进展，S6 成为非活动步，S8 成为活动步。注意：转换条件 D1 和 E1 不能同时为真
	选择收敛	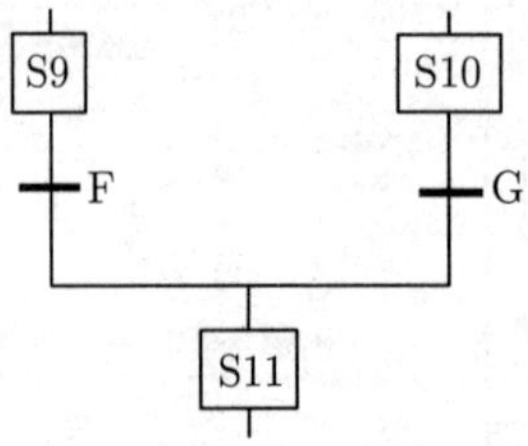 S9 S10 F G S11	如 S9 是活动步且条件 F 为真，则发生 S9 到 S11 的进展，S9 成为非活动步，S11 成为活动步；如 S10 为活动步且条件 G 为真，则发生 S10 到 S11 的进展，S10 成为非活动步，S11 成为活动步。注意：S9 和 S10 不可能同时成为活动步

续表

序列名称		图形符号	说明
并行序列	同步发散	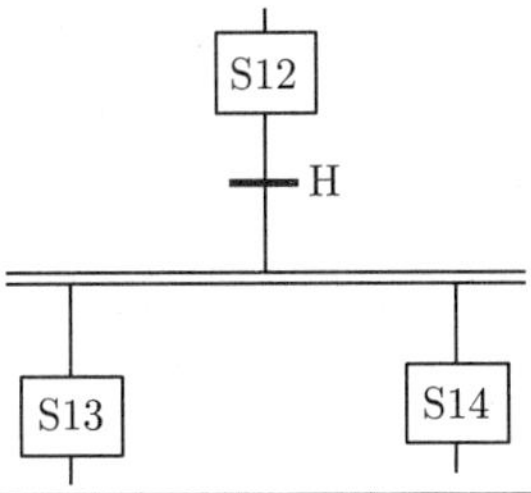 S12 H S13 S14	如果 S12 是活动步且条件 H 为真，同步发生 S12 到 S13 和 S14 的进展，S12 成为非活动步，S13 和 S14 都成为活动步；一旦条件为真，则所有分支同步发生进展，所有分支均为活动步
	同步收敛	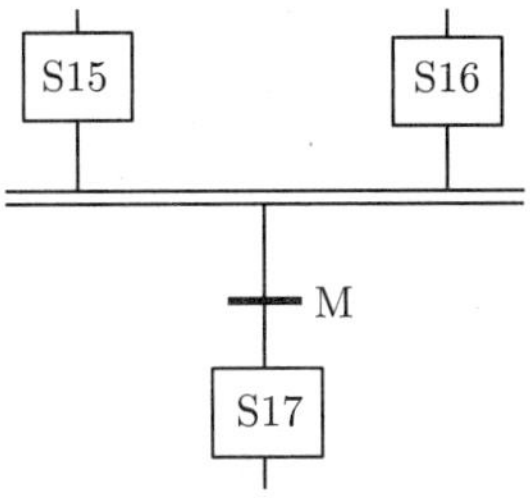 S15 S16 M S17	水平双线上面的 S15 和 S16 都为活动步，并且转换条件 M 为真，则发生 S15 和 S16 到 S17 的进展，S15 和 S16 都为非活动步，S17 成为活动步；所有前级步必须是活动步且条件为真，才能发生步的进展

1. 单序列结构

在此结构中，每个步后面仅连接一个转换，而每个转换只有一个步。

2. 选择序列结构

选择序列结构分为选择序列的开始和选择序列的结束两类。

（1）选择序列的开始——选择发散。在几个子序列中进行选择时，转换条件的数量与子序列的数量相同（即每个子序列有一个转换条件），且在执行转换时，只能向一个子序列进行转换。转换的图形符号绘制在选择序列开始的水平线下面，如转换条件为真，则与之连接的子序列获得焦点。多个转换为真时（应尽量避免这样不安全的设计），可对序列的选择优先级次序进行设置。

（2）选择序列的结束——选择收敛。几个子序列收敛到一个公用序列时，子序列的数量与转换条件相同，且只能从一个子序列收敛到公用序列，转换的图形符号绘制在选择序列结束的水平线上面。

3. 并行序列结构

并行序列结构分为并行序列的开始和并行序列的结束两类。

（1）并行序列的开始——同步发散。当转换的进展导致几个子序列同时激活时，这些子序列称为并行序列。子序列同时被激活后，每个子序列活动步的进展是相互独立的。用一个水平双线的图形符号表示并行发散，水平双线上面绘制转换符号。

（2）并行序列的结束——同步收敛。为了使几个子序列同时结束，采用并行序列合并的结构，在水平双线下面绘制一个转换的图形符号。

选择序列与并行序列结构的区别如下：开始时前者转换条件是选择的且在单水平线下方，而后者转换条件是公用的且在双水平线上方；结束时前者转换条件在单水平线上方，任一序列满足即可收敛，而后者在双水平线下方，只有水平线上方的步都为活动步且条件满足才可同步结束。

在 HPAC 中，在 SFC 程序工具栏中点击“新建发散”工具按钮后会出现如图 5-7 所示的对话框，选择某种分支结构可以看到结构的预览图，确定后即可在 SFC 编辑区出现该连接结构，可与步和转换进行连接组态。

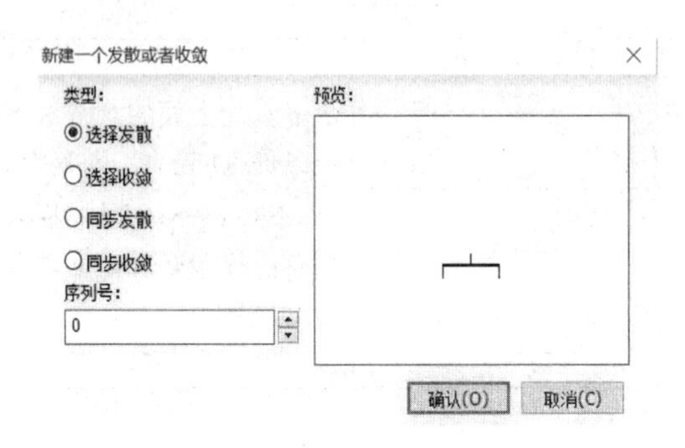

图 5-7　四种分支结构

5.2.2　限定符

SFC 的局部扫描执行特性保证了只有与活动步关联的行动块才会被执行，非活动步的行动块不会被执行。而对当前活动步行动块中的某个行动来说，与之关联的限定符进一步确定了它的执行属性，包括执行次数、开始时间、行动是否被存储，行动持续时间等，限定符提供了比步更小粒度的执行控制功能。

IEC 61131-3 定义的限定符见表 5-4，包括功能单一的单字限定符和组合功能的双字限定符两类。

表 5-4　限定符

序号	限定符	限定功能说明	序号	限定符	限定功能说明
1	—	非存储（空限定符）	7	P	脉冲（Pulse）
2	N	非存储（Non-stored）	8	SD	存储和延迟（Stored and time Delayed）
3	R	复位（overriding Reset）	9	DS	延迟和存储（time Delayed and Stored）
4	S	置位（存储）（Set stored）	10	SL	存储和时限（Stored and time Limited）
5	L	时限（time Limited）	11	P1	脉冲（上升沿）（Pulse rising edge）
6	D	延迟（time Delayed）	12	P0	脉冲（下降沿）（Pulse falling edge）

单字限定符的分类和行为见表 5-5。

无限定 (N) 意味着只要当前步为活动步，该行动就会没有任何限制地一直执行。脉冲（P）限定表示只会在该步变成活动步的第一个周期执行一次，以后该行动就不再执行，对变量赋值来说，通常执行一次就够了，P 限定可以减少重复操作从而提高执行效率；另一种是需要只执行一次的函数或功能块，例如根据采样计算补偿值，如果计算需要多个周期才能完成，则对采样值的获取调用只执行一次，可以保证补偿计算的稳定。

用如图 5-8 所示的代码可以对比 N、P 两种限定符的差异。变量 cntn 和 cntp 都是初值为 0 的计数值变量，在 step1 步中分别用 N、P 两种限定符执行加一操作，step1 为活动步时，P 限定的行动只执行一次，而 N 的行动则一直执行，具体加到多少取决于 step1 为活动步的周期数。

表 5-5 单字限定符的分类和行为

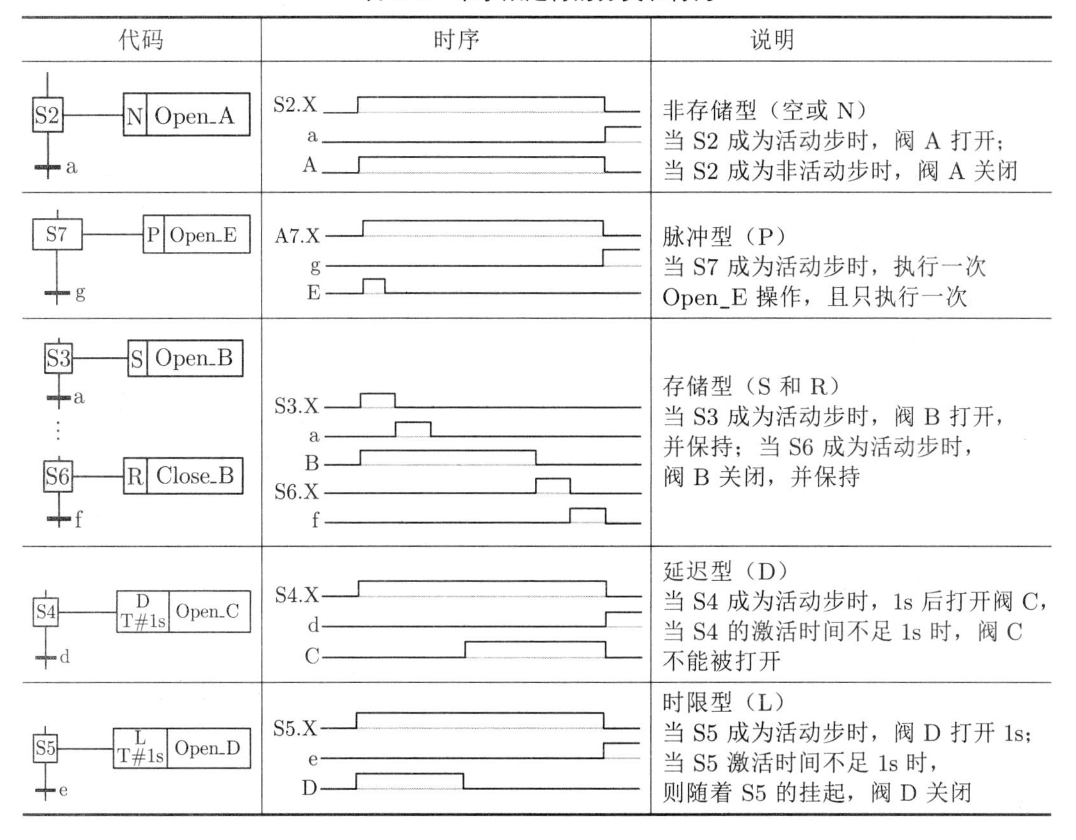

代码	时序	说明
S2 N Open_A a	S2.X a A	非存储型（空或 N） 当 S2 成为活动步时，阀 A 打开； 当 S2 成为非活动步时，阀 A 关闭
S7 P Open_E g	A7.X g E	脉冲型（P） 当 S7 成为活动步时，执行一次 Open_E 操作，且只执行一次
S3 S Open_B a ⋮ S6 R Close_B f	S3.X a B S6.X f	存储型（S 和 R） 当 S3 成为活动步时，阀 B 打开，并保持；当 S6 成为活动步时，阀 B 关闭，并保持
S4 D T#1s Open_C d	S4.X d C	延迟型（D） 当 S4 成为活动步时，1s 后打开阀 C，当 S4 的激活时间不足 1s 时，阀 C 不能被打开
S5 L T#1s Open_D e	S5.X e D	时限型（L） 当 S5 成为活动步时，阀 D 打开 1s；当 S5 激活时间不足 1s 时，则随着 S5 的挂起，阀 D 关闭

P 还可以进一步细分为 P0 和 P1，分别表示下降沿和上升沿时执行一次，表示运行焦点进入步和离开步时执行。如果图 5-8（a）中将计数值 cntp 的 P 限定改为 P0 限定，则图 5-8（b）中对 cntp=1 的修改发生在 X2 时刻。在 HPAC 中，P1 与 P 的行为基本上是一致的，只在初始步中两者有微小区别：初始步第一次的 P1 行动不会触发，当从其他步跳转返回后 P1 会触发。

存储 (S) 和复位 (R) 限定符必须成对出现。S 限定符说明执行的行动将被存储，当连接的步成为非活动步时，该行动仍将继续执行，直到当相同行动的限定符为 R 时，该行动的执行才会被复位停止。注意：复位也作用于双字限定符，即 SD、DS、SL 限定的行动也要用 R 限定符来复位。

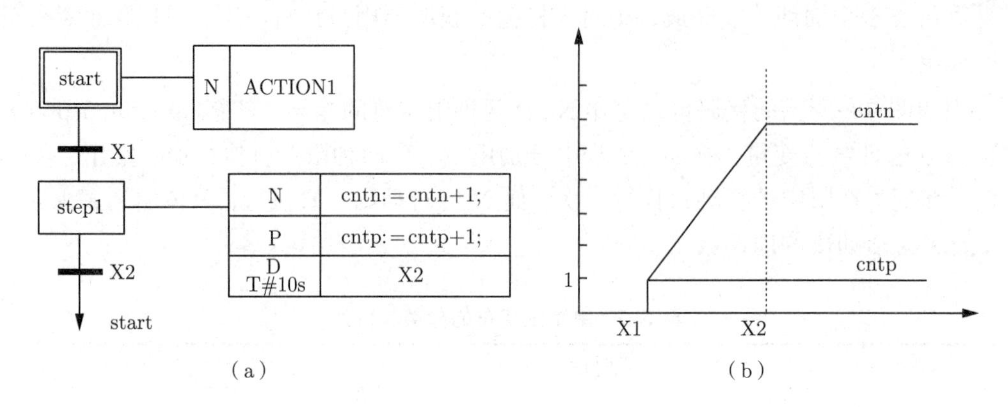

（a）　　　　　　　　　　　　（b）

图 5-8　N、P 限定符对比

（a）代码；（b）计数值对比

L、D、SD、DS 和 SL 限定符需要输入与行动时间有关的 TIME 类型数据 T：延迟 (D) 限定符说明行动在连接的步成为活动步后延时一定持续时间 T 后才开始执行；时限 (L) 限定符说明行动在连接的步成为活动步后立刻执行，持续时间 T 后停止执行。

双字限定符是两个限定符的功能组合。参考文献 [4] 列举了较多双字限定符的功能对比，基本上同类间主要是优先级带来的微妙差异，这些差异在使用时过于晦涩，因此作者不建议使用双字限定符，这里只介绍 SD 和 DS 双字限定符的功能差异。

表 5-6 对比了 SD 和 DS 在不同延迟情况下的差异。在设置步（S2 或 S3）的延迟时间 T 小于设置步的时长（第一种场景）和设置步的延迟时间 T 大于复位步（S6 或 S5）的时刻（第三种场景）时，SD 和 DS 两种限定符的运行结果是一致的；但第二种场景的情况，当设置步的延迟时间 T 大于设置步的时长但小于复位步时刻时，先设置再延迟（SD），由于设置优先，即使焦点离开了 S2 步的设置状态也可以保留，30s 还没有执行到复位步 S6，所以 30s 时可以把阀 E 打开；但先延迟再设置（DS）则是延迟优先，30s 后 S3 步失去焦点时，还未进入设置状态，导致无法打开阀 F。

5.2.3　执行顺序

在 SFC 编程语言中，步的进展与行动和转换的逻辑有关，步的执行规则如下：

（1）步的执行从初始步开始，在程序执行开始时初始步的行动最先被执行。

（2）与步关联的行动块只有在步是活动步时才被执行。

（3）在执行过程中，只对当前的转换进行求值，当转换条件满足时，发生步的跃迁。

（4）选择序列的分支，有多个转换条件，但任何时候只能有一个分支获得焦点，选择序列可以有优先级，当不设置优先级时，条件的判别从左到右满足即发生跃迁，当设置优先级时，用数字表示优先的等级，数字越小优先级越高。

表 5-6 SD 和 DS 时序区别

场景	代码和时序图	解释
T=10s: T<S2.T	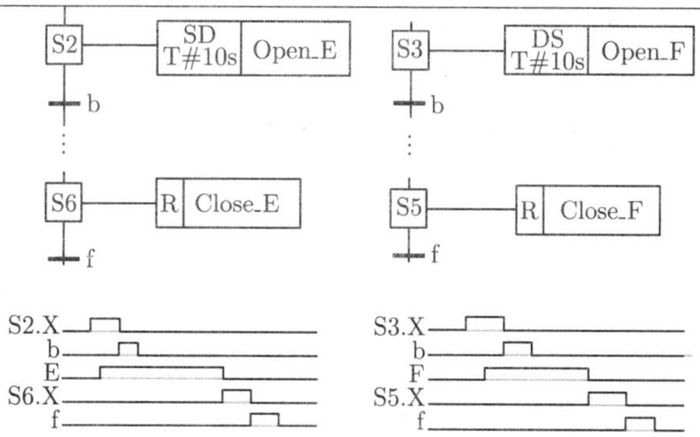 S2 — SD T#10s Open_E; b; S6 — R Close_E; f S3 — DS T#10s Open_F; b; S5 — R Close_F; f S2.X, b, E, S6.X, f S3.X, b, F, S5.X, f	10s 小于 S2 激活时间，S2 激活即 S2.X=1 时，延时 10s 后，打开阀 E；S6.X=1 时，关闭阀 E；SD 和 DS 行为一致
T=30s: T>S2.T AND T<S6.X	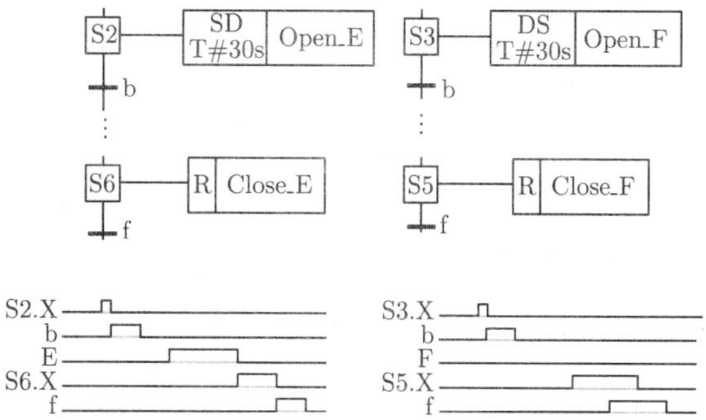 S2 — SD T#30s Open_E; b; S6 — R Close_E; f S3 — DS T#30s Open_F; b; S5 — R Close_F; f S2.X, b, E, S6.X, f S3.X, b, F, S5.X, f	30s 大于 S2 激活时间，SD 行为如下：S2 激活即 S2.X=1 时，设置 E 后延时 30s，30s 到则打开阀 E；S6.X=1 时，关闭阀 E；DS 行为如下：S3.X=1 时，延时 30s 后已经离开 S3，没有来得及设置 F，二者行为不同
T=60s: T>S6.X+S6.T	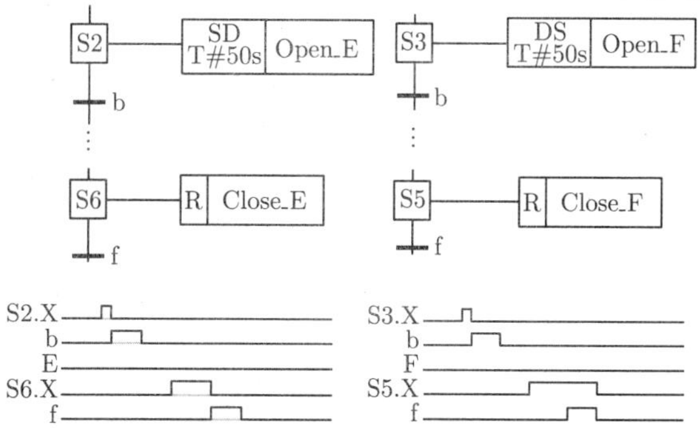 S2 — SD T#50s Open_E; b; S6 — R Close_E; f S3 — DS T#50s Open_F; b; S5 — R Close_F; f S2.X, b, E, S6.X, f S3.X, b, F, S5.X, f	60s 大于 S6 离开时刻，S2.X=1 时，延时 60s 后已经离开 S3，复位 E，所以 E 不会打开，SD 和 DS 行为一致

（5）当活动步连接的行动具有延时、设置等限定功能时，可能在后继活动步的行动块中还夹杂有非活动步的行动在执行。

（6）根据限定符，一些行动因其使能的条件已不满足时，该行动就被标记为非活动的，例如，时限限定符标志的行动在规定的时间达到后就成为非活动的。

SFC 总是保持步转换和转换步的交替更迭，IEC 61131-3 规定：

（1）两个步不能直接相连，必须由一个转换来分隔。

（2）两个转换不能直接连接，必须由一个步来分隔。

（3）步经有向连线连接到转换，转换经有向连线连接到步。

上述规则看似显而易见，然而实践中还是会经常犯错，除上述 IEC 61131-3 的规则外，使用 HPAC 编写 SFC 时还应注意以下事项：

（1）各跃迁名、行动控制功能块名在 SFC 内是唯一的，也不能与变量同名。

（2）变量的数据类型要严格匹配，否则编译报错。

（3）三种类型的行动：行动子程序、变量和在线操作跃迁变量时，只有变量可以自动复位，其他两种必须关门操作。

（4）虽然 HPAC 都支持，但建议统一使用 ST 语言编写转换和行动。

（5）用正确的限定符对行动的执行进行控制，尽量用含义确定的单字限定符。

（6）步步为营编写代码，逻辑修改要及时编译，HPAC 多发错误的查错非常困难。

上述注意事项的最后一条非常重要，HPAC 的 SFC 查错功能较弱，如果编译提示 ST 的某行出错，可以从生成的 ST 代码找到出错行后在 SFC 中定位错误。如果提示内部错误，则说明 HPAC 查错功能失效，只能通过删除部分代码再编译的试错方式进行定位，因此一定要步步为营进行 SFC 开发。

编译正确的 SFC 仍然可能存在一些运行时的错误，会导致有些非同步的步同时激活，而有些步永远不会被执行，出现不安全序列和不可达序列等病态结构。在不安全序列结构中，会在同步序列外出现不可控制和不能协调的步的激活，在不可达序列结构中，可能包含始终不能激活的步。下一章会对 SFC 的典型问题做进一步的论述。

5.3 示　　例

5.3.1 跑马灯

1. 控制要求

Enable 使能时，LED1 至 LED8 灯依次点亮 1s，每一时刻仅有一盏灯亮，其余灯灭。

2. 控制程序

SFC 程序和变量声明见表 5-7。

按照程序中的流程，在 Enable 为 TRUE 时，程序从 START 步跃迁到 S1 步；当 T1 定时器延时完成时，LED1 为 TRUE，程序从 S1 步跃迁到 S2 步；以此类推到 T8 定时器延时完成时，LED8 为 TRUE，程序从 S8 步跃迁到 START 步，如此循环往复。如果 Enable 为 FALSE，则程序在最后一次循环后停在 START 初始状态。运行结果时序图如图 5-9 所示。

PLC 扫描周期为 T#20ms，因此，1s 对应 50 个扫描周期。图 5-9 是程序运行结果，与控制要求一致，如果需要实际点灯，则将输出参数 LED1 至 LED8 接到 I/O 端口即可。

表 5-7 跑马灯的 SFC 程序和变量声明

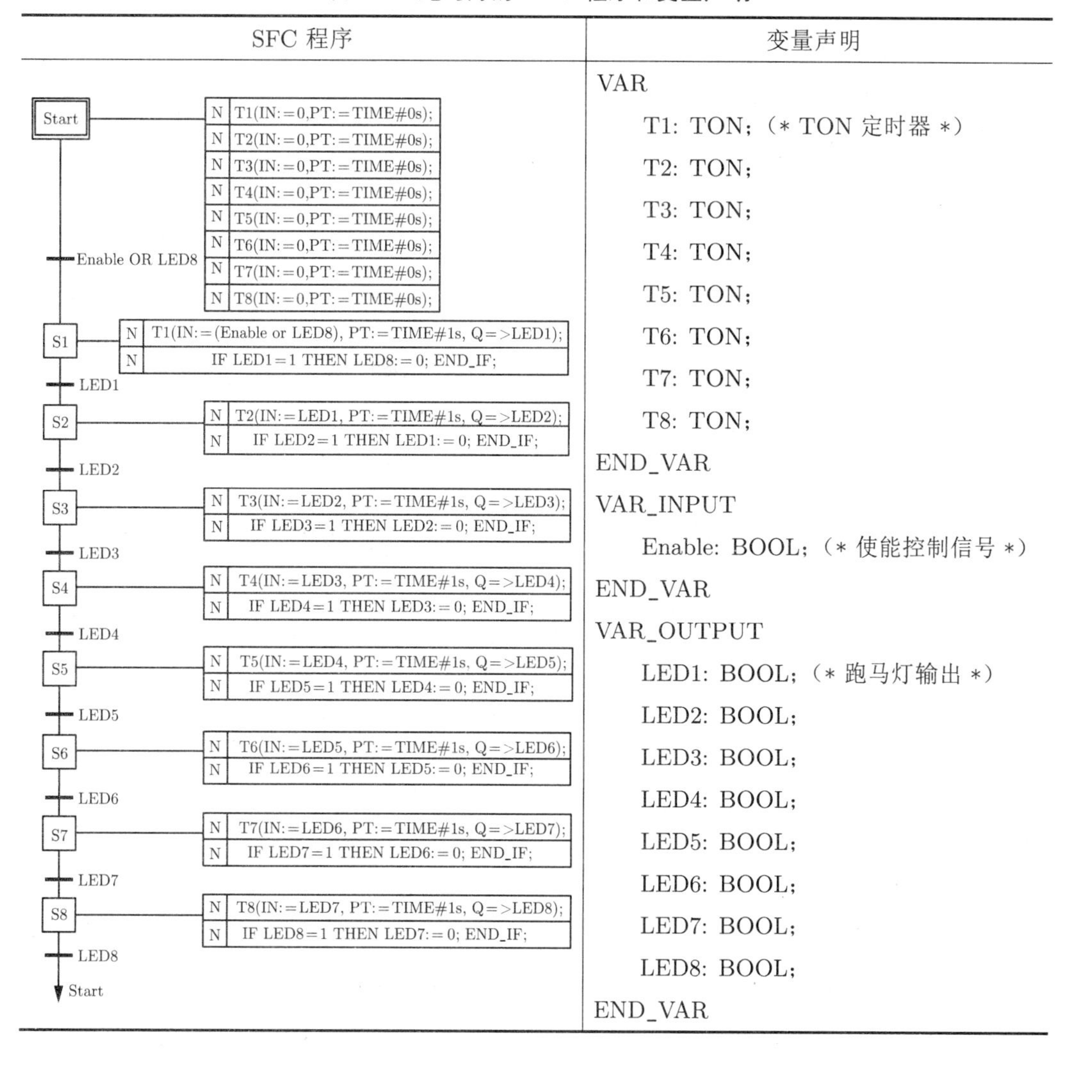


```
VAR
    T1: TON;(* TON 定时器 *)
    T2: TON;
    T3: TON;
    T4: TON;
    T5: TON;
    T6: TON;
    T7: TON;
    T8: TON;
END_VAR
VAR_INPUT
    Enable: BOOL;(* 使能控制信号 *)
END_VAR
VAR_OUTPUT
    LED1: BOOL;(* 跑马灯输出 *)
    LED2: BOOL;
    LED3: BOOL;
    LED4: BOOL;
    LED5: BOOL;
    LED6: BOOL;
    LED7: BOOL;
    LED8: BOOL;
END_VAR
```

5.3.2 交通灯

1. 控制要求

将启动开关 START 切换到自动 (START=1)，交通信号灯根据下列控制要求自动切换：(1) 南北红灯点亮 13s，同时，东西绿灯点亮 8s，然后，东西绿灯闪烁 3s，东西黄灯点亮 2s；(2) 自动切换，东西红灯点亮 13s，南北绿灯点亮 8s，南北绿灯闪烁 3s，然后，南北黄灯点亮 2s。

2. 控制程序

交通信号灯控制系统有 6 个输出信号，即东西和南北向的红灯、绿灯和黄灯。示例对信号灯系统做了简化，例如，没有设置行人的信号灯操作功能，也没有设置在夜间仅闪黄灯功能等。表 5-8 给出了交通信号灯的控制程序和变量声明。

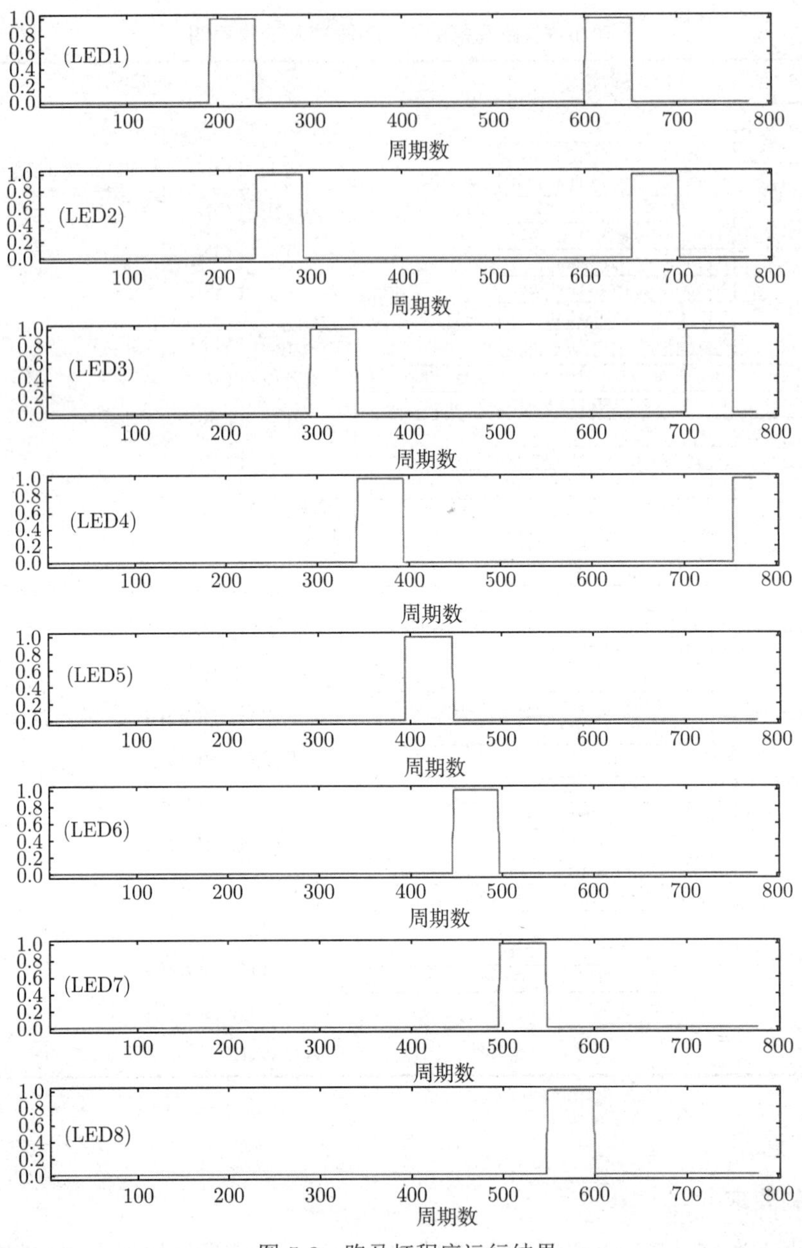

图 5-9 跑马灯程序运行结果

代码中，S0 表示初始步，S1 到 S8 是操作步，与相应的行动连接，各行动的限定符都设置为 N，表示不存储，程序的关键点如下：（1）操作输出控制灯，例如当步 S2 为活动步时，执行在线赋值语句将变量 EW_GREEN 置 TRUE，点亮东西向绿灯；（2）用限定符 D 加变量行动控制跃迁，例如 S2 步后延时 8s 执行变量行动将 T002 置 TRUE；（3）程序中 T001 到 T007 的跃迁条件均为在线类型的 ST 表达式。

程序运行的时序图如图 5-10 所示。设置 PLC 的扫描周期为 T#50ms，从时序图变量的周期数可验证已满足控制要求。

表 5-8 交通信号灯的控制程序变量声明

SFC 程序	变量声明
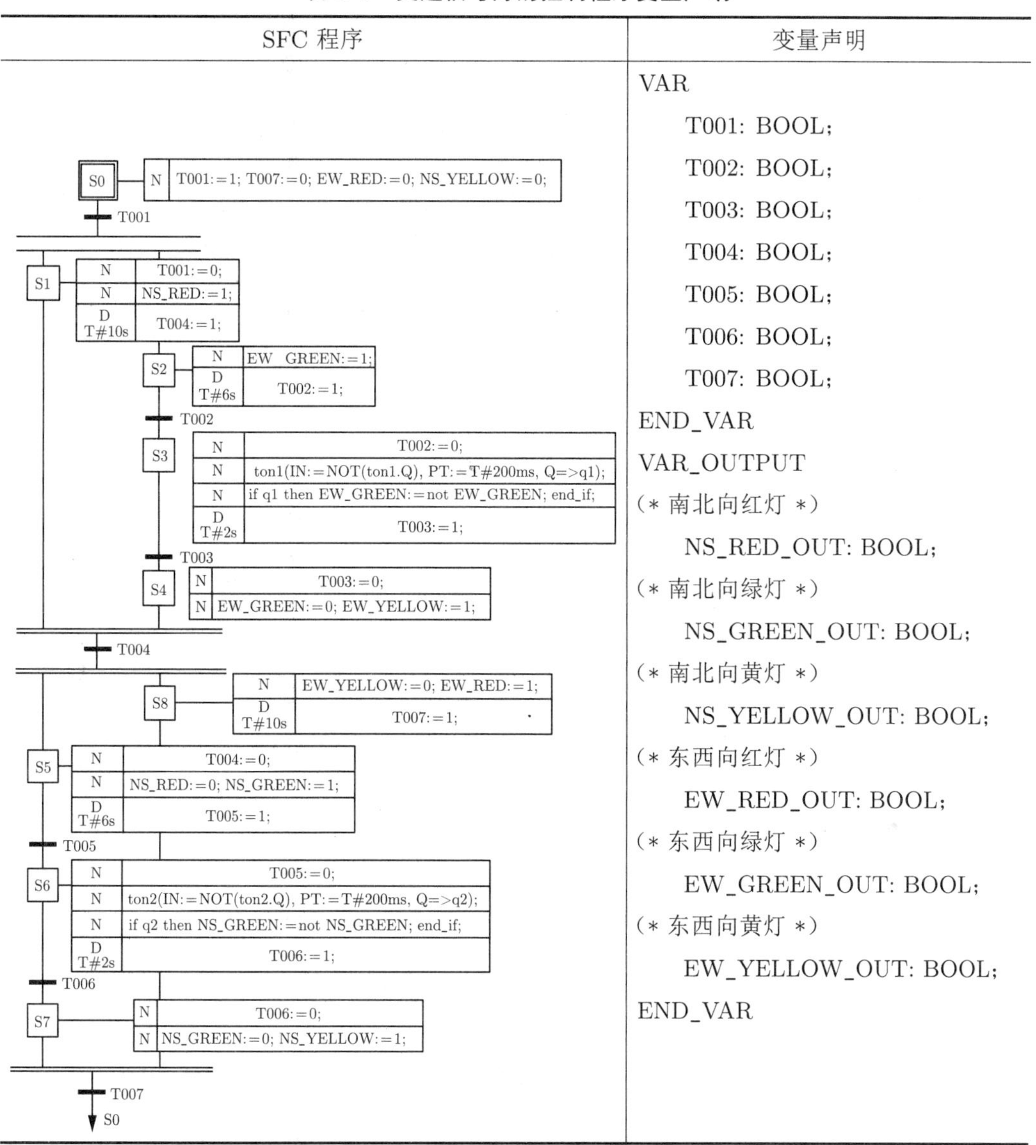	VAR T001: BOOL; T002: BOOL; T003: BOOL; T004: BOOL; T005: BOOL; T006: BOOL; T007: BOOL; END_VAR VAR_OUTPUT (* 南北向红灯 *) NS_RED_OUT: BOOL; (* 南北向绿灯 *) NS_GREEN_OUT: BOOL; (* 南北向黄灯 *) NS_YELLOW_OUT: BOOL; (* 东西向红灯 *) EW_RED_OUT: BOOL; (* 东西向绿灯 *) EW_GREEN_OUT: BOOL; (* 东西向黄灯 *) EW_YELLOW_OUT: BOOL; END_VAR

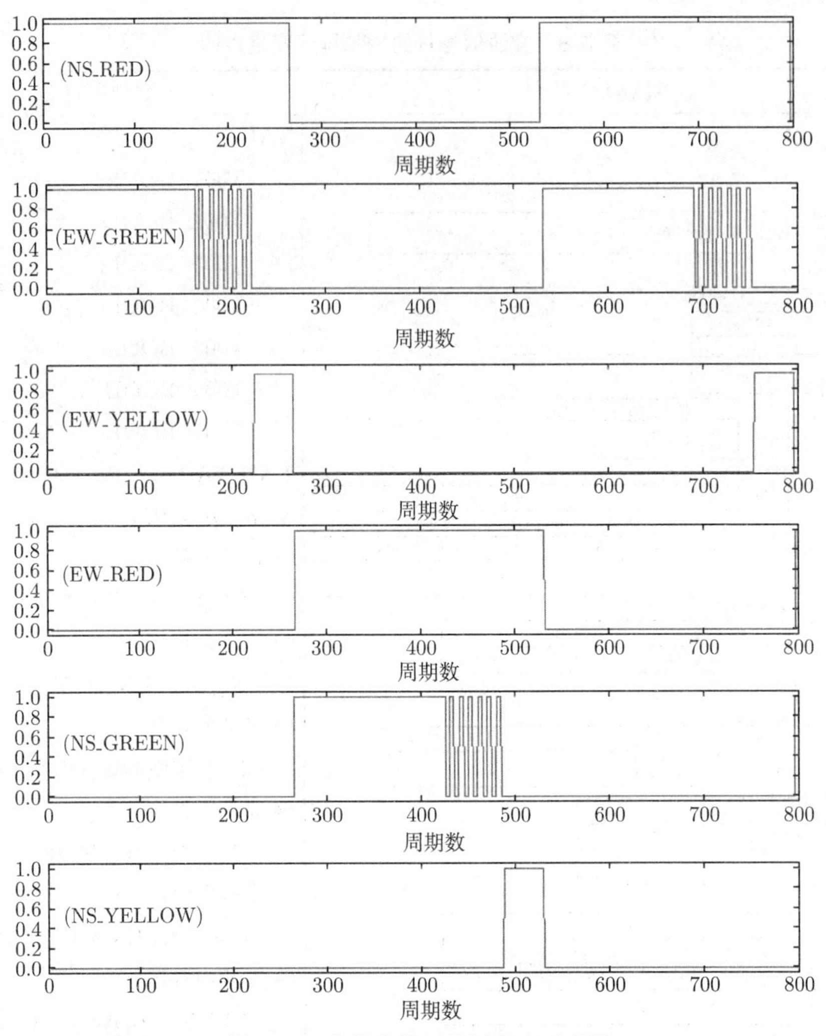

图 5-10 交通信号灯示例程序时序图

习 题 5

1. 将图 5-2 中的 bTran1 变量改为在线类型，与变量类型对比观察复位情况。
2. 简述 P，N，D，L 限定符的作用效果。
3. 验证 SD 和 DS 限定符的时序差异。
4. 在交通信号灯示例中，在红灯切换为绿灯前，增加 3s 闪烁提示功能。

第 6 章

状态机和SFC

6.1 模型驱动开发

软件作为现代工业控制系统的灵魂，其开发方式至关重要，目前有人工编程及模型驱动开发两类开发方式。人工编程即程序员采用高级语言直接对问题进行编程，这种方式具有灵活性的优势，但软件代码和设计文档相互独立，在往复迭代的开发过程中难以保持二者同步，且人工编程水平良莠不齐，整体开发效率低下，从而带来系统可靠性低、测试任务重、可维护性差等一系列严重问题。

模型驱动开发方法是采用图形化方式对问题进行分析建模，再由编程工具直接生成目标系统的开发方式。分析模型既是软件的设计文档，也是编程工具的输入，目标代码生成工作交由编程工具软件完成。在整个开发过程中模型的价值被最大化，模型被用于系统的需求分析、设计、测试、维护等开发周期的全过程。

按照钱学森先生的定义，模型是“通过我们对问题现象的分解，利用我们考虑得来的机理，吸收一切主要因素，略去一切不主要因素所创造出来的一幅图画，是形象化了的自然现象”。模型驱动开发（Model Driven Development，MDD）过程主要是系统的建模过程，建模是运用定义清晰、无歧义的图形元素，对软件的需求、结构组成、行为活动等各方面进行分析而绘制出来的一系列图形，作为模型化的软件设计文档，编程平台根据模型文档自动生成软件代码，这样既天然实现了代码与文档的一致，又可以直接将各领域专家的知识以模型方式参与到系统开发中，简言之，软件是“绘制”出来的而非“编制”出来的。

语言是人类之间及与计算机之间进行沟通交流的表达方式，图 6-1 列出了一些典型语言的属性空间分布图。属性包括内容和形式两个维度：形式维度用横轴表示，从左到右为形式化（Textual）到图形化（Graphical）的过渡；内容维度用纵轴表示，从下到上为具体（Imperative，命令式）到抽象（Declarative，声明式）的过渡。

图 6-1 中 C 语言作为命令式的形式化语言易于被机器理解并编译执行；数学语言作为抽象的形式化语言只能被数学家和领域专家所理解和运用；DSM 包括 Simulink 等各种第三方的领域相关模型工具，领域专家在数学和领域模型层工作，领域模型可在 dSPACE 等专业半物理仿真系统上控制机器的运行；具有更高抽象能力的系统建模语言（Systems Modeling Language，SysML）、统一建模语言（Unified Modeling Language，UML）等建模工具，则被系统和软件工程师使用，可进行模型驱动的开发；

IEC 61131-3 的五种语言中 SFC 也具备一定逐层抽象的建模能力，IEC 61131-3 编程平台可实现 PLC 模型到 C 语言的转换。

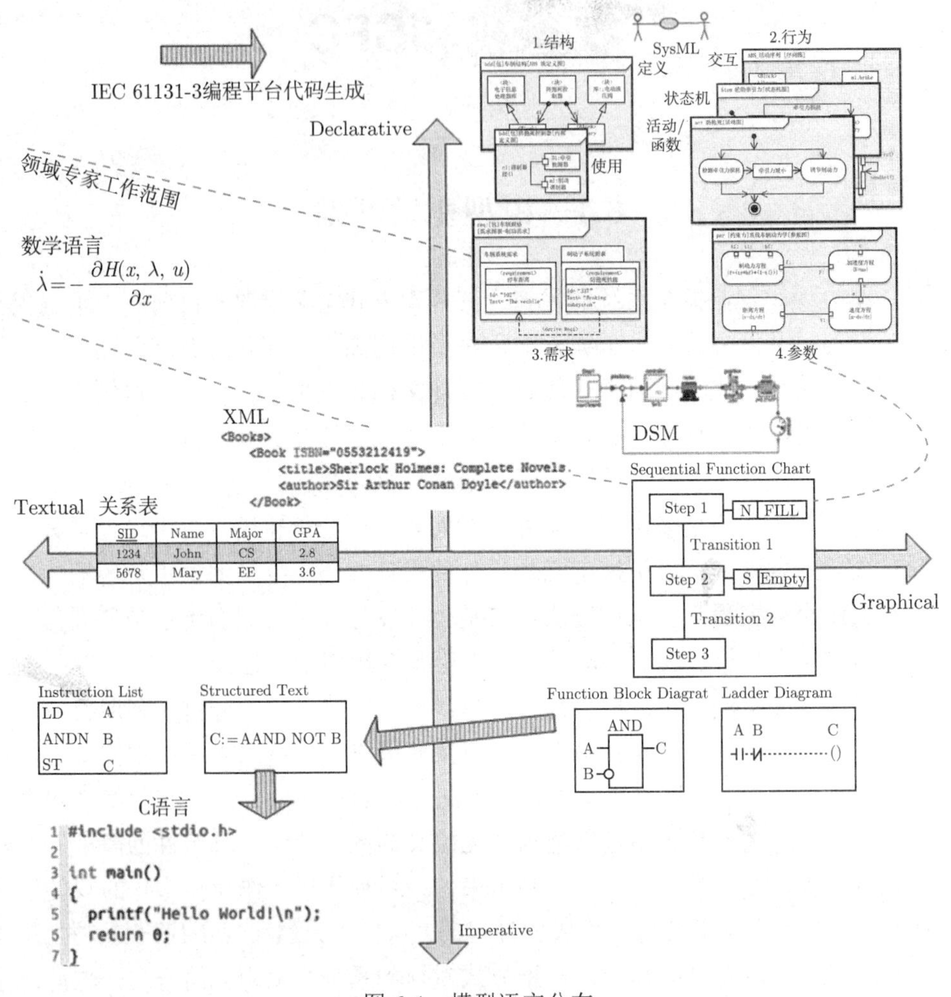

图 6-1 模型语言分布

IEC 61131-3 是一种在工业控制软件领域被广泛接受的模型驱动开发方法，在工业场景中机构、电气、软件和工艺等相关领域的工程师均可理解并参与建模，可有效协同开发高质量、高可靠性的工业控制系统。正是由于 PLC 系统具有生成代码的高可靠性、工业领域专家的友好性、工艺知识的可继承性使得它获得了业界广泛赞誉，被评价为工业界几十年来所做的“唯一一件真正正确的事”。它同时也是分散控制系统（Distributed Control System，DCS）、数据采集与监控（Supervisory Control And Data Acquisition，SCADA）系统等多种系统的编程标准，被认为是新一代数控系统的主要形态[5]。

IEC 61131-3 提供的三种图形化语言都可以作为建模工具：LD 属于命令式图形化语言，是传统 PLC 教材的关注焦点，本章仅论述其与 SFC 的转换规则；FBD 所代表的功能块网络（Function Block Network，FBN）模型易于领域专家理解和使用，本章不做介绍；SFC 是本章的主要内容，它是 IEC 61131-3 引入的状态机模型，是工控软件开发工程师需要掌握的新方法。

6.2 状态机模型

状态机用来描述系统依赖于状态的行为，即描述了系统的行为如何根据所处的状态而发生变化（反之行为不会随状态发生变化的对象则无须状态机建模），它同时也显示了系统如何根据当前所处的状态对外部事件做出响应。

6.2.1 状态机的定义

状态机模型由著名计算机科学家图灵于 1936 年提出，他利用状态机工具从机器的视角揭示了计算问题的本质，从而奠定了现代电子计算机的理论基础，因此没有状态机理论就没有计算机，计算机本身就是由电子系统物化后的状态机。

状态机图（Statechart Diagram）也是 UML 的重要工具，软件开发人员用它思考和构建对象的行为模型。状态机图专门用于描述对象依赖于状态的、由事件触发的动态行为。事件是对象行为触发的时机，但相同的事件可能触发对象不同的行为，例如一个自保持开关，第一次按下则导通，再次按下则关闭，同样的按下动作事件，对象的行为并不相同，其原因在于对象所处的状态不同。因此状态才是对象行为的依据，哲学里有内因和外因的辩证关系。在状态机中，内因是状态、是依据，外因是事件、是条件，外因通过内因起作用。

状态机建模的适用范围极其广泛。任何系统中只要存在着当“X 事发生”“X 时刻”或“延时 X 时间后”或“X 执行完毕”则“执行 X 行动”这样的描述，都可以用状态机图建模，开发者可从这些描述中抽象出系统的不同状态，建立行动与状态的依赖关系。

图 6-2 是电热烧水壶的简化状态机，只有开、关两个状态。初始是关闭状态，如果壶里有水并按下烧水开关则接通加热器继电器开始烧水，水开后关闭。判断壶里是否有水可用水位传感器 LevelLow，当水位低于下限水位，会发生干烧时为真；判断水是否烧开可用水温传感器 TempHigh，当水壶内的水温高于 98℃ 即烧开时为真。

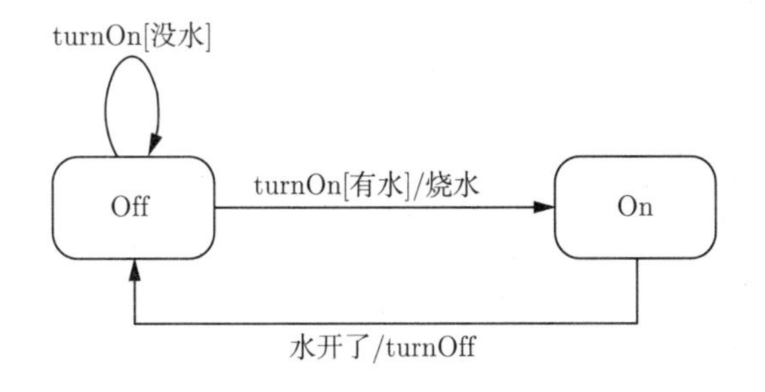

图 6-2 电热烧水壶的简化状态机

状态机图表达了系统从一个状态到另一个状态的控制流，其核心要素有两类：一类是用圆角矩形表示的状态；另一类则是在状态之间的、包含一些文字描述的有向线段，称为跃迁或转换。即状态图 = 状态（State）+ 迁移（Transition）。

状态是系统的生命周期中满足某些条件、执行某些活动或等待某些事件的前提条件。例如图 6-2 中的烧水壶处于关闭状态时，只会判断是否有水的条件而不会判断水是否烧开，只会等待烧水开关的打开这一事件而不会等待关闭事件，会在跃迁发生时执行接通加热继电器的活动，因此关闭状态是水位条件、等待开关打开事件和接通活动的前提条件。类似地，只有水壶处于烧水状态时，才会等待水温传感器的事件执行关闭继电器的行动，因此烧水状态是这些条件、事件和活动的前提条件。

在实现上，状态是对象的一组属性值。但属性值和状态是有区别的，建模时只将那些影响对象行为的属性值作为对象状态，而忽略那些与对象行为无关的属性值。例如，在烧水壶例中，水的温度是属性值，但这个系统只关心水烧开与否，因此如果以 98℃ 为烧开标志，则初始水温至 98℃ 间的属性值都被忽略，统一为水未烧开的状态。

图 6-2 中除 2 个状态外，还有 3 个跃迁。跃迁由 5 个要素组成：源状态、目标状态、跃迁的原因、监护条件、执行的行动。其中源和目标表明了跃迁的起点和终点状态；跃迁的原因只可能有外部事件、内部改变完成、定时时间到 3 类，外部事件可能有用户的按键、传感器的信号、功能的调用等，如果某个跃迁的原因不能归为这几类，则该跃迁一定非法，并且相关的状态也须重新思考。

建模时应把系统理解为被动方，跃迁的原因是主动方，要从系统响应外部事件的角度（从内向外的视角）分析建模。事件发生后只有监护条件满足时跃迁才会真正发生，例如烧水壶按下按钮事件时，如果壶中无水也不会跃迁到烧水状态，此时“[有水]”即为监护条件。

当跃迁发生时，会执行一些行动，例如跃迁到烧水状态时，会打开加热器执行烧水这个行动，行动有以下 3 类，分别与 SFC 的 P1、N 和 PO 限定符含义相当：

（1）进入（entry）。当进入一个状态的时候被自动触发，在其他行动之前触发。

（2）执行（do）。当状态处于激活时执行，do 行动在进入行动之后执行，并且一直运行到状态离开为止。

（3）离开（exit）。当离开一个状态的时候被自动触发，该行动在该状态结束之前、其他行动都完成后被触发。

有的状态是不可细分的简单状态，有的还可以细分为一个子状态机图，这种可细分的状态称为复合状态。复合状态有两类：顺序子状态和并发子状态。如果子状态之间是互斥的，不能同时激活，这种子状态图称为顺序子状态。例如图 6-3 中，洗衣机工作中的“Running”状态就可以细化成一个包括洗衣、漂洗、甩干 3 个顺序子状态的复合状态，非此即彼，不可能处于既在洗衣又在甩干的状态。

如果复合状态可以保存和恢复上次被激活的子状态，则加上“Ⓗ”符号表示它为历史状态（History State）。每当转换到该状态时，对象便恢复到上次离开该状态时的最后一个活动子状态，并执行相应的动作。

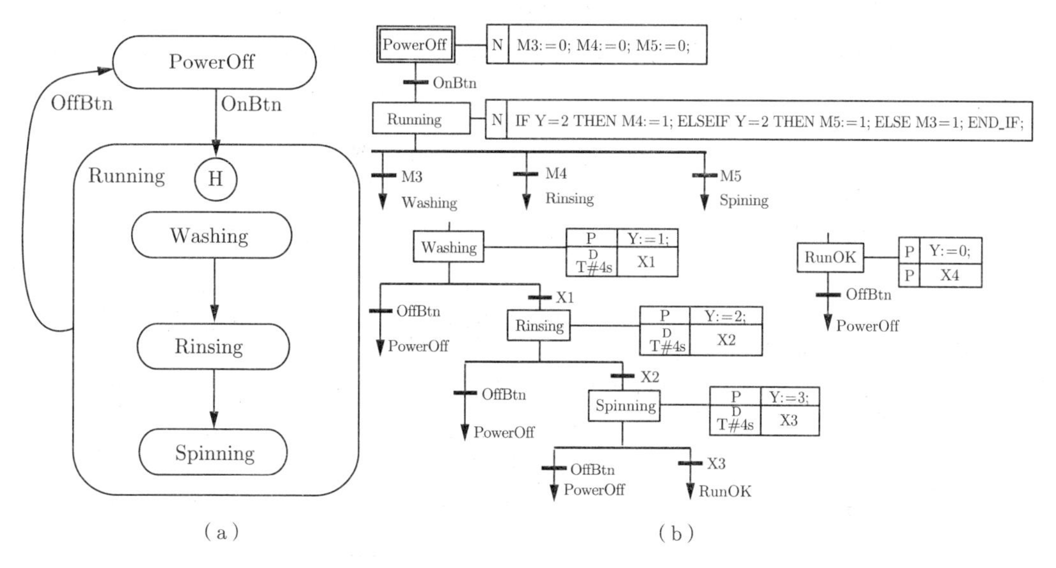

图 6-3 历史子状态
（a）状态顺序；（b）SFC 代码

如图 6-3（a）所示，洗衣机运行的子状态顺序是：洗涤、漂洗后进入甩干，即 Washing→Rinsing→Spinning，如果是从子状态 Rinsing（或 Spinning）停电退出，洗衣机停止工作进入 PowerOff 状态，当电力恢复时直接进入子状态 Running（或 Spinning）。图 6-3（b）是对应的 SFC 实现，变量 Y 记录了历史子状态值，初值为 0。按下上电按钮 OnBtn 后会进入 Running 状态，并依次进入 Washing、Rinsing 和 Spinning 等子状态（为方便调试，设置定时 4s 切换到下一子状态），如果洗衣过程中停电，则返回 PowerOff 状态，再次上电后会根据 Y 的取值直接跳转到相应的子状态，实现历史状态的恢复。

并发子状态图由两个或多个顺序子状态构成的并发子图组成，每个顺序子图称为一个并发段。对象的活动状态可以是每个并发段中各取一个状态的组合，当离开并发段后，又恢复成单一的活动状态。当对象有几个相互独立的行为时，并发子状态图可以刻画这种并发行为，但对象的并发行为一般并不多且含义清晰，因此应反复确认是不是真实的并发。

汽车紧急刹车时，制动力会让车轮完全停止转动，此时轮胎反而会失去抓地力，车辆会失控打滑，导致严重的事故。Bosch 公司于 1978 年发明了汽车制动防抱死系统（Anti-locking Breaking System，ABS），传感器检测到轮圈角速度为零时，在半秒内释放卡钳让轮圈恢复转动，并以（6～50 次）/s 的频率反复释放与抱死，避免抓地力突变，由此 ABS 的制动状态可细分为图 6-4（a）所示的抱死和释放两个子状态。

因为前、后轮受力状态不同，角速度是独立变化的，前、后轮进行独立的抱死、释放控制，形成如图 6-4（b）所示的双通道 ABS。刹车时前、后轮均可根据自身角速度情况独立实施控制，在状态机中就是两个并发段，如果用 R 表示释放，L 表示抱死，前、后轮可以处于 RR/RL/LR/LL 4 种组合子状态之一。以此类推，三通道 ABS 对左右前轮又细分了两个独立通道，从状态机上看就是有三个并发段，共有 8 种子状态的组合。

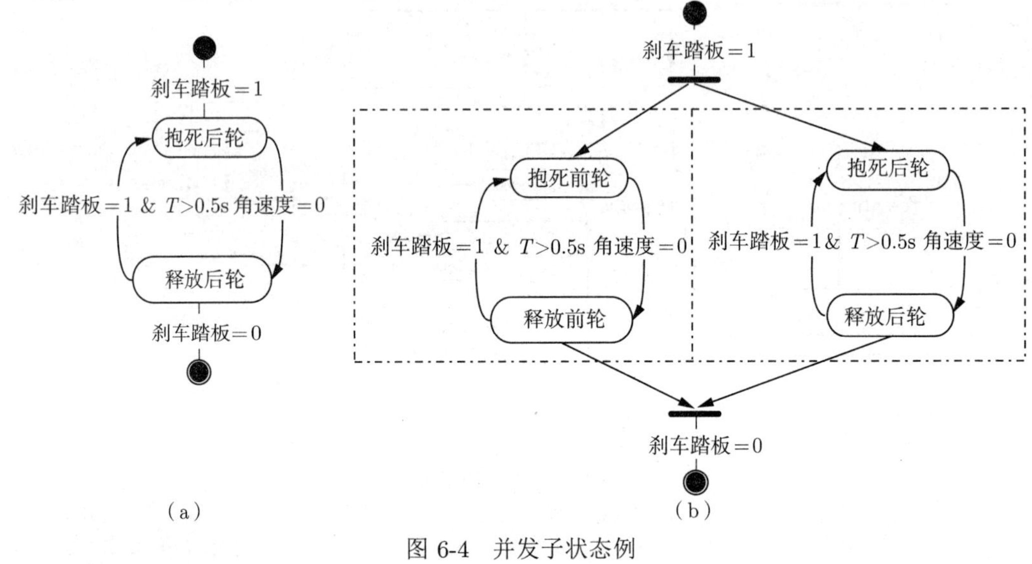

图 6-4 并发子状态例

（a）单通道 ABS；（b）双通道 ABS

在第 5 章的交通灯示例中，对南北向和东西向的交通灯也使用了双分支的同步发散结构，第一个分支处理南北向信号灯，第二个分支处理东西向信号灯，将两向的信号灯作为两个通道独立实施控制，两路交通灯的控制动作可独立修改而互不影响。

6.2.2 状态机与流程图、多线程的关系

状态机是软件编程的重要概念，灵活运用可以开发出思路清晰、稳定高效的程序，极大地提升代码品质。本节将给出几个状态机问题求解的案例，并对状态机的概念进行澄清，尤其是与流程图、多线程等的关系，主要内容如下。

1. 状态机图和流程图都是行为图

最容易与状态机图混淆的就是流程图（Activity Diagram）。状态机图和活动图均在 UML 体系中用来描述系统的行为（活动图就是全局视角多对象的流程图），绘制状态机图和流程图一样也可以实现问题的求解，下面给出几个用状态机图求解的示例。

例 6-1 二进制串奇偶校验

验证二进制位串是否包含偶数个 0 和奇数个 1。合法的输入有 1、100、10101 等，不合法的输入有 10、00、1100 等。

这个问题的常规解法是累加 0 和 1 的个数，根据累加数判断结论是否正确，对应的流程图也很简单。使用如图 6-5 所示的状态机图进行分析，可以看到任何二进制串

只可能处于以下 4 种状态：（1）偶数个 0 和偶数个 1（记作 EE）；（2）偶数个 0 和奇数个 1（记作 EO）；（3）奇数个 0 和偶数个 1（记作 OE）；（4）奇数个 0 和奇数个 1（记作 OO）。初始状态是零串即 EE，输入一位二进制数则可按状态发生变化；最终的接受状态是 EO，如果输入完毕且状态机处于这个状态，则处理成功。

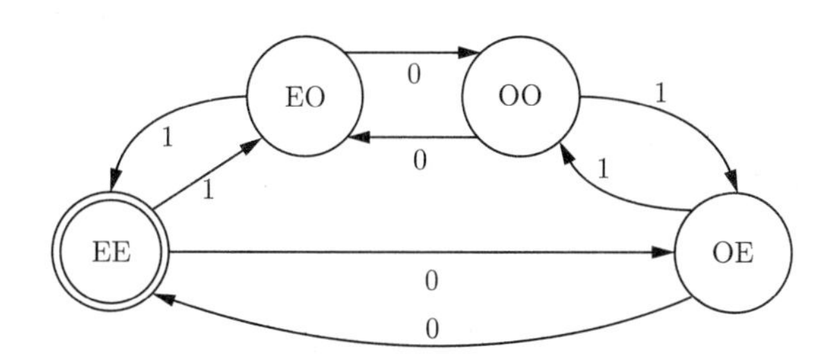

图 6-5　二进制奇偶校验状态机

例 6-2　判断二进制串能否被 3 整除

合法的输入有：11、110、1001、1100、1111、……

高级语言开发者一般首先想到的是转成 10 进制整数后判断除以 3 的余数是否为 0，用状态机求解的关键是找到状态的合理划分方式。本例如果使用“能和不能被 3 整除”划分，则状态机极其烦琐，如果使用“除 3 的余数”划分，则只有 0、1、2 三种状态，相应的状态机如图 6-6 所示。初始状态为 0，输入 1 则余数为 1，进入状态 1，再输入 1 则由于 $011\%3=0$，返回 0…… 如果输入完毕回到 0 状态则成功。

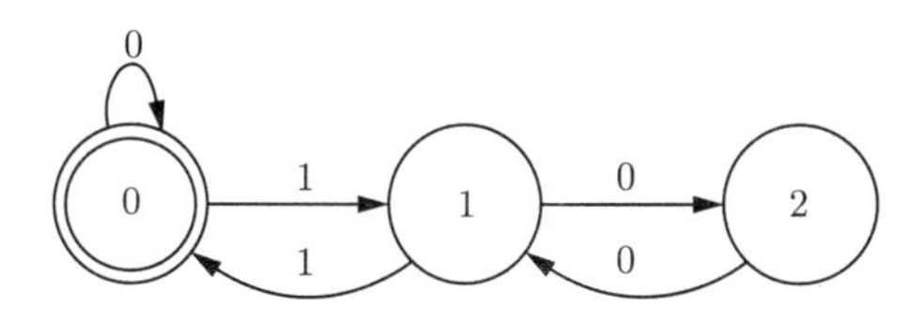

图 6-6　被 3 整除算法状态机

对上述编程问题，高级语言开发者可能先入为主选择采用适合流程图的方法求解，理解状态机后，可能会有新的选择并写出全新结构的程序，而对从事硬件描述语言开发的 FPGA 程序员来说，状态机图反而是更为常规和首先想到的解法。上述两个状态机算法可以边输入边处理，具有并行性，且更接近原始问题的本质，更容易理解。

2. 状态机图和流程图的视角不同

状态机图和流程图是从两个不同的视角描述系统行为的：流程图以活动为中心，关注的是活动的执行过程和步骤等信息，在流程图中箭头代表了行为的顺序，例如到政府办事的办公流程很适合用它建模；而状态机图以状态为中心，关注的是系统状态的变化情况，在状态迁移图中箭头代表的是状态的改变，而活动则作为状态跃迁的衍生物进行整理，它揭示了系统行为与其前提条件（状态）间的联系，如果政府希望精简流程提高效率，则状态机图可能信息量更大。

另外，流程图通常涉及多个对象的行为交互，多个对象间用泳道进行分隔，而状态图一般专注于系统整体行为与状态的联系，即使涉及多个对象，在分析时也不会刻意区分。

行动和状态二者是有本质区别的：行动是不稳定的，即使没有条件的触发，行动一旦执行完毕就结束了；而状态是相对稳定的，如果没有外部条件的触发，状态会一直持续下去。即行动都是一闪而过的，而状态则是不推不动的。实用中，程序的行动可能会被误认为状态来处理，称为所谓的“伪态”（Pseudostate），需要开发者仔细鉴别。

当然行为和状态的区别也是相对的，在一个粒度较大的系统中一闪而过的行为，可以是一个由更小粒度事件驱动的子状态机。另外，某些情况下伪态也可以保留，例如表 6-1 第一列状态机中的 START 状态只有一个开电源灯的行动就跃迁走了，做成一个步有助于以后的扩展；另外图 6-3（b）的 Running 也是一个伪态，用于历史子状态的恢复。

仍以开水壶为例，将 6.2.1 节图 6-2 所示的烧水壶增加一个延时提醒状态。水壶工作流程描述如下：水壶接通电源（START），水壶电源指示灯亮；如果水壶内的水温低于 98℃ 且水位高于下限，此时水壶进入准备烧水状态（READY），反之则停留在初始化状态（INIT）；在准备状态（READY）时，按下 TurnBtn 开关，水壶进入烧水状态，接通加热器继电器点亮加热指示灯；待水达到烧开的温度（高于 98℃），水壶进入延时提醒状态；继续烧水 10s，期间提醒灯闪烁；10s 后水壶切断加热器，关闭指示灯，返回初始化状态；如果在烧水期间水位低于警戒线，则跳至初始化状态，关闭加热器。由上述分析可得烧水壶状态机图见表 6-1 第一列所示。

烧水壶简化状态机（见图 6-2）中的 OFF 状态细化成了 START、INIT 和 READY 三个顺序子状态，而 ON 则细化为 BOILING 和 DELAY 两个子状态。并没有考虑关闭按钮的行为，只能在烧开后自动关闭，另外并未处理在提醒的 10s 内发生的水位变低事件，实用中具体功能流程的选择取决于系统的设计需求。

表 6-1 第二列为烧水壶工作流程图，图中接水、烧水都是行为，涉及用户和水壶两个对象，在 UML 中用泳道进行划分。状态机图是没有接水这个用户行为的，它关心的是烧水壶的内部状态及其行为，而在流程图里必须具有这些行为才能保证流程完整。

对比后可以看到，虽然两者都能描述烧水壶的工作过程，但两者的视角、功能、形态完全不同。对高级语言开发者来说，流程图细化后，用结构化程序设计方法可以直接实现，而一个状态机则需要一定的转换和编程技巧才能间接实现。对于 PAC 开发者来说，状态机可以直接由 SFC 实现。

3. 结合状态机应用多线程

另一个容易与状态机混淆的概念是多线程编程。本来两者并不属于同一范畴，前者是一种建模设计方法，后者是一种编程实现技术。但二者都用于软件系统的设计与实现，因此在应用场景上有一些交叉。

表 6-1 烧水壶状态机图和流程图

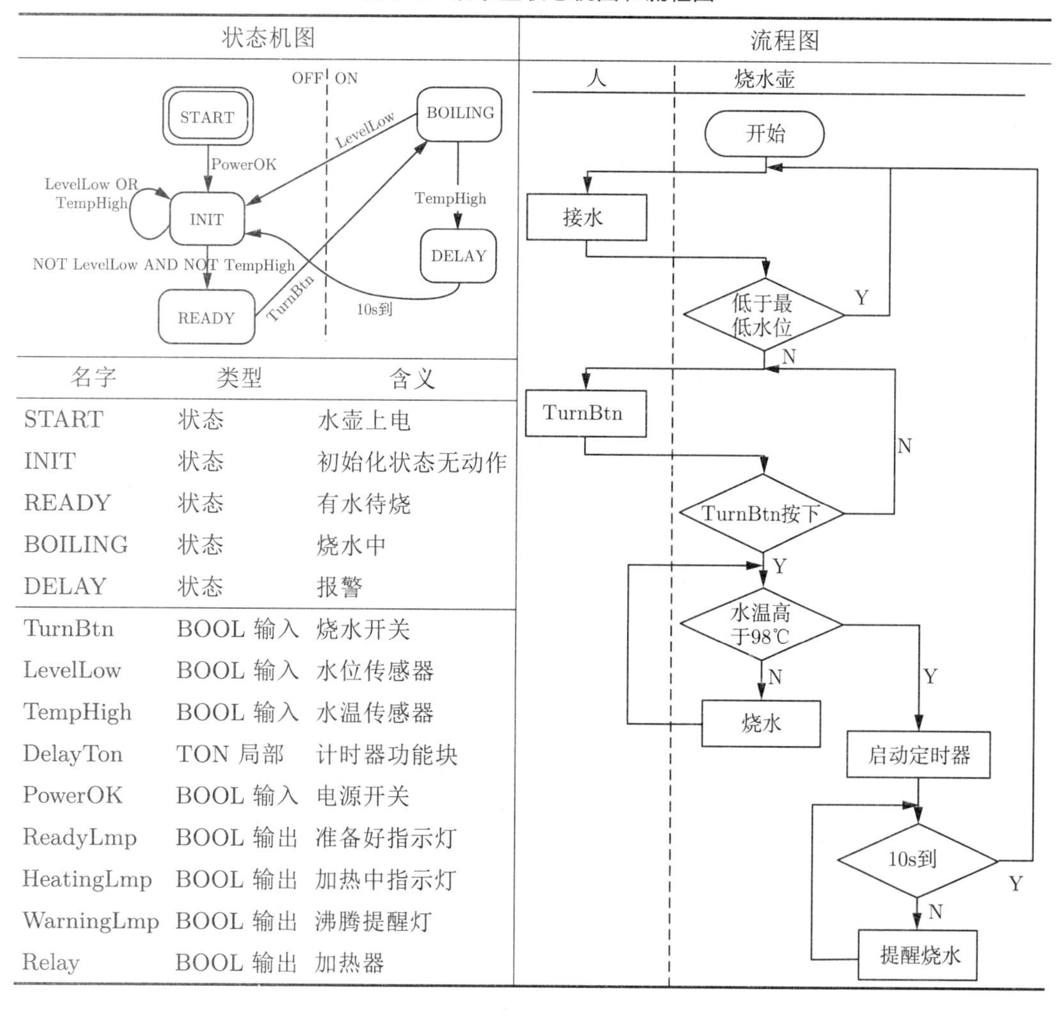

名字	类型	含义
START	状态	水壶上电
INIT	状态	初始化状态无动作
READY	状态	有水待烧
BOILING	状态	烧水中
DELAY	状态	报警
TurnBtn	BOOL 输入	烧水开关
LevelLow	BOOL 输入	水位传感器
TempHigh	BOOL 输入	水温传感器
DelayTon	TON 局部	计时器功能块
PowerOK	BOOL 输入	电源开关
ReadyLmp	BOOL 输出	准备好指示灯
HeatingLmp	BOOL 输出	加热中指示灯
WarningLmp	BOOL 输出	沸腾提醒灯
Relay	BOOL 输出	加热器

如果不用状态机对系统行为建模，多线程技术很容易被滥用。例如系统中有若干业务流程，简单的做法是每个业务流程使用一个线程实现，用锁或信号量来实现流程间的并发和协同。这种简单设计的后果是业务中混杂大量信号量操作（甚至人为导入了一些伪并发需求），代码支离破碎可读性差，随着业务的增加会导致线程数飙升、切换开销大等问题，设计上稍微考虑不周就会死锁。计算机作家 Alan Cox 的名言“Threads are for people who can't program state machines.”就是批评不懂状态机而滥用线程的做法。

多线程编程必须深刻理解操作系统的“抢占式调度”（在操作系统教材中就是用状态机来讲解这些内容），否则并发应用的设计和调试注定是条绝路。而状态机可以对系统行为进行建模，梳理业务的并发与系统状态间的依赖关系，事件作为外因只能通过状态机这个内因发生作用，这样可以消除人为导入的伪并发需求，这种事件队列和状态机驱动的“协作式调度”是嵌入式应用的普适结构，上至卫星、导弹、火星车，下至基站、交换机、路由器，都在使用状态机保证其极端苛严的稳定性。

对确实存在的并发，状态机可以描述在什么状态下、影响范围局限的并发，用并发子状态建模后，再通过多线程编程予以实现，执行过程中外部事件是打断还是等待也由状态机决定（而不是再加一个信号量），把多线程装在状态机笼子里可有效消除多线程滥用而引入的伪并发需求。

在实践中状态机和多线程仍然有很多话题，但状态机作为一个建模工具或思考方法，有利于开发者对系统行为的分析和思考，可全面而深刻地描述系统运动的原因、条件和行为，因此每个开发者应尽早熟练掌握。

6.2.3 状态机与 SFC

1. SFC 是状态机的代码实现，结构具有一致性

表 6-2 第一列的烧水壶 SFC 程序是表 6-1 的状态机图实现，SFC 中的 5 个步分别对应状态机的 5 个状态，每个步后面跟有按照状态名命名的行动子程序，例如 ASTART 对应 START 状态的行动，每个行动子程序的内容见表 6-2 第二列，读者可跟踪该 SFC 的执行并思考，例如水开后发生 LowLevel 时系统的行为。

表 6-2 烧水壶的 SFC 程序 V1

<table>
<tr><th rowspan="2">SFC 主程序</th><th colspan="3">行动子程序代码</th></tr>
<tr><th>活动</th><th>内容</th><th>含义</th></tr>
<tr><td rowspan="5"> 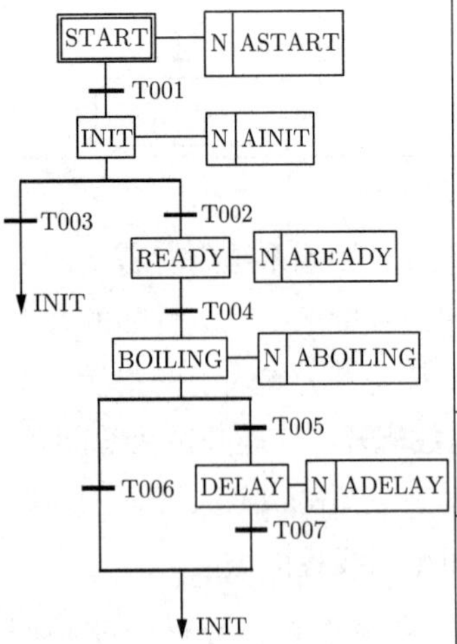START — N ASTART
T001
INIT — N AINIT
T003 → INIT
T002
READY — N AREADY
T004
BOILING — N ABOILING
T005
T006
DELAY — N ADELAY
T007
INIT</td><td>ASTART</td><td>PowerLamp:=1;
T001:=1;</td><td>水壶通电
跃迁到 INIT</td></tr>
<tr><td>AINIT</td><td>ReadyLamp:=0;
HeatingLmp:=0;
WarningLmp:=0;
Relay:=0;
DelayTon（IN:=0）;
T002:=（NOT LevelLow）AND （NOT TempHigh）;
T003:=LevelLow OR TempHigh;</td><td>就绪灯灭
加热灯灭
提醒灯灭
关闭加热器
复位延时
跃迁到 READY
跃迁到 INIT</td></tr>
<tr><td>AREADY</td><td>ReadyLamp:=1;
T004:=TurnBtn;</td><td>就绪灯亮
跃迁到 BOILING</td></tr>
<tr><td>ABOILING</td><td>HeatingLmp:=1;
Relay:=1;
T005:=TempHigh;
T006:=LevelLow;</td><td>加热灯亮
开加热器
跃迁到 DELAY
跃迁到 INIT</td></tr>
<tr><td>ADELAY</td><td>WarningLmp:=1;
DelayTon（IN:=1，PT:=T#10s）;
T007:=DelayTon.Q;</td><td>提醒灯亮
开定时器
跃迁到 INIT</td></tr>
</table>

对比表 6-2 的 SFC 代码和表 6-1 的状态机图，可见两者在形式上具有一致性：状态的数量等于 SFC 中步的数量，转换的数量也等于 SFC 中跃迁的数量，每个状态有多少个扇入扇出，在 SFC 中该步就有多少个收敛和发散，因此 SFC 与状态机图结构上是一样的。

2. 相同问题的 SFC 程序解法未必唯一

开发者状态的划分依据不同，得到的状态机和 SFC 程序未必相同。

例 6-3　后入信号优先

有 X1～X4 四个按钮，按下一个按钮后对应的指示灯亮，同时以前点亮的指示灯灭，如果再次按下同样的按钮则关闭指示灯。

控制程序如图 6-7 所示，其中程序（a）包括三种状态：保持（Stay）、改变（Change）和复位（Reset），保持为初始状态，此时无指示灯亮；若没有按键按下则系统处于保持状态，不修改指示灯；如果有键按下则判断是一个新的键还是与上次一样的键，若与上次一样则进入复位状态，输出 Y 为 0，关闭所有指示灯，若与上次不一样是一个新的键，则进入设置状态，根据当前键值设置指示灯状态。

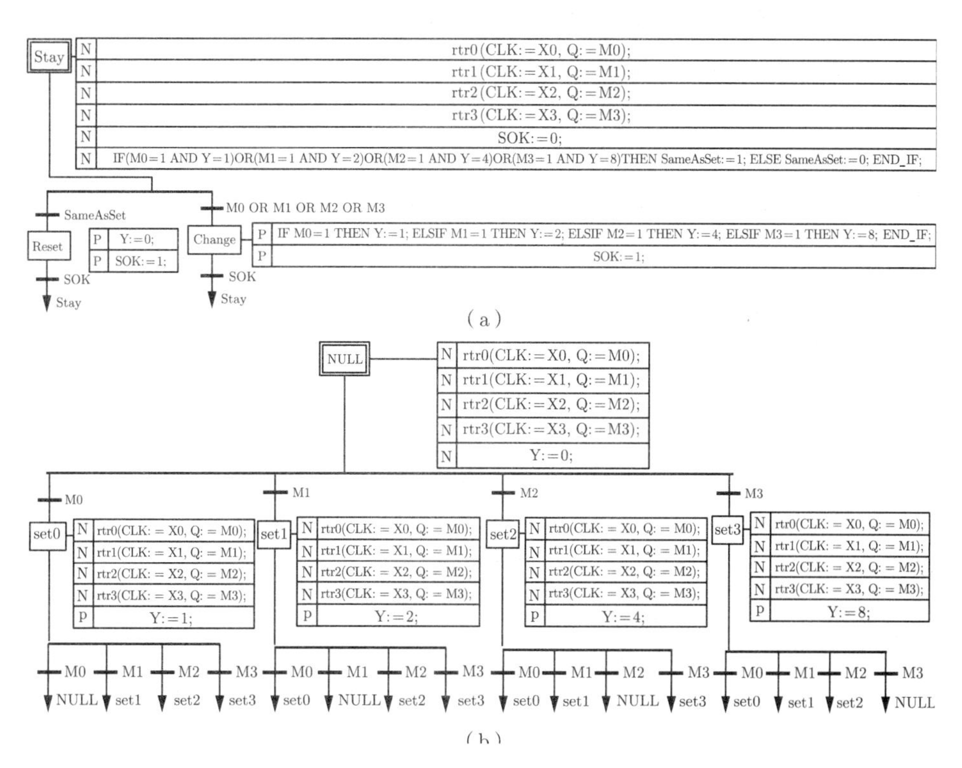

图 6-7　相同问题的不同状态机

（a）保持改变状态机；（b）不同取值状态机

图 6-7 中的程序（b）包括五种状态：空（NULL）、设置 M0（set0）、设置 M1（set1）、设置 M2（set2）、设置 M3（set3），空为初始状态，此时无指示灯亮；如果有

键按下，则根据键值进入设置 M*i* 状态，例如设置 M2 的状态 set2，设置对应指示灯的状态 Y:=4；此后如果无键按下，则系统一直处于该状态；如果有新键按下则进入新的设置 M*i* 状态；如果 X2 键重复按下，则进入空状态，关闭所有指示灯。

两套代码都可正确求解，系统行为也完全一致，但二者分别从“键值改变与否”和“键的数值”两个角度划分系统的内部状态，得到的状态机结构完全不同。前者结构简洁但语句逻辑略显复杂，当问题规模扩大（增加新的按键和指示灯）时状态机结构可保持不变，比较适合软件开发者；而后者语句逻辑简单，代码形式化检查容易，但状态机结构较为复杂，问题规模扩大需要增加新的状态和较多新的连接，比较适合自动化开发者。

3. SFC 是工控模型驱动开发首选的编程语言

开发者的 SFC 编程能力取决于用状态机图对问题的分析建模能力，状态机越符合问题的本质，SFC 程序就越准确可靠，两者是一致的。当然状态机图是一种建模方法，而 SFC 则是实实在在的控制系统代码，在工控应用中使用 SFC 有以下优势：

（1）易于理解和可视化需求。非技术人员也可以读懂 SFC，在需求分析阶段可用于与用户的讨论和交流，在设计阶段可作为软件、电气和机械工程师的公共文档。

（2）减少试车时间。在软件实现之前即可在纸上进行系统运行的验证，试车时也可以对系统运行是否与 SFC 模型相符进行快速验证。

（3）帮助维护操作。当机器发生阻塞时，维护工程师可根据 SFC 确定是什么原因妨碍了机器跃迁到下一状态，可以迅速定位问题并解决。

（4）提高可维护性。对现有系统的修改可在纸上讨论后迅速实施。

（5）具有平台独立性。SFC 可转成其他编程语言实现。

作为文档的状态机图和作为代码的 SFC 之间本质上是一样的，图 6-8（a）所示是 PLCopen 运动控制规范文档提出的单轴状态机，图 6-8（b）所示是其部分的 SFC 实现代码，可以看到状态和跃迁的名字和连接关系完全一样，PLCopen 规范的文档就是对这段代码最好的注释，任何开发者都可以对其进行维护。这个版本的状态机没有实现同步运动（Synchronized Motion），如果希望增加同步运动控制功能，任何理解规范的开发者都知道如何进行修改，而系统的其他功能则不受影响。

针对数控系统、伺服驱动等复杂工控软件，国际标准化组织发布了很多标准，例如 PLCopen 的运动控制安全规范、CiA 以 DS402 为代表的一系列标准协议等，大量采用了状态机图进行描述。可以按 6.3.1 节的规则，将规范中的状态机图转换为 SFC 代码，并利用二者形式上的一致性进行代码正确性、完整性检查，直接得到这些复杂工控系统的主体框架和大部分功能（有时甚至就是全部功能）。

反过来想，这些国际标准难道只是印刷的文字或是人为约定的吗？恐怕也是另外一种形态的代码吧！关于标准“文档就是代码”的判断是很好理解的：这些标准的内容来自经典产品真实代码的文档化，而标准制定者成员就是这些经典代码的作者。

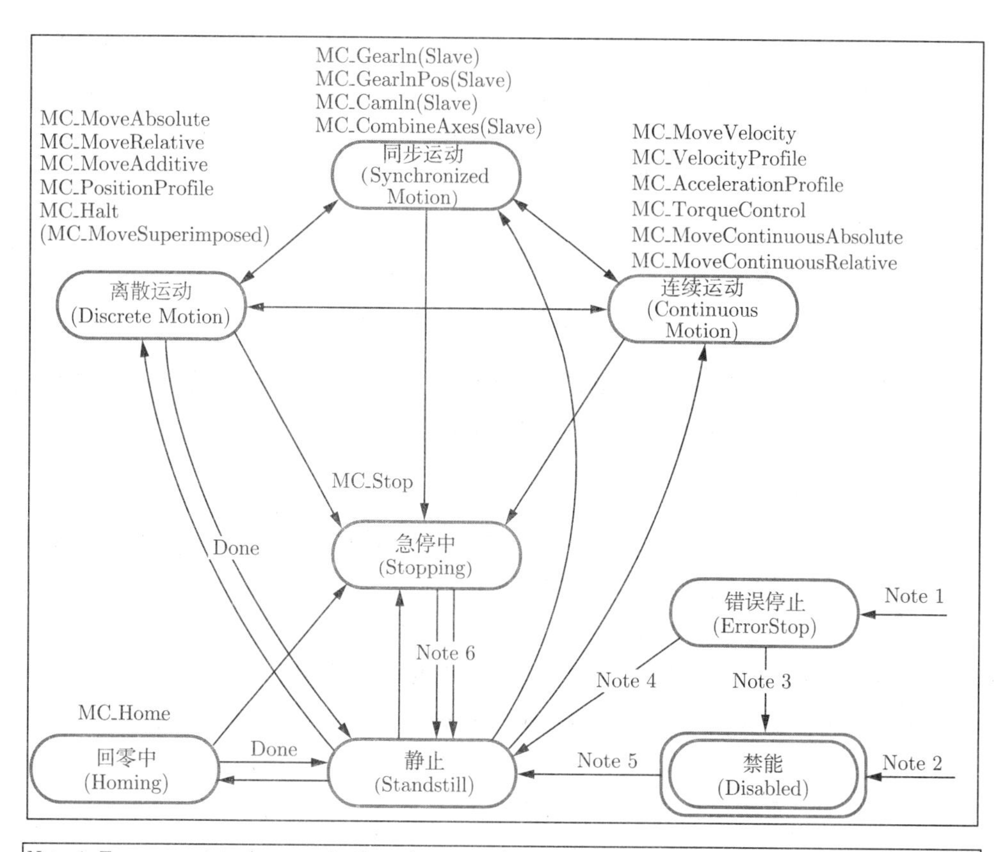

Note 1: From any state.An error in the axis occurred.
Note 2: From any state.MC_Power.Enable = FALSE and there is no error in the axis.
Note 3: MC_Reset AND MC_Power.Status=FALSE
Note 4: MC_Reset AND MC_Power.Status=TRUE AND MC_Power.Enable=TRUE
Note 5: MC_Power.Enable=TRUE AND MC_Power.Status=TRUE
Note 6: MC_Stop.Done=TRUE AND MC_Stop.Execute=FALSE

(a)

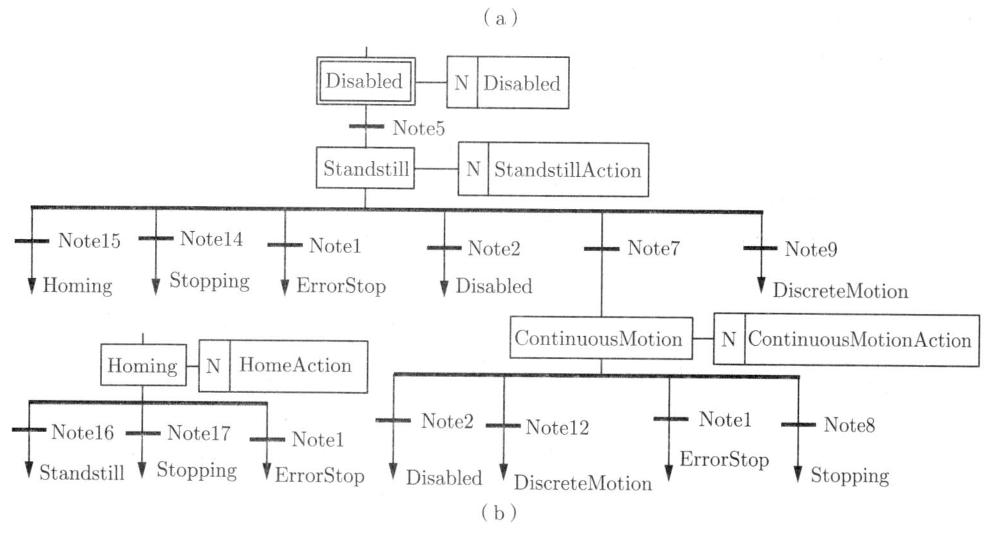

(b)

图 6-8 PLCopen 轴状态机图和 SFC 代码 V1
(a) 单轴状态机；(b) SFC 代码 V1

IEC 61131-3 的 MDD 方法实现了代码和文档的统一，对于后来者来说，开发这些标准化产品，不就是用 SFC 把文档抄一遍，用 HPAC 之类的工具去生成代码吗？而对于标准尚未定义的新产品，在其定义工具的选择上，图文混排的 SFC 相比各类文本编程语言，无论开发效率还是软件质量、可靠性、可维护性都是巨大的飞跃，也更易于形成与旧标准方法统一的、有引用关系的新产品标准。

6.3 SFC 组态原理

本节将介绍从状态机到 SFC 的统一转换规则，以得到编程风格统一、可读性更好的 SFC 代码，另外总结了 SFC 的一些典型问题。

6.3.1 转换规则

首先，将状态机图转为树状结构，以初始状态为顶点，按照深度优先顺序获得状态机图的生成树。状态机图一定是连通图，因此其生成树必然包括所有节点（状态）。

其次，按照自上而下的顺序编写 SFC 主干。将状态转换为步，对于包括子状态的复合状态处理如下：顺序子状态可直接展开；并发子状态转换为并行发散结构，并在子状态结束后同步收敛，将并发限制在最小范围；历史子状态由于比较复杂，可转换为一个新的 SFC 子功能块。如果复合状态比较复杂，将其转换成子功能块并给它起一个有意义的名字，是按结构化设计简化问题的好办法，但需要注意 6.3.3 节介绍的子 SFC 重入问题。

再次，使用跳转将状态机图中的跃迁补齐。使得每个步的扇入、扇出数与状态机相符。如果生成树较为复杂造成 SFC 主干包括较多步，可将它们分成多个子树以提高代码的可读性，例如图 6-8 中的 Homing 和 ErrorStop 子树，中间使用跳转进行连接，避免不分主次的杂乱连接。

转换过程中还要体会以下原则：

（1）结构顺序原则。SFC 的结构就是状态机图的生成树结构，SFC 之所以包含顺序这个关键词，就体现在其程序结构自上而下的顺序关系，而这个顺序正好就是状态机图生成树的层次顺序，SFC 是顺序化的状态机图。

（2）状态封闭原则。状态机图是有始有终的自封闭结构，有一个无扇入的初始状态和一个无扇出的终止状态，控制器上电进入初始状态，运行结束到达终止状态后要么关机，要么回到初始状态形成序列环（Sequence Loop）结构。对需要嵌入其他 SFC 中的子 SFC 程序，还需要设计一个安全可切换状态，保证焦点失而复得时，子 SFC 处于安全状态（见 6.3.3 节）。

（3）焦点唯一原则。如果 SFC 的结构是顺序的、状态是封闭的，将发散收敛的选择结构和并行同步的并发结构看成一个顺序段，那么任意时刻顺序段上的活动步（令牌或焦点）是唯一的，并发顺序的焦点可细分为每个并发段子焦点的一个组合，任何段当焦点离开后不应再有任何活动步。

（4）逐层细化原则。如果状态机图较大，理解起来会比较困难，可以用子状态机增加层次，每个子状态机转换为封闭结构的 SFC 后，再进行综合。主干结构的跃迁直接连接以保证可读性，而末端和子树则使用跳跃连接，可简化连接，避免对主流程的干扰。

（5）按图索骥原则。必须按照上述规则进行 SFC 的转换，做好形式审查。所有编程问题都有状态机解法，SFC 的编程能力取决于开发者状态机图的建模能力，只要可以用状态机准确定义系统的行为，按图索骥即可开发出规范、安全的 SFC 程序[6]。

6.3.2　推荐的 SFC 风格

状态机图是一种逐步细化的软件设计方法，而 SFC 是一种可以编译执行的编程语言，作为代码的 SFC 的可读性至关重要，应尽量避免杂乱的连接和繁琐的信息呈现。

6.2.3 节用表 6-2 作为 SFC 与状态机形式一致性的展示，但从 SFC 代码可读性的角度看，它却是一个反例：执行的行动和跃迁的条件并不直观，必须逐层打开才能看到代码，要对 SFC 代码和行动代码反复分析后，才可理解整个系统的执行过程。解决办法如下：

（1）使用在线平铺代码。可以把原来在行动块中的代码以在线的形式直接写在 SFC 框图中，这样不必非要展开行动才能看到代码，提高了程序的可读性。

（2）合理选择限定符。对于开关类信号，例如加热、警报和就绪灯的置位用 P 限定符执行一次即可，而跃迁变量的判断、TON 功能块的调用则必须用 N 限定符。限定符体现了更小粒度的系统行为属性（何时执行、执行多少次等）。

（3）跃迁也可以像行动一样使用在线表达式进行展开。

这样可以得到如图 6-9 所示的烧水壶程序，作者推荐这种全部展开的 SFC 编程风格（CODESYS 不支持在线形态的活动和转换，因此在 CODESYS 中无法使用这种风格）。

图 6-10 是图 6-8 展开后的部分 SFC 代码，用在线语句的方式展开了行动子程序，可在一幅图上看到所有状态的变化原因和去向，可读性大为增强。对一些共性明显的行动子程序则无须展开，例如程序中每个步都会查询轴的状态，如果报警则跃迁到 ErrorStop 状态，这个逻辑是由 GTES_IF_ERROR 行动子程序负责的，如果将其代码展开则重复次数太多，作为行动子程序反而有助于可读性。

总之，对于状态依赖的行动，用 ST 编写在线代码；对于跃迁，用在线 ST 表达式；对固定时延的跃迁，用 D 限定符加变量行动操作跃迁变量，变量行动可实现跃迁信号的自复位；对于需要多次重复的跃迁条件或行动块，用行动子程序进行包装。

应用开发者如果可以掌握状态机的软件建模方法，按推荐风格开发 IEC 61131-3 的 SFC 功能表图程序可体会到图文混排代码的优势，充分结合图形化代码结构清晰直观和形式化代码简洁准确的优势，系统每个跃迁发生的时机、产生的状态变化结果、执行的行动等所有细节信息均跃然纸上、一目了然。

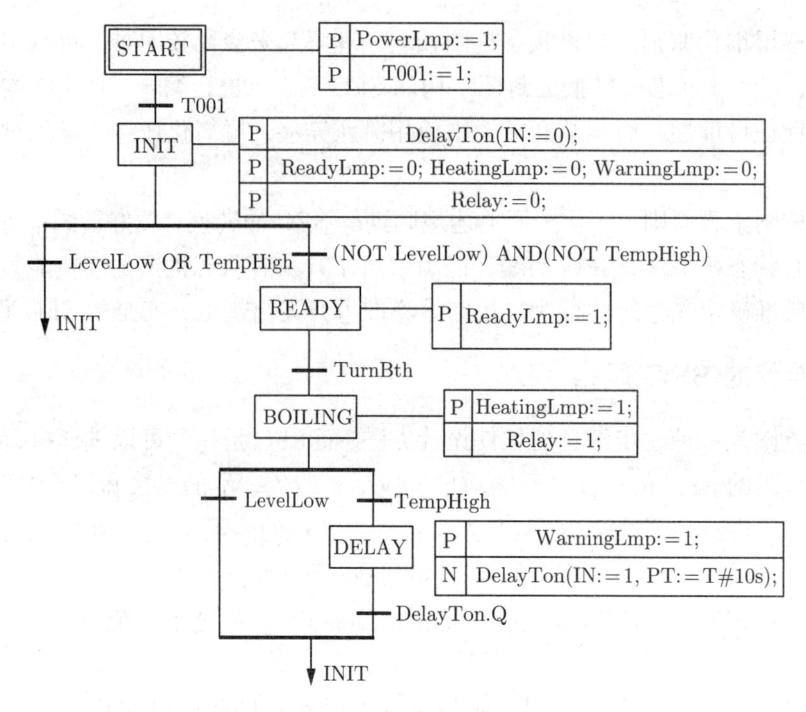

图 6-9 烧水壶 SFC 程序 V2

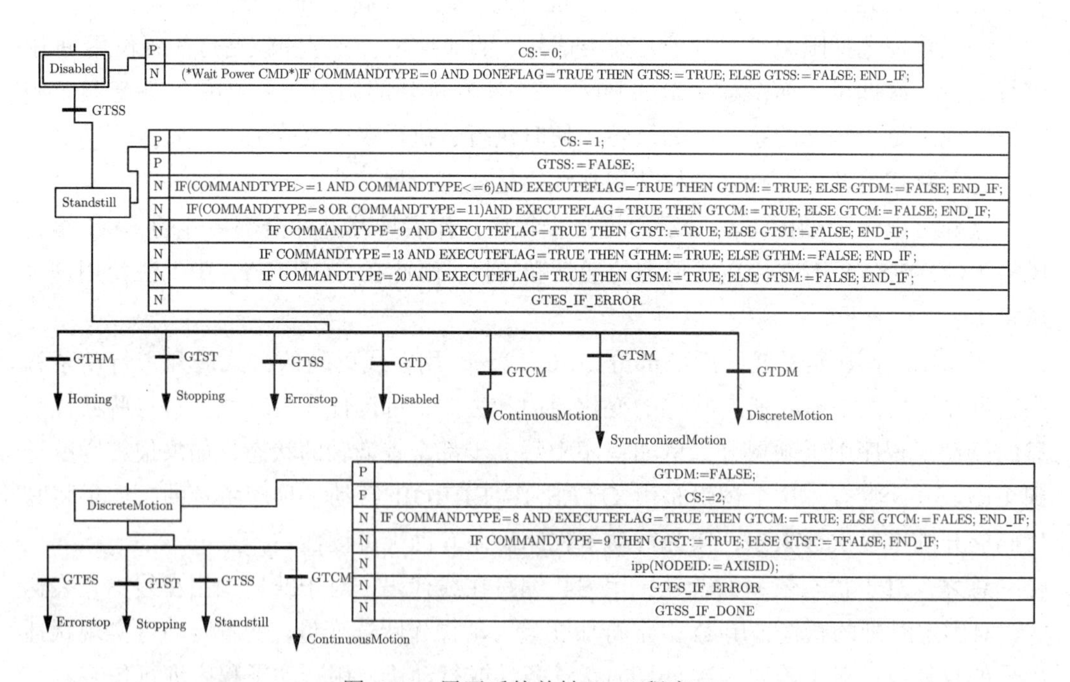

图 6-10 展开后的单轴 SFC 程序 V2

6.3.3 SFC 编程语言的典型问题

应用 SFC 编程语言还必须考虑状态类和跃迁类两类典型问题。

1. 状态类问题

1）自转换问题

某些状态机中的自转换在代码中可以不予实现。例如表 6-2 第一列中 T003 变量控制的转换即为 INIT 到 INIT 的自转换，在状态机图中它的含义很明确，当水壶水位低或水已开时不允许状态跃迁，在 SFC 代码中由于该状态只有水位高且水未烧开一种可能才会发生跃迁，上述约束已在代码中得到体现，因此 T003 和图 6-9 中对应代码可以删除。

2）在线跃迁变量

图 6-10 中的跃迁变量 GTSS、GTDM 都是通过在线 ST 语句操控的，用于控制从当前状态跳转到静止 Standstill 状态和离散运动 DiscreteMotion 状态。在程序中每次进入目标状态就把入门的跃迁变量复位，例如在 Standstill 中的“GTSS:=FALSE;”在 DiscreteMotion 中的“GTDM:=FALSE;”，可形象地理解为关门操作。

这些变量赋值的判断语句也都是双边的，例如在 Standstill 中的“IF（COMMANDTYPE>= 1 AND COMMANDTYPE<= 6）AND EXECUTEFLAG=TRUE THEN GTDM:=TRUE; ELSE GTDM:=FALSE;END_IF;”，包括了 ELSE 子句，要么复位要么置位都会对 GTDM 进行写入。

对 SFC 中通过在线 ST 语句操控的跃迁变量关门和双边操作很有必要。假设调用一个离散运动功能块使得 GTDM 为真，SFC 就会跃迁到 DiscreteMotion，当运动执行完毕后，GTSS 为真会返回 Standstill 状态，如果 DiscreteMotion 忘记关门 GTDM 而回到 Standstill 状态时 GTDM 仍然为真，即使没有功能块调用，而 GTDM 为真会再次跃迁到 DiscreteMotion，但 GTSS 也为真又会回到 Standstill，造成状态混乱、程序跑飞的严重后果。因此，SFC 中通过在线 ST 语句操控的跃迁变量必须关门，而且操作条件必须完备，条件成立与否都要赋值，以实现 SFC 程序跃迁正确性的双保险。

例如，图 6-9 中除了 DelayTon.Q 外均为外部输入，这些来自输入的跃迁变量不必关门和双边操作（事实上对输入变量赋值也无意义）；另一种不需要关门的是用变量类型行动操控的跃迁变量，跃迁发生后，变量会自动复位（见图 5-5 中的变量 bTran2）。

3）功能块重入

图 6-9 中分别在 INIT 和 DELAY 两个状态调用了两次 TON 功能块 DelayTon，DELAY 中打开 10s 的定时器很容易理解，但 INIT 中用 IN:=0 关闭定时器也是必需的。

SFC 程序的执行是局部扫描的，即系统只会扫描执行活动步后的行动。在 DELAY 状态会调用 DelayTon 功能块，10s 时间到后 DelayTon.Q 为真则跃迁到 INIT 状态，如果在 INIT 不用 IN:=0 参数复位 DelayTon 功能块，那么 DelayTon.Q 会一直保持为真。

再按下 TurnBtn 经烧水后回到 DELAY 状态，由于 DelayTon.Q 已经为真，此时不会执行延时功能而会直接跃迁。所以开发者应注意功能块的复位，以保证重复调用时，功能块是处于初始待执行而不是已完成的状态。当然对 DelayTon 功能块的复位只要在 DELAY 状态前执行即可，在 INIT 状态进行统一的复位易于理解和维护。

4）子 SFC 重入

考虑 5.3.1 节的跑马灯 SFC，假设另一个父 SFC 中调用了这个子 SFC，当跑马灯运行到中间，比如 S1 时，父 SFC 不再调用子 SFC，子 SFC 挂起并停在 S1 步；当父 SFC 再次调用子 SFC 时，会从 S1 状态继续执行，而 START 步的行动会被跳过。

子 SFC 重入时从中途执行某些情况会导致危险后果，例如轴运动前要先回零建立坐标系，如果跳过回零步则会造成坐标系混乱。

针对子 SFC 重入时的状态残留问题，需要在子 SFC 内定义一个特殊的安全步，只有当子 SFC 处于这个步时，才允许如图 6-11（a）所示的父 SFC 拿掉子 SFC 的焦点。当父 SFC 每次运行这个子 SFC 时，子 SFC 都会从这个安全步开始执行。通常这个安全步就是子 SFC 的初始步（例如图 6-9 中的 START 步），也可以是其他的步（例如图 11-51 中的 Auto_SafeState）。为避免父 SFC 等待太久，子状态机需要改造为如图 6-11（b）所示的安全快回结构。

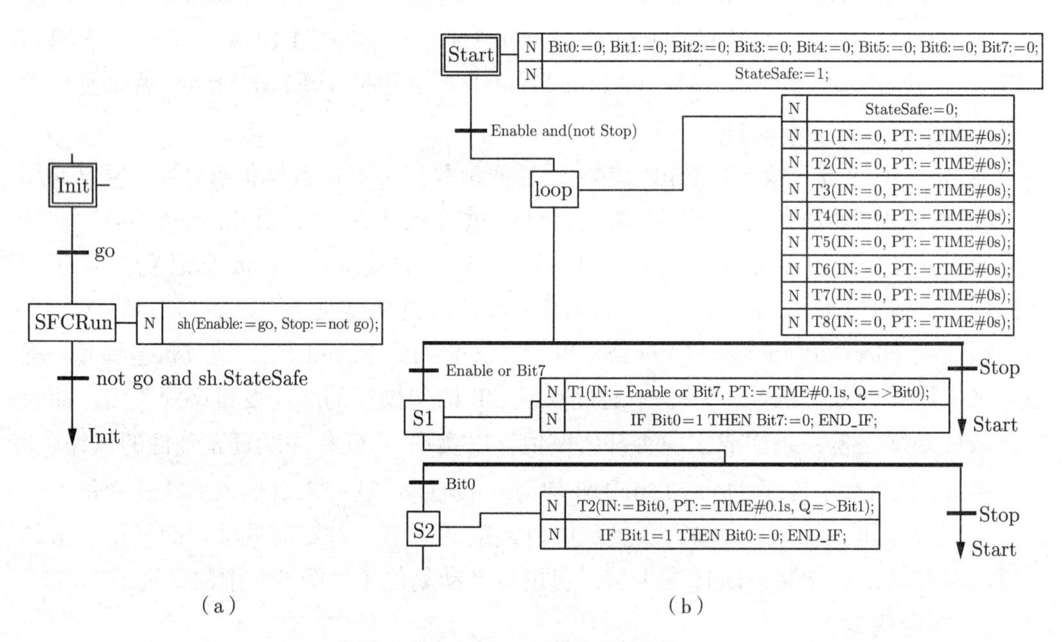

图 6-11 安全快回结构的 SFC 程序

（a）父 SFC 代码；（b）子 SFC 快回结构代码

子 SFC 增加了一个 StateSafe 的输出变量，当它为 1 时表示子 SFC 处于安全步，允许父 SFC 切换；对子 SFC 正常流程每个耗时步（步的停留超过 1 个扫描周期）的跃迁，都增加一个选择发散判断 Stop 输入，一旦为真则立刻快回到 Start 状态。父 SFC 即将发生焦点切换时，首先对子 SFC 发出停止信号（Stop:=1），子 SFC 快回 Start 状态后会设置安全可切换信号（SateSafe=1），父 SFC 收到这个安全反馈后（sh.SateSafe），才可拿掉子 SFC 焦点，进行焦点切换，子 SFC 再次执行时一定处于安全状态。

子 SFC 和功能块的重入本质上是一个问题，是状态封闭原则的表现形式和解决之道。CODESYS 的 SFC 不支持在线语句类型的行动，不存在问题 2，其他问题也可采用相应的处理方法。

2. 连接类问题

下面列举了一些常见的连接错误，参考文献 [4] 也总结了一些 SFC 的问题可以参考，如果严格按照规则从状态机图转成 SFC 可以避免本类问题。

1）**步或跃迁的直连问题**

最为常见的连接错误是步和步之间没有通过跃迁连接，或跃迁和跃迁之间没有步过渡，任何直接连接都是错误的。当 SFC 代码比较复杂时，直连错误并非看上去那么容易排查。HPAC 只能检查出部分连接错误，例如图 6-12 所示的程序在运行时才会发现焦点不唯一，而且对 Init 的跃迁及其行动的执行都无效（对 Y 的赋值没有执行）。

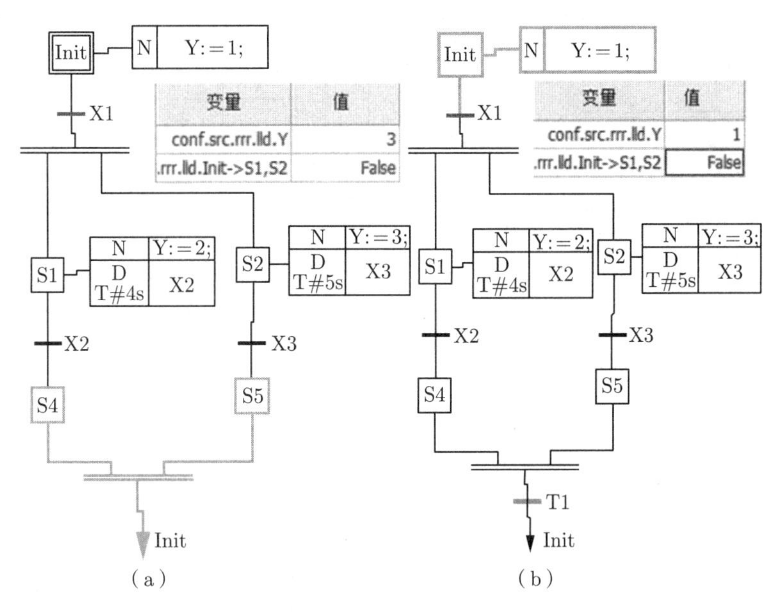

图 6-12　状态直连错误及改正后

（a）直连错误；（b）改正后

2）**分支配对问题**

图 6-13（a）所示为使用同步去结束一个发散，由于代码结构开始为选择，假设满足左边的序列条件，会执行到同步结构，而此时右边序列即使条件满足也不会被扫描执行，因此形成死锁，结构体后的步均不可达。图 6-13（b）所示为并行发散配选择收敛，假设也是左边条件满足，则后继步激活后，右侧的子状态依然处于活动态，这样会造成焦点不唯一。

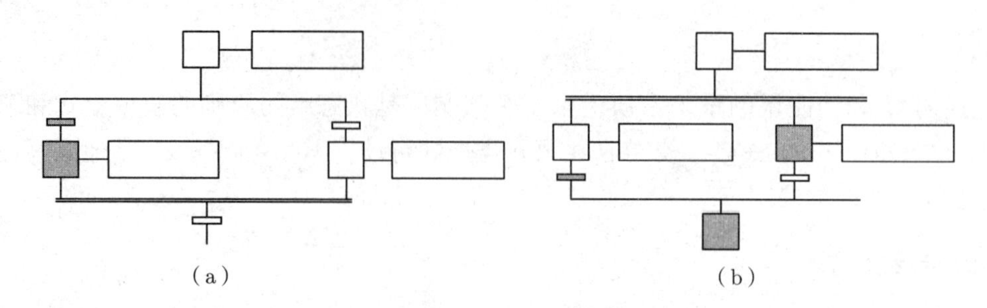

图 6-13 错误的配对

(a) 选择发散配并行收敛；(b) 并行发散配选择收敛

由于并发子状态机中每个并发段都有一个焦点状态，因此更需要注意焦点的控制规律，有些看似简单的并行也有问题。如图 6-14（a）所示两个并发序列 S1 和 S2，没有使用同步收敛，而是分别定时 4s 和 5s 后分别返回初始状态。如果在 S1 返回 Init 而在 S2 还未返回，则产生类似图 6-13（b）所示的焦点不唯一错误。

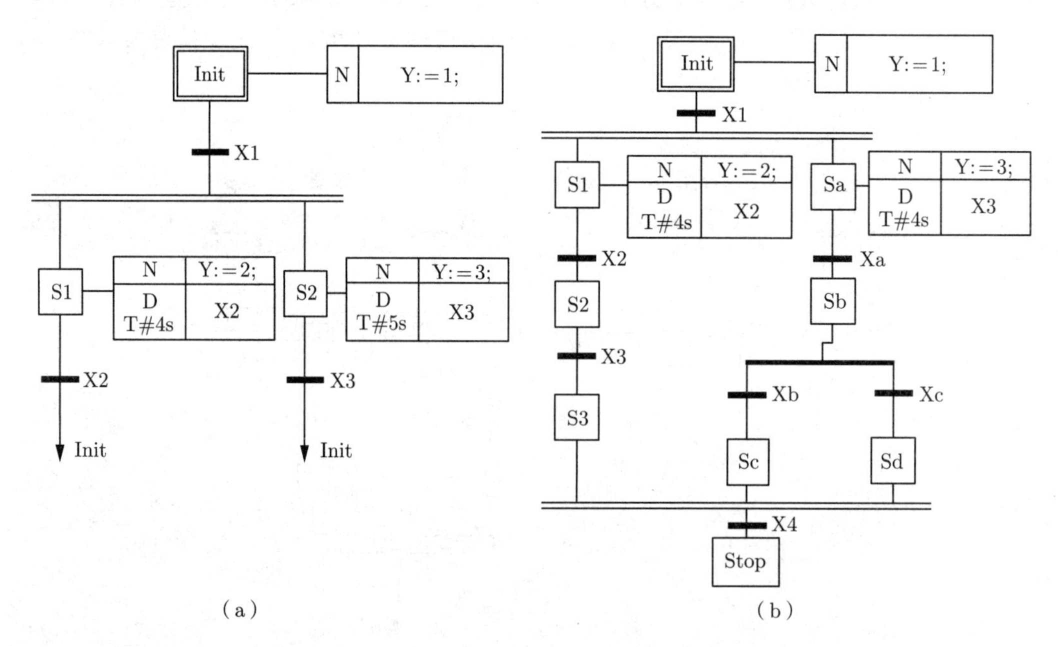

图 6-14 两种连接类错误

(a) 并行无同步；(b) 分支数不等

如果分支数较多，需要注意发散和收敛的分支数不等也会隐藏一些问题。如图 6-14（b）所示，两个同步发散配三个同步收敛，Sc 和 Sd 分属选择发散的两个分支，不可能同时为真，因此 Stop 状态不可达。

6.4 SFC 语言转换

SFC 是 IEC 61131-3 模型驱动开发方法的精华，应作为首选设计语言进行应用逻辑开发，但有时候必须使用 IEC 61131-3 的其他编程语言，此时可按照本节提出的转换规则将 SFC 转成其他语言的代码，这样也可发挥 SFC 的优势[7]。

本节只介绍 SFC 转 LD 和 ST。对于 IL，可首先将 SFC 转成与 IL 对应性较好的 LD，再转为 IL，很多 PLC 编程教材对 LD 转 IL 做了比较好的总结，本书不再赘述；对于 FBD，它们分别代表了状态机模型和功能块网络模型，在各自适用的场景中具有独特优势，两者间也无对应关系，不必再做互相转换。

6.4.1 SFC 转 LD

传统梯形图在工控应用中仍具有相当大的影响力，有时必须使用梯形图而非 SFC，例如有的编程软件仅支持梯形图不支持 SFC，有的客户只能理解和维护梯形图的逻辑等。

手工编写梯形图和人工编写代码一样并不是一种标准化的、模型驱动开发的做法，也会存在代码千人千面、质量良莠不齐、难以维护等问题。作者建议先使用 SFC 完成控制逻辑并进行调试后，再按照本节将介绍的统一规则将 SFC 转成标准化的梯形图代码，这样可以发挥状态机编程的优势，编写高质量、规范的梯形图代码。图 6-15 演示了单序列的转换规则。

首先将 SFC 的步和行动分开，将步按图 6-15（b）所示的方法转换为梯形图的 RS 分支结构。其逻辑含义为：当前步为 S_N1 时，如果跃迁 T_N1 有效，则设置 S_N 步为当前步获得焦点，且复位 S_N1 放弃焦点，由于步可以从一个或多个步进入，则每个以前步均需复位。

完成所有步和跃迁的逻辑后，即可按照图 6-15（c）所示根据步的状态来设置系统的输出，相同输出变量的步用或合并。当前状态为 S_N1 或 S_N 时都输出 Out1 线圈，输出处理完毕后即可完成到 LD 的转换。得到的 LD 程序也符合状态机编程的理念，系统的正确性、可维护性也可以得到保证。

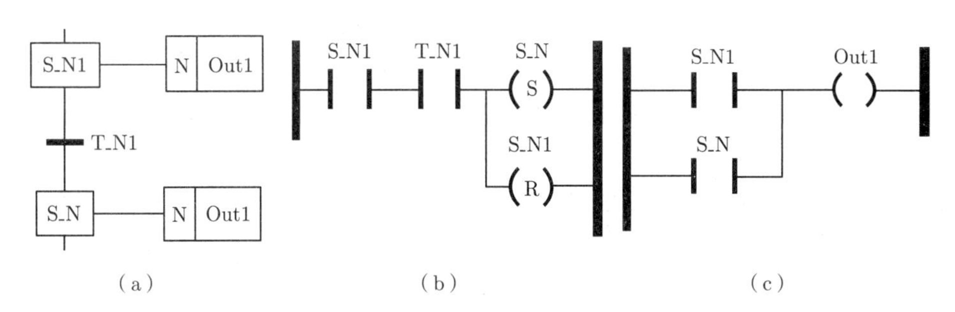

图 6-15 SFC 转 LD 规则

（a）SFC 程序；（b）步和跃迁的转换；（c）行动的转换

选择结构的 SFC 转换如图 6-16 所示。由于不存在多个焦点的问题，INIT 除了需要两个梯级处理跃迁外，跟顺序结构一样处理即可。在 S1 和 S2 都会调用 TON 功能块，在 S1、S2 和 INIT 三个状态 Y 值不同，用两个选择功能块实现。所有的跃迁和行动处理完成，则转换完毕，两套程序逻辑等价。

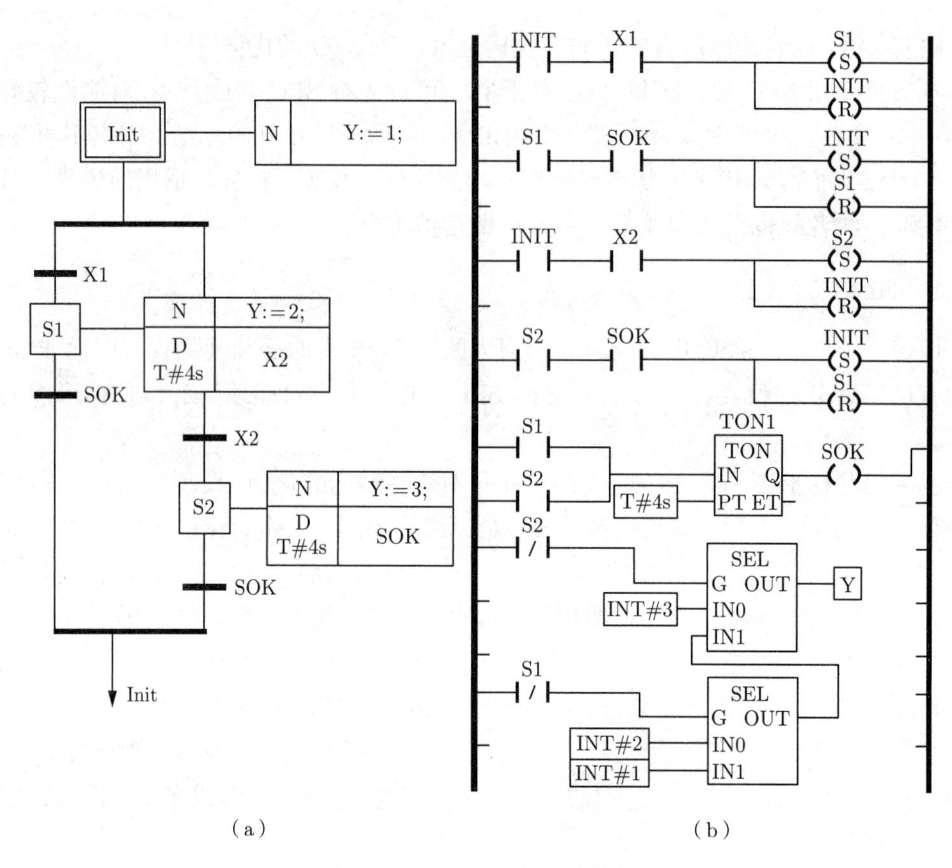

图 6-16　SFC 选择结构的转换

(a) SFC 程序；(b) 转换结果

对并行结构多个焦点的处理，需要注意梯形图按顺序扫描执行带来的副作用。以图 6-17（a）所示的并行 SFC 为例。图 6-17（b）所示有两处错误：① 在 INIT 状态 X1 有效后需要置位 S1 和 S2 两个焦点状态并复位 INIT，如果 INIT 复位在 S2 置位之前，则在扫描置位 S2 的语句时 INIT 触点已被复位，因此置位 S2 线圈动作不会执行；② 在 S4 和 S5 为真需要同步收敛时，S4 复位在前也会造成 S5 的复位动作不会执行。

图 6-17（c）所示是正确的转换：① 同步发散时先设置多个后继焦点后再复位 INIT；② 同步收敛时先设置后继焦点 INIT 再一起复位前驱焦点 S4、S5。注意这两点后，即可实现逻辑等价的程序转换。

6.4.2　SFC 转 ST

如果把 SFC 理解为状态机图，把 ST 理解为一种高级语言，那么把 SFC 转换为 ST 的规则，其实就是用高级语言实现状态机的规则。

高级语言可以用横向和竖向两种方式实现状态机，ST 比较适合竖向写状态机，即在状态中判断事件进行跃迁，这样可将 SFC 代码改写为 ST 的一个 CASE 语句，代码可读性、可维护性较好。例 6-3 后入信号优先中的 SFC 代码（a）转成的 ST 代码如下：

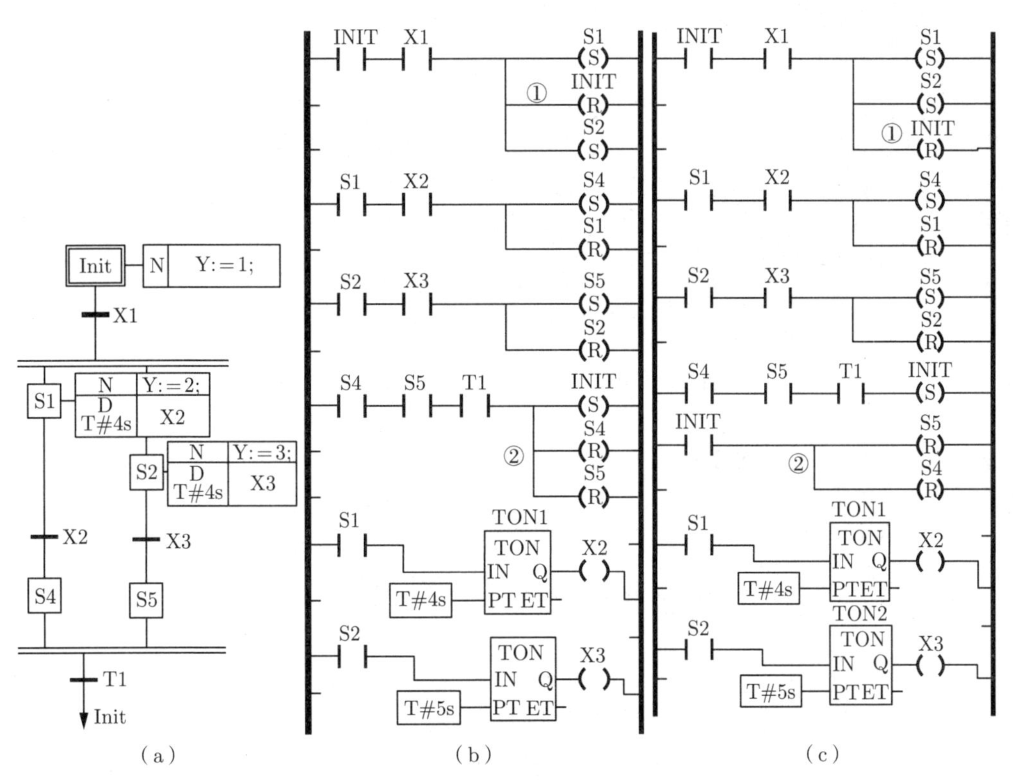

(a)　　(b)　　(c)

图 6-17　SFC 并行结构的转换

(a) 并行 SFC；(b) 错误的转换；(c) 正确的转换

```
CASE stepX OF
  0:  (* 保持Stay步 *)
    rer0 (CLK := X0,Q => M0) ;  (* X0上升沿触发M0 *)
    rer1 (CLK := X1,Q => M1) ;
    rer2 (CLK := X2,Q => M2) ;
    rer3 (CLK := X3,Q => M3) ;
    SOK := 0;              (* 关门 *)
    IF  (M0 = 1 AND Y = 1)  OR  (* 判断按键与当前信号是一样的 *)
        (M1 = 1 AND Y = 2)  OR  (* 还是发生了变化 *)
        (M2 = 1 AND Y = 4)  OR
        (M3 = 1 AND Y = 8)  THEN
      SameAsSet := 1;
    ELSE
      SameAsSet := 0;
    END_IF;
    IF SameAsSet THEN
```

```
      stepX := 1;
    ELSIF M0 OR M1 OR M2 OR M3 THEN
      stepX := 2;
    END_IF;
  1: (* 复位Reset步 *)
     Y := 0;                    (* 一样则复位 *)
     stepX := 0;              (* 跃迁到保持步 *)
  2: (* 修改Change步 *)
     IF M0=1 THEN
       Y:= 1;                   (* 修改到目标状态 *)
     ELSIF M1 = 1 THEN
       Y:= 2;
     ELSIF M2 = 1 THEN
       Y := 4;
     ELSIF M3 = 1 THEN
       Y := 8;
     END_IF;
     stepX := 0;                (* 跃迁到保持步 *)
END_CASE;
```

用整形数 stepX 表示系统状态，取值 0、1、2 分别表示保持、复位和改变状态。对状态 stepX 使用 CASE 语句以增加代码的可读性，每个状态行动代码转换规则是：原 N 限定符的行动代码可直接复制；对必须用 P 限定符的行动代码（本例的几个 P 行动用 N 代替逻辑是一样的，可不必处理），可用 IF 语句判断进门条件是否为真，将 P 限定符行动代码复制到 IF 语句中，为真则执行一次，然后立刻关门操作。行动代码后是跃迁的处理，根据不同的标记设置 stepX 的取值，即可实现状态的跃迁。

习 题 6

1. 绘制第 5 章中的交通灯示例的状态机图。
2. 在 HPAC 中将例 6-1 和例 6-2 编写为 SFC 功能块，并验证其功能。
3. 编写实现例 4-9 功能的 SFC 程序。
4. 编写实现图 7-2 所示状态机的 SFC 程序。
5. 为烧水壶增加保温功能：低于 80℃ 自动重烧。
6. 绘制安全快回结构图 6-11 的状态机图，并简述其工作过程。
7. 将第 5 章中的交通灯示例程序转换为梯形图和结构化文本。

第 7 章

现场总线和组态

7.1 概　　述

20 世纪 70 年代，随着数字计算机的介入，产生了集中式控制的中央控制计算机系统，大量采用模拟信号传递现场信息，存在着易被干扰、可靠性低的缺点。随着微处理器的普遍应用和计算机可靠性的提高，出现了分布式控制系统（Distributed Control System，DCS），用数字传输信号取代了模拟传输信号。

20 世纪 90 年代，自动控制系统进一步朝着“数字化、信息化、网络化、分散化、智能化”的方向迈进，出现了基于网络通信的分布式控制系统——现场总线控制系统（Fieldbus Control System，FCS），FCS 的关键是采用了现场总线实现了控制器和现场仪表设备的互联，降低了安装成本和维修费用，因此 FCS 实质上是一种开放的、具有互操作性的分布式控制系统，在过程自动化、加工制造、交通运输、国防、航天等领域获得广泛应用，是当今控制系统的主流形态。

现场总线是专门用于自动化控制的通信网络，具有简单、可靠、经济实用等一系列突出的优点，受到了许多标准团体和自动化厂商的高度重视。目前世界上存在着 40 余种现场总线，如德国西门子公司（Siemens）的 ProfiBus、博世（Bosch）公司的 CAN、施奈德（Schneider）公司的 Modus、美国 AB 公司的 DeviceNet 等。

现场总线与计算机系统中的总线（Bus）是两个完全不同的概念，计算机系统中的总线是中央处理器、内存及外设之间传输数据的公共通道，而现场总线中传递的是独立设备间的实时数据，技术上更接近计算机局域网。

7.2 CANopen 现场总线

CANopen 是一种架构在控制器局域网路（Controller Area Network，CAN）上的高层通信协定，是工业控制中常用的一种现场总线，1995 年由欧洲的 CAN 与自动化（CAN in Automation，CiA）技术协会颁布。CANopen 是专门针对小型网络环境下实现控制信号的实时通信而设计的，为保证通信的实时性，它做了如下定义：

（1）报文传输采用 CAN 标准帧格式，即 11bit 的 ID 域，以尽量减小单帧传输时间。

（2）网络控制报文长度最小化设计，比如心跳报文，只有 1 字节数据。

（3）实时更新的过程数据采用生产消费模型，无须接收方报文应答，降低总线负载。

（4）需要接收方确认的配置报文最多为 8 字节以避免分帧。

由于现场总线的强实时性要求，通常仅包含一个网段，不需要路由、传输、会话等功能，因此对照 OSI 七层网络模型，一般只实现物理层、数据链路层和应用层即可。

CANopen 与 OSI 七层模型的对照关系如图 7-1 所示，其中下两层由 CAN 标准（已被国际标准化组织（ISO）采纳为国际标准）定义，由硬件实现。CANopen 是架构在 CAN 上的应用层，这个协议支持各种厂商设备的互用性、互换性，可在 CAN 网络中提供统一的系统通信模型，提供设备功能描述方式，执行网络管理功能等。

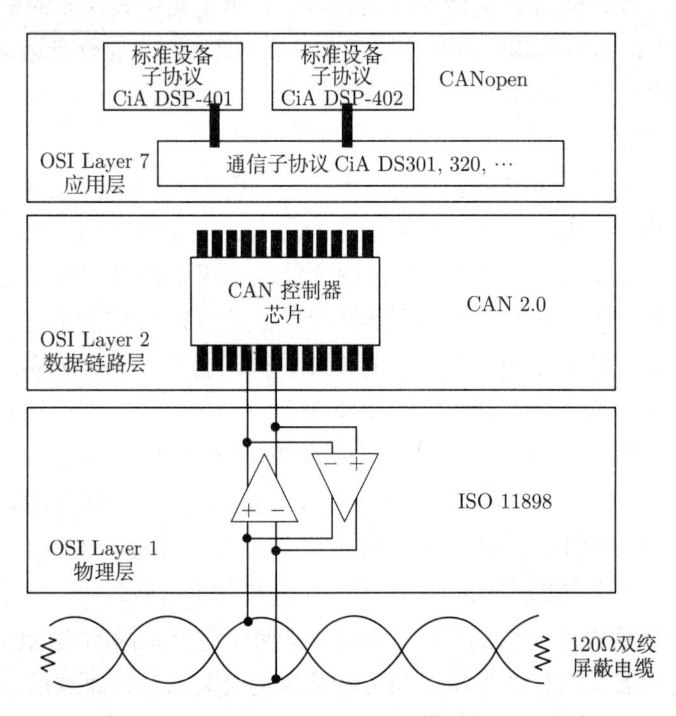

图 7-1 CANopen 与 OSI 七层模型的对照关系

7.2.1 CAN 链路层

CAN 为多主工作方式，网络上任一节点在任何时刻可主动向网络其他节点发送信息而不分主从，CAN 的介质访问控制采用非破坏性的基于优先级的 CSMA/CA（Carrier Sense Multiple Access/Collision Avoidance，载波监听多路访问/冲突避免）仲裁技术，即在多个节点同时向总线发送信息时，优先级较低的节点会主动退出发送，而优先级较高的节点可不受影响地继续传输，这样在重负载的情况下网络也可正常工作。

CAN 总线采用基于报文而非基于站点地址的通信协议，所有节点会收到总线上的报文，这样无须专门调度，仅通过报文过滤即可实现点对点、一点对多点及全局广播等多种通信方式。

CAN 的信号传输采用短帧结构，每帧有效字节数小于 8 个，占用总线时间短，冲突概率低，重发时间短，而且 CAN 总线具有完善的错误检测、通知和恢复能力，每个单元具有错误检测能力，检测到错误后会通知所有单元，发送信息的单元会强制结束当前发送，并不断重发，直到成功，因此 CAN 总线数据出错率极低。

CAN 可判断出故障的类型是由外部噪声引起的暂时数据错误还是单元内部故障或断线造成的持续故障，这样节点在严重错误时可以自动关闭隔离，总线上其他节点不受干扰，因此抗干扰能力强。

CAN 总线采用总线拓扑结构，直接通信距离最大可达 10km（速度< 5KB/s 时），通信速率最高可达 1MB/s（距离< 40m 时），CAN 的通信介质可以是双绞线、同轴电缆或光纤，接口十分简单。

CAN 是针对信息量较少的信息系统设计的串行网络，由于其高性能和高可靠性的特点而被广泛认可，Intel、Motorola、NEC 等公司开发了丰富的 CAN 器件，因此价格低廉，广泛应用于汽车及其他工业领域。

7.2.2 报文格式

本章将聚焦于 CANopen 应用层的讲解，对 CAN 帧格式不再过多介绍，有兴趣的读者可自行查阅参考文献 [4] 和参考文献 [8] 等。CAN 的数据帧中，只有 11 位仲裁段、8 字节数据段和控制段的远程发送请求位（Remote Transmission Request，RTR）与 CANopen 有关：

（1）CAN 的 11 位仲裁段被重新定义为通信对象标示符（Communication Object Identify，COBID），用于标识报文类型和优先级，通信过程中优先级低的报文会主动避让以避免冲突（CSMA/CA）。

（2）COBID 用于区分 CANopen 的 4 种通信对象：管理报文、服务数据对象（Service Data Object，SDO）、过程数据对象（Process Data Object，PDO）和特殊对象（包括同步、时间标记和应急）。其中管理报文还可细分为网络管理（Network Management，NMT）、上电完成（Boot Up）和节点守护（Node Guard）3 种。

（3）RTR 位用于区别标准帧（RTR=0）和远程帧（RTR=1），CANopen 中只有查询节点状态的节点守护报文是远程帧，其余报文均为标准帧。

（4）根据不同的报文类型，8 字节数据段的内容和格式定义不同。

本章以（COBID，RTR，[D0，..，D7]）三元组表示 CANopen 报文，每项均为 16 进制数，数据段以实际数据长度为准。如例 7-1 中 NMT 报文（000，0，[01，06]）的含义是 COBID=0x000，RTR=0x0，d0=0x01，d1=0x06。如果数据段太长，以“|”分隔，每部分都是小尾端排列，如例 7-2 中第 15 号报文（602，0，[2F|00，1A|00|02|00，00，00]），数据段细分为 2F，001A，00，02（1 字节数据），000000 几个字段，分别表示类型码、索引号、子索引号、值、填充字节等信息。

7.2.3 COBID

CAN 标准帧的 11 位仲裁段被 CANopen 定义为 COBID，由 4 位功能码加 7 位节点号两个字段组成，即 $\text{COBID} = (\text{Fctcode}, \text{NodeId})_2$。4 位功能码的定义见表 7-1，在 CAN 帧的 11 位仲裁字段中，优先级是降序排列的，即 $(0000, 0000000)_2$ 的优先级最高。

表 7-1 功能码的定义

报文类型	含义	可接节点号	功能码二进制	功能码十六进制（带节点号）
NMT	网络管理	N	0000	0x0
SYNC	同步帧	N	0001	0x80
EMCY	内部错误异常	Y	0001	0x8x
TIME STAMP	时间戳	N	0010	0x100
PDOrx	过程数据 rx	Y	0011 0101 0111 1001	0x18x，0x28x，0x38x，0x48x
PDOtx	过程数据 tx	Y	0100 0110 1000 1010	0x20x，0x30x，0x40x，0x50x
SDOrx	服务数据接收	Y	1011	0x58x
SDOtx	服务数据发送	Y	1100	0x60x
NMT error control	NMT 错误控制	N	1110	0x700
Node Guard	节点守护	Y	1110	0x70x

COBID 的两个字段对应主次两级优先级，其中功能码是主优先级，见表 7-1，NMT 报文优先级最高，同步和错误帧次之，PDO 高于 SDO。节点号是次优先级，节点号越小优先级越高，一般 CANopen 主站节点号为 1，这样当主站和从站同时有 PDO 需要发送时，主站的 PDO 拥有较高的次优先级，可以避免冲突。

在规范中通常把 COBID 转成十六进制，见表 7-1 中的第 5 列，与节点有关的报文都需要加上节点号作为次级优先级，为简洁在 COBID 中用字符 “x” 表示，例如表中内部错误异常报文的 COBID 为 “0x8x”，则 5 号从站错误报文的 COBID 为 “0x85”。

另外需要注意的是表 7-1 中是从主站的角度定义报文的方向，例如 PDOrx 表示主站接收 PDO 的 COBID，PDOtx 表示主站发送，例如主站从 5 号从站接收输入的第一个 PDO 的 COBID 为 “0x185”（第二个 PDO 是 “0x285”），而对其发送控制的第一个 PDO 为 “0x205”。上述常用 COBID 的计算非常重要，应熟练掌握运用。

7.2.4 节点状态机

CANopen 提出了专门的网络管理主站（Network Management Master，NMT 主站）来控制所有节点状态的变化，一般由 CANopen 控制器兼任。节点状态变化如图 7-2 所示，图中跃迁的编号表明该跃迁的事件是来自表 7-2 第三列的 NMT 报文调用。

CANopen 节点上电初始化（Initialising）完成后，发出 Boot Up 报文并自动跃迁到预操作状态（PreOperational）；在预操作状态，节点可以收发除 Boot Up 和 PDO 外的所有类型的报文，此状态下最重要的是 SDO 报文的收发，SDO 主要用来配置过程数据（PDO）的通信行为（占用的 COBID、发送的频次等）和内容（地址、类型等）；当主站对过程数据映射的配置完成后，就通过 NMT 报文将所有节点切换到操作（Operational）状态；进入正常的工作状态，可收发除 Boot Up 外的所有报文，主要是过程数据即 PDO 报文的周期性收发。

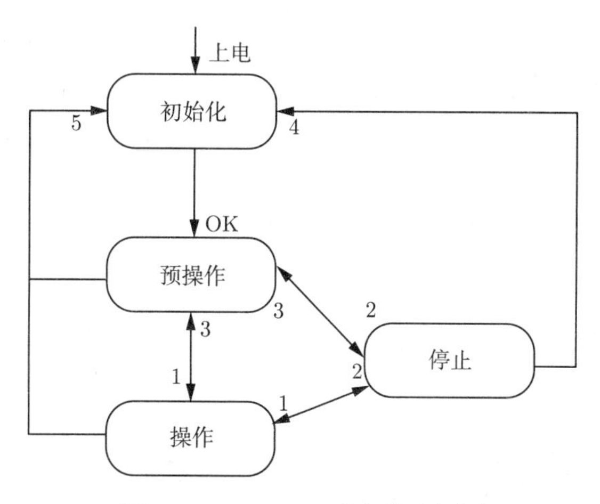

图 7-2 CANopen 节点状态机图

在操作状态，各节点的 PDO 传输是 COBID 为 0x80 的同步 SYNC 报文触发的，该报文具有比 PDO 和 SDO 更高的优先级。习惯上也把 SYNC 报文称为 80 帧（注意在计算机网络中帧和报文的概念区分是明确的，但 CANopen 基于 CAN 标准帧定义报文格式，两者结构是相同的，所以混用问题不大），NMT 主站会按预定的间隔周期性发送 80 帧，并将 80 帧作为整个总线系统的时间基准：系统中的每个节点会在它的同步下，按照预操作状态时建立好的过程数据映射进行过程数据的收发和处理，总线上的各种通信行为也因此具有了等时同步性。

所有现场总线均有上述节点管理、等时同步等通信行为，总线标准之间只有同步信号的方式不同（例如是同步帧还是分布式时钟）、同步信号是主站发出的还是从站发出的等细节上的差异。而初始化、预操作和操作这几种状态的意义及过程数据、服务数据等概念均与 CANopen 完全相同。

7.3 CANopen 通信对象

通信对象是总线工作过程中交互的报文，分为网络管理、数据通信和特殊功能（同步、异常等）等。其中数据通信主要分为过程数据对象和服务数据对象两类，是本节的主要内容。同步等特殊功能将结合这两类对象进行详解。

7.3.1 网络管理

与网络管理有关的报文包括管理节点状态的 NMT 报文、上电完成（Boot Up）报文和节点状态查询的节点守护（Node Guard）报文等。

1. NMT 报文

NMT 报文的 COBID 为 0x000，RTR 位为 0，数据字段两个字节，其中 D1 为待操作的节点号，如果 D1 为 0 则表示命令对所有节点有效，D0 字节是表 7-2 中的 NMT 命令字。

表 7-2　NMT 命令字

状态值	含义	图 7-2 中的跃迁
01	节点进入操作状态	1
02	节点进入停止状态	2
80	节点进入预操作状态	3
81	节点重启	4
82	通信重启	5

例 7-1　NMT 报文示例

```
（1） 让6#节点进入操作状态        发送 （000,0,[01,06]）
（2） 让所有节点进入预操作状态    发送 （000,0,[80,00]）
（3） 让所有节点重启              发送 （000,0,[81,00]）
```

2. 上电完成（Boot Up）报文

当节点初始化完成后，自动发出 Boot Up 报文，报文的 COBID 为 0x70x，其中 x 是节点号，数据长度为 1，内容固定为 0，所以 3# 节点的 Boot Up 报文为（703,0,[0]）。

3. 节点守护（Node Guard）报文

节点守护报文用来查询从站的状态，报文的 COBID 为 0x70x，RTR 位为 1 表示它是一个远程查询帧，数据段长度为 0。

通过 CAN 卡进行节点守护查询的操作步骤如图 7-3 所示，主要包括：① 帧类型选择“远程帧”；② 帧 ID 输入框输入节点守护的 COBID 为“0711”，数据为空；③ 点击“发送”。会发出查询 17#（0x11）节点状态的节点守护报文（711，1），其中 0x711=0x700+0x11，RTR 位为 1。如果总线上 17# 节点工作正常，收到该帧后会响应，响应报文具有相同的 COBID，但 RTR 位清 0，数据段长度为 1 返回表 7-3 中的从站状态。图 7-3 中如 ④ 所示，17# 节点的响应报文（711，0，[7f]）表明 17# 从站正处于预操作状态。

表 7-3　节点守护返回值

返回值	含义
04	停止状态（Stop）
05	操作状态（Operational）
7F	预操作状态（PreOperational）

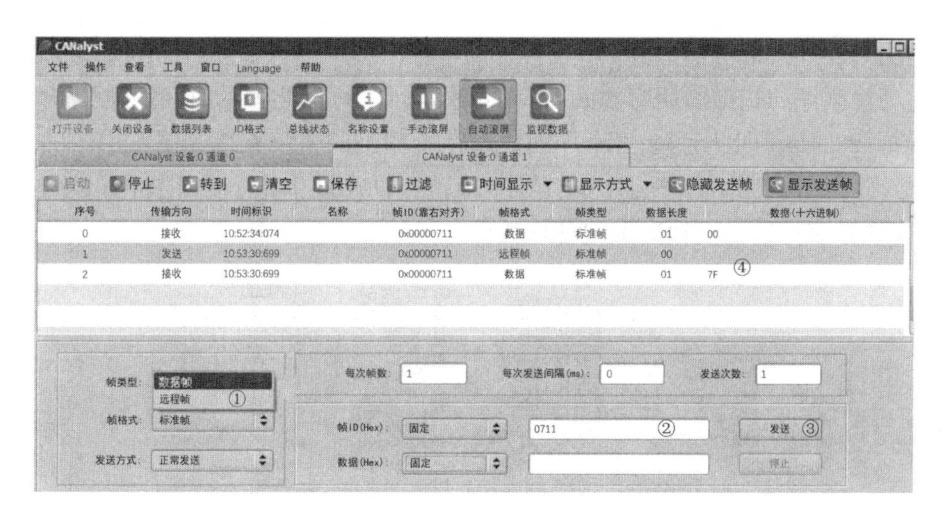

图 7-3　节点状态查询

7.3.2　过程数据对象

用于同步通信的 SYNC 报文，其时间间隔确定了总线的扫描周期，过程数据是指一个扫描周期内各单元收到或发出实时数据的总和，这些数据的更新时机与扫描周期同步，因此也叫周期同步数据。

在 PAC 系统中，一个扫描周期内收到和发出的所有数字量 I/O 的信息、伺服驱动器收到的位置指令及发出的编码器反馈等均为过程数据，伺服一般工作在周期同步位置（或速度）模式，在每个扫描周期，PAC 会收集所有单元的输入，应用逻辑运算后向从站输出控制指令。

过程数据具有强实时性，必须在规定时间内送达并对系统的状态产生影响，否则可能会导致灾难性后果。例如，检测到手伸入危险区域的安全信号必须及时送达，因此，PDO 优先级具有仅次于网络管理的高优先级，在通信过程中优先传送。

过程数据也具有即时性，不需要接收者确认。因为如果通信正确，接收者收到，则影响已经发生，如果通信错误，接收者没有收到，则本周期的过程数据已经失效，再发也于事无补。注意：这里的确认和重发，指的是在 CANopen 协议的报文交互层面，即 PDO 对象无须确认也不必重发，CAN 链路层本身是有确认和重发机制的，CSMA/CA 本身就是检测到冲突则避让后重发。在 CANopen 总线中，用于传输过程数据的 PDO 在通信上采用了“生产者和消费者”通信模型，即接收方无须回应的单向传输。例 4-10 的跑马灯程序运行后，截取的部分 PDO 报文如图 7-4 所示。

可以看到两个 PDO 的 COBID 分别为 0x183 和 0x203，从主站看这分别是 3# 节点的 RPDO1 和 TPDO1（见表 7-1 中 PDOrx 和 PDOtx 的第一项），即每个扫描周期 0x183 的 PDO 报文送到主站，主站完成逻辑计算后通过 0x203 报文控制 3# 设备的输出。3# 设备是一个符合 DSP401 规范的数字量输入、输出模块，这样开关输入会通过 0x183 报文报告给主站（本例全是 0 表示无输入事件），而 0x203 的输出值则会输出到模块灯及外接继电器上。

跑马灯程序的扫描周期为 50ms，因此图 7-4 中 80 帧之间的时间间隙为 50ms；每个灯闪烁 200ms，因此每隔 4 个周期，数字量输出的值就按二进制位递增的方式在 0x00，0x01，0x02，0x04，0x08，0x10，0x20，⋯，0x00 中顺序循环变化，这样 3# 从站的 16 位数字量输出模块即呈跑马灯效果。

00:07:02.502.3	0x00000080	标准帧		00:07:02.900.8	0x00000080	标准帧	
00:07:02.502.5	0x00000203	标准帧	01 00	00:07:02.901.1	0x00000203	标准帧	04 00
00:07:02.552.0	0x00000183	标准帧	00 00	00:07:02.950.6	0x00000183	标准帧	00 00
00:07:02.552.0	0x00000080	标准帧		00:07:02.950.6	0x00000080	标准帧	
00:07:02.552.4	0x00000203	标准帧	01 00	00:07:02.951.1	0x00000203	标准帧	04 00
00:07:02.601.9	0x00000183	标准帧	00 00	00:07:03.000.5	0x00000183	标准帧	00 00
00:07:02.601.9	0x00000080	标准帧		00:07:03.000.5	0x00000080	标准帧	
00:07:02.602.1	0x00000203	标准帧	01 00	00:07:03.000.8	0x00000203	标准帧	04 00
00:07:02.651.6	0x00000183	标准帧	00 00	00:07:03.050.3	0x00000183	标准帧	00 00
00:07:02.651.6	0x00000080	标准帧		00:07:03.050.3	0x00000080	标准帧	
00:07:02.652.0	0x00000203	标准帧	01 00	00:07:03.050.7	0x00000203	标准帧	04 00
00:07:02.701.5	0x00000183	标准帧	00 00	00:07:03.100.1	0x00000183	标准帧	00 00
00:07:02.701.5	0x00000080	标准帧		00:07:03.100.1	0x00000080	标准帧	
00:07:02.701.9	0x00000203	标准帧	02 00	00:07:03.100.5	0x00000203	标准帧	08 00
00:07:02.751.4	0x00000183	标准帧	00 00	00:07:03.149.8	0x00000183	标准帧	00 00
00:07:02.751.4	0x00000080	标准帧		00:07:03.150.0	0x00000080	标准帧	
00:07:02.751.9	0x00000203	标准帧	02 00	00:07:03.150.4	0x00000203	标准帧	08 00
00:07:02.801.3	0x00000183	标准帧	00 00	00:07:03.199.8	0x00000183	标准帧	00 00
00:07:02.801.3	0x00000080	标准帧		00:07:03.199.8	0x00000080	标准帧	
00:07:02.801.5	0x00000203	标准帧	02 00	00:07:03.200.3	0x00000203	标准帧	08 00
00:07:02.850.8	0x00000183	标准帧	00 00	00:07:03.249.6	0x00000183	标准帧	00 00
00:07:02.851.0	0x00000080	标准帧		00:07:03.249.6	0x00000080	标准帧	
00:07:02.851.4	0x00000203	标准帧	02 00	00:07:03.250.1	0x00000203	标准帧	08 00
00:07:02.900.6	0x00000183	标准帧	00 00	00:07:03.299.5	0x00000183	标准帧	00 00

图 7-4 跑马灯 PDO 报文

由表 7-1 可知，每个节点最多有 4 对共 8 个 PDO，按每个 PDO 最多 8 字节数据计算，CANopen 标准为一个节点最多预留了单向 32 字节的过程数据空间，CANopen 的 COBID 中节点号占 7 位，即最多 128 个节点，这样整个 CANopen 网络中过程数据的总量为单向 $32 \times 128 = 4\text{K}$，如果节点构成复杂，所需过程数据超过预分配的单向 32 字节的过程数据空间，还可以在 4K 的总空间中使用空缺节点号的过程数据空间。

现场总线使用周期同步方式来统一各节点的通信行为，同步方式是由同步 SYNC 报文触发 PDO 通信，如果周期次数为 1，则节点每收到 1 个 SYNC 报文，即启动 PDO 的发送（见表 7-7 第 3 行的传输类型定义），如果周期次数为 2，则每收到 2 个 SYNC 报文才发送 PDO，依次类推 CANopen 支持 $1 \sim 240$ 种周期次数来控制 PDO 的发送频次，伺服驱动器一般为 1，普通 I/O 可根据需求选择较大的周期数。总线的 PDO 同步通信行为如图 7-5 所示。

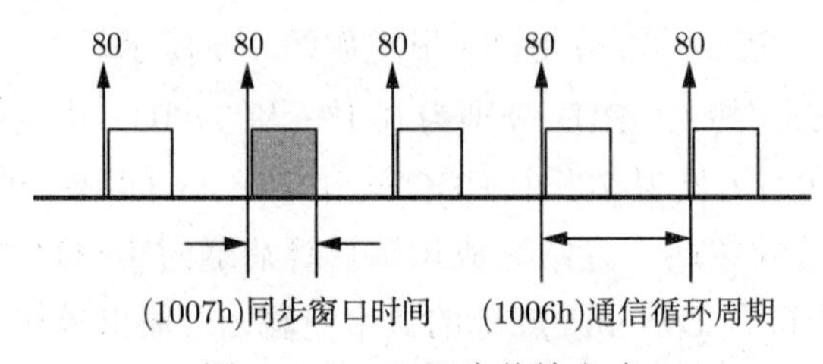

图 7-5 PDO 同步传输方式

同步报文的时间间隔是固定的且等于整个总线的通信循环周期，在对象字典中入口 0x1006 定义了这个周期值；每个同步报文后会产生一系列 PDO 通信报文，每个节点通信完成后，总线空闲等待下一个 SYNC 报文，如果某通信周期有 SDO 需要发送，则 SDO 报文会在空闲时发送，对象字典 0x1007 定义了同步窗口时间，超过该窗口的 PDO 会被丢弃，当总线负载较重时可以保证总线服务质量。

7.3.3 服务数据对象

SDO 主要用于 CANopen 主站对从站的参数配置，SDO 是一种“客户机和服务器”的双向通信，由于总是主站发出配置请求，因此在 CANopen 网络中主站是客户端，SDO 客户端（主站）可以根据索引号操作服务器（从站）的对象字典，即可以下载（写）和上传（读）从站的参数。

主站客户端发送 COBID 为 0x60x 的 SDO 报文（见表 7-1），数据长度为 8 字节；接收方从站服务器成功接收后，回应 COBID 为 0x58x 报文。这里的 NodeID 依然是接收方从站服务器的节点地址，数据长度也为 8 字节。

CANopen 协议要求每个 SDO 报文必须收到服务器的应答，以确保数据传输的准确性。就像日常生活中的快递或挂号信，接收方必须签收，并给寄方发送一个已经签收的确认才算完成一次投递。

为进一步理解过程数据和服务数据，可以想象为一家医院提供病人远程心脏起搏服务，病人登记后佩戴一个通信模块，每周期向医院服务器反馈病人心脏状态信息，医院检测到心脏有问题便会发出起搏命令。这个例子纯属虚构，仅用于帮助理解过程和服务数据通信：

（1）医院服务器是主站，病人起搏器是从站，起搏器周期上传的心脏状态信息和下发的起搏命令就是这个系统的过程数据，而病人在医院登记后在服务器上的注册编号等是这个系统的服务数据。

（2）服务数据不能弄错，必须确认。否则病人 A 的心脏有问题可能会给病人 B 起搏，因此登记服务时一定要确认正确才算登记成功。

（3）服务数据优先级应低于过程数据。否则病人 B 在医院注册时，病人 A 心脏有问题了，如先忙着跟病人 B 签协议，那么病人 A 就会有生命危险，因此医院应优先保证过程数据通信，在过程数据通信的间隙完成服务数据。

（4）过程数据无须确认。当服务器收到病人有问题的过程数据时，无须确认即发出起搏指令以确保实时性；某周期没收到也不会重发因为下一周期也会及时更新，当然如果通信中断，连续多帧没有收到，那就是系统出错，属于另外的问题了（总线伺服驱动器连续两次收不到同步信号就会报警）。

CANopen 的 SDO 有快速和普通 SDO 两种，两者的区别是快速 SDO 协议报文中 8 字节的数据必须包括从站对象字典的索引、子索引等信息，只有后 4 字节用于数据传输，因此只能读写 32 位数据。其优点是一个来回即可完成。普通 SDO 可以传输任意长度的数据，一般较少使用，本书不做介绍。

快速 SDO 的格式如图 7-6 所示，数据段 D0 字节的内容为命令指定符（Command Specifier，CS），由 CS 确定对从站是读还是写操作，以及操作的字节数。

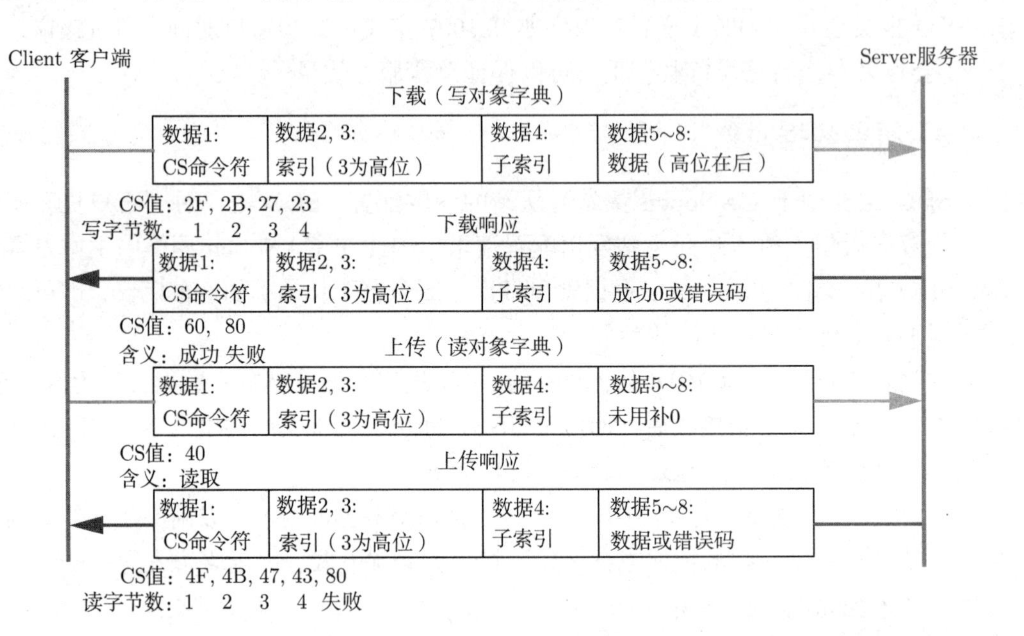

图 7-6 快速 SDO 的格式

CS 为 0x2F 表示写入 1 字节的数据。D1 和 D2 为对象字典索引值，D3 为子索引值，D4 为写入的数据，D5~D7 为 0。如果从站 OD 中入口类型匹配且支持写入，操作成功则从站返回 0x58x 的响应。D0 字节 CS 码 0x60 表示写入正确，出错则为 0x80 并返回错误码。其他字节的下载可依此类推，修改 CS 值和数据格式。

CS 为 0x40 表示读取从站数据，需要按照上述格式提供从站的索引和子索引，数据段填 0。从站收到 SDO 后返回 0x58x 的应答，如果索引存在读取成功，在 0x58x 响应报文的 D0 字节为 CS 码，如果 CS 为 0x4F 则表示返回的是 1 字节的数据，内容在 D4 字节。其他字节的上传可以依此类推，根据 CS 值到相应的数据位获取数据。

例 7-2 SDO 下载

序号	时间标识	帧ID	帧类型	数据长度	数据(HEX)
15	00:06:44.063.5	0x00000602	标准帧	8	2F 00 1A 00 02 00 00 00
16	00:06:44.063.7	0x00000582	标准帧	8	60 00 1A 00 00 00 00 00
17	00:06:44.112.8	0x00000602	标准帧	8	23 00 1A 01 10 00 00 20
18	00:06:44.113.0	0x00000582	标准帧	8	80 00 1A 01 00 00 01 06

在例 7-2 中，第 15 号报文（602,0,[2F|00,1A|00|02|00,00,00]）是主站拟将 2# 从站索引 0x1A00、子索引 0 的内容修改为 2，最后 3 个 0 是填充字节；第 16 号报文（582,0,[60|00,1A|00|00,00,00,00]）是从站的响应，60 表示成功，数据段重复了对象字典索引和子索引号以作确认；第 17 号报文（602,0,[23|00,1A|01|10,00,00,20]）拟修改索

引 0x1A00、子索引 1 的内容为 0x20000010，如果 0x2000 没有定义或类型不对（比如不是 16 位），映射会失败；18 号报文（582,0,[80|00,1A|01|00,00,01,06]）是从站的响应，80 表示失败，错误码为 0x0601 0000，查 CANopen 技术手册得知该信息为“对象不支持访问”。

CANopen 总线的启动、配置到运行的完整过程如图 7-7 所示。

序号	时间标识	帧ID	帧类型	数据长度	数据(HEX)
0	12:25:45:497	0x00000704	标准帧	1	0
1	12:25:45:497	0x00000084	标准帧	8	00 00 00 00 00 00 00 00
2	12:25:48:196	0x00000703	标准帧	1	0
3	12:28:02:227	0x00000701	标准帧	1	0
4	12:28:02:227	0x00000000	标准帧	2	81 00
5	12:28:02:227	0x00000703	标准帧	1	0
6	12:28:02:227	0x00000603	标准帧	8	2f 00 40 00 01 00 00 00
7	12:28:02:243	0x00000583	标准帧	8	60 00 40 00 00 00 00 00
8	12:28:02:243	0x00000603	标准帧	8	23 06 10 00 a0 0f 00 00
9	12:28:02:243	0x00000583	标准帧	8	60 06 10 00 00 00 00 00
10	12:28:02:259	0x00000704	标准帧	1	0
11	12:28:02:259	0x00000604	标准帧	8	2f 60 60 00 07 00 00 00
12	12:28:02:259	0x00000584	标准帧	8	60 60 60 00 00 00 00 00
		…		…	
48	12:28:02:274	0x00000604	标准帧	8	23 06 10 00 a0 0f 00 00
49	12:28:02:274	0x00000584	标准帧	8	60 06 10 00 00 00 00 00
50	12:28:02:274	0x00000000	标准帧	2	01 00
51	12:28:02:290	0x00000080	标准帧	0	
52	12:28:02:290	0x00000183	标准帧	2	00 00
53	12:28:02:290	0x00000184	标准帧	6	e9 ff ff ff 01 02
54	12:28:02:290	0x00000283	标准帧	8	00 00 27 56 00 00 27 56
55	12:28:02:290	0x00000203	标准帧	2	00 00
56	12:28:02:290	0x00000204	标准帧	6	00 00 00 00 07 00
57	12:28:02:290	0x00000303	标准帧	8	00 00 00 00 00 00 00 00
58	12:28:02:294	0x00000080	标准帧	0	
69	12:28:02:294	0x00000183	标准帧	2	00 00
60	12:28:02:294	0x00000184	标准帧	6	e9 ff ff ff 01 02
61	12:28:02:294	0x00000283	标准帧	8	00 00 27 56 00 00 27 56
		…		…	

图 7-7　CANopen 工作过程报文序列

系统上电后，从站一般比主站启动快，因此前 3 个报文是 3# 和 4# 从站上电完成的 Boot Up 和异常提示；第 3 号报文表明 1# 主站初始化完成，第 4 号为主站发出（000,0,[81,00]）NMT 报文命令从站全部重启；3# 从站先重启完成后会再一次发出 Boot Up（序号 5）；主站知道 3# 从站上电后，对 3# 从站发出两个配置 SDO 并收到成功响应；在序号 10 收到 4# 从站的 Boot Up 后，对 4# 从站也发出系列配置 SDO（图中有省略）；组态时 CANopen 主站已经保存了总线的从站构成，本例是 DSP401 规范的 3# 和 DSP402 规范的 4# 从站两个从站，所有从站配置完毕后，总线配置结束；在序号 50 主站发出全体启动的 NMT 报文，NMT 主站进入操作状态后，开始周期性发送同步 80 帧（序号 53、60）；3# 和 4# 从站收到 SYNC 报文后分别发出 PDO，用到的三个 COBID 分别是 183、184 和 283，表明 3# 用了 2 个 PDO（分别是 2 字节和 8 字节）而 4# 只用到了 1 个；主站收到 PDO 后，运算完毕，发出的 COBID 分别为 203、204 和 303 的 3 个 TPDO；此后总线会按照 SYNC、RPDO 和 TPDO 的次序保持周期性运行。

7.4 对象字典

通信对象的原理和工作过程固然重要，但对象字典（Object Dictionary，OD）是 CANopen 中更为核心和关键的概念：它除定义了节点设备的数据属性（包括各类参数和状态）外，还定义了总线上节点间 PDO 映射等行为属性，是总线实现标准化的关键。

7.4.1 对象字典的结构

对象字典是一个被预先分区的对象序列，OD 里的对象由一个 16 位主索引和 8 位子索引寻址，对象的类型可以是整形、浮点数等基本类型或定义在 0001-0FFF 内的用户类型（标准 OD 类型已足够丰富，HPAC 中没有再定义用户类型）。表 7-4 列出了 CANopen 对象字典的基本类型，包括了小于 8 字节的各种长度的整数类型，单个数据对象长度不大于 CANopen 报文 8 字节的数据段，这样可以简化 PDO 映射操作。

表 7-4 CANopen 对象基本类型

类型	简写	含义
INTERGER8	I8	8 位有符号整数
INTERGER16	I16	16 位有符号整数
INTERGER24	I24	24 位有符号整数
INTERGER32	I32	32 位有符号整数
INTERGER40	I40	40 位有符号整数
INTERGER48	I48	48 位有符号整数
INTERGER56	I56	56 位有符号整数
INTERGER64	I64	64 位有符号整数
UNSIGNED8	U8	8 位无符号整数
UNSIGNED16	U16	16 位无符号整数
UNSIGNED24	U24	24 位无符号整数
UNSIGNED32	U32	32 位无符号整数
UNSIGNED40	U40	40 位无符号整数
UNSIGNED48	U48	48 位无符号整数
UNSIGNED56	U56	56 位无符号整数
UNSIGNED64	U64	64 位无符号整数
REAL32	R	32 位浮点数
REAL64	LR	64 位浮点数
VISIBLE_STRING	VS	本地码字符串
OCTET_STRING	S	8 位英文字符串
UNICODE_STRING	US	UNICODE 字符串

OD 的结构分区已被 CiA 确定，CiA 还预先定义了其中部分对象的位置和内容，已被标准确定的部分不能另作他用。CiA 规定每个对象字典有表 7-5 所列的 6 个分区，不同设备在通信子协议区（Communication Profile Area，CPA）的制造商指定的子协议区（Manufacture-specific Profile Area，MPA）和标准子协议区（Standardized Profile Area，SPA）内会有较大差异。

表 7-5 CANopen 对象字典通用结构

索引	对象
0001-001F	静态数据类型（Boolean，Interger）
0020-003F	复杂数据类型（由简单类型定义的结构体）
0040-005F	制造商复杂数据类型
0060-007F	设备子协议规定的静态数据类型
0080-009F	设备子协议规定的复杂数据类型
00A0-0FFF	保留
1000-1FFF	通信子协议区 CPA（设备类型、PDO 配置区）
2000-5FFF	制造商指定子协议区 MPA（自定义变量）
6000-9FFF	标准子协议区 SPA（DSP401、DSP402）
A000-FFFF	保留

开发标准的 CANopen 从站设备除开发硬件板卡、软件代码外，还应提供该从站设备的对象字典以保证与其他总线设备互连，同类型设备的对象字典结构相同。

CANopen 为对象字典的交换和发布专门定义了电子数据文档（Electronic Data Sheet，EDS）格式，在系统组态时可加载该从站的 EDS 文件以查看设备的对象字典定义，包括设备的通信功能、通信对象、与设备有关的数据对象及对象的缺省值等。

CANopen 通过一系列标准协议描述了对象字典的内容，例如 DS30X 系列协议定义了 0x1000-0x1FFF 分区中对象的内容，包括通信参数、PDO 参数及映射区、设备配置文件（Device Configuration File，DCF）等。而 DSP4XX 系列协议则定义了以输入、输出设备（DSP401）和伺服驱动（DSP402）为代表的一系列标准设备子协议，这些子协议在 0x6000-0x9FFF 分区中对标准子协议涉及的对象进行定义，凡是已被其他标准子协议定义的入口不允许被新子协议标准使用或篡改，子协议一旦发布，厂商开发的设备必须完全遵守才能作为标准化产品进入市场。

例如，所有的 DSP402 伺服使用 I32 类型的 0x60C1 发伺服的位置指令，使用 U16 类型的 0x6040 发伺服的控制指令，控制伺服执行上电、使能、复位等动作，并通过 I32 类型的 0x6064 获得伺服编码器的位置反馈，通过 U16 类型的 0x6041 获得伺服状态。另外，DSP402 还定义了例如 0x6060 伺服工作模式等上百个标准对象，一些关键对象例如控制字 DSP402 详细定义了其中每位的含义，所有通过 CANopen 一致性测试的伺服，在总线上的通信行为几乎是一样的，这意味着主站可以用同样的 PDO 报文去控制所有遵循 DSP402 规范的伺服驱动器，被其他 DSP402 伺服替换主站软件也无须修改，设备的通用性和互换性大为增强，除了 I/O 和伺服驱动外，其标准还涉及电梯、专用车、工程机械，操作设备、控制器等种类繁多的设备，CANopen 完美解决了诸多行业设备的标准化问题。

CANopen 在对象字典中预留了 0x2000-0x5FFF 设备商指定子协议区，此空间的所有入口均不会被公开标准设备子协议使用，供开发商用于企业内部的自定义协议，HPAC 在主站 OD 的 4××× 数据区定义了 40 多项入口，用于过程数据区和轴参数（见表 7-9）。

综上所述，CANopen 规范既具有标准性、互换性又具有开放性，它的设计引导了开发商按照标准化的理念进行产品开发，这些优势奠定了 CANopen 在总线标准化技术体系中的重要地位。历经现场总线技术 20 多年的发展和竞争，CANopen 被大部分主流总线接受为标准应用层。

7.4.2 PDO 映射

对象字典是 CANopen 活的灵魂，7.3 节的通信对象可以从对象字典视角做新的理解：NMT 对象用于对象字典数据交换的使能控制，SDO 对象通过对节点对象字典的修改实现过程数据通信内容和行为的定制，总线进入操作状态后，节点对象字典过程数据的交换通过 PDO 对象实现，甚至 CANopen 本身就是节点对象字典间实时数据交换的建立和工作规范。

PDO 配置区是对象字典通信子协议区的重要内容，该区分为接收（RPDO）和发送（TPDO）两个分区，每个分区可进一步细分为参数区和映射区，分别保存了 PDO 通信参数和映射信息等，其中通信参数定义了 PDO 的传输类型（周期同步还是事件同步）、频次、COBID 等，而映射信息定义了过程数据在对象字典中的存放地址，见表 7-6。

表 7-6　PDO 配置区

索引	对象	含义
1400-15FF	Receive PDO Parameters	接收 PDO 参数区
1600-17FF	Receive PDO Mapping	接收 PDO 映射区
1800-19FF	Tramsmit PDO Parameters	发送 PDO 参数区
1A00-1BFF	Tramsmit PDO Mapping	发送 PDO 映射区

每种 PDO 的参数和映射区都是 512（0x200）个入口，CANopen 支持 128 个从站（7 位节点号），每个从站单向分配 4 个 PDO 功能码（见表 7-1）。总线组态时根据过程数据交换需求计算分配相应数量的 PDO 和 COBID，修改主站的 PDO 配置区，将从站需要写入的 PDO 信息，作为配置命令编码成字符串，上电后发出，写入成功后即可实现主从站对象字典的 PDO 配置闭环。

下文将以 RPDO1 为例，详细分析 1# 主站如何通过配置获取 3# 从站的 I/O 状态（见图 7-9），具体内容包括：1# 主站 RPDO1 入口和内容解析、3# 从站的 SDO 配置命令、1# 主站的 1FF22 入口和配置命令字符串等。

表 7-7 列出了组态后 1# 主站的 RPDO1 入口内容，1400 入口定义了第一个接收 PDO 即 RPDO1 的通信参数，1400.1 表示索引为 0x1400、子索引为 1 的对象，该对象定义了 RPDO1 的 COBID，1400.2 是 RPDO 的传输类型，0 为同步事件方式，[1..240] 为同步周期方式，252 为同步 RTR 方式，253 为事件 RTR 方式，[254,255] 为事件方式。其中，最常见的是 1 表示每周期传输一次，如果不需要那么频繁的传输，可以设为 $N \in [1..240]$，表示每 N 个周期传输一次 PDO，通信参数区后 3 个可选项的含义可见参考文献 [8]。

表 7-7　RPDO1 例中主站对象字典 RPDO1 配置区内容

类别	索引	对象	值	含义
RPDO1	1400.0	Highest SubIndex Supported	5	子索引项目数
	1400.1	COB ID used by PDO	0x183	RPDO1 的 COBID
	1400.2	Transmission Type	0x1	传输类型
	1400.3	Inhibit Time	0	Optional
	1400.4	Compatibility Entry	0	Optional
	1400.5	Event Timer	0	Optional
	1600.0	Number of Entries	1	1600 包括入口数
	1600.1	PDO1 Mapping for an application object 1	0x41200110	对象映射
RPDO2	1401.0	...	...	...
	...	...	...	...
	1601.0	...	...	...
	...	...	...	...

1600 入口定义了第一个接收 PDO 即 RPDO1 的对象映射，0x1600.0 表示该 PDO 由几个字段构成，这里为 1 表示该 PDO 只有一个字段，仅映射到一个对象；1600.1 表示第一个字段映射到对象字典的哪个对象，映射格式为 $(\text{index}, \text{subindex}, \text{bits})_{16}$。在本例中 0x41200110 表示映射到主站的 4120.01 对象，长度为 16 位，即一个 16 位的整数。本例定义的 RPDO1 表示如果主站收到一个 COBID 为 0x183 的 PDO，其数据长度为 16 位，则将其数据映射到对象字典 4120.01 的对象中。

1401 和 1601 入口依次定义了 RPDO2 的通信参数和映射信息，需要处理多少个 RPDO 就有多少个这样的结构，一直到 0x15FF 和 0x17FF，即最多 0x1FF=512 个 RPDO 对象，发送 PDO 则在 0x1800-0x19FF 和 0x1A00-0x1BFF 区有相同的 512 个 TPDO 对象。

从站的 PDO 映射是通过一组 SDO 实现配置的，即通过 SDO 修改从站的 PDO 参数区和映射区的相应入口内容实现的，从站对象字典的 PDO 配置区结构与表 7-7 是一样的，因此可以通过例 7-3 的 SDO 命令配置 3# 从站的 TPDO1。

例 7-3 RPDO1 示例中的 SDO 报文

```
(1) (603,0,[23|00,18|01|83,01,00,00]) //COBID
(2) (603,0,[2F|00,18|02|01|00,00,00]) //传输类型
(3) (603,0,[2F|00,1A|00|01|00,00,00]) //入口数
(4) (603,0,[23|00,1A|01|10,01,00,61]) //映射对象
```

第一条命令 SDO1 修改 3# 从站的 1800.1 为 0x183（1800.1 对象长度 4 字节），命令 3# 从站的 TPDO1 使用 0x183 的 COBID；SDO2 命令 3# 从站每周期发送一次，即 1800.2 等于 1；SDO3 命令该 TPDO 包括一个入口，即 1A00.0 等于 1；SDO4 命令该入口映射到 3# 从站对象字典的 6100.01，长度为 16 位，而 6100 是 DSP401 的标准入口，其含义是读入 16 位布尔量，可以读入数字量输入模块状态值。

总线组态计算时，一方面会生成从站 TPDO1 配置命令序列，编码成设备配置文件（Device Configuration File）即 DCF 字符串保存在主站 OD 的 1F22 入口[8]，以从站节点号为子入口，图 7-8 中对 3# 从站的配置命令序列（如 1800.1、1A00.1 等）保存在 1F22.3 中。另一方面也会对主站 OD 的 RPDO1 入口做相应的修改，以形成信息通道的闭环。3# 从站 PDO 分配计算完毕后，主、从站 OD 的内容如图 7-8 所示。主站的 RPDO1 与从站的 TPDO1 的 COBID 均为 0x183，并分别映射到了各自的数据区：主站 RPDO1 映射对象值为 4120 0110，表示接收到 HPAC 主站 OD 的 0x4120 入口的子入口 1，长度 16 位，即 HIO_Input_Bools（数字量输入过程数据区，见表 7-9）；从站是一个 DSP401 设备，映射到了标准入口 0x6100.1。

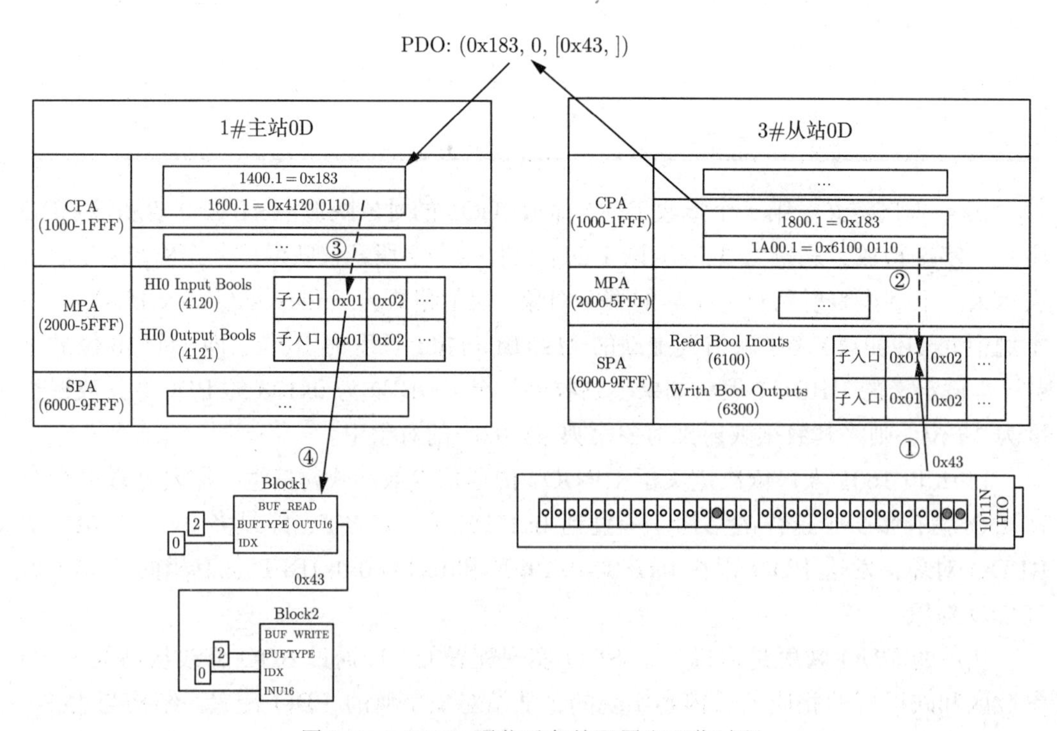

图 7-8 RPDO1 通信对象的配置和工作过程

图 7-8 右下方为华中数控 1011N 型数字量输入模块，该模块共 16 位输入，左右两个凤凰端子分别代表高 8 位和低 8 位（低位在右），绿色 LED 点亮表示导通为 1，如图 7-8 所示的导通状态表示输入为 0x43。图中 RPDO1 的工作过程如下：① 从站应用软件依据 DSP401 规范将 0x43 写入 3# 从站对象字典的过程数据区 0x6100.1；② 3# 从站收到 80 帧后，根据 TPDO1 的配置生成一个 PDO 报文：（183，0，[43]）；③ 主站收到 PDO 报文后，根据 COBID 找到 RPDO1 的配置，将过程数据 0x43 写入主站对象字典的 0x4120.1 数字量输入 DI 数据区；④ HPAC 中利用数据访问层功能块（BUF_READ 见 8.2.1 节）在 DI 数据区读取过程数据，可在 POU 中使用该功能块获得从站输入。

TPDO 通信的配置和工作过程与 RPDO 类似，这里不再赘述。

7.5 COE 总线组态

EtherCAT 也可以使用 CANopen 作为应用层，即所谓的 CANopen Over EtherCAT（COE），当然 EtherCAT 还可以使用其他应用层协议，例如 SERCOS 即 SOE。为清晰 CANopen 术语的指代范围，本书用 CANopen 指代基于 CAN 链路的完整现场总线系统，而 EtherCAT 链路的 CANopen 应用层则用术语 COE 指代。

本章前面的介绍弱化了 CAN 链路的内容，是希望突出 CANopen 作为一种系统软件的基本概念，包括报文优先级、节点状态、网络管理、周期同步、SDO 配置的 PDO 映射等，以及通过对象字典标准化通信对象行为的做法，而这些内容在 COE 中除形式上（例如从站 OD 改成了 XML 格式）稍有区别外，其运作机理完全一样。

7.5.1 HPAC 系统构成

HPAC 系统结构如图 7-9 所示，有编程系统（HPAC）和运行时系统（HPAC Runtime，HPACR）两种形态的软件。HPAC 是运行在编程工作站上的集成开发环境，具有 IEC 61131-3 程序的图形化编程及调试功能，它会生成特定平台的运行时系统 HPACR，下载到相应的控制器上。

HPACR 是运行在 HPAC 控制系统主站上的实时控制软件，有裸机（HPACR for Bare，HPACRB）和 Linux（HPACR for Linux，HPACRL）两种形态：HPACRB 应用在 STM32 或国产京微齐力等基于 MCU 的 PAC 主站；HPACRL 按现场总线类型可进一步细分为 CANopen（HPACRL for CANopen，HPACRLC）、EtherCAT（HPACRL for EtherCAT，HPACRLE）等形态，应用在 ARM（H812 系列）、X86（H842 系列）等基于 CPU 的 PAC 主站上。

CANopen 版运行时系统 HPACRLC 基于 CANFestival 开源项目开发，COE 版 HPACRLE 基于 IgH 开源项目开发，两者都基于 Linux+Xenomai 实时操作系统。两者总线组态部分的操作略有不同：CANopen 主站是按照 HPAC 的约定由开发者手工填写主站 OD 进行组态；而 COE 主站会根据 EtherCAT 总线的扫描结果按照设备的适配文件自动分配过程数据区。

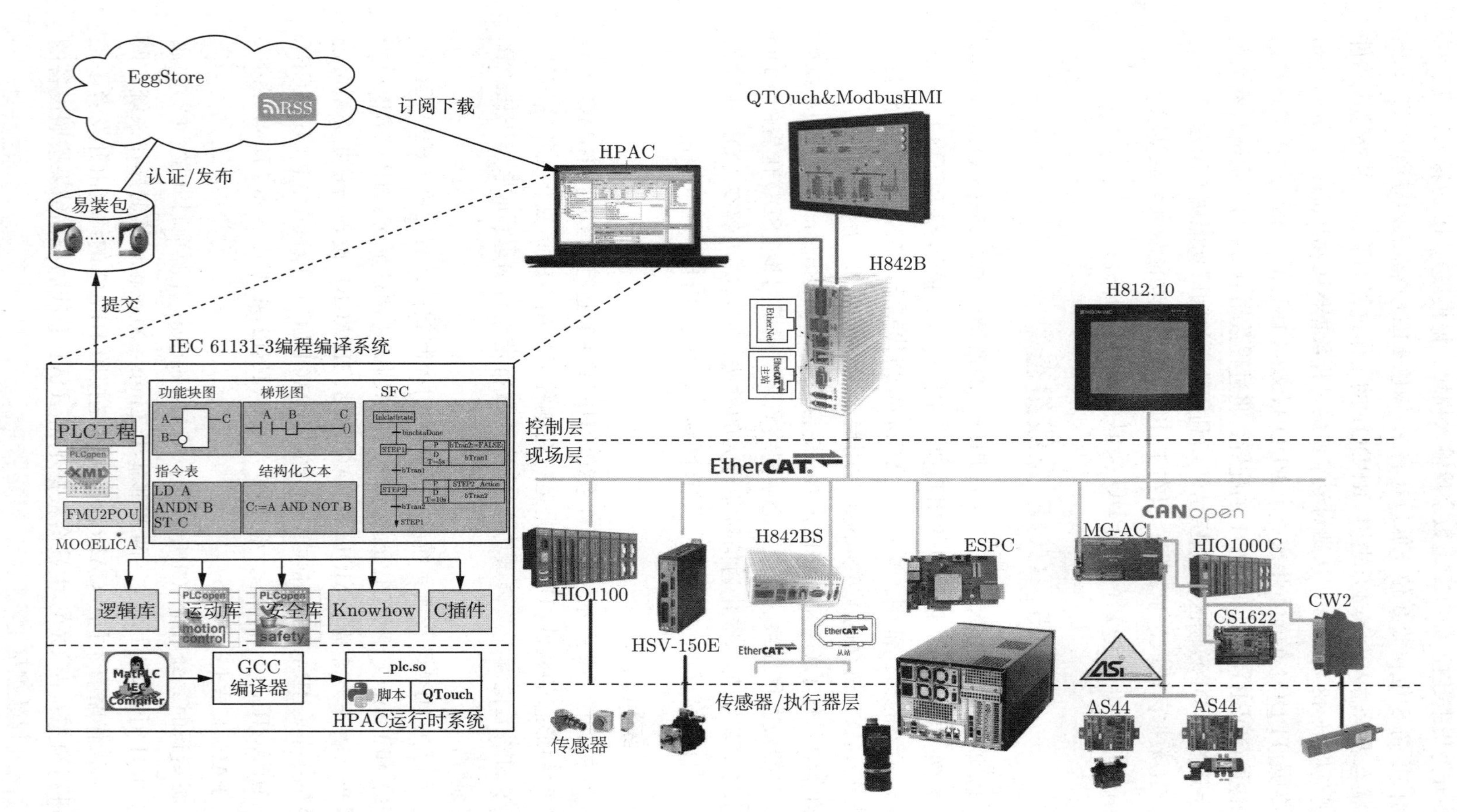

图 7-9 RPDO1 例配置和工作过程示意图

HPAC 基于 FPGA 自主实现了 EtherCAT 从站控制器（EtherCAT Slave Controller, ESC）的 IP 核，分别部署在图 7-9 中的 H842BS 控制器、MG-AC（Multichannel Gateway for ASI & CANopen）网关和 ESPC（EtherCAT Slave PCie）网卡上，作用如下：（1）H842BS 除可通过 RJ45 引出 EtherCAT 主站外，两个火线口可构成菊花链连接的 EtherCAT 从站，此时 RJ45 下的 EtherCAT 网络作为子网接入上层 EtherCAT 网络中，通过控制器可直接实现层次型拓扑结构的实时控制网络；（2）MG-AC 实现了执行器传感器接口总线（Actuator Sensor Interface，ASI）主站，可实现对液压、电磁阀等大电流电气元件的直驱，还实现了 CAN 透传功能，可组态互联非标 CAN 设备；（3）ESPC 是一块 PCIE×2 接口的 EtherCAT 网卡，提供了具有强实时性能的二次开发接口，可实现机器视觉等 Windows 应用的实时化总线集成[9]。

EtherCAT 总线借助于以太网在功能和性能上的提升，使速度提升了 100 倍，同步抖动缩小到 30ns 以内，支持多种形态的拓扑结构、突破了 512 对 PDO 的过程数据区限制等，另外还增加了总线扫描功能，极大地简化了总线组态工作。由于 COE 在各项性能上全面碾压 CANopen，因此本章仅介绍 COE 版主站的组态规则和操作步骤。

实时交换的过程数据种类主要有数字量、模拟量、伺服轴的脉冲量、设备的状态量等，其中 CANopen 体系中的 DSP401、DSP402 规范已经很好地实现了常见总线设备的标准化，HPAC 主站需要与各类符合相关规范的标准化从站进行交互。COE 版编程系统记录了所有已适配的设备信息（目前主要是倍福、高创、汇川、华中、久同、迈信等公司的设备），组态时先对总线进行扫描，只要总线上的从站识别后是已适配过的，即可按照约定自动完成数据区分配，对新的总线设备，在按照参考文献 [10] 所述的规范填写适配模版后，才可识别并使用。

7.5.2 COE 主站数据区

HPAC 在制造商指定子协议区的 4××× 入口定义了表 7-8 中的 40 多个入口，主要包括表 7-9 的过程数据区和 HZMC 库用到的表 9-1 的轴初始化参数等，系统缺省支持 26 个轴或从站设备，如果不够可以扩充，在对象字典数据项列表打开右键菜单选择添加子入口即可，需要注意的是，表中所有子入口项数为 26 的轴 AX 入口项要同步增加相同的子入口数。

HPAC 定义的过程数据交互缓冲区见表 7-9，可以在 EtherCAT 总线上以 PDO 形式做实时数据交换的分别是数字量输入、输出（简写为 DI、DO），模拟量输入、输出（简写为 AI、AO），轴（简写为 AX），通用输入、输出（简写为 UI、UO）共 7 种，UI 和 UO 类型可分配的单元数量较多，用于脉冲量、XFC（eXtreme Fast Control，倍福极速控制技术）或网关等多种类型的过程数据交互，表 7-9 的第一列是这 7 种数据区的简称；第二列表示的是数据区的定义位置，数字 4120 等是对象字典中的位置，前五种数据区定义在编号为 0.0.x 的主站对象字典子插件中，后两种 UI 和 UO 数据区在编号为 1.x 的数据访问插件中定义（系统插件见图 8-3）；第三列是数据区在对象字典中的入口名称；第四列是数据区大小，前四种数据区如果不够应用需要，可直接添加子入口进行扩充（与数据区容量有关，与从站设备数无关，可独立扩充到最大 255 个子入口）；伺服轴 AX 数据区可进一步分成多个数据项，包括控制字、状态字、指令位置、反馈位置等，如果伺服支持可以把力矩、模式及电流加入 PDO 中，保存到 4016 等入口；如果轴号超过 26，则表中 AX 的每个入口均需增加相同的子入口数进行扩充（AX 与从站设备数有关，需同步扩充相同数量）；UI 和 UO 无法扩充；第五列是相关的数据访问功能块，将在第 8 章详细介绍。

表 7-8 HPAC 主站对象字典

入口	名称	含义	项数	成员	解释
4000	Can Bitrate	CANopen 波特率	1	U8	COE 不用
4001	SYS TICK PERIOD MS	插补周期（ms）	1	U8	计算周期缺省 4ms
4002	Axis Number	轴数	1	U8	轴数量缺省 1A=26
4003	Axis Types	从站类型	26	U8	大于 0 为有效轴
4004	Axis Mods	旋转轴模	26	R	轴参数设置
4005	Axis Reverses	轴反向标志	26	U8	轴参数设置
4006	HIO compositions	HIO 构成编码	4	U32	COE 不用
4007	Absolute Encoder Origins	绝对编码器零点	26	U32	轴参数设置
4008	TargetModes	目标模式	26	U8	轴过程数据
4009	ActualModes	实际模式	26	U8	轴过程数据
4010	Interpolation data records low	轴目标位置低位	26	U16	轴过程数据
4011	Interpolation data records high	轴目标位置高位	26	U16	轴过程数据
4012	ControlWords	控制字	26	U16	轴过程数据
4013	Position Actual Low	轴实际位置低位	26	U16	轴过程数据
4014	Position Actual High	轴实际位置高位	26	U16	轴过程数据
4015	StatusWords	状态字	26	U16	轴过程数据
4016	TargetTorques	目标扭矩	26	I16	轴过程数据
4017	TorqueOffsets	扭矩偏移	26	I16	轴过程数据
4018	ActualTorques	实际扭矩	26	I16	轴过程数据
4019	ActualCurrents	实际电流	26	I16	轴过程数据
4020	Max Accelerations	轴最大加速度	26	R	轴参数设置
4021	Max Decelerations	轴最大减速度	26	R	轴参数设置
4022	Max Velocities	轴最大速度	26	R	轴参数设置
4023	Max Jerks	轴最大捷度	26	R	轴参数设置
4024	Max Torques	轴最大扭矩	26	I16	轴参数设置
4030	Position Factor Numerators	轴齿轮比分子	26	U32	轴参数设置
4031	Position Factor Feed Constants Pulses	轴齿轮比分母	26	U32	轴参数设置
4040	Soft Limit Low	轴下限位	26	R	轴参数设置
4041	Soft Limit High	轴上限位	26	R	轴参数设置

续表

入口	名称	含义	项数	成员	解释
4120	HIO Input Bools	DI 数据区	8	U16	过程数据
4121	HIO Output Bools	DO 数据区	8	U16	过程数据
4122	HIO Input Integers	AI 数据区	32	U16	过程数据
4123	HIO Output Integers	AO 数据区	32	U16	过程数据
4130	Ecat Slave Inputs	ECAT 从站输入	32	U64	过程数据
4131	Ecat Slave Outputs	ECAT 从站输出	32	U64	过程数据

表 7-9 COE 数据区

简写	定义位置	变量名	数量	功能块	用途
DI	4120	HIO_Input_Bools	8	BUF_READ 类型码 2	总线数字量输入
DO	4121	HIO_Output_Bools	8	BUF_WRITE 类型码 2	总线数字量输出
AI	4122	HIO_Input_Integers	32	BUF_READ 类型码 3	总线模拟量输入
AO	4123	HIO_Output_Integers	32	BUF_WRITE 类型码 3	总线模拟量输出
AX	4011/4010 4012 4014/4013 4015 4009 4016 4018 4019	Interpolation_data_records_High/Low ControlWords Position_Actual_High/Low StatusWords ActualModes TargetTorques ActualTorques ActualCurrents	26	IP_READ2 IP_WRITE2 SERVO_CONTROL/SERVO_MODE TORQUE_READ TORQUE_WRITE	总线轴数据区
UI	1_modbus	gUIBufs	1000	BUF_READ 类型码 5	超采样或其他数据区
UO	1_modbus	gUOBufs	1000	BUF_WRITE 类型码 5	超采样或其他数据区

为方便应用开发者理解，HPAC 分配 DI 数据区时对设备以 U16 为最小单位分配，例如倍福数字量输入模块 EL1008 仅 8 位 DI 就够了，但仍会分配给它一个完整的 U16 最小单位，即使后 8 位浪费了也不另作分配，下一个设备会分配后继的 U16 单元，对某 24 位 DI 则分配 2 个 U16，浪费后 8 位。这样一个 HPAC 系统最多支持 255 个 16 位 DIO、255 个伺服轴、255 个模拟量通道和 1000 个总线通用数据通道。

7.5.3 扫描和分配

在 HPAC 编程软件的 Tools 文件夹下，有 SecureCRT 终端控制台软件，安装运行后可以访问 PAC。用户名和密码分别是 “root” 和 “111111”，H842PAC 的设置为协议：“Telnet”，IP: “192.168.2.23”，H812PAC 的设置为协议：“SSH2”，IP: “192.168.7.2”。

连接到 PAC 后，输入的命令行指令是在 PAC 上执行的，为方便控制器的编译、下载、设置和运行等操作，HPAC 在控制器上定义了表 7-10 中的几个指令。其中，比较重要的是图 7-10 所示的 PAC 编译扫描服务器，它主要有两个功能：

表 7-10 HPAC 常用的命令

控制台指令	功能	使用场景
b	启动编译扫描服务器	开发调试主要命令
r	启动编译后的 PAC 进程	命令行运行 plc
k	清除相关进程	下载 ftp 端口占用
plc_on_boot	打开 PAC 自启动	发布状态自启动执行
plc_off_boot	关闭 PAC 自启动	从发布返回开发状态
qon	打开 QTouch	屏机一体
qoff	关闭 QTouch	屏机分离

（1）下载、编译和调试编程系统生成的运行时系统。

（2）接受编程系统的请求扫描 EtherCAT 总线网络，并返回结果。

用控制台指令“b”启动编译扫描服务器后，终端操作结果如图 7-10（a）所示，HPAC 编程系统可以通过工具按钮（图标见图 7-10（b））与之交互、切换服务器状态并执行扫描、下载和调试等功能。图 7-10（b）所示的状态机图说明了上述功能的执行条件，图中的跃迁在 HPAC 编程系统的工具按钮。

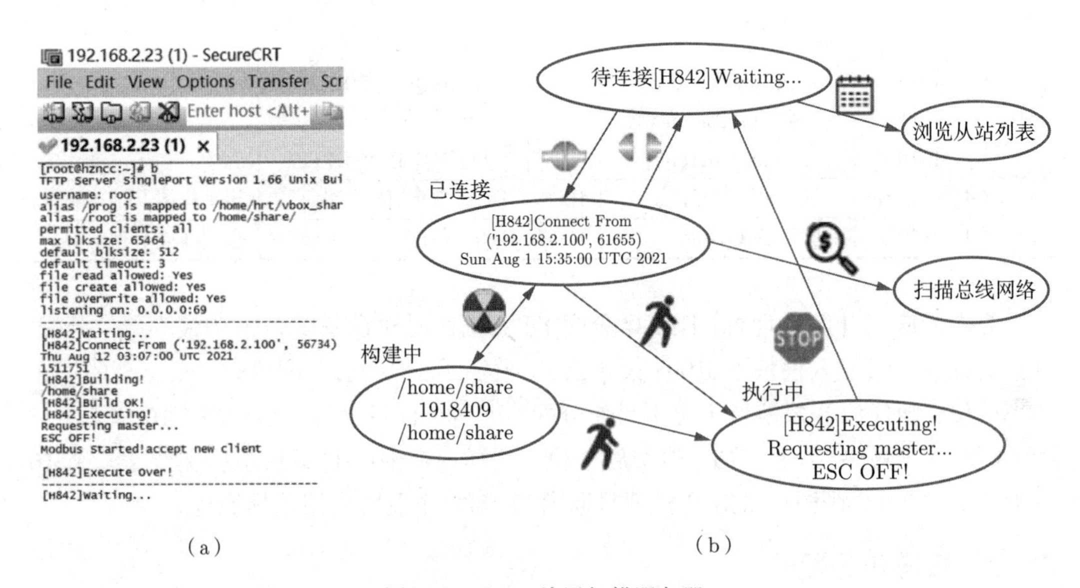

（a） （b）

图 7-10 PAC 编译扫描服务器

（a）终端操作；（b）状态机

图 7-10（a）中编译扫描服务器连接、下载、运行和调试流程的终端信息解释如下：

```
[root@hzncc:~]# b                  #启动PAC编译扫描服务器
...                                #系统信息
---------------------------------------
[H842]Waiting...                   #待连接
[H842]Connect From  ('192.168.2.100', 56734)
Thu Aug  12 03:07:00 UTC 2021 #已连接（点连接按钮后）
/Building!                         #构建中（点构建按钮后）
1918409                            #文件大小
/BuildOK!                          #构建完毕
[H842]Executing!                   #执行中（点运行按钮后）
Requesting master...
...                                #PLC的打印信息
[H842]Execute over!                #执行完毕（点停止按钮后）
---------------------------------------
[H842]Waiting...                   #待新会话的连接
```

编译扫描服务器会将生成的运行时系统保存在 PAC 的 home\share\workpth 目录下，在服务器已连接的状态下可由编程系统启动执行，也可以直接用控制台指令 r 执行，开发完毕交付用户后可用命令 plc_on_boot 设置自启动，可随系统启动后自动执行。

COE 总线组态基本是自动完成，对 HPAC 暂时不支持的新设备，总线外设开发者须按照参考文献 [10] 中的规范编写注册信息和代码模板并将总线设备适配到 HPAC 系统中。适配后，应用开发者按前述编译扫描服务器的操作步骤对总线扫描后，HPAC 会按设备的注册信息自动进行过程数据区的分配。也就是说，当打开总线列表对话框时，除非有 XFC 设备（双击设置采样率后 PDO 分配会变化），否则分配就已经确定了，在构建时就会按照这个分配结果生成代码。

扫描得到的总线设备列表如图 7-11 所示，同时也显示了组态分配结果。列表共分 4 列，分别为序号、设备名、分配信息和注释，其中设备名是 EtherCAT 扫描到的真实设备名去掉了空格、下划线、括号、减号等连接符后得到的一个识别名，外设开发者必须用识别名进行注册和编写模板，HPAC 软件才可正确处理。

如图 7-11 所示的总线上共有 3 台设备，第一台设备 EL5151 是倍福编码器模块，占用了 UI 缓冲区的 7 个 U16 和 UO 缓冲区的 3 个 U16，在下面的注释框解释了用 BUF_READ 类型码 5 获得的 7 个数据的含义分别是 1 个 U16 状态字、2 个 U16 的计数值、外部事件锁存值和周期值等信息，如果写 EL5151 则要按照 1 个 U16 的控制字和 2 个 U16 的参考值作为参数调用 BUF_WRITE 功能块；第二台设备 IMCMG 是图 7-9 中的 MG-AC 多路网关，也占用了 UI 和 UO 数据区，其入口分别从 7 和 3 开始分配（UI 的前 7 个 U16 和 UO 的前 3 个 U16 已经分配给了 EL5151）；第三台设备 TSVHL 设备为武汉久同公司的 EtherCAT 伺服，需要 MC_Init 功能块，轴号为 2（与 CANopen 版一样，轴从 2 开始编号）。

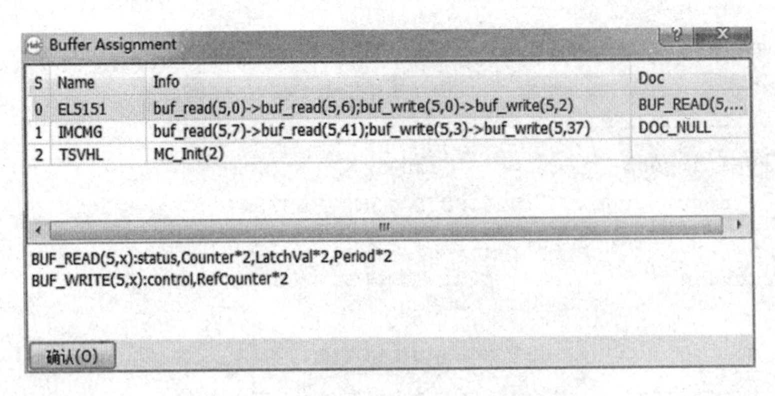

图 7-11　显示 EtherCAT 总线节点

外设开发者在适配新设备时需要填写该设备拟申请何种类型的数据区和数据区大小两项信息，HPAC 在构建时就会按设备申请逐一进行分配，应用开发者可以查看分配结果并确保对象字典的数据区资源长度足够分配（不够则需要增加子入口数，见 7.5.2 节），否则运行时会出错。

注意，由于从站设备类型较多，部分设备的状态异常造成扫描结果与实际不符，可能需要扫描多次直到确认与现场设备一致，如仍不成功则须查看是否存在不能识别的从站设备，若存在则须外设开发者适配后才可使用。

设置了 XFC 采样率后一定要先清除才可再次扫描，扫描总线后会对应用的变量访问地址造成结构性影响，如果总线设备没有变化，不要做无意义的总线扫描。

习　题　7

1. 简述 CANOpen 标准中 NMT，SSDO，SYNC，PDO 等通信对象的作用。
2. 简述对象字典的主要分区及分区功能。
3. 根据表 7-1 计算以下通信对象的 COBID：
（1）主站配置 3# 节点的 SDO；
（2）主站向 3# 节点发出的第一个 TPDO；
（3）主站向 67# 从站发出的第一个 TPDO；
（4）3# 节点的节点保护 node guard 报文。
4. 为什么对主站对象字典进行组态化配置就可以控制不同厂家的标准化从站？

第 8 章

HPAC数据访问

8.1 运行时系统

8.1.1 生成过程

如图 8-1 所示，HPAC 运行时系统的生成过程可以看成是三类代码的汇合：① 工程中的 POU 生成 ST 后，经开源 MATIEC 编译器，生成的 C 语言代码；② HPAC 插件生成的代码，插件是可通过功能块形式被功能快、程序等 POU 调用的可重用模块；③ 操作系统和总线协议栈等本地代码被插件或主程序通过非公开的函数调用实现集成。

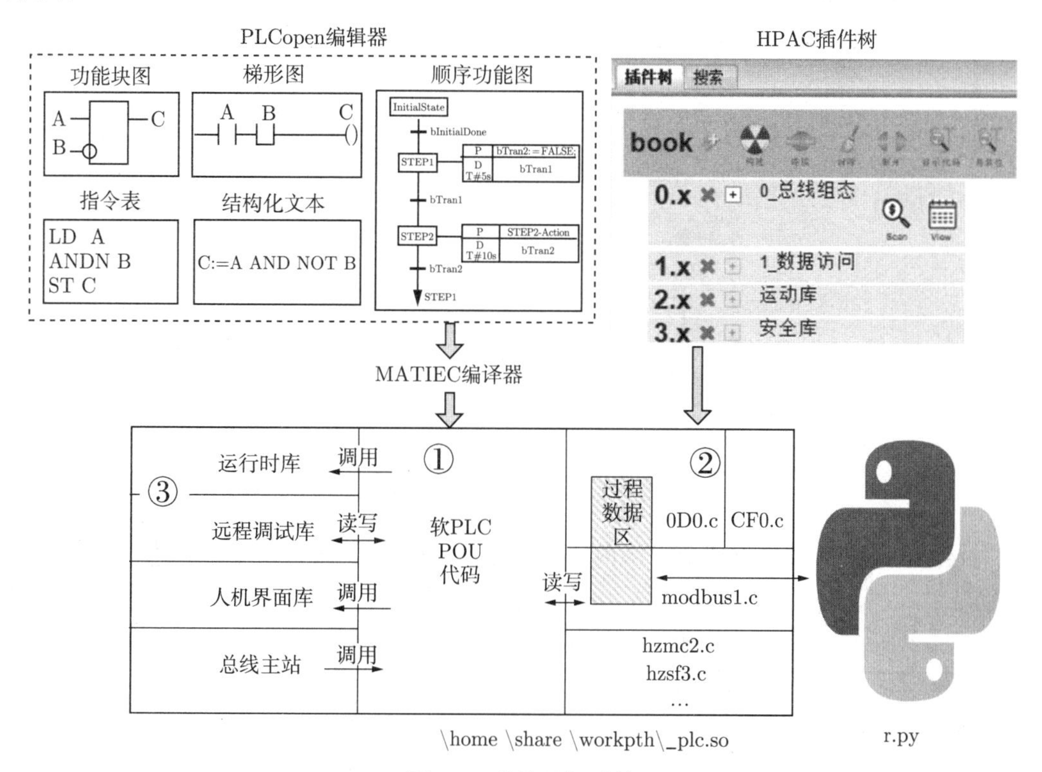

图 8-1 联编目标系统

插件是指按照接口规范开发的、可作为功能块被 POU 操作的 C 代码模块，插件代码模块既可以是 C 源代码也可以是编译后的二进制代码。接口规范保证了这些模块可被 HPAC 识别并加载，在编译时与 POU 生成代码一起构造目标系统。

插件具有开放性和规范性，可由第三方按规范进行开发，嵌入 HPAC 系统中。HPAC 插件的外观如图 8-2 所示，在 HPAC 工程插件树中追加一个插件后（见图 8-2 中 ①），在功能块区即可看到该插件包含的功能块（见图 8-2 中 ②），可以像标准功能块一样拖拽到编程工作区进行组态编程，在 HPAC 工程中追加的所有插件按顺序进行排列，有些插件还可以通过工具按钮启动对话框，例如主站对象字典插件可设置运动学参数（见图 8-2 中 ③），在插件代码生成时起效。

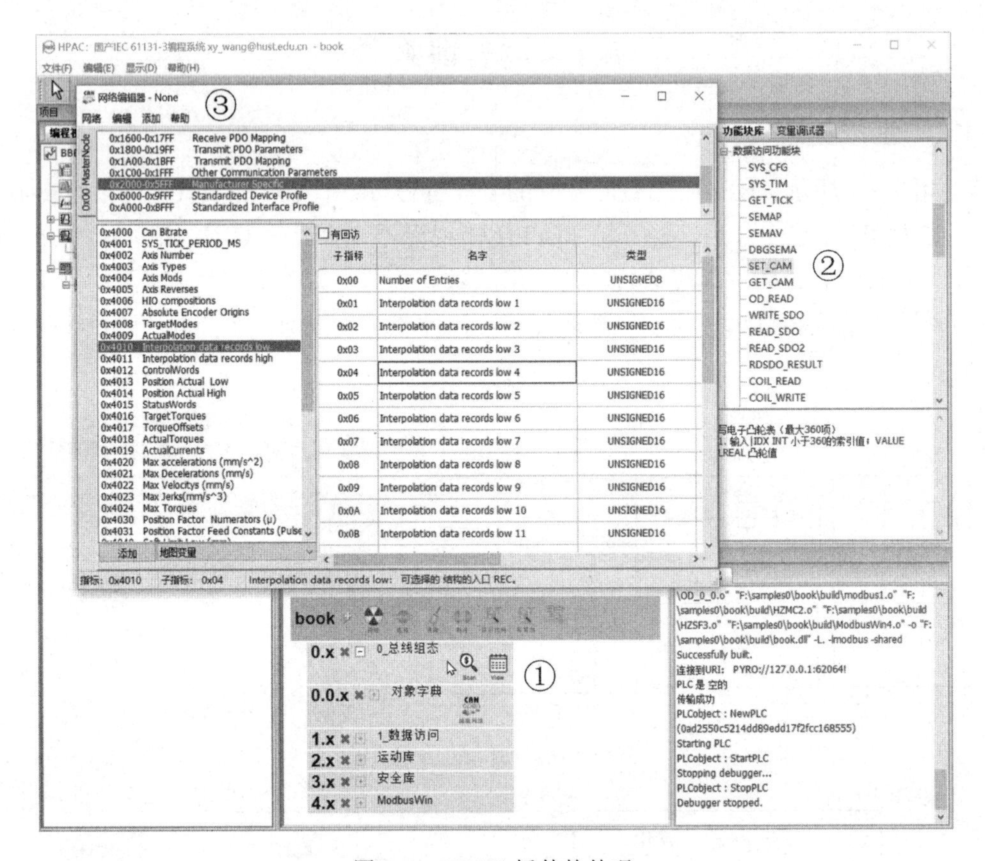

图 8-2 HPAC 插件的外观

HPAC 系统的插件有表 8-1 中的 3 种，其原理基本一致，用法上略有区别。

表 8-1 3 种 HPAC 系统的插件

类别	分发位置	示例
系统插件	HOME\lib\plugins	总线组态（0_canfesitval）和数据访问（1_modbus）
用户插件	HOME\Py25\Lib\site-packages	HZMC 库、HZSF 库、 仿真接口库（COPPELIASIM 等）
工程级插件	工程文件夹	数据交互插件

HPAC 系统级插件有两个，名字均以数字编号开始：总线组态（0_canfesitval）和

数据访问（1_modbus）。每个 HPAC 工程需要包含这两个系统插件，其版本随 HPAC 编程系统升级，与运行时底层耦合密切，使用者可以看到部分代码但不可以修改，否则有系统崩溃的危险。如图 8-3 所示，总线组态编号为 0.x 和数据访问为 1.x，在 HPAC 工程的插件树中居前两位，且不允许改变位置，在 0.x 下可展开编号为 0.0.x 的主站对象字典子插件，点击后可以打开如图 8-2 所示的对话框，进行主站 OD 的设置。

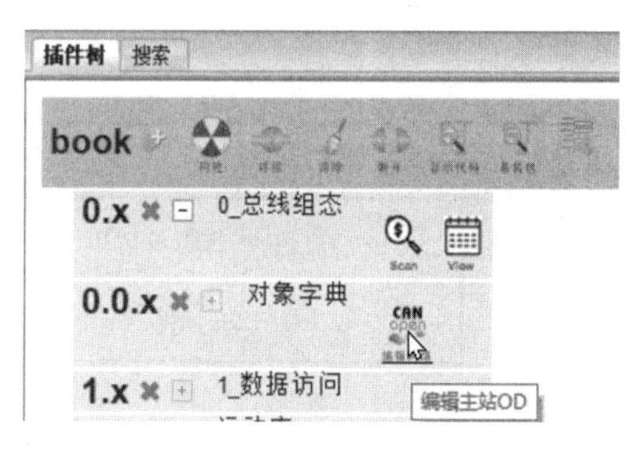

图 8-3 HPAC 系统插件

0# 插件负责总线组态 PDO 的分配计算、数据区的定义、与本地代码的交互等，1# 插件则负责数据区与 POU 间的交互功能块。0# 面向系统而 1# 面向用户，两者之间是内容与形式的关系：在 0# 总线组态插件中实现了主站数据字典的定义，这样就有了 1# 数据访问插件总线数据区（表 7-9 中除 UI、UO 外的数据区都定义在 OD 中）的划分；在 0# 插件实现了总线的 PDO 组态计算，并分配了过程数据区的地址，这样就确定了 1# 插件相应类型的地址码。

用户级插件是一些封装开发者工艺知识或诀窍、个性化控制算法等具备重要价值的功能块，例如运动控制库、安全功能库等算法库或仿真库等。与底层相对独立，这种插件以易装包（Python Egg）的形式通过网络进行发布（见图 7-9 中 EggStore），用户可根据需要下载安装或卸载，是否安装用户级插件以及安装哪个版本都由用户自己决定。用户级插件安装在 HPAC 内置的 Python 环境的第三方库文件夹，即 Lib\site-packages 下，符合 Python 的第三方包管理规定。构建用户级插件的途径有两条：一是通过内置的易装包管理器工具，将 IEC 61131-3 代码中的功能块直接封装成易装包；二是基于 HPAC 插件开发规范[11] 使用 C 代码开发。

安装用户级插件后，如果工程中需要使用其中的某功能块，则需要在工程插件树中追加该插件，即可在右边的“功能块库”栏看到插件内的功能块，拖拽到代码中即可使用。每个工程同类插件只能追加一次，且排在系统插件之后。也可以从工程中删除不用的插件，例如一个纯逻辑的控制系统就不需要追加运动控制库。

第三种工程级插件是存在工程文件夹内的，只有打开该工程文件夹才可追加和删除插件，而在其他工程文件夹中则看不到该插件。工程级插件的一个比较典型的用途是做 C 数据交互插件，如果项目数据量很大，则用 C 语言开发工程级数据交互插件，可显著提升系统的运行效率[12]。

8.1.2 组成结构

图 8-4 所示是 Linux 操作系统 COE 主站运行时系统的结构图，其中粗线框内为实时系统，运行时系统包括 EtherCAT 现场总线的应用层主站 IgH、Modbus 协议信息化层、对象字典及数据访问层、运动控制等扩展层等接口，再加上 PLC 逻辑及在线调试和实时调度等功能单元。

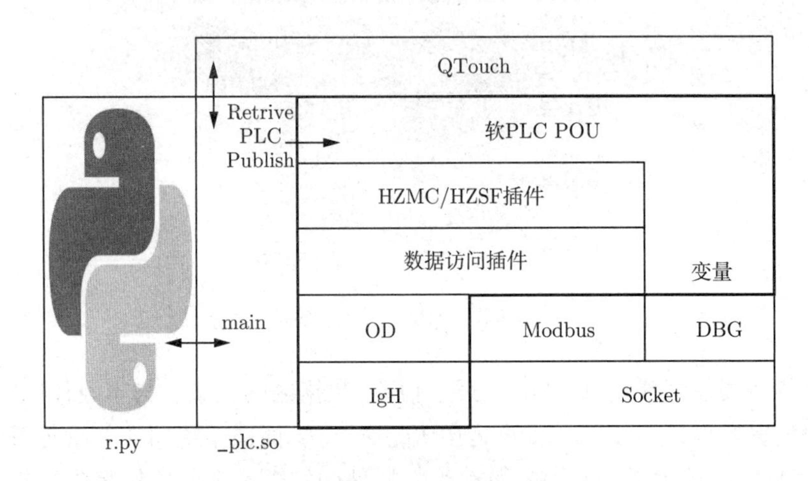

图 8-4 Linux 操作系统 COE 主站运行时系统的结构图

其中“软 PLC POU”部分为生成代码，“HZMC/HZSF 插件”分别为运动控制库和安全功能库两个用户插件，“数据访问插件”和对象字典（OD）等是两个系统插件，而其他部分，包括 QTouch、Python 和各类协议驱动等均为本地代码。

QTouch 是武汉舜通公司开发的 HMI 组态系统[13]，该系统也包括编程系统和运行时系统，其中编程系统与 HPAC 一起运行在编程工作站上，其运行时系统与 HPACRL 实现了本地集成，在 QTouch 编程系统完成界面组态后下载到 HPAC 控制器上，作为 PLC 运行时系统的 HMI 系统，界面上的输入可在 PLC 的 POU 中调用功能块读取，也可在调用功能块输出到界面上显示。

HPACRL 使用 Python 作为脚本层接口。项目构建编译后会在控制器上生成一个名称为“_plc.so”的动态库文件，同时生成一个名称为“r.py”的缺省 Python 脚本文件，该 Python 脚本文件加载执行上述动态库，开发者可以改写该脚本代码，调用 API 与运行时系统的动态库进行动态数据交互。

将 Python 作为 HPACRL 脚本层，增强了 HPAC 系统的开放性和易用性。Python 自身就是一个功能强大的编程语言，开发者可通过它实现各类扩展功能，例如通过 OPC UA 服务器模块（opcua）将 PAC 采集的传感器数据发布出去，或调用正则表达式模块（re、Pyparsing）实现 G 代码或机器人语言的解释器，或加载科学计算模块（SciPy）实现在线的数值分析或机器学习系统等。

8.2 数据访问

在图 8-4 中，IEC 61131-3 的软 PLC POU 可以通过数据访问插件中的功能块操作对象字典，如前所述，除 UI、UO 外的数据区都定义在 0# 插件的对象字典中，而数据访问功能块则定义在 1# 数据访问系统插件中，主要实现了以下几种类型信息的交互：

（1）现场总线接口，通过总线与从站之间的过程数据和服务数据的实时交互。

（2）Modbus 信息化层接口，通过 TCP/IP 与其他 Modbus 设备的数据交互。

（3）HMI 接口，HPACRL 与本地的 QTouch HMI 数据交互。

（4）共享数据区接口，基于 HPACRL 内部的共享数据区的数据交互。

（5）脚本层接口，HPACRL 与 Python 脚本的数据交互。

通过数据访问功能块可编写出稳定可靠的通信程序，实现与其他软件模块和设备的各种形态的数据交互，本节将介绍这些功能块。

8.2.1 I/O 类过程数据

总线进入工作状态后，随着 PDO 的周期性通信会进行过程数据的实时交互，对于 I/O 类设备的过程数据可用 BUF_READ（见表 8-2）和 BUF_WRITE（见表 8-3）实现读写，包括表 7-9 所列主站对象字典中的 0x4120-0x4123 这几个 I/O 类数据区（DI, DO，AI，AO）、数据访问插件中定义的通用 I/O 类数据区（UI、UO）等。

表 8-2 BUF_READ 功能块

图形表示	参数的方向	名称	类型	含义
BUF_READ BUFTYPE OUTU16 IDX	输入参数	BUFTYPE	INT	2:DI；3:AI；4:ESC；5:UI
		IDX	INT	缓冲区索引（0 对应入口 1）
	输出参数	OUTU16	UINT	过程数据

表 8-3 BUF_WRITE 功能块

图形表示	参数的方向	名称	类型	含义
BUF_WRITE BUFTYPE IDX INU16	输入参数	BUFTYPE	INT	2:DO；3:AO；4:ESC；5:UO
		IDX	INT	缓冲区索引（0 对应入口 1）
		INU16	UINT	过程数据
	输出参数	无		

参数“BUFTYPE”为数据区类型；等于 2 表示数字量，会读 0x4120 和写 0x4121 两个数据区；等于 3 表示模拟量，会读 0x4122 和写 0x4123 两个数据区；等于 4 表示

主从一体式的总线数据，会读 0x4130 和写 0x4131 数据区；等于 5 表示通用量，会读 UI 和写 UO 两个数据区。

参数“IDX”为缓冲区索引，从 0 开始对应数据区子入口 1。例如，BUF_READ(2,0) 表示读入 0x4120.01 的 U16 的值，如图 7-8 所示，在进入操作状态后，这个功能块读到的是总线上第一个数字量输入设备的开关状态，而 BUF_WRITE(2,0,0x01) 表示将数据 0x01 写入 0x4121.01 入口，在总线下一扫描周期会将该值输出到第一个数字量输出设备的端口上，数据 0x01 表示这个端口第一位所接继电器得电。

图 8-5 所示的运行示例程序需要下载到 PAC，并带实际的 EtherCAT 数字量输入、输出设备才可以看到现象，图 8-6 演示了带倍福数字量输入 EL1008 模块和数字量输出 EL2008 模块的运行效果，用镊子改变 EL1008 的开关状态会在 EL2008 上看到变化，两个模块指示灯相同，常用该示例程序验证 PLC 是否运行，或检测 I/O 点位是否工作正常（同时验证了输入和输出一对电气信号的正确性）。

例 8-1 DIO 输入点灯输出

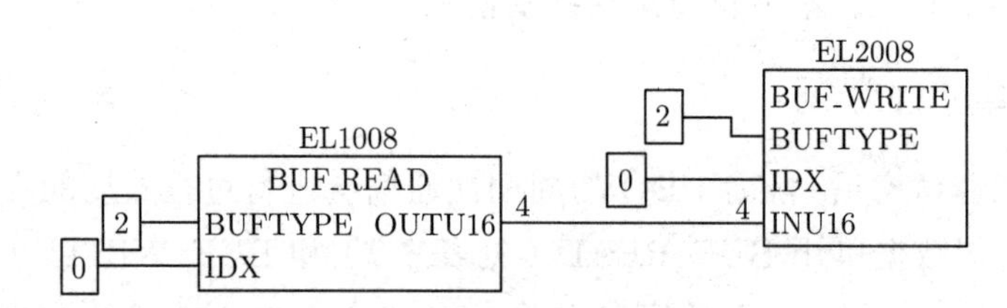

图 8-5 DIO 点对点程序

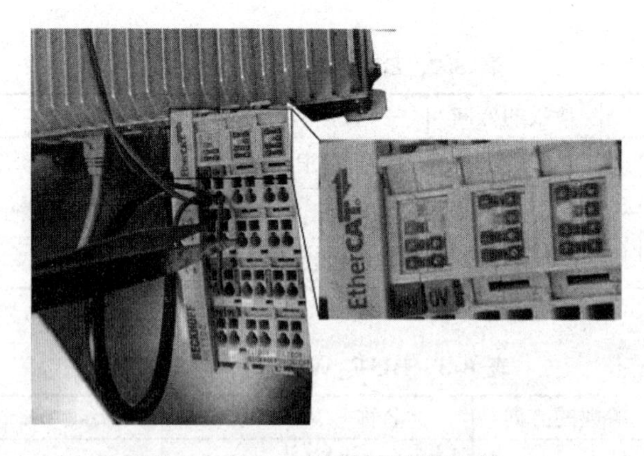

图 8-6 DIO 点对点运行的结果

8.2.2 轴类过程数据

对于轴类的过程数据可用 IP_READ2（见表 8-4）和 IP_WRITE2（见表 8-5）实现读写，对表 7-9 所列主站对象字典中的 0x4010 到 0x4015 几个轴过程数据区进行读写操作，IP_READ2 读入轴号的脉冲值，轴号即与子入口对应的设备号，缺省最大 26 个，可在 OD 中同步扩充。例如，4# 为标准 DS402 伺服，则其轴号为 4，因此

IP_READ2(4) 执行后，输出参数 POSU32 是 0x4014.03 和 0x4013.03 作为高低 16 位合并成的 32 位脉冲数，STATUS 是 0x4015.03 的状态值，该值的内容符合 DS402 规范。

表 8-4 IP_READ2 功能块

图形表示	参数的方向	名称	类型	含义
IP_READ2 NODEID POSU32 STATUS	输入参数	NODEID	USINT	轴号
	输出参数	POSU32	UDINT	脉冲数
		STATUS	UINT	轴状态

表 8-5 IP_WRITE2 功能块

图形表示	参数的方向	名称	类型	含义
IP_WRITE2 NODEID POSU32 CONTROLWORD	输入参数	NODEID	USINT	轴号
		POSU32	UDINT	脉冲数
		CONTROLWORLD	UINT	控制字
	输出参数	无		

第 9 章中介绍的 HZMC 库使用这两个功能块实现对电动机的控制，由于电动机的控制细节繁多，稍有不慎就会造成伺服报警，除非用于探索伺服控制原理，否则不建议开发者在应用中使用这两个功能块。

8.2.3 QTouch

QTouch 组态系统会在图 8-7 所示的界面中建立界面元素与内部变量的绑定：① 建立名称为“Graph30”的输入框控件；② 建立名称为“Graph5”的普通按钮控件；③ 为 Graph5 按钮“文本”属性输入“角度 1”提示信息；④ 点击 Graph5 按钮“鼠标按下”的事件定义按钮；⑤ 新增一个“变量输入赋值”的事件响应；⑥ 点击事件响应的“参数”定义按钮；⑦ 选择图元和变量，将输入框 Graph30 的输入值赋值给内部变量“var17”。组态完成下载运行后，用户在输入框中输入数值，点击按钮即可把屏幕上的数值输入内部变量中。

在 HPACRL 中定义了 1000 个 LREAL 类型数据区与 QTouch 的内部变量表相对应（见图 8-11（a）），这样可通过 QTOUCH_×××× 操作 QTOUCH 的前 1000 个内部变量。例如“QTOUCH_READ(17)”（见表 8-6）；即可读到前述内部变量 var17 值，反之用“QTOUCH_WRITE(17)”（见表 8-7）；即可将 PLC 数据写到内部变量中。

8.2.4 Modbus

Modbus 是由施耐德电气公司 1979 年提出的，是数据采集和过程监控的应用层协议，可运行在 RS-232/485 或 TCP/IP 等链路之上。

该协议分别定义了以位为单位的线圈（Coil）寄存器和以双字节 U16 为单位的保持（Holding）寄存器等类型，考虑到接口的简洁性，HPACRL 仅支持 U16 保持寄存器不再支持线圈寄存器，在 HPACRL 中定义了地址范围为 0～1000 的保持寄存器数据区。

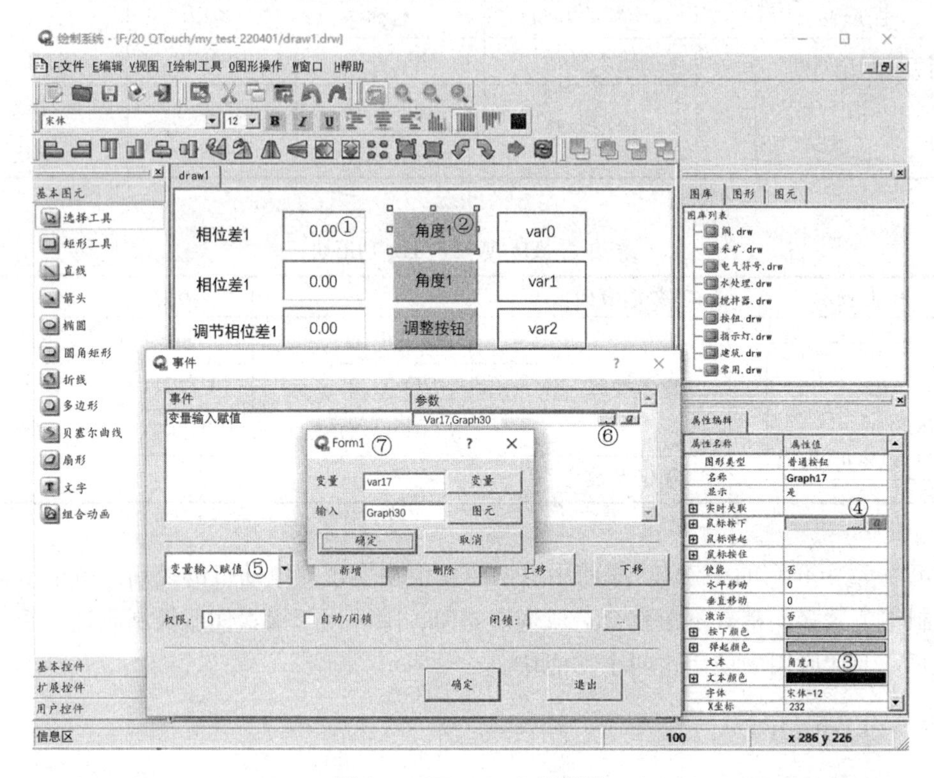

图 8-7 QTouch 内部变量

表 8-6 QTOUCH_READ 功能块

图形表示	参数的方向	名称	类型	含义
QTOUCH_READ VAEADDR OUTR	输入参数	VARADDR	INT	内部变量地址
	输出参数	OUTR	LREAL	输出值

表 8-7 QTOUCH_WRITE 功能块

图形表示	参数的方向	名称	类型	含义
QTOUCH_WRITE VARADDR INR	输入参数	MBADDR	INT	内部变量地址
		INR	LREAL	写入的数据
	输出参数	无		

HOLD_READ 功能块见表 8-8，HOLD_WRITE 功能块见表 8-9。

表 8-8 HOLD_READ 功能块

图形表示	参数的方向	名称	类型	含义
HOLD_READ MBADDR OUTI	输入参数	MBADDR	INT	寄存器地址
	输出参数	OUTI	INT	输出值

表 8-9 HOLD_WRITE 功能块

图形表示	参数的方向	名称	类型	含义
HOLD_WRITE MBADDR INTPVALUE	输入参数	MBADDR	INT	寄存器地址
		INTPVALUE	INT	写入的数据
	输出参数	无		

在 HPACRL 运行后，可使用图 8-8 所示的 Modbus Poll 主站软件通过 IP 地址 192.168.7.2 的 520# 端口连接到 H812PAC 主站（见 7.5.3 节），在 PLC 中对某地址写入值后在 Modbus Poll 上即可看到，而在 Modbus Poll 某地址输入值后在 PLC 中可使用 HOLD_READ 功能块读到该值。实用中，可在工业组态屏的组态软件中（不一定是 QTouch，可以是任何支持 Modbus 协议的组态屏）设置 PAC 系统的 IP 地址加 520# 端口，即可通过 Modbus TCP 与 HPACRL 通信。

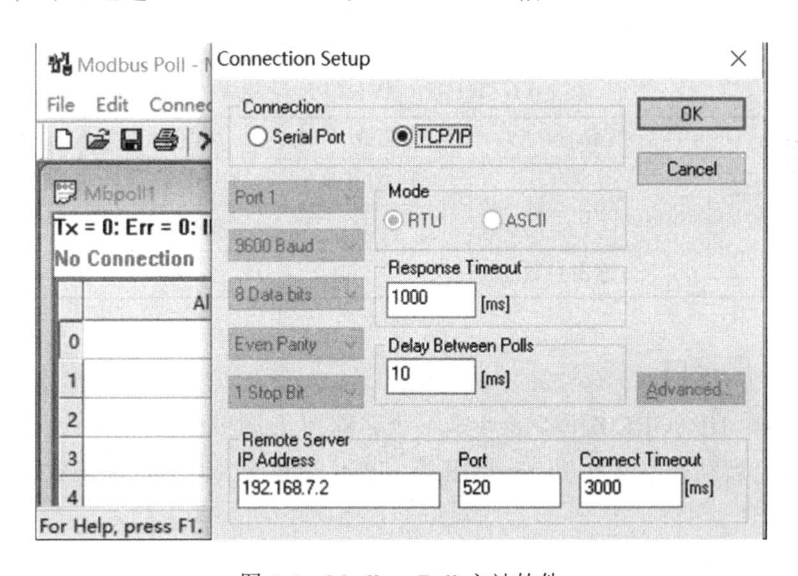

图 8-8 Modbus Poll 主站软件

注意：HPACRL 使用的是 520# 端口而非 Modbus 协议默认的 502# 端口（包括 Win32 版调试用的 Modbus 插件也是 520# 端口，见图 11-28（d）），这是因为 Modbus 默认的 502# 端口留给 PAC 主站的 QTouch 使用了。

这样 Modbus 与 QTouch 实用中可以有多种组合：① HPACRL 单独使用，通过 Modbus 与 QTouch 或其他工业组态屏以上下位机的方式工作（屏机分离）；② HPACRL

与 QTouch 同时运行在控制器上，与 QTouch 通过内部变量交互的方式工作（屏机一体），此时仍然可以通过 520# 端口与其他 Modbus 屏通信（直接用 HOLD_READ/HOLP_WRITE 读写），或者通过 502# 端口与其他 Modbus 屏通信（需通过内部变量转到 PLC）。

另外，Holding 数据区也可以被 Python 脚本访问，可用于脚本与 PLC 或 Modbus 的数据交互，8.3.2 节的数据采集示例程序就利用了这个数据区。

8.2.5 共享数据区

在一些应用中，PLC 程序也需要较大容量的内部数据区，例如编写复杂算法时保存一定容量的中间结果，或数据采集时将当前未存盘的数据缓存在内存数据区中，或运动控制保存和加载电子凸轮表等场合。为此，HPACRL 定义了 160K 个长浮点数据区，在 PLC 程序中可通过功能块进行操作。

RBUF_READ 功能块见表 8-10，RBUF_WRITE 功能块见表 8-11。

表 8-10 RBUF_READ 功能块

图形表示	参数的方向	名称	类型	含义
RBUF_READ VARADDR OUTR	输入参数	VARADDR	UDINT	内部变量地址
	输出参数	OUTR	LREAL	输出值

表 8-11 RBUF_WRITE 功能块

图形表示	参数的方向	名称	类型	含义
RBUF_WRITE VARADDR INR	输入参数	MBADDR	UDINT	内部变量地址
		INR	LREAL	写入的数据
	输出参数	无		

8.2.6 脚本层接口

如前所述，HPACRL 编译后会生成一个名称为“_plc.so”的动态库文件和名称为“r.py”的缺省启动脚本文件，r.py 调用了_plc.so 动态库公开的启动函数 plcstart，代码如下：

```
import plc,time
plc.plcstart（）
while 1:
 time.sleep（1）
```

_plc.so 还公开了表 8-12 中的 4 个数据区交互函数，按数据区类型分为 U16 和长浮点两类。其中前者包括 Modbus 的 Holding 数据区，过程数据的 DI、DO、AI、AO、UI 和 UO 等，使用 mbuf 函数操作，后者主要是共享数据区，使用 rbuf 函数操作。

表 8-12 Modbus 数据区 mbuf 函数操作

声明	1. u16 get_mbuf（u8 type，u16 idx）;		
说明	type	u8	数据区类型 1:Hold；2:DI；3:AI；4:ESC；5:UI
	idx	u16	数据区单元地址
	返回值	u16	读到的数据区某单元的数据内容
声明	2. void set_mbuf（u8 type；u16 idx，u16 newvalue）;		
说明	type	u8	数据区类型 1:Hold；2:DO；3:AO；4:ESC；5:UO
	idx	u16	数据区单元地址
	newvalue	i16	写入的某类数据区某单元的数据内容
声明	3. double get_rbuf（u32 idx）;		
说明	idx	u32	共享数据区单元地址
	返回值	double	读到的共享数据区某单元的数据内容
声明	4. double set_rbuf（u32 idx）;		
说明	idx	u32	共享数据区单元地址
	newvalue	double	写入的共享数据区某单元的数据内容

mbuf 函数的参数 type 是数据区类型，参数 idx 是数据区的地址。不同数据区的地址范围不同，mbuf 函数会根据地址范围进行越界检查，地址不越界才会执行读写操作。rbuf 函数操作 RBUF 数据区，idx 参数类型为 u32，其地址范围为 160K。

上述 API 主要负责 Python 脚本与 HPACRL 内部数据交互，可以看成是 HPACRL 与操作系统间的命令接口，而 QTouch HMI 可以看成是 HPACRL 与操作者间的图形界面接口。HPAC 没有设计针对 QTouch 数据区的脚本操作，意味着脚本与界面间必须通过 PLC 逻辑才能实现交互。

8.2.7 单步调试

PLC 运行后，各功能块和程序的状态每个扫描周期都会发生变化，HPAC 提供了曲线图、变量调试器等用于程序的调试，对 FBD、LD、SFC 等图形化逻辑来说，这种连续运行调试在实用中就够用了，但对于计算类的程序来说，单步运行程序还是很有必要的。

HPAC 提供了 PLC_PAUSE 功能块（见表 8-13）实现了连续和单步两种运行模式的切换，在单步调试下，程序每个周期都会停下，供开发者逐步验证运算结果。

表 8-13 PLC_PAUSE 功能块

图形表示	参数的方向	名称	类型	含义
PLC_PAUSE EN ENO PAUSE PAUSED	输入参数	PAUSE	BOOL	=1 单步运行，=0 连续运行
	输出参数	PAUSED	BOOL	是否已暂停

其中 PAUSE 参数为真时进入单步运行状态，为假时连续运行。在 Win32 运行时启动如图 8-9 所示的示例程序后：① HPAC 变量调试器左上角的图标“>>”表示程序处于连续运行状态；② 设置 PLC_PAUSE 的使能和 PAUSE 参数为真；③ 图标改为“||”表示程序正处于单步状态；④ 3 个按钮可以将当前调试变量表保存和载入。

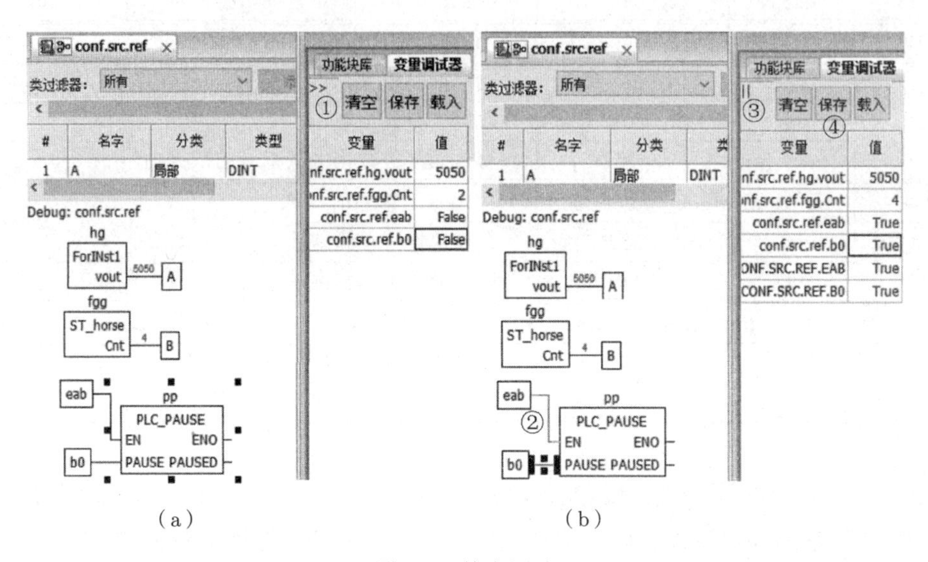

（a）　　　　　　（b）

图 8-9　单步调试

程序切换到单步运行状态后，如果按下热键 F5 则执行一个周期后继续暂停，如果 PAUSE 参数改为假则程序切换回连续运行状态，热键 F5 启动后程序将连续执行。可在程序的任何位置调用暂停功能块，需要注意 ST 循环语句调用时，循环会在一个周期内执行完毕，PLC_PAUSE 不会中止循环。

图 8-9 中 ForInst1 和 ST_Horse 两个 ST 功能块的代码如下：

```
FUNCTION_BLOCK ForINst1
  VAR
    i : DINT := 1;
    pp : PLC_PAUSE;
  END_VAR
  VAR_OUTPUT
    vout : DINT;
  END_VAR
  vout:=0;
  for i:=1 to 100 by 1 do
  vout:=vout+i;
   if i=20 then
    pp（PAUSE:=0）;（* 如果这里改成PAUSE:=1，不会停在这里 *）
   end_if;          （* 因为for循环会在一个扫描周期内执行完毕！ *）
  end_for;          （* 执行完毕才进入单步状态 *）
```

```
END_FUNCTION_BLOCK
FUNCTION_BLOCK ST_horse
  VAR_OUTPUT
    Cnt : INT := 0;
  END_VAR
  VAR
    pp : PLC_PAUSE;
    Bit0 : BOOL;
    Bit1 : BOOL;
    Bit2 : BOOL;
    Bit3 : BOOL;
  END_VAR
  Cnt := Cnt + 1;
  if Cnt = 1 then
    pp (PAUSE:=0) ; (* 实参改为 1 则会停下进入单步状态 *)
  end_if;
  CASE Cnt OF
    1:    Bit0 := 1;Bit1 := 0;Bit2 := 0;Bit3 := 0;
    2:    Bit0 := 0;Bit1 := 1;Bit2 := 0;Bit3 := 0;
    3:    Bit0 := 0;Bit1 := 0;Bit2 := 1;Bit3 := 0;
    4:    Bit0 := 0;Bit1 := 0;Bit2 := 0;Bit3 := 1;
  END_CASE;
END_FUNCTION_BLOCK
```

关掉图 8-9 中主程序的 PLC_PAUSE 功能块（下掉使能或 PAUSE 参数为假都可以），在上述两个 ST 中调用的差别如下：在功能块 ForINst1 中以 PAUSE 为真调用单步功能块，虽然程序会切换到单步状态，但 i 的值是循环完成后的 101；而在 ST_horse 中调用，程序会在 Cnt 为 1 时停下，F5 单步执行后会在 Cnt 等于 2 时停下。应尽量避免多个 PAUSE 参数为真的 PLC_PAUSE 功能块调用。

如果希望对 ST 循环体的内部进行调试，可以把 ST 循环代码分成三个子状态：循环前的初始化子状态、判断子状态（后接选择发散）、循环内的处理子状态等。为便于转换可用活动子程序，这样可以把 HPAC 中难以单步调试的 ST 代码改造为多周期执行的 SFC 代码，调试完毕再将活动子程序恢复成 ST 代码，例 3-44 和例 3-46 示例程序源码中包含了由 ST 转成的 SFC 程序。

8.3 示 例

8.3.1 QTouch HMI

QTouch 是 HPAC 内置的 HMI 组态系统，两者共享了 1000 个内部变量，其完整操作可见参考文献 [13]。本节与 QTouch 交互的两个示例程序都是屏机一体形态

（见 8.2.4 节），需要 H812.7（或 H812.10 等自带 HMI 的 PAC）或 H842（外接 VGA 显示器的 PAC）设备才可运行。

QTouch 组态系统的主界面如图 8-10 所示，在图中 ① 所示的项目树中，可打开“系统参数”（见图 8-10 的右侧）、“中间变量”（见图 8-11（a））和“画面”（见图 8-7）等界面进行组态，在系统参数界面图 8-10 中，② 设置了 QTouch 运行时的目标系统 IP 地址是 H842 控制器（见 7.5.3 节），说明该工程将以 H842 外接 VGA 的屏机一体形态运行。

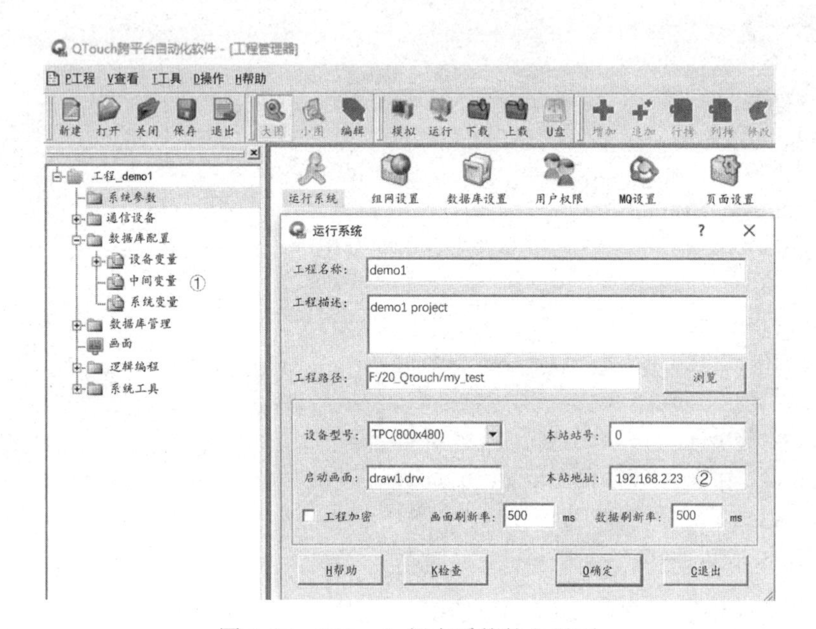

图 8-10 QTouch 组态系统的主界面

1. 走马灯 HMI

可以用 QTouch 图元绑定不同的填充色，模拟指示灯显示内部变量的值，QTouch 中的组态过程如图 8-11 所示：① 新建 4 个变量，使用缺省的名称“varx”和属性；② 新建画面并拖入 4 个椭圆图元，在第一个图元上双击打开常用属性对话框，在“实时关联”选项页中将图元关联到内部变量 var0；③ 设置图元填充色分别为绿色和红色对应变量的 0 和 1，这样变量值的真假变化会相应地改变灯的颜色，以此类推，设置其他 3 个图元和 3 个变量间的关联。在图 8-11（c）所示的走马灯 PAC 程序中，用 QTOUCH_WRITE 给内部变量 0..3 输入真假值，下载运行后即可看到如图 8-11（d）所示的走马灯光效果。

2. 掉电保持

QTouch 的内部变量可将掉电保持到内部数据库中，上电后自动载入，新建两个变量 var0 和 var1，为做对比将 var0 设置为掉电保持而 var1 为普通变量，组态过程如图 8-12 所示：① 在变量表中 var0 的“工程转换”栏双击，弹出转换对话框；② 选择

"SavePow()"，确定后即设置了 var0 的掉电保持属性；③ 在画面界面，新建两个矩形图元，并分别绑定到 var0 和 var1 上用于显示变量值；④ 新建两个有填充的矩形图元，设置选择角度属性绑定到两个变量。

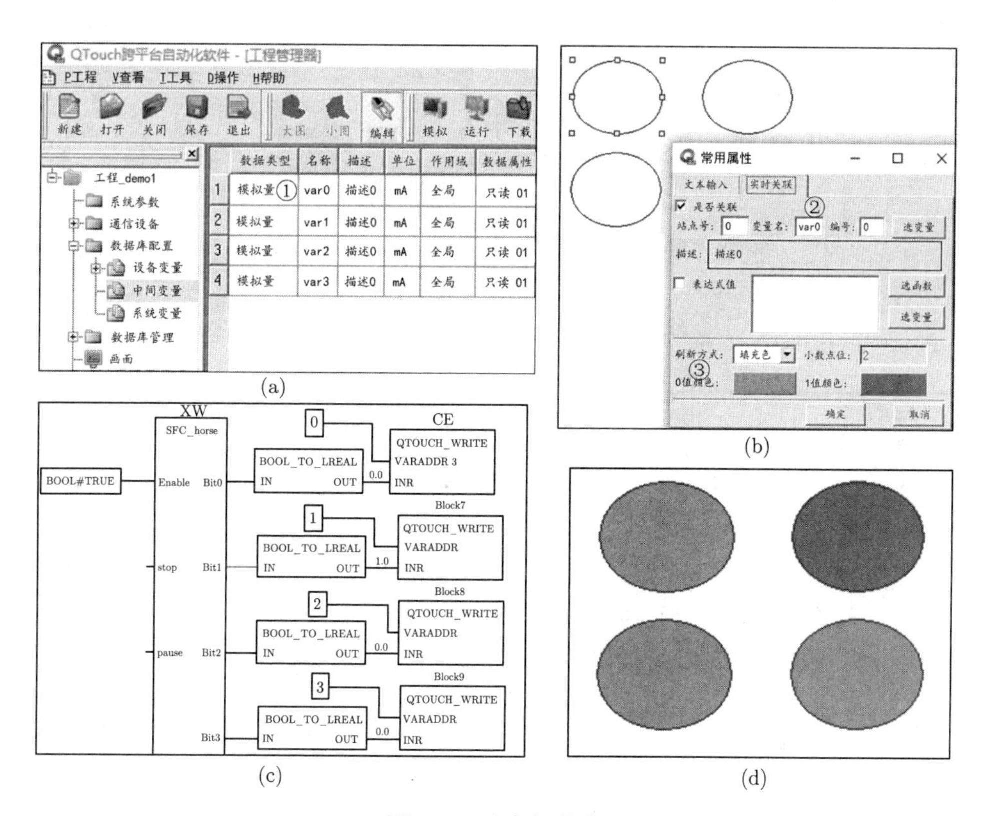

图 8-11　布尔灯操作

（a）QTouch 变量表；（b）图元属性；（c）操作程序；（d）运行结果

编写 PAC 程序分别给两个变量赋值，下载运行后可在 HMI 上看到如图 8-12（c）所示的变量值及图元旋转角度，PAC 掉电后再重新上电运行，结果如图 8-12（d）所示，var0 的值恢复了掉电前的值，而 var1 为 0。

8.3.2　双缓冲数据采集

1. 控制要求

双缓冲数据采集需要 H842PAC 主站接总线式模拟量从站才可运行。采样启动后，将模拟量从站数据通过总线传给主站，主站缓存数据，设总线通信周期为 1ms，则主站每收集到 2000 个模拟量数据后，就在/home/data 文件夹下建立一个以时间戳命名的数据文件，将当前 2000 个数据保存。

相对实时控制扫描周期来说，文件操作的系统调用时间较长，虽然实时系统可以打断操作系统的调用以保证实时性，但如果每采集一个数据就保存文件的话，频繁的任务切换会带来不必要的系统开销，对磁盘文件这样的块存取设备，将采样数据缓冲到一定长度后成批保存是数据采集的标准做法。

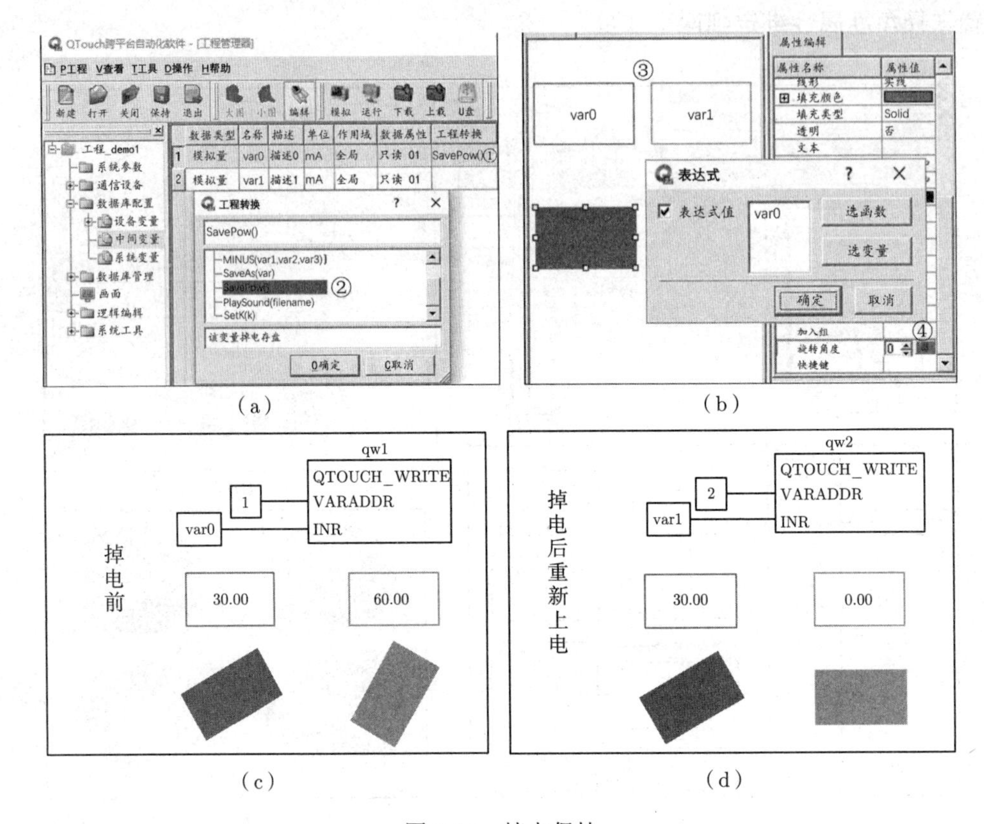

图 8-12　掉电保持

(a) 变量属性；(b) 图元属性；(c) 掉电前的状态；(d) 重启后的状态

双缓冲（Double Buffer）可以解决“生产者和消费者”速度不匹配的问题。双缓冲的原理是系统设置两个同样大小的所谓乒乓缓冲区（Ping Pong Buffer），采集的数据流经过选择单元将数据流分配到某个缓冲区，缓冲区满则一个缓冲周期结束。在第 1 个缓冲周期，将输入的数据流缓存到数据缓冲 1 或称 Ping 缓冲中；在第 2 个缓冲周期，通过输入选择单元切换到数据缓冲 2 或称 Pong 缓冲中，同时将 Ping 缓存中的数据通过输出选择单元送到后继处理模块（例如保存到文件）；在第 3 个缓冲周期通过输入选择单元的再次切换，将输入数据再次缓存到 Ping 缓冲，同时将 Pong 缓冲的数据通过 RBUF 送到脚本层处理，如此循环。

2. 控制程序

双缓冲模拟量采集的示例程序代码如下：

1）主程序

图 8-13 所示是数据采集的 FBD 主程序，“BUF_READ(BUFTYPE:=3, IDX:=0);”说明读取的是 AD 卡的第一路模拟量数据，转成浮点数（或标定变换后）送入数据采

集功能块的“INVAL”参数，“HOLD_READ(5);”说明 Holdign 寄存器 5# 地址输入 1 则启动采样，意味着可在 Python 脚本中通过 set_mbuf(1，5，1) 函数启动采样，或通过 Modbus 远程启动。

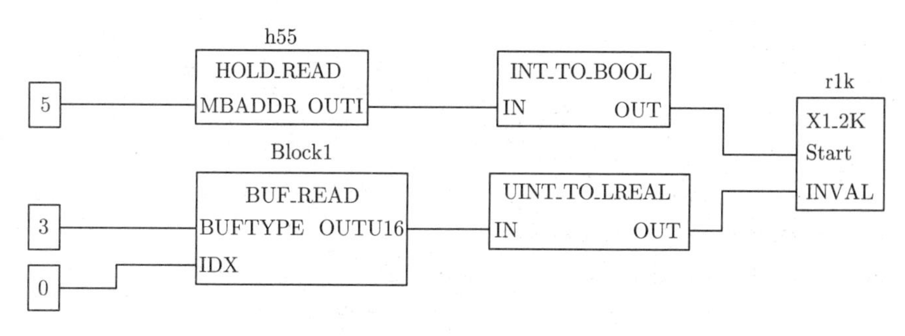

图 8-13　采集主程序

2）单路 2K 缓冲的采集功能块 X1_2K

```
FUNCTION_BLOCK X1_2K
  VAR_INPUT
    QIn : BOOL; (* 开始采集 *)
    INVAL : LREAL; (* 被采集的数据 *)
  END_VAR
  VAR
    NUM : INT; (* 缓冲区长度 *)
    pingpong : BOOL; (* 当前是Pong缓冲区吗? *)
    idx : INT; (* 当前数据保存到缓冲区的偏移值 *)
    ar0 : ARRAY [1..2000] OF LREAL; (* Ping缓冲 *)
    ar1 : ARRAY [1..2000] OF LREAL; (* Pong缓冲 *)
    i : INT; (* 循环变量 *)
    hw : HOLD_WRITE; (* 写Holding寄存器 *)
    rw : RBUF_WRITE; (* 写RBUF共享数据区 *)
  END_VAR

  NUM:=2000;
  if QIn=0 then  (* 不采集直接退出 *)
   return;
  end_if;
  if pingpong=0 then (* 输入选择单元，判断当前是Ping还是Pong缓冲 *)
  ar0[idx]:=INVAL/409.6; (* =0Ping缓冲，12位模拟量10V最大为409.6 *)
  else
  ar1[idx]:=INVAL/409.6; (* =1数据保存到Pong缓冲 *)
  end_if;
  idx:=idx+1;           (* 偏移值+1 *)
  if idx=NUM then       (* 如果当前缓冲区操作完毕 *)
```

```
    for i:=0 to NUM do（* 将数据搬到RBUF数据区 *）
     if pingpong=0 then （* 根据pingpong标记选择操作的缓冲区 *）
       rw（i,ar0[i]）;
     else
       rw（i,ar1[i]）;
     end_if;
     hw（MBADDR:=11,INTPVALUE:=1）;（* 写完写11标志通知Python脚本可写文件 *）
    end_for;
    （* 将采集功能块两个状态在Modbus Poll上显示用于调试 *）
    hw（MBADDR:=12,INTPVALUE:=idx）;
    hw（MBADDR:=13,INTPVALUE:=BOOL_TO_INT（pingpong））;
    pingpong:=NOT（pingpong）;（* 切换PingPong缓冲 *）
    idx:=0;（* 搬完后复位操作的偏移值 *）
  end_if;
END_FUNCTION_BLOCK
```

3）文件操作的脚本 rcj.py

```
import plc,time,os
NUM=2000
plc.plcstart（）#start PLC
time.sleep（0.3）
fsn=1#数据文件个数

plc.set_mbuf（1,5,1）#Begin
while 1:
  #没有满标记则休息
  while plc.get_mbuf（1,11）==0:
    time.sleep（0.1）
  #到这里时缓冲区已满
  #构建时间戳作为文件名
  f=open（"/home/share/data/%d.txt"%time.mktime（time.gmtime（））,"w"）
  for i in range（NUM）:
      f.write（"%.2f \n"%plc.get_rbuf（i））#保存缓冲区到文件中
  f.close（）
  plc.set_mbuf（1,11,0）#复位满标记
  fsn+=1#
  #输出到Modbus Holding寄存器查看数据文件个数
  plc.set_mbuf（1,6,fsn）
  #确认满标记已复位（1）
  while plc.get_mbuf（1,11）==1:
        time.sleep（0.1）
  #处理完毕则mbuf[11]等于0
```

3. 代码分析

系统的流程图如图 8-14 所示，脚本 rcj.py 启动 PLC 后，通过 ModbusHolding 的 5# 寄存器启动数据采集使能，X1_2K 功能块会将 QIn 的输入数据保存到内部数组 ar0 和 ar1 中，布尔变量“pingpong”决定了数据是保存到 ar0 还是 ar1 数组。数组存满后会通过 Holding 的 11# 寄存器通知脚本，rcj.py 会打开数据文件进行保存，保存完毕后将 11# 寄存器清零。

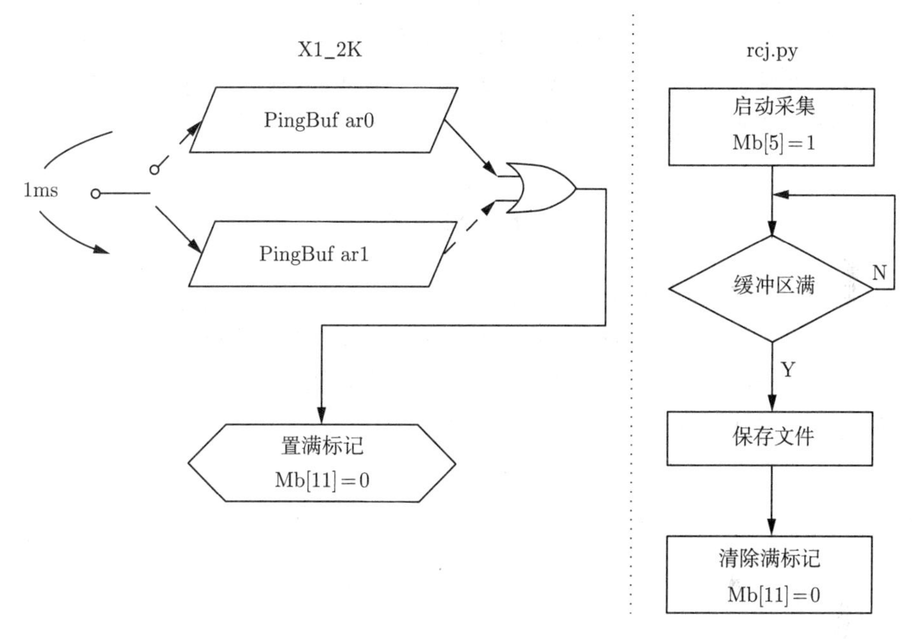

图 8-14 双缓冲活动简图

双缓冲数据采集脚本与 PLC 间的命令交互通过 Modbus Holding 数据区实现：5# 地址写 1 开始采样，写 0 则停止采样；11# 地址为 1 表示 RBUF 缓冲区数据准备好，否则需要等待。此外，PLC 和脚本双方都可以把内部状态信息写在 Hold 数据区，可通过 Modbus Poll 软件观察状态的变化进行调试。例如，PLC 把数组索引值和 PingPong 状态值分别显示在 12#、13# 地址，而脚本把当前文件编号写在 6# 地址，在采集过程中可观察到这几个值的累加或切换。

对 PLC 对象来说，每个扫描周期的数据是不会丢失的，每个采样的 AD 数据会保存在双缓冲数据区的数组中，在数组填满的那一个执行周期，PLC 会将数组整体搬家到内部数据区，然后通知脚本并切换数组。

对 rcj.py 脚本来说，数据存储是从容不迫的。它启动 PLC 采集任务后，即轮询数据区的状态，如果数据没有准备好就休息（sleep），反之则建立数据文件并保存。由于此时脚本操作的是 RBUF，与采样任务操作的数组没有冲突，只要在下一次数组满之前完成数据文件的保存即可，而 2s 对 4KB 数据文件的存储操作显然是宽裕的。Python 脚本在数据保存后会将 11# 地址写 0，释放数据准备好的通知。注意：双缓冲数据采集乒乓缓冲的数据是保存到了 RBUF 数据区，与标准双缓冲模型保存到文件还是有微妙的区别的，使用一个数组的单缓冲即可，读者可自行修改研究。

至此，HPAC 功能模型已介绍完毕，HPAC 是一套标准化、开放式、全总线的国产 PAC 系统，自主实现了标准化编程系统、多种现场总线 IP、可重用标准基础库和安全集成设计模式等体系化核心技术，提供了在信息化层的通信集成（Modbus，OPCUA）、在控制器层的非实时软件集成（Python 扩展、HMI）和实时软件集成（插件开发规范）、在现场总线层的通信集成（MG-AC 网关及透传）、链路集成（总线适配规范）、软件集成（ESPC 的 Windows x64 应用开发）和固件集成（FPGA 超采和 DC 同步）等开放接口，达到了单 PAC 内纳秒级、跨 PAC 间微秒级的同步控制精度，面对未知的未来，HPAC 是值得信赖的国产 PAC。

习 题 8

1. 简述 HPAC 中插件的定义、分类。
2. 绘制图 8-2 的插件树结构，说明每个插件各属于什么分类。
3. 说明 Python 和 QTouch 之间如何通信。（分析图 8-4）
4. 绘制双缓冲数据采集示例程序的交互图。

第 9 章

运动控制原理

PLCopen 运动控制规范是对工业控制领域运动控制问题的归纳，作者在 HPAC 中开发的 HZMC 库，主要实现了 PLCopen 规范的单轴运动和多轴同步运动部分。HZMC 库的设计思路如下[14-16]：

（1）与规范同名的功能块仅实现了规范要求的基本功能，没有实现扩展功能，也没有实现规范中比较晦涩的缓冲模式（可用基本功能块组合实现，见 11.2.4 节）。

（2）将 Axis 接口从结构体 AXIS_REF 类型改为 AxisID 与轴号对应的整数。

（3）从实用性出发，简化了规范中比较烦琐的信号规则，只实现了其中的执行、完成、打断和出错等信号。

（4）修改了初始化、回零和凸轮等少量接口，更易于使用。

（5）增加了 MC_INIT 功能块，提出了虚拟轴和编码器轴概念，提出了更灵活简单的轴组合（MC_Combine）功能块，实现了规范中的叠加（MC_MoveSuperimpose）运动。

（6）HZMC 库采用 MDD 方法开发，可维护性好，如果读者有好的建议，欢迎与 HPAC 项目组联系。

总之，HZMC 库是 PLCopen MC 规范的简化版，规范的完整知识可参考文献 [17]。

9.1 PLCopen 运动控制规范

9.1.1 概述

PLCopen 是专门推广 IEC 61131-3 的国际组织，其制定的一系列规范影响力日益增强，其中最为著名的就是 PLCopen 运动控制规范，它已经成为现代工控软件的核心标准之一。

欧洲机床厂一般会选择标准 PAC，向相关公司购买定制化服务、开发工具与运动控制功能库，自己雇佣应用工程师以标准功能块为基础编写自定义功能块，这些自定义功能块嵌入了机床厂自己的工艺诀窍，构成了机床厂自己的核心技术。最终用户根据具体需求定制机床 PLC 程序和加工代码，实现用户的个性化加工需求。这种协同创新方式发挥了各自的优势、保护了各方利益，确保了欧洲制造业创新的持续性和高利润，自然形成了数控系统厂和机床厂的协同创新联合体。

由于 PLCopen 规范的开放性和普遍性，目前它已被所有主流运动控制器厂商接受，所有基于该规范的运动控制系统均具有同样的组件接口，只需要学习一次即可在所有遵循该规范的运动控制器上进行开发，易于被开发者接受，自然形成通过专机开发获利的工控应用生态系统。

PLCopen 运动控制规范包括以下部分：（1）基本运动控制功能库，定义了单轴和多轴同步运动控制功能块（Part1）和常用的扩展指令集（Part2）；（2）用户指导，指导用户对 PLCopen 规范的理解和使用（Part3）；（3）多轴联动运动控制，定义了多轴联动类运动控制功能块（Part4）；（4）回原点功能，描述了多种回原点的运动过程（Part5）；（5）液压扩展，用于优化编程及液压器件和系统集成（Part6）。本章将介绍的 HZMC 库仅涉及其中的 Part1 和 Part2。

9.1.2 轴状态机

伺服轴的工作过程如图 6-8 所示，初始化后轴处于禁能或未使能（Disable）状态，此时轴不会接受运动指令操作，必须让使能进入停止状态后才可以操作；Enable 为真时调用 MC_Power 后，轴进入静止或停止状态（Standstill），此时电动机不动，可以接收运动指令操作转移到其他运行状态，任何状态下若 MC_Power 的 Enable 为假，则退回禁能状态。

任何状态下当伺服发生报警（例如掉电）时，轴自动进入错误停止（ErrorStop）状态，修复错误后（例如重新上电）必须调用 MC_Reset 切换到静止状态才能重新运行。

增量型伺服电动机需要在回零中（Homing）状态建立伺服轴的逻辑原点，这种坐标系的初始化设置只能在静止状态下才能执行。轴主要有离散运动（Discrete Motion）、连续运动（Continuous Motion）和同步运动（Synchronized Motion）三类运动形式，每类涉及的运动指令也列在了状态机图中。离散运动是一种间歇运动，指令会有 Done 信号，完成后会返回静止状态；连续运动完成不用 Done 信号而是用 In×××信号，比如 MC_Velocity 达到指令速度时发出 InVel 信号，完成后轴会继续运转；同步运动是一种跟随运动，轴会根据表格或参数设置自动跟随另一个轴运行。一个典型场景是，主动轴用速度控制做连续运动，从动轴进入同步运动状态，根据电子凸轮的查表结果做跟随运动。

MC_Stop 功能块执行后，将会打断其他运动功能块的执行，将轴切换到急停中（Stopping）状态，完毕后再切换到静止状态。

PLCopen 规定对运动控制库必须按状态转移图使用 MC 指令来操作轴的运动，否则指令不能正确执行。

9.2 初始化类

9.2.1 MC_Init

轴初始化（非 PLCopen 标准）功能块见表 9-1。

表 9-1 轴初始化（非 PLCopen 标准）功能块

图形表示	参数的方向	名称	类型	含义
MC_Init AxisID Axis VirtualAxis Done RotaryAxis EncoderInput	输入参数	AxisID	INT	轴号
		VirtualAxis	BOOL	是否虚拟轴；1 虚拟轴，0 实体轴
		RotaryAxis	BOOL	是否旋转轴；1 旋转轴，0 直线轴
		EncoderInput	UDINT	编码器输入
	输出参数	Axis	INT	轴号
		Done	BOOL	初始化结果 =1 成功
		Error	BOOL	是否出错（NA）

所有轴必须调用该功能块后才可使用，HZMC 库的 MC_Init **不能在功能块中调用，每个轴的初始化只能在主程序中调用一次！**只要对象字典中从站类型（表 7-8 的 4003 入口和最大加速度（表 7-8 的 4020 入口相应轴号的子入口均大于 0（前者轴无效，后者导致被 0 除））)，轴初始化都会成功。该功能块对 PLCopen 规范扩展了虚拟轴和编码器轴属性设置：

（1）虚拟轴。虚拟轴是指无物理实体的伺服轴，例如作为虚拟的主轴，可让其他轴做跟随运动。实体轴的轴号由总线组态工具自动分配，虚拟轴号不能与实体轴冲突，也不能超过系统的最大轴数（缺省是 26），虚拟轴也要在 MC_Power 上电后，才能通过运动功能块驱动。

（2）编码器轴。如果 EncoderInput 输入不为空，则该轴是编码器轴。编码器轴是由一 U32 整数驱动的虚拟轴，不能上电也不能由运动功能块驱动，如图 9-1所示。

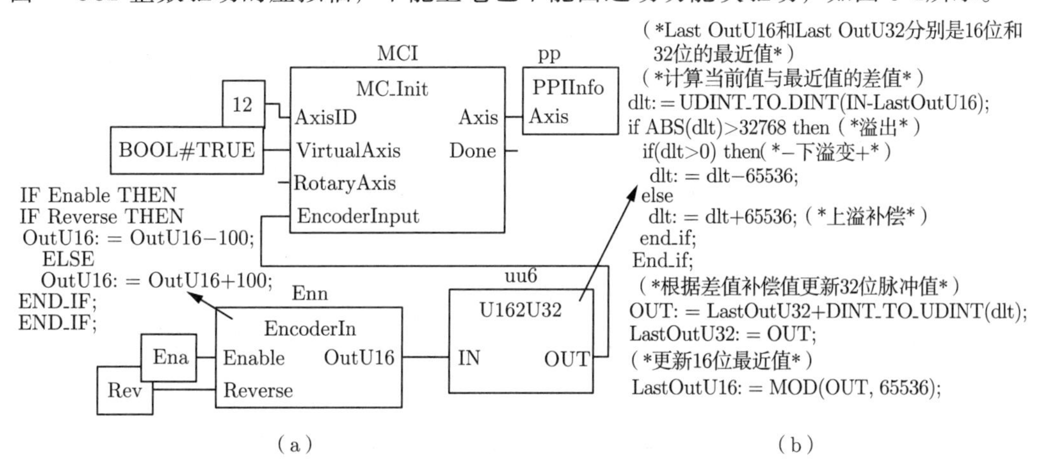

图 9-1 编码器轴

（a）轴初始化；（b）U162U32 功能块代码

图中 12 轴是虚拟的编码器轴，不能上电，所以不能带电动机（即使没有设置 VirtualAxis，编码器轴也是一种虚拟轴），它可以是其他实体伺服轴的虚拟主轴。功能块 EncoderIn 就是一个自加或自减 100 的 16 位无符号数，U162U32 功能块处理了到 32 位编码器的转换，其代码中，如果和上周期的差值过大则说明发生了溢出，根据溢出方向进行相应的处理即可。

9.2.2 MC_Power

初始化完成后，轴处于未使能 (Disable) 状态，不能执行任何运动，执行上电 (Power) 后，进入静止状态 (StandStill)，掉电后，回到未使能状态。轴上电功能块见表 9-2。

表 9-2 轴上电功能块

图形表示	参数的方向	名称	类型	含义
MC_Power AxisID Axis Power Done Error	输入参数	AxisID	INT	轴号
		Power	BOOL	是否上电；1 上电，0 掉电
	输出参数	Axis	INT	轴号
		Done	BOOL	1 上电成功
		Error	BOOL	是否出错（NA）

初始化与上电功能块关系最为密切，通常的应用不会对伺服的上下电进行切换，两者通常一起出现在主 FBD 程序中，MC_Power 初始化后即上电待命。

9.3 单轴运动类

9.3.1 MC_Absolute

轴绝对位移功能块见表 9-3。

表 9-3 轴绝对位移功能块

图形表示	参数的方向	名称	类型	含义
MC_Absolute AxisID Axis Execute Done Position Aborted Velocity Error Acceleration	输入参数	AxisID	INT	轴号
		Execute	BOOL	是否执行；1 执行，0 不执行
		Position	LREAL	目标位置
		Velocity	LREAL	指令速度
		Acceleration	LREAL	指令加速度
	输出参数	Axis	INT	轴号
		Done	BOOL	执行结果 1 完成
		Aborted	BOOL	指令被打断
		Error	BOOL	是否出错（NA）

该功能块控制轴按照应用要求的速度和加速度移动到目标位置（逻辑坐标），运行时序图如图 9-2(a) 所示。Execute 上升沿启动该功能块，如果执行过程没有被打断，

则当轴移动到目标位置后，如果 Execute 已经为低，则产生一个扫描周期的 Done 高电平信号，如果 Execute 持续为高电平，则一直保持 Done 信号高电平直到 Execute 为低才重新复位（连续运动的 In××× 行为与 Done 相同）。

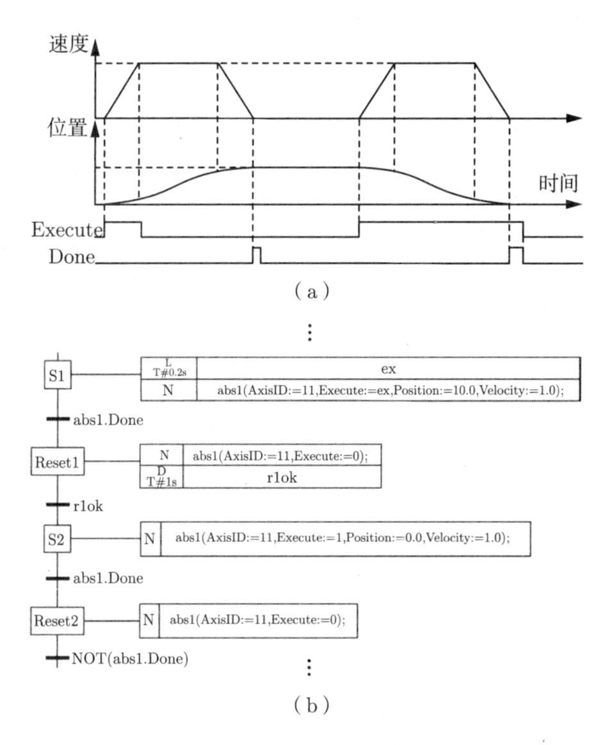

图 9-2 绝对位移时序图

HZMC 库的所有运动功能块都具有如图 9-2（a）的配合时序（与 PLCopen 标准完全一致），运动功能块必须给 Execute 一个上升沿才能执行，因此如图 9-2（b）所示，在 SFC 里用 Execute:=1 的参数调用运动指令时，必须在执行完成后，在下一步或复位步用 Execute:=0 的参数再次调用该功能块，以避免功能块状态残留（见 6.3.3 节）。关于复位调用的限定符，一般的运动指令用 N 和 P 限定都可以顺利切换，而 MC_Stop、MC_Reset 两个异常处理指令需要有如图 6-8 所示的状态机操作，必须用 N 限定才能复位完成，建议读者采用如 11.3.5 节所示的应用开发框架，尽量不在 SFC 中与一般运动指令混用。

如果不提供指令速度和加速度，则电动机不动，速度和加速度不考虑正负，只用绝对值。注意：线性轴可以到达的位置范围是有限的，Position 指令不能超过这个范围 (见 11.2.3 节)。此外，线性轴一般会设置软限位，到达限位位置则停止执行，轴进入出错停止状态，因此需要合理设置位置指令。

9.3.2 MC_Relative

轴相对位移功能块见表 9-4。

表 9-4 轴相对位移功能块

图形表示	参数的方向	名称	类型	含义
MC_Relative AxisID Axis Execute Done Distance Aborted Velocity Error Acceleration	输入参数	AxisID	INT	轴号
		Execute	BOOL	是否执行；1 执行，0 不执行
		Distance	LREAL	目标偏移
		Velocity	LREAL	指令速度
		Acceleration	LREAL	指令加速度
	输出参数	Axis	INT	轴号
		Done	BOOL	执行结果 1 完成
		Aborted	BOOL	指令被打断
		Error	BOOL	是否出错（NA）

该功能块控制轴按照应用要求的速度和加速度移动到距离当前位置为 Distance 的目标位置（逻辑坐标），Distance 有正负。

9.3.3 MC_SetPosition

轴设置逻辑坐标功能块见表 9-5。

表 9-5 轴设置逻辑坐标功能块

图形表示	参数的方向	名称	类型	含义
MC_SetPosition AxisID Axis Execute Done Position Errov	输入参数	AxisID	INT	轴号
		Execute	BOOL	是否执行；1 执行，0 不执行
		Position	LREAL	当前电动机位置的逻辑坐标
	输出参数	Axis	INT	轴号
		Done	BOOL	执行结果 1 完成
		Error	BOOL	是否出错（NA）

该功能块用于坐标系的初始化设置，只有轴处于静止状态才能被执行。

所有伺服电动机都是通过发脉冲进行运动，因此伺服电动机有两套坐标系统：一套是逻辑坐标或编程坐标，用实数表示，单位为毫米（mm）；另一套是电动机的脉冲坐标，用整数表示，单位为个。电动机每转对应的脉冲数由电动机的电子齿轮比分子、分母决定，而电动机每转一圈对应的逻辑位移则由机械系统的螺距决定，因此 HZMC 库中定义了每个脉冲轴移动多少个微米的 MPP 参数，作为两套坐标系的比例关系。

该功能块负责建立两个坐标系的偏移关系。执行后，该功能块将伺服当前脉冲坐标设置为 Position 参数指定的逻辑坐标，例如 Position=0.0，则该功能块将当前脉冲坐标设置为逻辑坐标零点，此后的移动均以该点为基准按比例发送脉冲即可。

9.3.4 MC_Home

轴回零功能块见表 9-6。该功能块用于增量式伺服的回零功能，由于一般只在机器开机时建立坐标系调用一次，所以该功能块不能打断其他运动功能块，只有轴处于静止状态时才能被执行。

表 9-6 轴回零功能块

图形表示	参数的方向	名称	类型	含义
MC_Home AxisID Axis Execute Done Position Aborted VelSwitch Error Switch	输入参数	AxisID	INT	轴号
		Execute	BOOL	是否执行；上升沿执行，否则不执行
		Position	LREAL	零点逻辑坐标
		VelSwitch	LREAL	找零点开关速度
		Switch	BOOL	零点开关输入
	输出参数	Axis	INT	轴号
		Done	BOOL	执行结果 1 完成
		Aborted	BOOL	指令被打断
		Error	BOOL	是否出错（NA）

标准的回零功能需要零点开关的配合，HZMC 库增加了 VelSwitch 设置回零速度和 Switch 接零点开关两个输入，用 MC_Home 一个功能块即可完成回零的所有配置。零点开关一般装在线性轴的正极限位置或负极限位置，回零时首先按照 VelSwitch 参数指定的速度寻找零点开关，如果该速度参数为负则寻找负极限，否则寻找正极限。零点开关触发 Switch 信号高电平后，再慢速反向释放回零开关，Switch 等于 0 时，回零结束（该功能块没有搜索伺服电动机的索引 Z 脉冲），并将当前脉冲坐标设置为 Position 指定的逻辑坐标。

9.3.5 MC_Halt

轴静止功能块见表 9-7。

表 9-7 轴静止功能块

图形表示	参数的方向	名称	类型	含义
MC_Halt AxisID Axis Execute Done Error	输入参数	AxisID	INT	轴号
		Execute	BOOL	是否执行；上升沿执行，否则不执行
	输出参数	Axis	INT	轴号
		Done	BOOL	执行结果 1 完成
		Error	BOOL	是否出错（NA）

执行后，该功能块按照最大加速度将速度降为零，完成后进入静止状态。注意：该功能块也是一个运动指令，执行过程中如果有新的运动指令发出，则会打断该功能块的执行转而执行新功能块。

9.3.6 MC_Stop

轴停止功能块见表 9-8。

执行后，该功能块按照最大加速度将速度降为零，与 Halt 的区别是该功能块不可被打断，相当于急停按下，而 Halt 是普通运动指令功能块，可以被打断，为确保不被打断，该功能块执行时会进入急停中 (Stopping) 状态，电动机停下后，如果 Execute 持续为真则一直处于急停中状态，直到 Execute 为假后，轴切换回静止状态。

该功能块一般不与运动类指令在一个程序中使用，而是在事故状态程序中单独使用 (见 11.3.5 节)。

表 9-8 轴停止功能块

图形表示	参数的方向	名称	类型	含义
MC_Stop AxisID Axis Execute Done Error	输入参数	AxisID	INT	轴号
		Execute	BOOL	是否执行；上升沿执行，否则不执行
	输出参数	Axis	INT	轴号
		Done	BOOL	执行结果 1 完成
		Error	BOOL	是否出错（NA）

9.3.7 MC_Reset

轴复位功能块见表 9-9。

表 9-9 轴复位功能块

图形表示	参数的方向	名称	类型	含义
MC_Reset AxisID Axis Execute Done Error	输入参数	AxisID	INT	轴号
		Execute	BOOL	是否执行；上升沿执行，否则不执行
	输出参数	Axis	INT	轴号
		Done	BOOL	执行结果 1 完成
		Error	BOOL	是否出错（NA）

如果伺服发生错误，例如掉电则轴进入错误停止状态，上电恢复后只有该功能块执行后才能返回静止状态，以执行新的运动指令。该功能块一般不与运动类指令在一个程序中使用，而是在事故状态程序中单独使用。

9.3.8 MC_Velocity

轴速度控制功能块见表 9-10。

表 9-10 轴速度控制功能块

图形表示	参数的方向	名称	类型	含义
MC_Velocity AxisID Axis Execute InVel Velocity Aborted Acceleration Error	输入参数	AxisID	INT	轴号
		Execute	BOOL	是否执行；1 执行，0 不执行
		Velocity	LREAL	指令速度
		Acceleration	LREAL	指令加速度
	输出参数	Axis	INT	轴号
		InVel	BOOL	执行结果 1 完成
		Aborted	BOOL	指令被打断
		Error	BOOL	是否出错（NA）

控制轴按照一定的速度运行，速度为正则正向运动，为负则反向运动。线性轴也可以以速度模式控制，例如点动，所以对线性轴该功能块也可能会触发限位，如果需要忽略限位，初始化时设定为旋转轴。

9.4 多轴运动类

9.4.1 MC_CamIn

对电子凸轮的主从动轴，建立啮合关系，啮合关系在 TableID 编号的电子凸轮表中，规范中电子凸轮表是 MC_CamTableSelect 功能块的输出，在 HZMC 库中电子凸轮表是内部数据区，由 SET_CAM 功能块写入（见 11.2.7 节）。啮合后从动轴进入跟随运动状态，根据主动轴的逻辑位置（一般是旋转轴取模后的位置）读取电子凸轮表得到从动轴的位移量，从动轴不插补而是直接跟随到该位移处，如果超出最大加速度则用最大加速度尽力跟随。

电子凸轮啮合功能块见表 9-11。

表 9-11 电子凸轮啮合功能块

<table>
<tr><th>图形表示</th><th>参数的方向</th><th>名称</th><th>类型</th><th>含义</th></tr>
<tr><td rowspan="9">MC_CamIn
MasterID Master
SlaveID Slave
Execute InSync
TableID Aborted
Error</td><td rowspan="4">输入参数</td><td>MasterID</td><td>INT</td><td>主动轴号</td></tr>
<tr><td>SlaveID</td><td>INT</td><td>从动轴号</td></tr>
<tr><td>Execute</td><td>BOOL</td><td>是否执行；1 执行，0 不执行</td></tr>
<tr><td>TableID</td><td>UINT</td><td>凸轮表号</td></tr>
<tr><td rowspan="5">输出参数</td><td>Master</td><td>INT</td><td>主动轴号</td></tr>
<tr><td>Slave</td><td>INT</td><td>从动轴号</td></tr>
<tr><td>InSync</td><td>BOOL</td><td>执行结果 1 完成</td></tr>
<tr><td>Aborted</td><td>BOOL</td><td>指令被打断</td></tr>
<tr><td>Error</td><td>BOOL</td><td>是否出错（NA）</td></tr>
</table>

9.4.2 MC_CamOut

电子凸轮分离功能块见表 9-12。解除从动轴的跟随状态。

表 9-12 电子凸轮分离功能块

<table>
<tr><th>图形表示</th><th>参数的方向</th><th>名称</th><th>类型</th><th>含义</th></tr>
<tr><td rowspan="5">MC_CamOut
SlaveID Slave
Execute Done
Error</td><td rowspan="2">输入参数</td><td>SlaveID</td><td>INT</td><td>从动轴号</td></tr>
<tr><td>Execute</td><td>BOOL</td><td>是否执行；1 执行，0 不执行</td></tr>
<tr><td rowspan="3">输出参数</td><td>Slave</td><td>INT</td><td>从动轴号</td></tr>
<tr><td>Done</td><td>BOOL</td><td>执行结果 1 完成</td></tr>
<tr><td>Error</td><td>BOOL</td><td>是否出错（NA）</td></tr>
</table>

9.4.3 MC_Combine

轴组合（非 PLCopen 标准）功能块见表 9-13。

表 9-13 轴组合（非 PLCopen 标准）功能块

图形表示	参数的方向	名称	类型	含义
MC_Combine Master1 Master2 Slave Execute	输入参数	Master1	INT	轴号 1
		Master2	INT	轴号 2
		Slave	INT	组合轴号
		Execute	BOOL	是否执行；1 执行，0 不执行
	输出参数	无		

轴组合有两个主动轴，可分别接入运动指令进行插补控制，而从动轴是两个轴运动的叠加，即 Slave 不进行插补计算直接对 Master1+Master2 的输出位置进行跟随。这样可在任意指令上叠加额外的位移，灵活性能高于 PLCopen 定义的 MC_MoveSuper Imposed。

9.4.4 MC_GearIn

电子齿轮啮合功能块见表 9-14。电子齿轮啮合后从动轴根据齿轮比跟随主动轴进行转动，主动轴速度变化，从动轴也会按照齿轮比进行相应的变化，齿轮比动态可调。

表 9-14 电子齿轮啮合功能块

图形表示	参数的方向	名称	类型	含义
MC_GearIn MasterID　Master SlaveID　Slave Execute　InGear RatNumeratolr　Aborted RatDenominator　Error	输入参数	MasterID	INT	主动轴号
		SlaveID	INT	从动轴号
		Execute	BOOL	是否执行；1 执行，0 不执行
		RatNumerator	LREAL	齿轮分子
		RatDenominator	LREAL	齿轮分母
	输出参数	Master	INT	主动轴号
		Slave	INT	从动轴号
		InGear	BOOL	执行结果 1 完成
		Aborted	BOOL	指令被打断
		Error	BOOL	是否出错（NA）

9.4.5 MC_GearOut

电子齿轮分离功能块见表 9-15。解除从动轴的跟随状态。

表 9-15　电子齿轮分离功能块

图形表示	参数的方向	名称	类型	含义
MC_GearOut SlaveID　Slave Execute　Done Error	输入参数	SlaveID	INT	从动轴号
		Execute	BOOL	是否执行；1 执行，0 不执行
	输出参数	Slave	INT	从动轴号
		Done	BOOL	执行结果 1 完成
		Error	BOOL	是否出错（NA）

9.5 轴　参　数

PLCopen 规范中功能块的接口基本用了 BOOL、REAL 和 INT 三种基本类型，HZMC 库中用 LREAL 代替了 REAL，与脉冲坐标相关的接口为 UDINT，其余未变。

PLCopen 规范中功能块都需要名称为“Axis”的轴输入参数，它是一个名称为“AXIS_REF”的结构体 [17]，包括轴运动控制所需的所有信息，PLCopen 规范本身没有定义这个结构体，其内容由供货商提供。HPAC 系统在内部定义了 Axis_Info 结构体，实现了 AXIS_REF，HZMC 库将 Axis 参数改名为 AxisID，与整形数的轴号对应，比 PLCopen 接口更加简洁直观。

HPAC 实现的 AXIS_REF 轴信息主要分为五类：初始化参数类、状态机类、运动指令类、运动状态类和其他类，见表 9-1。表中的轴初始化参数类包括上、下限位，最大速度和加速度约束等基本的运动控制参数，对一个具体应用的轴来说这些参数是确定不变的，运动指令中超过这些约束的参数会被钳位（Clamping）；轴状态机类包括了实现 PLCopen 轴状态机所需的信息，功能块可根据这些信息确定是否可以执行；轴运动指令类是每次调用 PLCopen 功能块时提供的运动参数，例如目标位置、指令速度等，在某功能块的执行过程中，这些运动参数不会改变；轴运动状态类是随运动指令执行进展而变化的一些信息，例如当前轴的位置、速度等，运动指令的执行过程是发出运动指令后，运动状态类信息逐渐接近目标位置或速度的变化过程；其他类包括用于实现脉冲坐标与逻辑坐标位置同步的信息及出错信息等。后四类可合并为运行参数类。

表 9-16 中定义位置栏的数字表示对象字典的入口，例如表 7-8 中的 4022 在对象字典中为“Max Velocities(mm/s)”的数组，由于第一个入口对应的轴号为 2，所以设置 i 号轴的最大速度约束，就定义在 4022[i-1] 内；定义位置栏的字母表示来自功能块的相应输入接口；空白的表示 HZMC 库内部处理，外部只可读取；当前扭矩反馈项的 DEP 表示依赖伺服的支持。

任一时刻最多只能执行一个运动功能块，如果功能块执行过程中有新的功能块启动执行，当前功能块是继续执行还是被打断由轴状态机决定。

表 9-16 Axis_Info 提供的轴参数

分类	名称	类型	含义	定义位置
轴初始化参数类	VA	BOOL	是否虚轴	MC_Init.VirtualAxis
	RA	BOOL	是否旋转轴	MC_Init.RotaryAxis
	MPP	LREAL	每脉冲的微米数	4130[i−1]/4031[i−1]
	ADTYPE	INT	加减速类型 [1,2]	4023[i−1]>0?2:1
	VMAX	LREAL	速度约束	4022[i−1]
	AMAX	LREAL	加速度约束	4020[i−1]
	JMAX	LREAL	捷度约束	4023[i−1]
	LMTL	LREAL	下限位	4040[i−1]
	LMTH	LREAL	上限位	4041[i−1]
	AMOD	LREAL	模	4004[i−1]
轴状态机类	ABORTFLAG	INT	打断标志	
	DONEFLAG	BOOL	完成标志	Done
	EXECUTEFLAG	BOOL	执行标志	Execute
	COMMANDTYPE	INT	命令类型	MC 功能块
	STATE	INT	轴状态	
轴运动指令类	INTERP	LREAL	指令位置	Position
	INTERV	LREAL	指令速度	Velocity
	INTERA	LREAL	指令加速度	Acceleration
轴运动状态类	INTERPC	LREAL	当前指令位置	
	INTERVC	LREAL	当前指令速度	
	INTERDP	LREAL	位移增量	
	PC	LREAL	取模位置	
	RC	LREAL	当前扭矩	DEP
其他类	ERRORID	INT	错误号	
	P0POS	UDINT	零点脉冲坐标	MC_Home（SetPosition）
	CURPOS	UDINT	当前脉冲坐标	

9.5.1 初始化参数类

（1）VA：是不是虚拟轴，BOOL 类型。True: 是虚拟轴；False: 是实体轴。

虚拟轴是指只在软件中存在，无对应物理伺服的逻辑轴。虚拟轴通常用于与其他轴组合完成特定的功能，例如一个虚拟轴作为主动轴执行 MC_Velocity 功能块，另一个实体轴作为从动轴对虚拟轴进行跟随实现电子凸轮，这样可以通过电子凸轮表让这个实体轴实现一些特殊动作；或者一个虚拟轴实现旋转运动，另一个实现摆动运动，通过 MC_Combine 实现边旋转边摆动的组合动作等。

（2）RA：是不是旋转轴，BOOL 类型。True: 是旋转轴；False: 是线性轴。

线性轴和旋转轴的概念如图 9-3 所示，线性轴相当于移动副，不可能向一个方向无限移动，一定存在边界，而且在边界内，每个逻辑坐标具有唯一确定的位置点；旋转轴相当于旋转副，可无限旋转，不存在边界，但一般有模（例如 360°），当转动到模的位置时，逻辑坐标做取模处理，坐标和位置之间没有一一对应的关系。该值由 MC_Init 功能块 RotaryAxis 的输入参数进行设置。

需要注意的是，虽然通常认为旋转轴类似车床主轴，主要跑速度功能块，但通常也需要准确的旋转角度控制，所以 HZMC 库对旋转轴和线性轴几乎不做区别。轴的 RA 参数只起一个作用，即在运动过程中是否判断软限位。在对象字典中，每个轴缺省都设置了 [−20000mm,20000mm] 的限位范围，如果在 MC_Init 时，RotaryAxis=1，则运动过程中的软限位将无效，此时 MC_Velocity 可以让电动机一直转下去，但如果 RA 属性为假，则 MC_Velocity 转到软限位时，电动机进入出错停止状态，需复位功能块才能恢复。

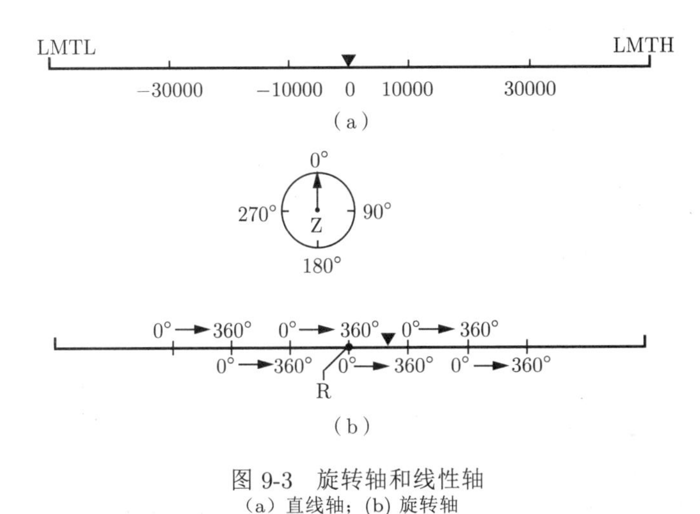

图 9-3　旋转轴和线性轴
（a）直线轴；(b) 旋转轴

（3）MPP：每脉冲对应的微米数，LREAL 类型，单位为 μm/pluse。

通过单位时间内发送脉冲的数量来控制伺服电动机的转动速度，电动机驱动机械装置实现轴的运动，这个参数建立了电动机脉冲与轴运动之间的关系：每输出一个脉冲，轴移动的微米，如 1 万个脉冲走 1mm，则每脉冲对应 0.1 个 μm，即 MPP=0.1。

某个轴的 MPP 通过在对象字典中，相应轴号入口的电子齿轮比分子和分母参数来设定（分别是 0x4030 和 0x4031，第一个子入口对应轴号 2），即 MPP[i]= 分子 [i − 1]/分母 [i − 1]，其中 i 为轴号。例如对于台达 ASDA2 伺服，128 万个脉冲转一圈，如果丝杠导程为 2mm，即每转 128 万个脉冲走 2mm，则设置分子、分母分别为 2 和 1280 即可，即 1280 个脉冲走 2μm。

（4）ADTYPE：加减速曲线类型，INT 类型。1 为梯形；2 为 S 形。

如果对象字典 4023[i − 1] 设置了捷度，则轴号 i 的 ADTYPE 自动设置为 2。

（5）VMAX：最大速度约束，LREAL 类型，单位为 mm/s。

由表 9-16可知，该值在对象字典 4022[i − 1] 处设置，例如要求电动机最大速度为 2400r/min，即 40r/s，如果丝杠导程为 2mm（每转 2mm），则 VMAX=40×2=80mm/s。

（6）AMAX：加速度约束，LREAL 类型，单位为 mm/s^2。

该值直接设置在对象字典 4020[i–1] 处，例如对于（5）中的电动机要求 0.5s 到达最大速度，则 AMAX=VMAX/0.5=160mm/s^2。

（7）JMAX：捷度约束，LREAL 类型。

该值直接设置在对象字典 4023[i–1] 处，如果设置则自动切换加减速类型为 2。

（8）LMTL：下软限位，LREAL 类型，单位为 mm。

该值直接设置在对象字典 4040[i–1] 处，仅对线性轴有效，当轴向负方向运动到达下限位后自动停止运行，轴进入错误停止状态，复位解除该状态前一切功能块均无法执行。

（9）LMTH：上软限位，LREAL 类型，单位为 mm。

该值直接设置在对象字典 4041[i–1] 处，仅对线性轴有效，当轴向正方向运动到达上限位后自动停止运行，轴进入错误停止状态，复位解除该状态前一切功能块均无法执行。

（10）AMOD：模，LREAL 类型，单位为 mm。

该值直接设置在对象字典 4004[i–1] 处，当逻辑坐标到达模（>0）时做取模处理，即逻辑坐标总在 [0..AMOD) 区间变化，HZMC 库对线性轴也支持取模处理。

9.5.2 运行参数类

将表 9-16中的后四类合并为运行参数类，初始化参数类只能在对象字典中设置，而运行参数类均由 HZMC 库操作，开发者只可读取不能写入，否则会与 HZMC 库冲突。

（1）ABORTFLAG：打断标志或指令会话 ID，INT 类型。功能块执行就会加一，开发者可以观察这个值以确定执行了多少条指令。

（2）STATE：轴的当前状态，INT 类型。0 为 Disable；1 为静止；2 为离散运动；3 为连续运动；4 为停止；5 为跟随；6 为回零；9 为错误停止。

（3）INTERP：指令位置，LREAL 类型，单位为 mm。

（4）INTERV：指令速度，LREAL 类型，单位为 mm/s。

（5）INTERA：指令加速度，LREAL 类型，单位为 mm/s^2。

（6）INTERPC：当前指令位置，LREAL 类型，单位为 mm。

（7）INTERVC：当前指令速度，LREAL 类型，单位为 mm/s。

（8）INTERDP：位移增量，LREAL 类型，单位为 mm。用于跟随运动时每插补周期提供的位移量，从动轴将不插补，直接移动到该位移增量。

（9）ERRORID：错误号，INT 类型。2 为超下限位；3 为超上限位；4 为伺服报警；8 为未使能。

（10）P0POS：逻辑零点对应的脉冲坐标，UDINT 类型。脉冲坐标变化范围：[0x0000 0000..0xFFFF FFFF]，P0POS 记录了逻辑坐标 0 点对应的脉冲坐标位置。MC_Home

或 MC_SetPosition 功能块执行完毕后会计算并更新 P0POS 值。

(11)CURPOS:当前脉冲坐标,UDINT 类型。脉冲坐标变化范围:[0x0000 0000..0xFFFF FFFF],这个变量记录了当前脉冲坐标位置。

9.5.3　轴数据操作功能块

轴数据操作功能块 Axis_Info(见表 9-17)的操作数类型限定为三种,用 BOOL、UDINT 和 LREAL 分别表示布尔、整数和实数,根据 ROW 参数确定读取还是写入,用 NODEID 选择轴号,用 PNAME 选择参数名字,根据实际参数类型操作相应的接口。

表 9-17　Axis_Info 功能块

图形表示	参数的方向	名称	类型	含义
Axis_Info ROW　OUTB NODEID　OUTU32 PNAME　OUTR INB　OUTS INU32 INR INS	输入参数	ROW	BOOL	读或写;1 写,0 读
		NODEID	INT	轴号
		PNAME	string	参数名
		INB	BOOL	待写入的布尔数
		INU32	UDINT	待写入的整数
		INR	LREAL	待写入的实数
		INS	string	待写入的字符串(NA)
	输出参数	OUTB	BOOL	读出的布尔数
		OUTU32	UDINT	读出的整数
		OUTR	LREAL	读出的实数
		OURS	string	读出的字符串(NA)

通过 Axis_Info 功能块读取轴数据的 FBD 程序,如图 9-4所示。

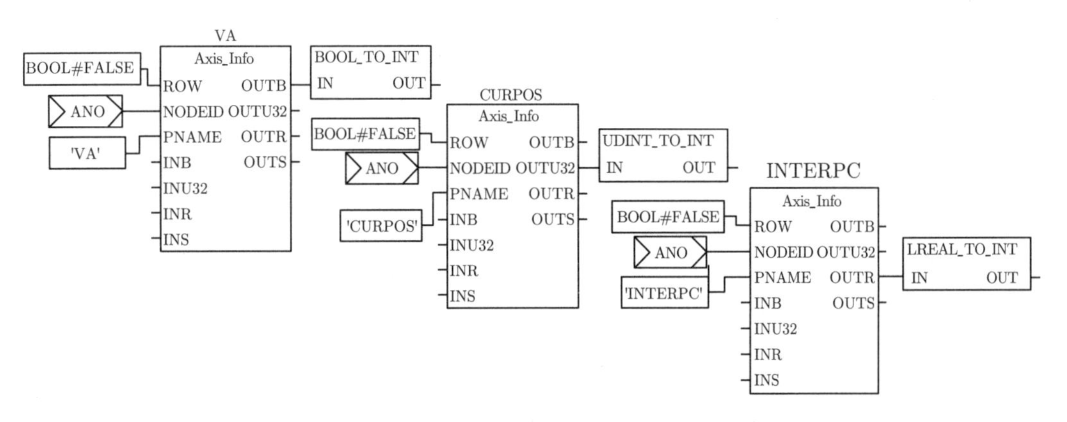

图 9-4　获取轴信息

图中 3 个功能块的 ROW 参数均为 FALSE,所以都是读取轴信息;根据参数的不同类型,从相应类型的接口读取数据,其中“VA”为轴是不是虚拟轴的标志,需要从 BOOL 类型的 OUTB 处读取,“CURPOS”为轴的脉冲坐标是 U32 类型的数据,可从 OUTU32 输出的参数读取,“INTERPC”为轴的当前指令位置,从 OUTR 参数读取。

运动控制功能块会操作这些轴信息与底层运动控制系统进行数据交互，开发者可使用 HPAC 数据访问层的 Axis_Info 功能块读取上述轴信息但不能写入，否则会与 HZMC 库发生冲突。

习 题 9

1. 跟踪验证图 9-1（b）代码的正确性。

2. 当轴处于离散运动状态时，能否被以下功能块打断？

（1）MC_Velocity；（2）MC_Home；（3）MC_Halt。

3. 假设某机械丝杠的导程为 2mm，每 6000 脉冲转动一圈，由 5# 伺服驱动，问主站对象字典哪些入口需要如何设置？MPP 是多少？

4. 对上题配置的 5# 伺服，在回零结束后零点脉冲坐标为 12345（P0POS），则逻辑坐标 1mm 对应的脉冲坐标为多少？

第 10 章 安全控制原理

PLCopen Safety 安全控制规范的相关标准、功能块行为等内容目前国内教材很少涉及，能够全面理解并在工程实践中进行灵活应用的技术人员也很少。10.1 节介绍安全规范的架构、数据类型和基本规则，10.2~10.5 节介绍四类功能块，功能块介绍的内容虽然不多，但它们的行为细节极其丰富，需要读者多动手实践才能真正理解。

通过这些安全功能块，读者可以学习如何从专家的视角去归纳工控系统中的场景化共性问题，指导我们如何从应用场景中做失效模式与影响分析（Failure Mode and Effects Analysis, FMEA）及制定应对措施。另外，安全集成也重新定义了现代工控系统的软件架构，这部分内容在 11.3 节做详细介绍。

10.1 PLCopen Safety

10.1.1 概述

任何机器都应该具有一定的功能，可被人操作、调整和维护，此外机器不应对人员和环境造成伤害，因此除正常功能外，还应对机器的安全性进行设计。功能安全就是确保机器在安装、运输、运行、维护、拆解、废弃等整个生命周期内，对所有可预见性的风险进行评估，并进行针对性设计以排除风险、保护机器或通知操作者。

早期一般采用安全继电器等专用设备进行安全防护，硬件上的安全信号采用双通道校验，在逻辑上也采用冗余处理器进行互检以确保安全。机床生产厂家需要面对大量安全相关标准，正确完全地理解和实施这些标准难度很大，而随着法律规定的逐步强化，设备制造商的责任也日益增加，生产不符合标准的产品可能面临禁售和罚款。

随着控制软件在自动化装备中的价值日益显著，目前业界的主流做法是在工控软件中针对系统的安全需求按照规范进行开发。系统由功能和安全两个应用构成，功能应用控制设备完成功能需求所需的工艺动作，而安全应用确保设备故障不至于伤及使用人及环境，两类应用各自处理相关的输入和输出，尤其需要确保功能控制器不直接操作安全输出，只能由安全应用操作，两者有相互独立的控制逻辑，可独立编程开发并分离运行。

安全功能开发普遍采用了基于现场总线的 PAC，不再使用传统的硬布线网络，安全功能被集成到了控制软件中。在支持安全集成功能的编程软件的帮助下，在应用开发的一开始即使用标准安全功能块进行开发，可有效应对上述挑战。

对于机床生产商来说，合适的安全控制器需求有：安全和非安全功能的区分、合适的编程语言、使用经过验证的软件功能块、使用合适的编程指导、在安全相关软件的生命周期内使用认可的防错方法等，PLCopen 安全规范的工作主要体现在以下两个层次：

（1）安全功能块外观和行为的标准化工作。提供统一的外观和行为定义，提高开发者对标准化开发方法的认同度；标准功能块保证了软件实现的独立性，普通用户不必关心这些功能块实现的细节，就可以使用这些功能块开发出高质量的安全相关软件。

（2）功能块库在开发环境中的集成方法。一旦标准化的功能块库开发完成，软件工具应该尽可能地帮助用户把它们整合进与安全相关的软件中，为了区分安全相关变量和非安全变量，PLCopen 委员会引入了一种新的 SAFEBOOL（安全布尔）数据类型，HPAC 会将其用黄色高亮显示，在组态时会进行类型检查，以避免连接错误。

与 PLC 一样，安全应用也涉及编程环境和运行时系统，整个过程涉及众多国际组织的多项标准，例如 IEC 62061，IEC 61511，IEC 61508 等与安全完整性等级（Safety Integrity Level, SIL）相关的一系列标准。本章引用了部分术语，高端工业用户会按这些标准提出设计需求，且本章涉及的 PLCopen 安全功能块的理念和行为均与上述标准相符。

10.1.2 安全软件架构模型

图 10-1所示的软件架构将工控应用区分成了安全应用和功能应用两部分。

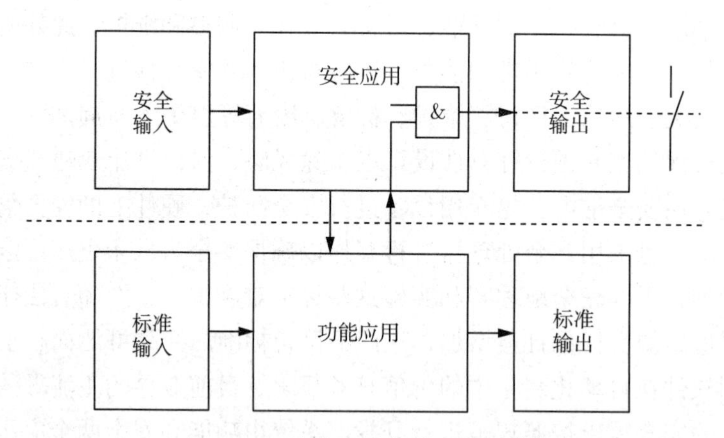

图 10-1 安全和功能分离架构 [18]

这两种应用可以在同一台设备上运行，也可以在两台或更多台设备上运行，两者在结构上分离且安全应用不能被功能应用打断。两者间允许数据交换，数据交换可以通过网络、硬布线 I/O 或者共享内存等方式实现，两套应用都连接到相应的输入和输出上。该模型的关键在于安全应用优先级高于功能应用，安全应用不能有来自功能应用的干扰：功能应用只能读取安全输入和全局状态（如左边的箭头），但功能应用和标准输入不能作用到安全输出，必须经过安全逻辑运算后通过安全控制器才可操作安全输出。

PLCopen 的总体建议和规定如下：

（1）程序组织建议，安全应用程序作为单独的任务运行，且不能被功能应用程序打断。

（2）当安全应用循环开启时，所有相关的安全输入数据是实时稳定且失效安全的。

（3）使用 FBD 和 LD 这两种图形化语言调用并通过验证的安全功能块编写安全应用，以达到更高的安全水平。

（4）安全应用中的 POU/FB 必须包括可查阅信息：作者、创建日期、版本、版本历史和功能化描述（包括 I/O 参数）等，这些信息至少在功能块验证、程序设计和程序修改时是可见的。

10.1.3 安全布尔

PLCopen 规定安全输入和输出的类型均为安全布尔（SAFEBOOL）类型，安全布尔虽然跟布尔一样只有两种状态，但也可以有额外的信息（例如用于 SIL 计算的信息），PLCopen 强烈建议单独实现 SAFEBOOL 类型，否则会降低编程系统的 SIL 等级。

在 HPAC 中插入 HZSF 库后会引入 _SAFEBOOL，它是 BOOL 的直接衍生数据类型。HPAC 用黄色提示程序员对此安全布尔量特别关注，两者之间须经过类型转换才能连接 (见表 10-1 和表 10-2)，如果混接则接线会变成红色给予提示。在 HZSF 库的现有版本中，_SAFEBOOL 是 BOOL 的直接衍生数据类型，如果混接仅会出现连接错误提示，仍可正确编译，但 HZSF 未来可能会修改它的定义而导致编译不通。

表 10-1 功能转安全 BOOL 功能块

图形表示	参数的方向	名称	类型	含义
BOOL_SAFEBOOL in_1 out_1	输入参数	in_1	BOOL	输入的功能 BOOL
	输出参数	out_1	_SAFEBOOL	输出的安全 BOOL

每个 SAFEBOOL 都是单通道的，与其电气布线无关，即布线上的开关可能是冗余的，但在安全程序中只对应一个安全变量。因此具有安全输入或输出的功能块必须是经过验证且可信的，尤其是在涉及安全输出时，逻辑正确性完全取决于功能块。

表 10-2 安全转功能 BOOL 功能块

图形表示	参数的方向	名称	类型	含义
SAFEBOOL_BOOL in_1 out_1	输入参数	in_1	_SAFEBOOL	输入的安全 BOOL
	输出参数	out_1	BOOL	输出的功能 BOOL

安全相关设备应遵循“无功电流”（Idle Current）原则或负逻辑（Negative Logic），

例如典型的常闭型急停开关，正常情况下常闭开关是得电的，如果按下急停开关则断开电路，开关失电可以触发安全事件，这样的好处是在急停开关坏掉的情况下，系统不能进入工作状态，即“失效安全”：若开关坏掉则不会得电，相当于触发了急停事件，系统会进入事故状态；若急停开关无效，机器还能工作，可能会出现异常时不触发，从而造成严重后果。

_SAFEBOOL 的初始值必须为 FALSE，发生安全事件时，例如急停按下则相应的 _SAFEBOOL 类型安全变量也必须输出 FALSE，这样，只有所有安全条件满足后才会输出 TRUE，即表示进入正常状态，设备才可以进入工作状态。

某个信号属于功能还是安全取决于它的实际用途，例如同样是泵的启动信号，如果泵是用于正常生产流程则属于功能应用，按照正逻辑接线；如果用于事故状态下的灭火降温，则必须按照负逻辑接线，并保证即使控制器掉电也可以自动启动。

可以想象房子的门窗，既有人员出入功能应用，也有防盗的安全应用。防盗时门窗都要关好才可以离开，所以为负逻辑与的关系，任一失效都不能安全离开；而人员出入时，是正逻辑或的关系，门坏了从窗户也可以出入。

10.1.4 安全功能块的基本规则

所有安全功能块必须满足以下基本规则：

（1）缺省值。所有 SAFEBOOL 类型变量的缺省值为 FALSE。

（2）信号值。所有 SAFEBOOL 类型变量，=0 表示事故状态；=1 表示安全条件满足，可进入工作状态。

（3）输出。每个循环都需要给输出变量赋值。

（4）空缺 I/O 参数。空缺的参数使用参数的缺省值，这些缺省值应确保不会导致安全事故。

（5）EN/ENO。安全规范的每个功能块都有 ACTIVATE 和 READY 信号，所以这两个信号不需要。

（6）启动行为。首先对输出变量用缺省值，功能块执行后，输出有效，对于冷、热、温启动来说行为一致。

（7）时序图。仅用于解释功能块行为顺序，其具体行为取决于实现。

（8）错误处理和诊断。所有安全功能块有 Error 和 DiagCode 两个错误相关的输出。

一般输入参数的行为如下：

（1）Activate BOOL，为变量或常量，表示该功能块是否激活，初始值为 FALSE，可用于控制该功能块是否起作用，如果为假则所有输出变量设为初始值。

（2）S_××× SAFEBOOL，每个安全类型变量使用 S_ 前缀。

（3）S_StartReset SAFEBOOL，缺省值 =0 表示当系统启动后手工复位；=1 表示自动复位，需要其他方法确保系统启动时的安全。

（4）S_AutoReset SAFEBOOL，缺省值 =0 表示急停释放后必须手动复位；=1 表示急停释放后自动复位。

（5）Reset BOOL，缺省值为 0；为 1 则表示事件发生。该输入的用途一是复位状态机，当发生错误且修复后通过该信号复位；用途二是启动互锁的手动释放，用于功能复位。

一般输出参数的行为如下：

（1）Ready BOOL，其值为真表示功能块激活输出有效。

（2）S_××× SAFEBOOL，每个安全类型变量使用 S_ 前缀。

（3）Error BOOL，其值为真表示发生错误，相应的错误码在 DiagCode 输出。

（4）DiagCode WORD，为 16 进制错误编码。

功能块的一般状态机包括三个主状态，即非激活状态、安全状态或事故状态（安全布尔输出为 0）、正常状态或工作状态（安全布尔输出为 1），功能块激活后首先必须进入安全状态，只有在该功能块的各项安全条件满足、允许后继处理后，才会输出 1 进入正常状态；任何安全条件不具备会立刻切换为安全状态，并通过诊断码告知原因。

10.2 信号互检

10.2.1 SF_Equivalent

正向互检功能块见表 10-3。该功能块用于将两路相同的 _SAFEBOOL 输入合并为一路 _SAFEBOOL。输出 S_EquivalentOut 缺省值为 0 表示该功能块报告失效事件；当功能块激活后，如果安全信号 A 和 B 均在差异时间内从失效状态 0 变为正常状态 1，则 S_EquivalentOut 输出为 1；如果超时或安全信号 A 与 B 任一失效，则该功能块均会报告失效事件，即 S_EquivalentOut 输出为 0；如果差异时间超时，则 Error 为 1，如果安全信号 A 和 B 均为失效状态 0，则重新复位。

表 10-3 正向互检功能块

图形表示	参数的方向	名称	类型	含义
SF_Equivalent Activate Ready S_ChannelA S_EquivalentOut S_ChannelB Error DiscrepancyTime DiagCode	输入参数	Activate	BOOL	功能块激活否
		S_ChannelA	_SAFEBOOL	安全信号 A
		S_ChannelB	_SAFEBOOL	安全信号 B
		DiscrepancyTime	TIME	差异时间
	输出参数	Ready	BOOL	功能块激活否
		S_EquivalentOut	_SAFEBOOL	信号一致否
		Error	BOOL	是否出错
		DiagCode	DWORD	错误诊断码

10.2.2 SF_Antivalent

反向互检功能块见表 10-4。该功能块用于将两路相反的 _SAFEBOOL 输入合并为一路 _SAFEBOOL。激活后其行为与 10.2.1 节的功能块相反，当两个信号始终相反时为正常状态输出。该类功能块没有 Reset 信号，一般其后需要连接其他安全功能块。

表 10-4 反向互检功能块

图形表示	参数的方向	名称	类型	含义
SF_Antivalent Activate — Ready S_ChannelNC — S_AntivalentOut S_ChannelNO — Error DiscrepancyTime — DiagCode	输入参数	Activate	BOOL	功能块激活否
		S_ChannelNC	_SAFEBOOL	常闭安全信号 A
		S_ChannelNO	_SAFEBOOL	常开安全信号 B
		DiscrepancyTime	TIME	差异时间
	输出参数	Ready	BOOL	功能块激活否
		S_AntivalentOut	_SAFEBOOL	信号反向否
		Error	BOOL	是否出错
		DiagCode	DWORD	错误诊断码

10.3 安全开关

安全控制器通过各种类型的传感器响应各种与外部安全相关的事件，这些安全传感器针对不同的场景和需求有一些独特的行为模式，与控制器软件配合保证机器的功能安全。为此，PLCopen 定义了模式切换、电敏防护装置、光幕、使能开关、防护门锁、使能等常用安全开关的标准化处理逻辑。

10.3.1 SF_ModeSelector

模式切换功能块见表 10-5。一般机器启动时为安全模式，模式切换按钮无效，启动功能应用（例如按下启动按钮）后可执行该模式切换功能块，激活后该功能块可用来与模式切换按钮配合实现机器工作模式的选择。模式切换功能块的控制逻辑与实体模式切换开关相同，任何时刻只能指向一个挡位，切换时一定是当前挡位复位再给下一挡位置位，任何异常的行为，比如两个挡位同时选中或长时间无任何挡位选中都会触发错误。

所有的 S_ModeX 和 S_AnyModeSel 默认值是 0，如果 S_AutoSetMode 为假，则 S_ModeX 输入为真的信号必须由 S_SetMode 的上升沿触发模式输入事件，如果 S_AutoSetMode 为真，则 S_ModeX 信号不需要 S_SetMode 上升沿便会自动触发模式输入事件。

该功能块内有“模式已改变”ModeChanged 和“模式已选择”ModeSelected 两种子状态，前者表明原有的工作模式已经改变，但新的工作模式尚未被选中，它也是该功能块的安全状态或事故状态（即功能块激活后缺省处于 ModeChanged 状态）；而后者表明用户已经成功地选择了某种工作模式，是该功能块的正常状态或工作状态，它又细分为已锁定和未锁定两种子状态。

表 10-5 模式切换功能块

图形表示	参数的方向	名称	类型	含义
SF_ModeSelector Activate Ready S_Mode0 S_ModeSel0 S_Mode1 S_ModeSel1 S_Mode2 S_ModeSel2 S_Mode3 S_ModeSel3 S_Mode4 S_ModeSel4 S_Mode5 S_ModeSel5 S_Mode6 S_ModeSel6 S_Mode7 S_ModeSel7 S_Unlock S_AnyModeSel S_SetMode Error S_AutoSetMode DiagCode ModeMonitorTime Reset	输入参数	Activate	BOOL	功能块激活否
		S_Mode0	_SAFEBOOL	模式 0
		S_ModeX	_SAFEBOOL	模式 X
		S_Unlock	_SAFEBOOL	解锁
		S_SetMode	_SAFEBOOL	模式输入事件触发信号
		S_AutoSetMode	BOOL	自动产生触发输入事件
		ModeMonitorTime	TIME	开路超时
		Reset	BOOL	功能块复位
	输出参数	Ready	BOOL	功能块激活否
		S_ModeSelX	_SAFEBOOL	已选模式 X
		S_AnyModeSel	_SAFEBOOL	已选某模式
		Error	UINT	1 短路，2 开路超时
		DiagCode	WORD	错误诊断码

S_ModeX 输入事件的触发是否会使模式选择成功，一方面需要 S_Unlock 为真，另一方面 S_ModeX 的输入事件不能短路（S_ModeX 和 S_ModeY 同时按下为错误 1）或开路超时（无 S_ModeX 事件并超时为错误 2），两方面同时满足则进入“模式已选择”状态，并设置 S_ModeSelX 为真。

功能块处于 ModeSelected 状态时，如果 S_Unlock 为真则新的 S_ModeX 输入事件导致功能块进入 ModeChanged 状态，如果为假则必须解锁后才可切换回“模式已改变”状态。

10.3.2 SF_ESPE

急停功能块见表 10-6。SF_ESPE 用来监控一个急停或限位安全开关。在 PLCopen 规范中，急停定义的是 SF_EmergencyStop 功能块，而该功能块与电敏防护装置（Electro-Sensitive Protective Equipment，ESPE）功能块 SF_ESPE 的行为完全一致 [1]。因此，HZSF 将两种合并成该功能块。

在缺省情况下，ESPE 的安全输入和输出均是 0；S_ESPE_In 前的安全逻辑只要有任何事故发生即 S_ESPE_In 为 0 时均会立刻将 S_ESPE_Out 输出 0，发出事故请求；只有 S_ESPE_In 为 1 且发生了 Reset 事件后，才会将 S_ESPE_Out 输出 1，Reset 事件取决于 S_StartReset，S_AutoReset 和 Reset 这 3 个输入：

如果 S_AutoReset 为真，则 Reset 为 1 时自动触发 Reset 事件；如果 S_AutoReset

为假，则 Reset 必须得到一个上升沿才能触发 Reset 事件；如果 S_StartReset 为真，则可编程电子系统（Programmable Electronic System, PES）启动时第一次自动触发 Reset 事件；如果 S_StartReset 为假，则启动后必须给 Reset 一个上升沿才能第一次触发 Reset 事件。

只有确保不会有危险发生才能设置 S_StartReset 和 S_AutoReset 为真；但设置 S_StartReset 或 S_AutoReset 为假时，不要把 Reset 接到常量 TRUE 上，否则可能会导致该功能块不能复位的两个错误：错误 1 表示设置了 S_StartReset 为假，S_ESPE_In 为真时读到 Reset 也为真值导致无法复位，Reset 复位为 0 后错误输出可恢复为 0；错误 2 表示设置了 S_AutoReset 为假，S_ESPE_In 为真时读到 Reset 也为真值导致无法复位，Reset 复位为 0 后错误输出可恢复为 0。为避免上述错误，S_StartReset 或 S_AutoReset 为假时，不要把 Reset 接到常量 TRUE 上。

表 10-6 急停功能块

图形表示	参数的方向	名称	类型	含义
SF_ESPE Activate Ready S_StartReset S_ESPE_Out S_ESPE_In Error S_AutoReset DiagCode Reset	输入参数	Activate	BOOL	功能块激活否
		S_StartReset	_SAFEBOOL	启动自复位
		S_ESPE_In	_SAFEBOOL	急停信号输入
		S_AutoReset	_SAFEBOOL	自动复位
		Reset	BOOL	功能块复位
	输出参数	Ready	BOOL	功能块激活否
		S_ESPE_Out	_SAFEBOOL	急停安全输出
		Error	UINT	1 启动无法复位，2 手动无法复位
		DiagCode	WORD	错误诊断码

10.3.3 SF_TestableSafetySensor

可测试传感器功能块见表 10-7。该功能块用于监控一个具有自测功能的安全开关，例如光幕。为防止安全设备损坏（例如光幕丧失了响应时间内检测闯入的能力）带来的安全风险，安全设备可支持检测功能与安全控制器通过该功能块进行互动，这类设备也称为类型 2 的 ESPE，除正常 ESPE 接口外，通常具有启动测试、测试允许及测试完成等信号。

测试流程如下：

（1）StartTest = 1 开始测试，则 S_TestOut = 0 启动第一监控时间。

（2）光幕停止发送器。

（3）监控时间内 S_OSSD_In 从 1 变为 0，启动第二监控时间。

（4）S_TestOut 从 0 变为 1。

（5）光幕打开发送器。

（6）监控时间内 S_OSSD_In 从 0 变为 1。

（7）停止监控时间。

（8）测试过程中及成功测试完成后，S_OSSD_Out 输出 1。

表 10-7　可测试传感器功能块

图形表示	参数的方向	名称	类型	含义
SF_TestableSafetySensor Activate　Ready S_OSSD_In　S_OSSD_Out StartTest　S_TestOut TestTime　TestPossible NoExternalTest　TestExecuted S_StartReset　Error S_AutoReset　DiagCode Reset	输入参数	Activate	BOOL	功能块激活否
		S_OSSD_In	_SAFEBOOL	光幕的状态输出
		StartTest	BOOL	接测试按钮
		TestTime	Time	安全传感器测试时间，缺省 10ms
		NoExternalTest	BOOL	0 自动测试出错后必须手动传感器测试后才允许自动测试，1 不需要
		S_StartReset	_SAFEBOOL	启动自复位
		S_AutoReset	_SAFEBOOL	自动复位
		Reset	BOOL	功能块复位
	输出参数	Ready	BOOL	功能块激活否
		S_OSSD_Out	_SAFEBOOL	安全输出
		S_TestOut	_SAFEBOOL	开始测试
		TestPossible	BOOL	1 允许自动测试，0 不允许
		TestExecuted	BOOL	上升沿表明完成了一次正确测试
		Error	UINT	1 启动无法复位，2 手动无法复位
		DiagCode	WORD	错误诊断码

该功能块用来与具有测试功能的类型 2 安全 ESPE 设备（例如光幕）进行交互，无测试时当作正常 ESPE 设备使用；启动测试后，会向光幕发出第一次测试信号 0，光幕会关闭，使功能块获得一个 0 的输入；然后功能块向光幕发出第二次测试信号 1，光幕打开，使功能块获得一个 1 的输入，测试结束；测试过程中功能块输出 1，则闯入报警功能暂时失效，所以测试应尽快完成（最长时间不超过 150ms）；测试结束后恢复闯入检测报警安全功能。

10.3.4　SF_GuardMonitoring

防护门功能块见表 10-8。该功能块用来监控防护门开关。保护门或保护罩需要两个安全开关，如果现场只有一个，可以把它桥接到该功能块的两个安全输入上，当两个开关在规定的差异时间内关闭后，可以将安全输出置 1（复位的逻辑与 ESPE 一致），以确保危险区域被保护门关闭或保护罩盖住后才可以进行功能操作。

表 10-8 防护门功能块

图形表示	参数的方向	名称	类型	含义
SF_GuardMonitoring Activate / S_GuardSwitch1 / S_GuardSwitch2 / DiscrepancyTime / S_StartReset / S_AutoReset / Reset Ready / S_GuardMonitoring / Error / DiagCode	输入参数	Activate	BOOL	功能块激活否
		S_GuardSwitch1	_SAFEBOOL	门开关 1：0 打开，1 关闭
		S_GuardSwitch2	_SAFEBOOL	门开关 2：0 打开，1 关闭
		DiscrepancyTime	Time	常量、配置两个开关的差异时间
		S_StartReset	_SAFEBOOL	启动自复位
		S_AutoReset	_SAFEBOOL	自动复位
		Reset	BOOL	功能块复位
	输出参数	Ready	BOOL	功能块激活否
		S_GuardMonitoring	_SAFEBOOL	安全输出
		Error	UINT	1 无法复位；11，12 超时
		DiagCode	WORD	错误诊断码

10.3.5 SF_GuardLocking

该功能块用来实现门锁的开闭控制动作，以保证操作员进入危险区域的安全。当操作员请求进入危险区域时，只有危险区域处于安全状态时才允许开锁，只有防护门关闭（需要与 SF_GuardMonitoring 功能块配合）后才可以闭锁，只有防护门关上且闭锁后机器才可以启动，门未关或锁未闭都会发出安全报警，具体步骤见表 10-9。防护锁功能块见表 10-10。

表 10-9 防护锁

序号	事件	操作
1	外部	请求进入的危险区域处于安全状态（非该功能块负责）
2	输入	S_SafetyActive 读入 1 表示“请求进入的危险区域是安全的”
3	输入	UnlockRequest 读入 1 表示操作者提出进入请求
4	输出	S_UnloadGuard 输出 1 表示开始“危险区域进入事件”
5	输入	S_GuardLock 读入 0 表示锁被打开
6	输出	S_GuardLocked 输出 0 表示“危险区域不可以操作”
		操作员开门进入维护
7	输入	S_GuardMonitoring 读入 1 表示防护门已关
8	输入	通过 Reset 获得重启危险区域的指令
9	输出	S_UnlockGuard 输出 0 表示结束“危险区域进入事件”
10	输入	S_GuardLock 读入 1 表示锁关闭
11	输出	S_GuardLocked 输出 1 表示“危险区域可以操作”
12	外部	重启危险区域操作

表 10-10 防护锁功能块

图形表示	参数的方向	名称	类型	含义
SF_GuardLocking Activate Ready S_GuardMonitoring S_GuardLocked S_SafetyActive S_UnlockGuard S_GuardLock Error UnlockRequeat DiagCode S_StartReset S_AutoReset Reset	输入参数	Activate	BOOL	功能块激活否
		S_GuardMonitoring	_SAFEBOOL	进入区域安全
		S_SafetyActive	_SAFEBOOL	危险区 EDM 状态： 0 危险，1 安全
		S_GuardLock	_SAFEBOOL	门锁状态：0 打开，1 关闭
		UnlockRequest	BOOL	请求解锁进入
		S_StartReset	_SAFEBOOL	启动自复位
		S_AutoReset	_SAFEBOOL	自动复位
		Reset	BOOL	功能块复位
	输出参数	Ready	BOOL	功能块激活否
		S_GuardLocked	_SAFEBOOL	安全输出
		S_UnlockGuard	_SAFEBOOL	开锁信号：0 关闭，1 打开
		Error	UINT	1 启动无法复位， 2 手动无法复位
		DiagCode	WORD	错误诊断码

10.3.6 SF_EnableSwitch

使能开关功能块见表 10-11。该功能块用于监控一个三级使能开关。使能开关有三个位置，当安全模式开启后，只有合适的力度使按钮从位置 1 到 2 才会使得使能开关输出，太大和太小的力度都不会使能输出；安全模式开启信号一般接到安全报警后的确认信号上，这样可以确保只有在安全状态下才可以使用该功能块给出使能信号以驱动机器。

表 10-11 使能开关功能块

图形表示	参数的方向	名称	类型	含义
SF_EnableSwitch Activate Ready S_SafetyActive S_EnableSwitchOut S_EnableSwitchCH1 Error S_EnableSwitchCH2 DiagCode S_AutoReset Reset	输入参数	Activate	BOOL	功能块激活否
		S_SafetyActive	_SAFEBOOL	安全模式开启
		S_EnableSwitchCH1	_SAFEBOOL	使能开关通道 1
		S_EnableSwitchCH2	_SAFEBOOL	使能开关通道 2
		S_AutoReset	_SAFEBOOL	自动复位
		Reset	BOOL	复位
	输出参数	Ready	BOOL	功能块激活否
		S_EnableSwitchOut	_SAFEBOOL	使能开关输出
		Error	UINT	1 次序不对，2 超时
		DiagCode	WORD	错误诊断码

10.4 上、下料

在机床、物流线的上、下料等设备上，物料需要进入由光幕等安全装置保护起来的危险区域，为了防止机器因物料的进入而导致停机，需要抑制这些安全装置的过激反应，PLCopen 定义了顺序、平行、交叉等几种方式进入危险区并使安全系统消声（Mute）的安全功能块，当物料按照正常时序进入危险区时，光幕等防闯入安全信号暂时闭不作声。

此外，在加工设备手工上下料时，存在因一只手操作，对另一只手造成伤害的安全场景（例如操作者一手上料，一手按下冲压机启动按钮），PLCopen 定义了两种类型的双手操作。

10.4.1 SF_MutingSeq

顺序消声功能块见表 10-12。

表 10-12 顺序消声功能块

图形表示	参数的方向	名称	类型	含义
SF_MutingSeq Activate Ready S_AOPD_In S_AOPD_Out MutingSwitch11 S_MutingActive MutingSwitch12 Error MutingSwitch21 DiagCode MutingSwitch22 S_MutingLamp MaxMutingTime MutingEnable S_StartReset Reset	输入参数	Activate	BOOL	功能块激活否
		S_AOPD_In	_SAFEBOOL	上级光电保护装置（光幕输出）
		MutingSwitch11	BOOL	消声信号 1
		MutingSwitch12	BOOL	消声信号 2
		MutingSwitch21	BOOL	消声信号 3
		MutingSwitch22	BOOL	消声信号 4
		S_MutingLamp	_SAFEBOOL	消声模式指示灯工作正常
		MaxMutingTime	TIME	消声信号间延时
		MutingEnable	BOOL	消声允许
		S_StartReset	_SAFEBOOL	启动复位
		Reset	BOOL	复位
	输出参数	Ready	BOOL	功能块激活否
		S_AOPD_Out	_SAFEBOOL	本级光电保护输出
		S_MutingActive	_SAFEBOOL	消声模式激活
		Error	UINT	1 次序不对，2 超时
		DiagCode	WORD	错误诊断码

当 S_AOPD_In 即上一级光电保护装置（Active Opto-electronic Protective Device, AOPD）输出为 0 时，或消声允许 MutingEnable 未打开时，不允许启动消声顺序。

消声顺序只能由消声信号触发，消声信号从 11 到 22 共有 4 个，至少要使用其中的 2 个，消声信号可以来自接近开关、光电屏障、限位开关等，但应严格区分，消声用于物料进入危险区，而 ESPE 用于行程检测，两类信号不能混用。

顺序消声工作流程见表 10-13。在危险区外围有光幕和 MS_11 到 MS_22 共 5 个信号，当物料依次打开 MS_11 和 MS_12 后，消声模式激活，再触碰到光幕不会产生停机请求，在机器内部 MS_21 和 MS_22 两个消声信号打开前，要保证机器外部两个信号也为打开状态，以保证物料按顺序完整进入而不是异物（或人）闯入，内部信号打开后，随着物料的进入，会依次关闭消声信号，直至物料进入完毕。整个上料动作在最大消声时间 MaxMutingTime 内完成。

表 10-13 顺序消声工作流程

1	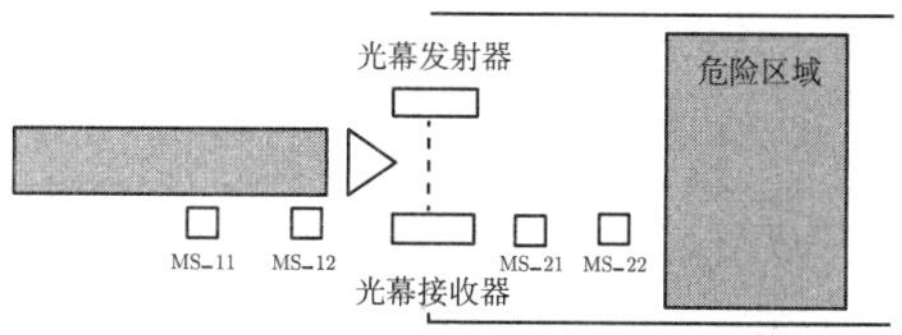 光幕发射器 危险区域 MS_11 MS_12 MS_21 MS_22 光幕接收器	如果消声信号 MS_12 在 MS_11 之后被物料打开，则启动消声模式，消声模式下将关闭光幕的闯入停机功能
2	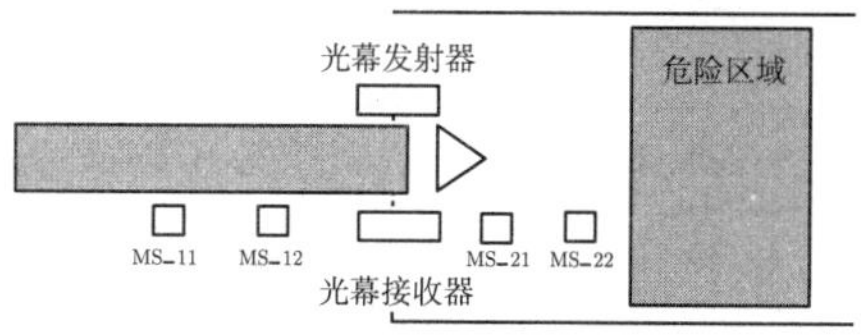 光幕发射器 危险区域 MS_11 MS_12 MS_21 MS_22 光幕接收器	如果 MS_11 和 MS_12 被物料持续打开，则保持消声模式，物料正常进入光幕，光幕被消声不会停机
3	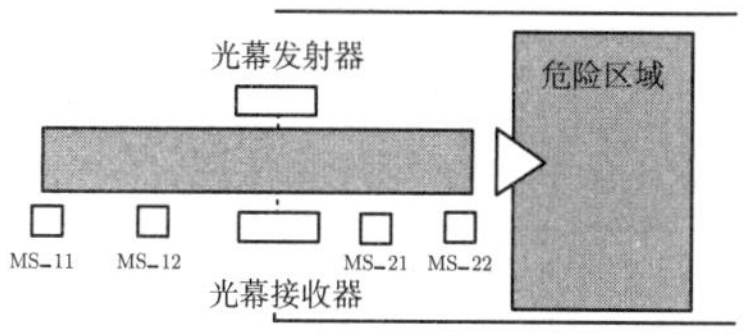 光幕发射器 危险区域 MS_11 MS_12 MS_21 MS_22 光幕接收器	MS_21 和 MS_22 被物料依次打开前，MS_11 和 MS_12 不能关闭，以确保在消声模式下保证物料完整进入
4	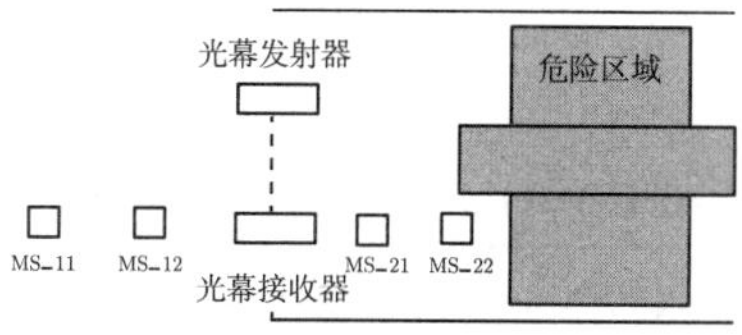 光幕发射器 危险区域 MS_11 MS_12 MS_21 MS_22 光幕接收器	物料通过 MS_22 后，MS_22 关闭，上料结束，退出消声模式，光幕恢复闯入停机功能

在表 10-2 的时序中任何异常都会终止消声并触发安全报警，功能块处理以下错误：

（1）4 个消声信号的顺序不对。

（2）消声指示灯故障，输出 S_MutingActive 会点亮一个指示灯，同时可回连信号到 S_MutingLamp 使之为 1，这样激活后如果 S_MutingLamp 为 0 则可检测消声灯故障。

（3）静态的 Reset 不能复位，必须上升沿才能复位，以防为省事而短接复位信号。

（4）最大消声时间 MaxMutingTime 不在 0..10min 以内，以防为省事而忽略超时监控。

（5）消声模式启动后超时，比如物料卡住。

10.4.2 SF_MutingPar

平行消声功能块见表 10-14。当 S_AOPD_In 上一级光电保护装置输出为 0 时，不允许启动消声功能。

表 10-14　平行消声功能块

图形表示	参数的方向	名称	类型	含义
SF_MutingPar Activate　Ready S_AOPD_In　S_AOPD_Out MutingSwitch11　S_MutingActive MutingSwitch12　Error MutingSwitch21　DiagCode MutingSwitch22 S_MutingLamp DiscTime11_12 DiscTime21_22 MaxMutingTime MutingEnable S_StartReset Reset	输入参数	Activate	BOOL	功能块激活否
		S_AOPD_In	_SAFEBOOL	上级光电保护装置（光幕输出）
		MutingSwitch11	BOOL	消声信号 1
		MutingSwitch12	BOOL	消声信号 2
		MutingSwitch21	BOOL	消声信号 3
		MutingSwitch22	BOOL	消声信号 4
		S_MutingLamp	_SAFEBOOL	消声模式指示灯工作正常
		DiscTime11_12	TIME	MS_11 与 MS_12 的同步时间
		DiscTime21_22	TIME	MS_21 与 MS_22 的同步时间
		MaxMutingTime	TIME	消声信号间延时
		MutingEnable	BOOL	消声允许
		S_StartReset	_SAFEBOOL	启动复位
		Reset	BOOL	复位
	输出参数	Ready	BOOL	功能块激活否
		S_AOPD_Out	_SAFEBOOL	本级光电保护输出
		S_MutingActive	_SAFEBOOL	消声模式激活
		Error	UINT	1 次序不对，2 超时
		DiagCode	WORD	错误诊断码

平行消声流程见表 10-15，在危险区外围有光幕和 MS_11 到 MS_22 共 5 个信号，当物料同步触发 MS_11 和 MS_12 后，消声模式激活，再触碰到光幕不会产生停机请求，在内部 2 个消声信号同步激活前，要保证外部 2 个信号也为触发状态，以保证物料按顺序完整进入而不是异物（或人）闯入，内部信号激活后，随着物料的进入，会依次释放消声信号，直至物料进入完毕。与顺序消声相比，平行消声可以保

证物料以平行姿态进入危险区。整个上料动作在最大消声时间（MaxMutingTime）内完成。

表 10-15 平行消声流程

1	MS_11 光幕发射器 MS_21 危险区域 MS_12 光幕接收器 MS_22	如果在一个同步时间范围内，消声信号 MS_11 和 MS_12 被物料打开，则启动消声模式。在消声模式下将关闭光幕的停机功能
2	MS_11 光幕发射器 MS_21 危险区域 MS_12 光幕接收器 MS_22	如果 MS_11 和 MS_12 被物料持续打开，则保持消声模式，物料正常进入光幕后，光幕被消声不会停机
3	MS_11 光幕发射器 MS_21 危险区域 MS_12 光幕接收器 MS_22	在 MS_21 和 MS_22 被物料同步打开前，MS_11 和 MS_12 不能关闭，以确保在消声模式下保证物料完整进入
4	MS_11 光幕发射器 MS_21 危险区域 MS_12 光幕接收器 MS_22	MS_12 或 MS_22 被物料关闭后，消声模式结束，光幕恢复闯入停机功能，上料结束

10.4.3 SF_MutingPar_2Sensor

交叉消声只需要两个反射式光电开关即可实现与平行消声类似的功能，表传感器布局见表 10-16 中示意图，用反光板代替了内部的安全开关，同样可以实现对通道的平行安全进入。交叉消声功能块见表 10-17。

表 10-16 交叉消声流程

	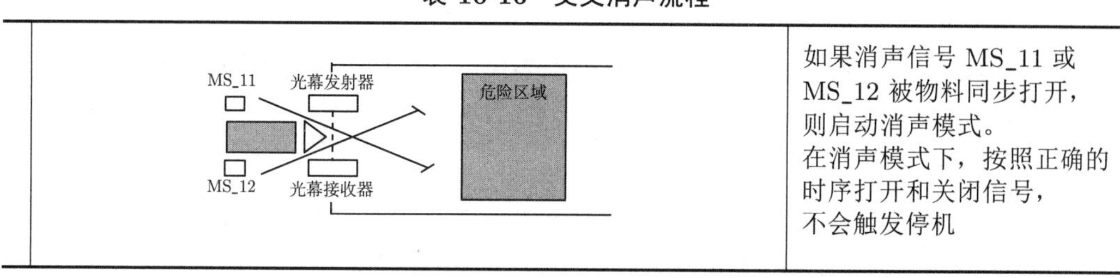	如果消声信号 MS_11 或 MS_12 被物料同步打开，则启动消声模式。 在消声模式下，按照正确的时序打开和关闭信号，不会触发停机

表 10-17 交叉消声功能块

图形表示	参数的方向	名称	类型	含义
SF-MutingPar-2Sensor Activate / Ready S_AOPD_In / S_AOPD-Out S_MutingSwitch11 / S_MutingActive S_MutingSwitch12 / Error S_MutingLamp / DiagCode DiscTimeEntry MaxMutingTime MutingEnable S_StartReset Reset	输入参数	Activate	BOOL	功能块激活否
		S_AOPD_In	_SAFEBOOL	上级光电保护装置（光幕输出）
		S_MutingSwitch11	BOOL	消声信号 1
		S_MutingSwitch12	BOOL	消声信号 2
		S_MutingLamp	_SAFEBOOL	消声模式指示灯工作正常
		DiscTimeEntry	TIME	进入同步时间
		MaxMutingTime	TIME	消声信号间延时
		MutingEnable	BOOL	消声允许
		S_StartReset	_SAFEBOOL	启动复位
		Reset	BOOL	复位
	输出参数	Ready	BOOL	功能块激活否
		S_AOPD_Out	_SAFEBOOL	本级光电保护输出
		S_MutingActive	_SAFEBOOL	消声模式激活
		Error	UINT	1 次序不对，2 超时
		DiagCode	WORD	错误诊断码

10.4.4 SF_TwoHandControlTypeII

双手操作功能块见表 10-18。

表 10-18 双手操作功能块

图形表示	参数的方向	名称	类型	含义
SF_TwoHandControlTypeII Activate / Ready S_Button1 / S_TwoHandOut S_Button2 / Error DiagCode	输入参数	Activate	BOOL	功能块激活否
		S_Button1	_SAFEBOOL	按钮 1 输入
		S_Button2	_SAFEBOOL	按钮 2 输入
	输出参数	Ready	BOOL	功能块激活否
		S_TwoHandOut	_SAFEBOOL	双手操作安全输出
		Error	UINT	1 次序不对，2 超时
		DiagCode	WORD	错误诊断码

双手操作安全装置是一种具有两个启动按钮，操作者必须两手同时操作才可以启动的保护装置。双手操作功能块就是接入两个安全输入，只有两者同时操作，才可发出正常状态输出 1。

HZSF 有类型 2 和类型 3 两类双手操作。类型 2 是指两个开关按照正确顺序输入，而类型 3 则额外附加了 500ms 的时间约束。所谓正确顺序并不是指 S_Button1 和 S_Button2 之间有先后顺序，而是指某按钮按下触发状态已改变时，另一路按钮必须为 0 即未触发，如果另一路按钮已经为 1，则本次双手操作不会发出正常状态的输出 1。这是防止用户为省事直接短接某路安全输入（或发生短路故障），而这样的双手操作不能确保安全。

当按钮 1 和按钮 2 均为 0 时会自动复位功能块。按钮 1 和按钮 2 依次按下后（类型 3 的双手操作还要求间隔时间不能超过 500ms），方可发出正常状态输出 1。

10.5 外部交互

在安全 PAC 应用中，控制器需要与伺服驱动器或其他控制器进行交互，为此，PLCopen 定义了输出控制、安全报警、外部设备监控、限速运行、安全停车等系列功能块，目前 HZSF 对需要隐含层接口的几个功能块尚待实现。

10.5.1 SF_OutControl

输出控制功能块见表 10-19。

表 10-19 输出控制功能块

<table>
<tr><th>图形表示</th><th>参数的方向</th><th>名称</th><th>类型</th><th>含义</th></tr>
<tr><td rowspan="11">SF_OutControl
Activate Ready
S_SafeControl S_OutControl
ProcessControl Error
StaticControl DiagCode
S_StartReset
S_AutoReset
Reset</td><td rowspan="7">输入参数</td><td>Activate</td><td>BOOL</td><td>功能块激活否</td></tr>
<tr><td>S_SafeControl</td><td>_SAFEBOOL</td><td>1 前级允许本功能块控制，0 不允许</td></tr>
<tr><td>ProcessControl</td><td>BOOL</td><td>功能控制器输出</td></tr>
<tr><td>StaticControl</td><td>BOOL</td><td>0 启动后需要一个 ProcessControl 的下降沿</td></tr>
<tr><td>S_StartReset</td><td>_SAFEBOOL</td><td>启动复位</td></tr>
<tr><td>S_AutoReset</td><td>_SAFEBOOL</td><td>自动复位</td></tr>
<tr><td>Reset</td><td>BOOL</td><td>复位</td></tr>
<tr><td rowspan="4">输出参数</td><td>Ready</td><td>BOOL</td><td>功能块激活否</td></tr>
<tr><td>S_OutControl</td><td>_SAFEBOOL</td><td>本级输出</td></tr>
<tr><td>Error</td><td>UINT</td><td>1 次序不对，2 超时</td></tr>
<tr><td>DiagCode</td><td>WORD</td><td>错误诊断码</td></tr>
</table>

功能控制器可以通过该功能块操作一个安全输出。在功能安全分离架构中提到，功能控制器只有通过安全控制器才可操作安全输出，该功能块就是提供了这个功能，当前级均无安全事件发生时，功能控制器可以通过 ProcessControl 信号写 1 对 S_OutControl 输出；当前级发生安全事件后，这个安全输出必须经过复位才可重新操作。

StaticControl 为常量值，如果为 0 则说明功能块激活或者从前级安全事件恢复并复位后，还需要 ProcessControl 的一个下降沿才可以实现输出控制，否则功能块会处于错误状态中不能输出；若为常量 1，则不需要这个额外的下降沿。

10.5.2 SF_EDM

外部设备监控功能块见表 10-20。该功能块用于控制一个安全输出并监控其接触器的开关状态。对安全输出操作后，如果其两路接触器的信号 S_EDM1 和 S_EDM2 在监控时间内发生动作（下降沿），则该功能块继续维持外部输出，否则超时关闭 EMD 输出并出错，需要复位。如果安全输出接触器只有 1 路，则可将该信号短接到 2 路 EDM 输入。

表 10-20　外部设备监控功能块

图形表示	参数的方向	名称	类型	含义
SF_EDM Activate　Ready S_OutControl　S_EDM_Out S_EDM1　Error S_EDM2　DiagCode MonitoringTime S_StartReset Reset	输入参数	Activate	BOOL	功能块激活否
		S_OutControl	_SAFEBOOL	1 操作模式，0 安全模式
		S_EDM1	_SAFEBOOL	确认信号 1，真为初始状态假为动作状态
		S_EDM2	_SAFEBOOL	确认信号 2
		MonitoringTime	TIME	监控时间
		S_StartReset	_SAFEBOOL	启动复位
		Reset	BOOL	复位
	输出参数	Ready	BOOL	功能块激活否
		S_OEDM_Out	_SAFEBOOL	外部设备监控正常
		Error	UINT	1 无确认，2 超时
		DiagCode	WORD	错误诊断码

10.5.3　SF_SafetyRequest

安全报警功能块见表 10-21。该功能块用来向伺服发出进入安全状态请求。其中，S_SafetyRequest 连接到伺服安全 I/O 接口上，伺服的反馈确认信号接到 S_Acknowledge，功能块激活后，当 S_OpMode 处于安全模式时，会发出安全模式请求信号（S_Safety Request=0），如果伺服按时给出确认，则安全模式生效 S_SafetyActive=1。

表 10-21　安全报警功能块

图形表示	参数的方向	名称	类型	含义
SF_SafetyRequest Activate　Ready S_OpMode　S_SafetyActive S_Acknowledge　S_SafeRequest MonitoringTime　Error Reset　DiagCode	输入参数	Activate	BOOL	功能块激活否
		S_OpMode	_SAFEBOOL	1 操作模式，0 安全模式
		S_Acknowledge	_SAFEBOOL	安全确认
		MonitoringTime	TIME	监控时间
		Reset	BOOL	复位
	输出参数	Ready	BOOL	功能块激活否
		S_SafetyActive	_SAFEBOOL	安全模式生效
		S_SafetyRequest	_SAFEBOOL	安全模式请求
		Error	UINT	1 无确认，2 超时
		DiagCode	WORD	错误诊断码

该功能块用来与具有 I/O 接口的安全伺服进行交互，因此伺服的确认信号通过

I/O 连接到功能块的 S_Acknowledge 接口上，而其以下功能块则是通过具有隐含层（Hidden Interface）的总线式安全伺服进行交互，功能块可以直接从轴数据区得到伺服发出的确认信号。

10.5.4 SF_SafetyLimitedSpeed

安全限速功能块见表 10-22。

表 10-22 安全限速功能块

图形表示	参数的方向	名称	类型	含义
SF_SafetyLimitedSpeed Activate Ready S_OpMode S_SafetyActive S_Enabled Error AxisID DiagCode MonitoringTime Reset	输入参数	Activate	BOOL	功能块激活否
		S_OpMode	_SAFEBOOL	1 操作模式，0 安全模式
		S_Enabled	_SAFEBOOL	使能
		AxisID	INT	轴号
		MonitoringTime	TIME	监控时间
		Reset	BOOL	复位
	输出参数	Ready	BOOL	功能块激活否
		S_SafetyActive	_SAFEBOOL	伺服安全活动生效
		Error	UINT	1 无确认，2 超时
		DiagCode	WORD	错误诊断码

对于安全集成伺服来说，需要实现的安全功能有：安全转矩截止（STO）关闭功率电源、安全抱闸控制（SBC）并监控抱闸状态、安全运行停车（Safety Operational Stop，SOS）保证恒力矩输出、安全速度限制（Safety Limited Speed，SLS）、安全加速度限制（Safety Limited Acceleration，SLA）、安全位置限制（Safety Limited Pasition，SLP）、安全方向（Safety Direction）等[19]。

该功能块用来与安全集成伺服交互以实现限速运行。该功能块只是发起请求、监控反馈并设置 S_SafetyActive 输出，而该功能块需要伺服支持安全运行停车（SOS）、安全速度（SLS）功能，不支持这些安全功能的伺服只能用安全请求功能块（SF_Safety Request）进行安全控制。

该功能块及安全停机等需要伺服具有通过隐含层（Hidden Interface）的确认（Acknowledge）功能，即功能块可以通过轴信息直接获取伺服的确认信号，而无需外接确认信号线（例如 SF_SafetyRequest 的 S_Acknowledge 信号），这也体现了总线式安全集成伺服节省电缆的优势。

功能块激活后如果 S_OpMode 为 0 且及时收到伺服确认，则伺服安全活动生效（S_SafetyActive 输出 1 时），电动机处于安全操作停机状态，接入使能控制的输出可以让电动机进入安全限速运行；如果 S_OpMode 为 1 则安全活动无效。

10.5.5 SF_SafeStop1

安全停机功能块见表 10-23。

表 10-23 安全停机功能块

图形表示	参数的方向	名称	类型	含义
SF_SafeStop1 Activate Ready S_StopIn S_Stopped AxisID Error MonitoringTime DiagCode Reset	输入参数	Actvate	BOOL	功能块激活否
		S_StopIn	_SAFEBOOL	1 操作模式，0 安全模式
		AxisID	INT	轴号
		MonitoringTime	TIME	监控时间
		Reset	BOOL	复位
	输出参数	Ready	BOOL	功能块激活否
		S_Stopped	_SAFEBOOL	伺服安全活动生效
		Error	UINT	1 无确认，2 超时
		DiagCode	WORD	错误诊断码

该功能块用来与安全集成伺服交互以实现安全停机。该功能块只是发起请求、监控反馈并设置 S_Stopped 输出，而伺服必须实现安全停机要求的一系列功能及确认功能，不支持这些功能的伺服只能用安全请求功能块（SF_SafetyRequest）进行安全控制。

PLCopen 定义了两种安全停机功能，这两种停机都会激活电动机减速停车，但停车后 SS1 会切断伺服强电，而 SS2 会让伺服处于静止状态（Standstill）并保持力矩输出。因此 SS1 的应用必须要伺服的 STO 和 SBC 功能支持，而 SS2 需要伺服的 SOS 功能支持。

所谓安全集成，就是把机器的安全需求进行场景化归纳[20]，将原来千人千面、极易出错又难以言表的安全继电器网络或梯形图代码转为使用标准化功能块实现。将安全需求预先凝练后给予标准化实现，也是一种系统设计理念，现代复杂工控系统，例如 PAC、数控系统、机器人控制器或伺服驱动器，均应按照此理念设计，外部交互类功能块就是对这些安全集成产品间交互的归纳。

习 题 10

1. 试举例解释什么是“失效安全”。
2. 为什么要专门引入安全 BOOL 类型，能否直接用 BOOL 代替？
3. 试说明错误设置上电复位和自动复位标志会导致功能块无法复位的原因。
4. 检索模式切换实体开关及其使用手册，并绘制信号连线接到 SF_ModeSelector。
5. 结合 11.3.1 节的示例程序解释模式切换功能块可以处理哪些失效或异常。
6. 检索光幕实体开关及其使用手册，并绘制信号连线接到 SF_TestableSafetySensor，结合手册分析其测试及工作过程。
7. 解释顺序消声可以处理哪些失效或异常。

第 11 章

应 用 案 例

PAC 可全面覆盖传统 PLC 和 PMC 的功能，本章从逻辑、运动和安全集成三个方面给出了一些示例：11.1 节逻辑控制是与 PLC 相关的一些案例，主要涉及信号处理、波形生成等，以帮助读者进行 IEC 61131-3 语言的学习和练习；11.2 节伺服电动机运动控制是与 PMC 相关的一些案例，主要涉及伺服电动机的位移、速度、点动、跟随和组合等运动形式，这些示例程序既可以在 Win32 下仿真查看波形学习，也可以带动实际伺服电动机进行操作，以帮助读者建立伺服运动控制的基本概念；11.3 节安全集成设计模式是作者在国际标准的基础上提出的工控应用设计模式，主要涉及 PLCopen Safety 的功能安全分离架构和部分安全功能块，示例程序会从模式切换开始逐步深化，帮助读者建立标准化 PAC 应用实践的体系结构和通用框架。

11.1 逻辑控制

本节示例程序主要摘自参考文献 [2]，涉及一些常用信号的处理和基本逻辑功能块的使用等，这些示例程序使用了多种语言实现，可在 HPAC 软件中的 Win32 环境下仿真运行，读者可编辑调试练习各编程语言的相关知识，从而直观感受到不同语言的适用场景。

11.1.1 自保持与解除回路

1. 控制要求

当按下启动按钮 X0 时，电动机驱动抽水泵开始工作，置位 Y0 将容器中的水抽出；当按下停止按钮 X1 或容器中的水为空时，复位 Y0 抽水泵停止工作。详见表 11-1。

表 11-1　自保持与解除回路

示意图	变量表	
	变量	控制说明
X0 START X1 STOP X2 Y0	X0	启动按钮按下时，X0 的状态为 On
	X1	停止按钮按下时，X1 的状态为 On
	X2	浮标水位检测器，容器内有水则 X2 的状态为 On
	M0	一个扫描周期的触发脉冲用于复位 Y0
	Y0	抽水泵电动机

2. 控制程序

自保持与解除回路的 5 种语言分别实现如下：

1）IL

```
ld      X0          (* 读取 X0，X0 为启动按钮 *)
and     X2          (* 与 X2 做逻辑与运算 *)
andn    X1          (* X1 取反后做与运算 *)
s       Y0          (* 若当前值为 1，置位 Y0 *)
ld      X1          (* 读取 X1 *)
orn     X2          (* X2 取反后做或运算 *)
CLK     R_TRIG1     (* 将当前结果作为上升沿检测功能块 R_TRIG1 的 CLK 输入 *)
ld      R_TRIG1.Q   (* 读取 R_TRIG1 的输出 Q *)
st      M0          (* R_TRIG1 的输出 Q 存放在 M0 *)
ld      M0          (* 读取 M0 *)
r       Y0          (* 若当前值为 1，则复位 Y0 *)
```

同时满足 X0、X2 为 On，X1 为 Off 时（启动、有水且未停止），则将 Y0 置位，开始抽水；若 X1 为 On 或 X2 为 Off 时，发出一个扫描周期的脉冲 M0 复位 Y0，停止抽水。

2）ST

```
R_TRIG1 (CLK:=X1 or not X2,Q=>M0) ;  (* 停止或容器为空时，发出 M0 脉冲 *)
RS1 (S:=X0 and X2 and not X1,R1:=M0,Q1=>Y0) ;
```

上升沿检测功能块实例 R_TRIG1，检测停止按钮 X1 或容器为空（not X2）输出 M0，用来复位 Y0 抽水信号；复位优先双稳态功能块实例 RS1，复位输入接 M0，置位输入接 X0（启动）、X2（容器有水标志位）、非 X1（停止）的与，用来打开并保持抽水信号。

3）LD

如图 11-1 所示，若 X0 为 On（接通启动按钮），X2 为 On（容器中有水），且 X1 为 Off，则将 Y0 置位，开始抽水；若 X1 为 On 或者 X2 为 Off（容器中没水），接通一个扫描周期的脉冲 M0；M0 为 On 时，将 Y0 复位，停止抽水。

4）FBD

如图 11-2 所示，X1、NOT X2 的或作为 R_TRIG 的 CLK 输入，上升沿脉冲作为 M0 接 RS 功能块的复位信号 R1，复位 Y0，停止抽水；X0、X2、NOT X1 的与运算结果作为 RS 功能块的置位信号 S，当其为真且 R1 为 FALSE 时，置位 Y0，开始抽水。

5）SFC

如图 11-3 所示，上电初始步 ResetY0 对 Y0 复位，若满足抽水条件（X0 AND X2 AND NOT X1 为真），则跃迁至 SetY0 步，执行置位 Y0 的动作；当 X1 为真，X2 为

FALSE 时，跃迁条件 X1 OR NOT X2 为真，跳转到 PULSE 步，发出一个扫描周期的脉冲 M0，M0 作为跃迁条件跳至初始步，复位 Y0，停止抽水。

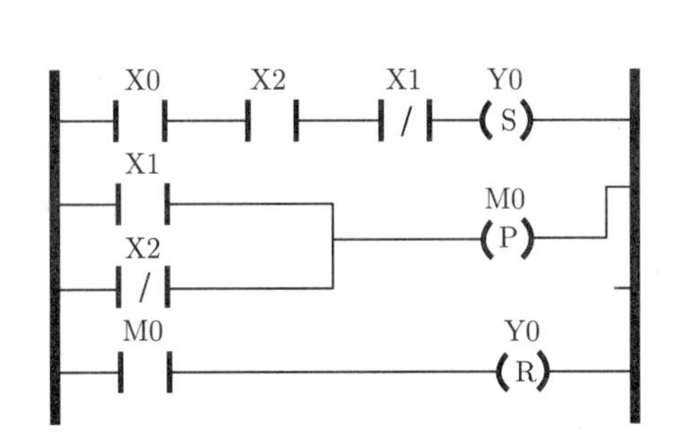

图 11-1　自保持与解除 LD 程序

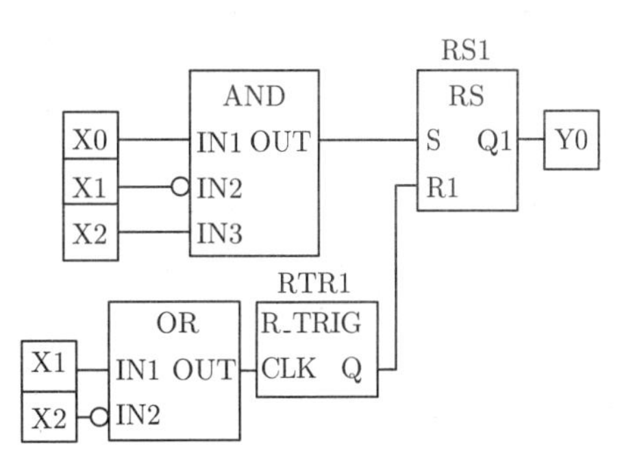

图 11-2　自保持与解除 FBD 程序

在 SFC 中使用了 R 和 S 限定符操作 Y0，在 PULSE 步用的是 P 限定符，在行动类型框选择“变量”类型对 M0 进行了设置，离开 PULSE 步后 M0 可自动复位。

3. 时序图

图 11-4 中第 4 行第 1 次的 M0 上升沿是用户按下停止按钮关闭抽水泵，第 2 次是水已空造成的关闭。

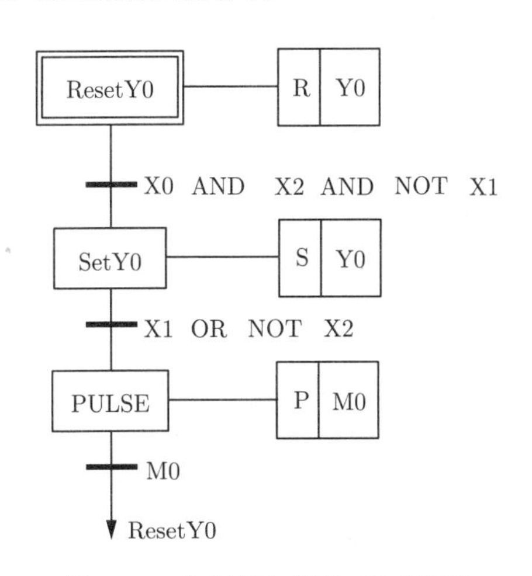

图 11-3　自保持与解除 SFC 程序

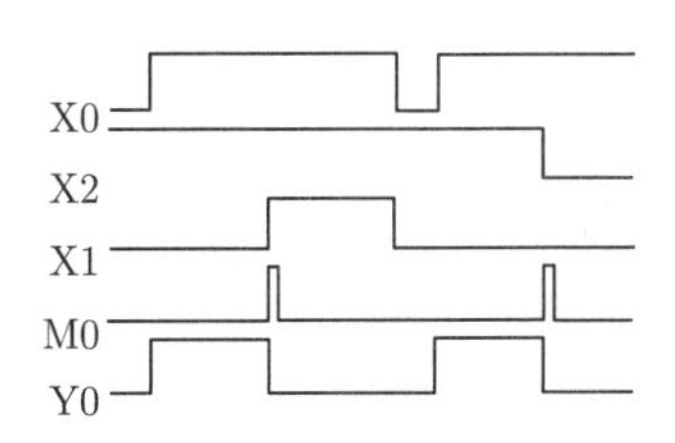

图 11-4　自保持与解除时序图

11.1.2　交替输出回路

1. 控制要求

第 1 次按下按钮时灯亮，第 2 次按下按钮时灯灭，第 3 次按下按钮时灯亮；如此循环，按钮在奇数次被按下时，灯点亮并保持；而在偶数次被按下时，灯熄灭。详见表 11-2。

表 11-2 交替输出回路

变量	控制说明
X1	灯开关按钮，按下时，X1 为 On
M10	一个扫描周期的触发脉冲
M512	X1 奇数次 On 时，M512 为 On，M513 为 Off
M513	X1 偶数次 On 时，M512 为 Off，M513 为 On
Y1	指示灯信号

2. 控制程序

交替输出回路的 5 种语言分别实现如下：

1）IL

```
ld      X1          (* 读取 X1 *)
CLK     R_TRIG1     (* 赋值给 R_TRIG 的实例 R_TRIG1 的输入 CLK *)
ld      R_TRIG1.Q   (* 读取 R_TRIG1 的输出 Q *)
st      M10         (* 存放到 M10 *)
ld      M10         (* 读取 M10 *)
andn    Y1          (* 与 not Y1 进行与运算 *)
s       M512        (* 若当前值为 1，置位 M512 *)
r       M513        (* 若当前值为 1，复位 M513 *)
ld      M10         (* 读取 M10 *)
and     Y1          (* 与 Y1 进行与运算 *)
s       M513        (* 若当前值为 1，置位 M513 *)
r       M512        (* 若当前值为 1，复位 M512 *)
ld      M512        (* 读取 M512 *)
or      Y1          (* 与 Y1 进行或运算 *)
andn    M513        (* 与 not M513 进行与运算 *)
st      Y1          (* 将当前值存放到 Y1 *)
```

R_TRIG1 检测 X1 的上升沿，将输出 Q 存放到 M10；M10 与 not Y1 的与运算结果为真，说明是奇数次按下 X1 的第一个扫描周期，置位 M512，复位 M513；M10 与 Y1 的与运算为真，说明是偶数次按下 X1 的第一个扫描周期，复位 M512，置位 M513；M512 与 Y1 进行或运算，再与 not M513 进行与运算，并将该运算结果存放到 Y1，作为指示灯的输出。

2）ST

```
R_TRIG1（CLK:=X1,Q=>M10）;（* X1 的上升沿赋值给 M10 *）
RS1（S:=Y1 and M10,R1:=M10 and not Y1,Q1=>M513）;（* 偶数次设置 M513 *）
RS2（S:=M10 and not Y1,R1:=Y1 and M10,Q1=>M512）;（* 奇数次设置 M512 *）
Y1:=（M512 or Y1） and not M513;
```

3）LD

如图 11-5 所示，X1 为 On 时，产生一个周期的脉冲 M10；not Y1 和 M10 的与表示奇数次按下 X1，则置位 M512，复位 M513；M10 和 Y1 的与表示偶数次按下 X1，则置位 M513，复位 M512；M512，M513，Y1 逻辑运算后，赋值给 Y1。

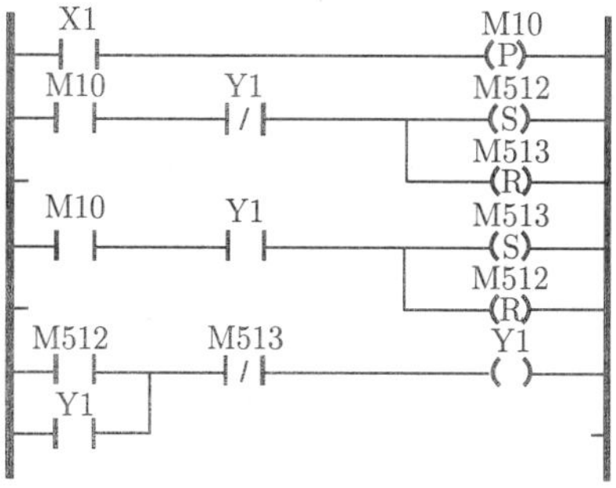

图 11-5　交替输出回路 LD 程序

4）FBD

如图 11-6 所示，R_TRIG 功能块检测 X1 的上升沿，其输出分别与 Y1 做与运算作为 RS1 的 S 输入、RS2 的 R1 输入，与 not Y1 的与运算作为 RS1 的 R1 输入、RS2 的 S 输入；奇数次 X1 的第一个周期复位 RS1.Q1，置位 RS2.Q1（M512）；偶数次 X1 的第一个周期内复位 RS2.Q1，置位 RS1.Q1（M513）。

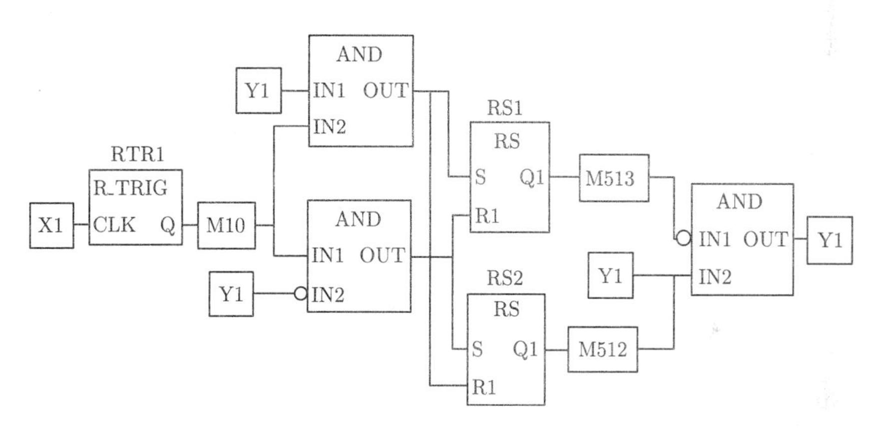

图 11-6　交替输出回路 FBD 程序

5）SFC

如图 11-7 所示，初始步 start，检测 X1 的上升沿，将上升沿检测功能块 R_TRIG1 的输出 M10 作为跃迁条件，若 M10 为真则跳转至 step1 步，完成指示灯状态翻转的操作，状态翻转后跳转至初始步 start 等待下一次 X1 按下。

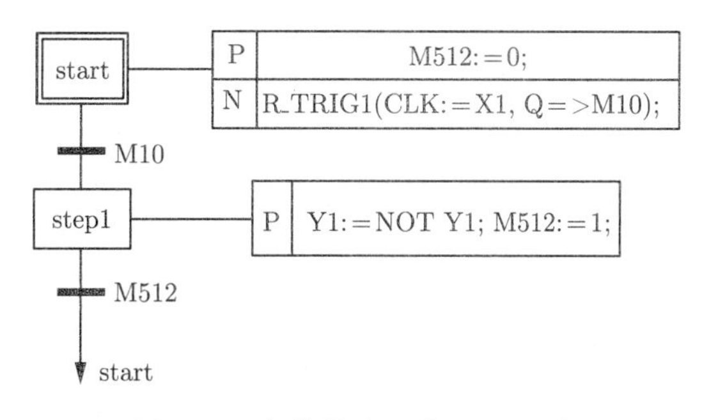

图 11-7　交替输出回路 SFC 程序

11.1.3 先入信号优先回路

1. 控制要求

有小学生、中学生、教授 3 组选手参加智力竞赛，要获得回答主持人问题的机会，必须抢先按下桌上的抢答按钮，任何一组抢答成功后，其他组再按按钮无效。

小学生组和教授组桌上有两个抢答按钮，中学生组桌上有一个抢答按钮。为给小学生组一些优待，其桌上的 X0 和 X1 任何一个按钮按下，Y0 灯都亮；为了限制教授组，其桌上的 X3 和 X4 抢答按钮必须同时按下时，Y2 灯才亮；中学生组则按下 X2 按钮，Y1 灯亮。详见表 11-3。

表 11-3 先入信号优先回路

示意图	变量表	
	变量	控制说明
	X0	小学生组按钮
	X1	小学生组按钮
	X2	中学生组按钮
	X3	教授组按钮
	X4	教授组按钮
	X5	主持人复位按钮
	Y0	小学生组指示灯
	Y1	中学生组指示灯
	Y2	教授组指示灯

2. 控制程序

先入信号优先回路的 5 种语言分别实现如下：

1）IL

```
ld      X0      (* 读取 X0 *)
or      X1      (* 与 X1 做或运算 *)
or      Y0      (* 与 Y0 做或运算 *)
andn    Y1      (* 与 not Y1 做与运算 *)
andn    Y2      (* 与 not Y2 做与运算 *)
andn    X5      (* 与 not X5 做与运算 *)
st      Y0      (* 将当前值存放到 Y0 *)
ld      X2      (* 读取 X2 *)
or      Y1      (* 与 Y1 做或运算 *)
andn    Y0      (* 与 not Y1 做与运算 *)
andn    Y2      (* 与 not Y2 做与运算 *)
andn    X5      (* 与 not X5 做与运算 *)
st      Y1      (* 将当前值存放到 Y1 *)
ld      X3      (* 读取 X3 *)
and     X4      (* 与 X4 做与运算 *)
```

```
or      Y2      (* 与 Y2 做或运算 *)
andn    Y0      (* 与 not Y0 做与运算 *)
andn    Y1      (* 与 not Y1 做与运算 *)
andn    X5      (* 与 not X5 做与运算 *)
st      Y2      (* 将当前值存放到 Y2 *)
```

从上到下顺序扫描程序，分别求 Y0，Y1，Y2 状态的逻辑运算结果。从 ld X0 行到 st Y0 行为求 Y0 状态的逻辑运算，从 ld X2 行到 st Y1 行则为求 Y1 状态的逻辑运算，从 ld X3 行到 st Y2 行为求 Y2 状态的逻辑运算。

2）ST

```
Y0:=（X0 or X1 or Y0） and not Y1 and not Y2 and not X5;
Y1:=（X2 or Y1） and not Y0 and not Y2 and not X5;
Y2:=（（X3 and X4） or Y2） and not Y0 and not Y1 and not X5;
```

3）LD

如图 11-8 所示，若 X0 或 X1 为 On，且 X5，Y1，Y2 为 Off，则指示灯 Y0 为 On；若 X2 为 On，且 X5，Y0，Y2 为 Off 时，指示灯 Y1 为 On；若 X3，X4 均为 On，且 X5，Y0，Y1 为 Off，指示灯 Y2 为 On。

Y0，Y1 和 Y2 三个或运算分支可以锁存相应灯的状态。

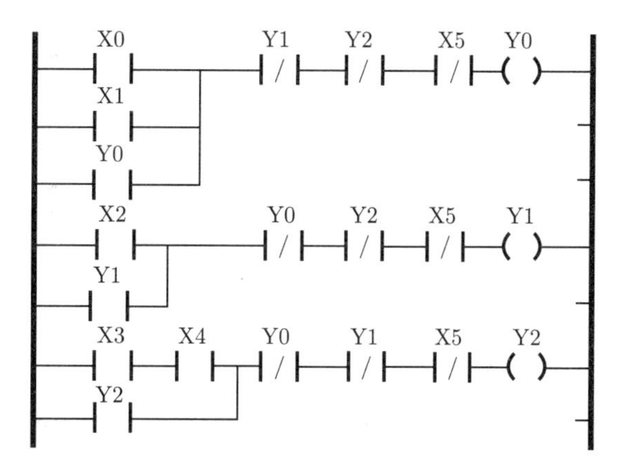

图 11-8 先入信号优先回路 LD 程序

4）FBD

先入信号优先回路 FBD 程序如图 11-9 所示。

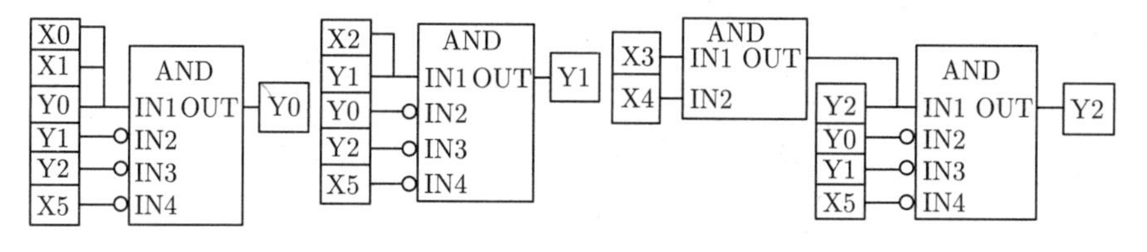

图 11-9 先入信号优先回路 FBD 程序

5）**SFC**

如图 11-10 所示，初始步 start 完成 Y0，Y1，Y2 的复位，一个三分支的选择发散到亮灯操作步，点亮对应组的指示灯，按下 X5 后，跳转至 start 复位。

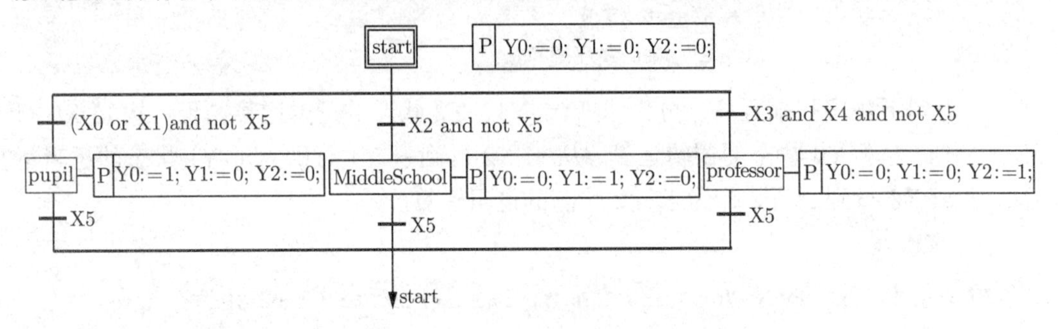

图 11-10 先入信号优先回路 SFC 程序

11.1.4 24h 时钟

1. 控制要求

利用 3 个计数器配合 1s 时钟脉冲，构成一个标准的 24h 时钟，见表 11-4。

表 11-4 24h 时钟

示意图	变量表	
	变量	控制说明
	CTU1	秒计数器
	CTU2	分钟计数器
16:10:51 小时 分 秒	CTU3	小时计数器
	TON1	1s 定时器
	Second	秒计数值
	Minute	分钟计数值
	Hour	小时计数值

2. 控制程序

24h 时钟的 ST 和 FBD 实现如下：

1）**ST**

```
TON1（IN:=not TON1.Q,PT:=T#1s）;
CTU1（CU:=TON1.Q,R:=CTU1.Q,PV:=60,CV=>Second）;
CTU2（CU:=CTU1.Q,R:=CTU2.Q,PV:=60,CV=>Minute）;
CTU3（CU:=CTU2.Q,R:=CTU3.Q,PV:=24,CV=>Hour）;
```

定时器 TON1 每秒发出的脉冲 TON1.Q 作为计数器 CTU1 的计数脉冲，CV 输出当前秒数，当计时满 60s 时，复位 CV，计数器重新计时；CTU1 的输出 Q 作为 CTU2

的计数脉冲，每分钟 CTU2 计数加 1，CV 输出当前分钟，当计时满 60min 时，复位 CV，计数器重新计时；CTU2 的输出 Q 作为 CTU3 的计数脉冲，每分钟 CTU3 计数加 1，CV 输出当前小时，当计时满 24h 时，复位 CV，计数器重新计时。

2）FBD

如图 11-11 所示，24h 时钟的 FBD 的思路与 ST 程序一样，为加快调试可以减小计数值常量值，不必等 60s 再进位。

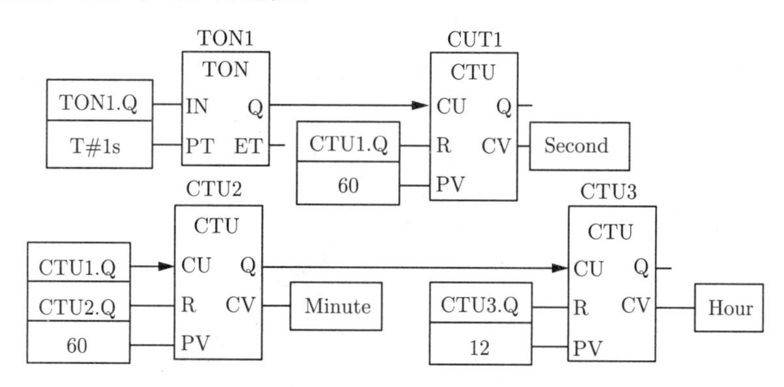

图 11-11　24h 时钟 FBD 程序

11.1.5　异步电动机正反转

1. 控制要求

按下正转按钮 X0，三相异步电动机正转；按下反转按钮 X1，电动机反转；按下停止按钮 X2，电动机停止。详见表 11-5。

表 11-5　异步电动机正反转

示意图	变量表	
	变量	控制说明
	X0	电动机正转按钮
	X1	电动机反转按钮
	X2	停止按钮
	TON1	计时 1s 定时器
	TON2	计时 1s 定时器
	Y0	正转接触器
	Y1	反转接触器

2. 控制程序

三相异步电动机正反转控制的 5 种语言分别实现如下：

1）IL

```
ld      X0      (* 读取 X0 *)
IN      TON1    (* 送 TON1.IN *)
ld      T#1s
```

```
PT      TON1     (* 设置 TON1.PT 为 1s *)
ld      TON1.Q
st      T0       (* 定时器输出到 T0 *)
ld      T0
or      Y0       (* T0 OR Y0 *)
andn    X1
andn    X2
andn    Y1
st      Y0       (* Y0:=(T0 OR Y0) and not X1 and not X2 and not Y1 *)
ld      X1
IN      TON2
ld      T#1s
PT      TON2
ld      TON2.Q
st      T1
ld      T1
or      Y1       (* T1 OR Y1 *)
andn    X0
andn    X2
andn    Y0
st      Y1       (* Y1:=(T1 OR Y1) and not X0 and not X2 and not Y0 *)
```

Y0 的条件是 X0 按下 1s，X1，X2 为假且 Y1 也为假，如果 Y1 为真，则 X0 按下会立刻复位。

2）ST

```
TON1（IN:=X0,PT:=T#1s,Q=>T0）;
Y0:=（T0 OR Y0）and not X1 and not X2 and not Y1;
TON2（IN:=X1,PT:=T#1s,Q=>T1）;
Y1:=（T1 OR Y1）and not X0 and not X2 and not Y0;
```

分别用 T0 和 T1 获得 1s 的按钮以防抖或误触发，并根据按钮状态，在 T0 或 T1 的上升沿周期输出 Y0，Y1，与 Y0 和 Y1 的或用于信号保持。

3）LD

如图 11-12 所示，X0 为 On，1s 后正向延时 T0 完成，若 X1，X2，Y1 为 Off，则正转接触器 Y0 为 On；X1 为 On，1s 后计时反向延时 T1 完成，若 X0，X2，Y0 为 Off，则反转接触器 Y1 为 On。与 Y0，Y1 的或用于信号保持。

X0 为 On，1s 后若 X1，X2，Y1 为 Off，则正转接触器 Y0 为 On；X1 为 On，1s 后若 X0，X2，Y0 为 Off，则反转接触器 Y1 为 On。与 Y0，Y1 的或用于信号保持。

4）FBD

如图 11-13 所示，FBD 与 ST 代码连接关系一致，实例名称也是一样的，将 ST

代码分析对照 FBD 读一遍即可理解。

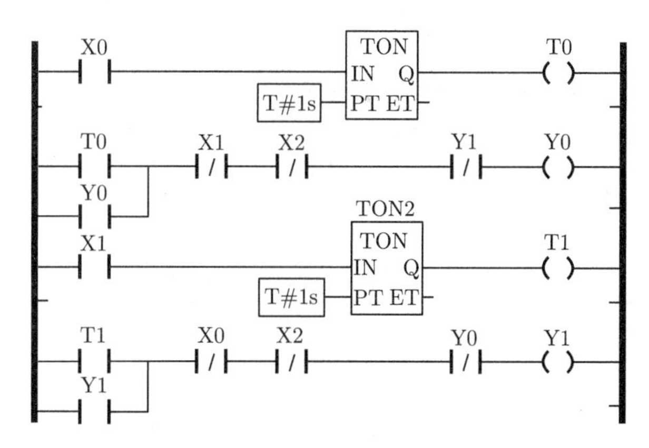

图 11-12 异步电动机正反转控制 LD 程序

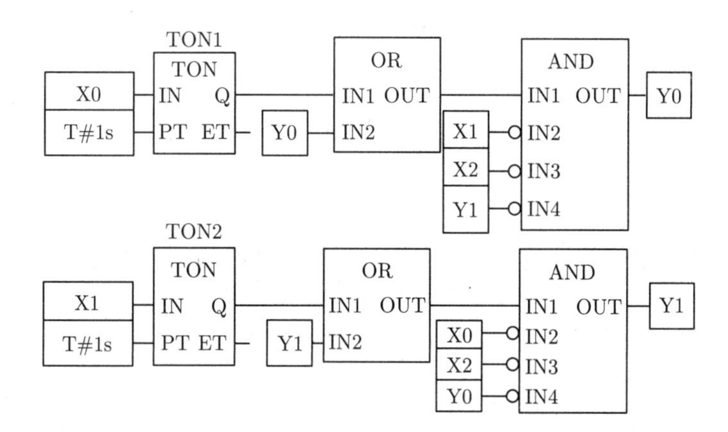

图 11-13 异步电动机正反转控制 FBD 程序

5）SFC

如图 11-14 所示，电动机启动后如果 X2 为假，根据 X0 和 X1 进行选择，跃迁到正向旋转 step0 或反向旋转 step1 步，发出相应的信号，按下停止或反向按钮则退回初始状态。

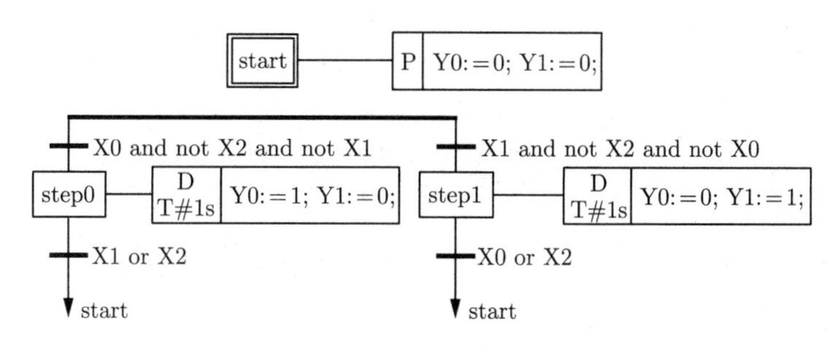

图 11-14 异步电动机正反转控制 SFC 程序

11.1.6 脉波波宽调变

1. 控制要求

拨动开关 X0 到 On 位置后，可通过在程序中改变定时器的预设时间值，根据 Y0 的输出产生宽度可调的脉冲波形，在图中所示的振荡波形中，Y0 的状态 On 为 1s，周期为 2s。详见表 11-6。

表 11-6 脉波波宽调变

示意图	变量表	
	变量	控制说明
X0 Y0 1s 2s	X0	启动开关
	TON1	计时 1s 定时器
	TON2	计时 2s 定时器
	Y0	输出的振荡波形

2. 控制程序

脉波波宽调变的 5 种语言分别实现如下：

1）IL

```
ld      X0          (* 读取 X0，为启动按钮 *)
andn    T1          (* 与 not T1 做逻辑与运算 *)
IN      TON1        (* TON1.IN:=X0 and not T1 *)
ld      T#1s        (* 读取时间值 1s *)
PT      TON1        (* 当期值作为 TON1 的 PT 输入 *)
ld      TON1.Q      (* 读取 TON1 的输出 Q *)
st      T0          (* TON1 的输出 Q 存放至 T0 *)
ld      X0          (* 读取 X0，为启动按钮 *)
andn    T1          (* 与 not T1 做逻辑与运算 *)
IN      TON2        (* TON2.IN:=X0 and not T1 *)
ld      T#2s        (* 读取时间值 2s *)
PT      TON2        (* 当期值作为 TON2 的 PT 输入 *)
ld      TON2.Q      (* 读取 TON2 的输出 Q *)
st      T1          (* TON2 的输出 Q 存放至 T1 *)
ld      X0          (* 读取 X0 *)
andn    T0          (* 与 not T0 做逻辑与运算 *)
st      Y0          (* 将当前值存放到 Y0 *)
```

X0 为波形输出的启动按钮，TON1 定时时长为脉波高电平的持续时间，TON2 定时时长为脉波一周期的持续时长。

2）ST

```
(* 脉波高电平持续的时长计时 *)
TON1 (IN:=X0 and not T1,PT:=T#1s,Q=>T0);
(* 脉波一周期持续的时长计时 *)
TON2 (IN:=X0 and not T1,PT:=T#2s,Q=>T1);
(* 脉波输出 *)
Y0:=X0 and not T0;
```

X0 启动后，T0 计时时长未达到时，波形输出高电平；当 T0 计时达到时，TON1 输出置位，Y0 波形输出低电平；直到 TON2 计时时长达到后，T1 置位，TON1 对 T0 复位，T1 也复位，Y0 输出高电平；下一扫描周期 TON1 计时开始，进行新一轮的波形控制。

3）LD

如图 11-15 所示，X0=On 时，定时器 TON1 开始计时，TON1 计时时长为高电平持续时间；X0=On 时，TON2 也开始计时，完成时将 T0，T1 都清除，Y0 开始新一周期的波形输出，TON2 的定时时长为一周期的时长；Y0 为波形输出，是 X0 与 not T0 的与逻辑结果。改变 TON1，TON2 的定时时长可以改变脉波的宽度和周期时长。

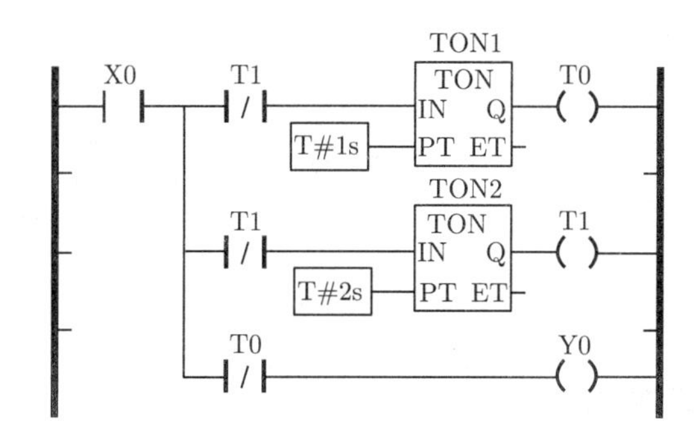

图 11-15　脉波波宽调变 LD 程序

4）FBD

如图 11-16 所示，Y0 为输出波形，当 X0 启动按钮为 On 时，输出波形。T0 计时时长未达到时，波形输出高电平，当 T0 计时达到时，TON1 输出置位，Y0 波形输出低电平，直到 TON1 计时时长达到后，T1 置位，下一个扫描周期 T0 复位、T1 复位，开始下一个扫描周期的波形输出。

5）SFC

如图 11-17 所示，START 为初始步，完成 Y0（波形输出）、T0（高电平计时时长到位标志位）、T1（周期计时时长到位标志位）复位。X0 为 On 时跳转至 STEP1 步，该步的第一个周期复位 T1，延时 1s 后，Y0 输出高电平，T0 为真；跳转至 STEP2 步，复位 T0，延时 1s 后，Y0 输出低电平，T1 为真；若 X0 仍未 On，跳转至 STEP1 步继续波形输出。

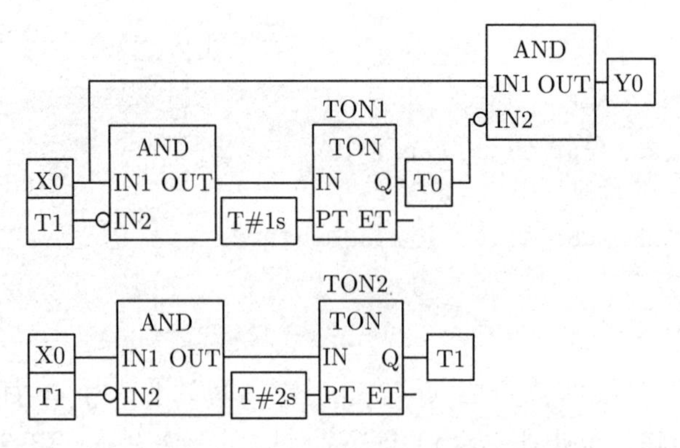

图 11-16　脉波波宽调变 FBD 程序

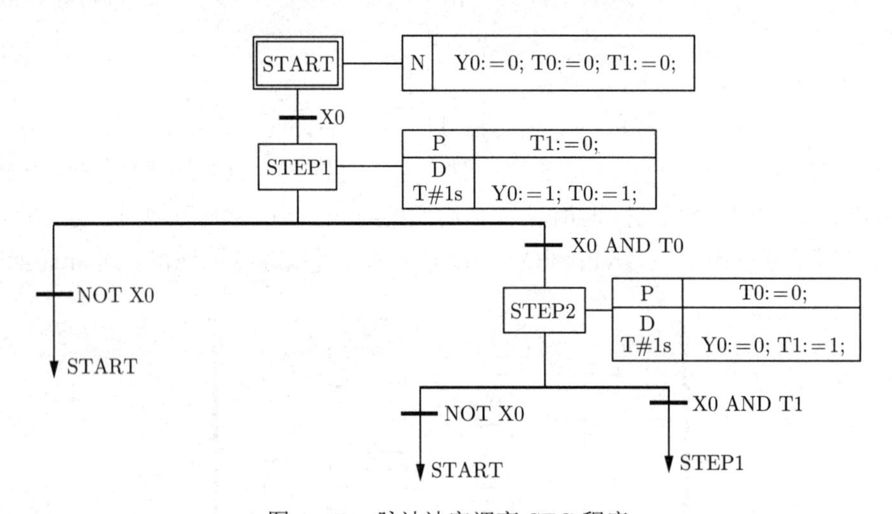

图 11-17　脉波波宽调变 SFC 程序

11.1.7　霓虹灯循环左移

1. 控制要求

（1）按下左循环按钮，8 盏霓虹灯按照编号 Y0~Y7 依次点亮 200ms 后熄灭。

（2）按下复位按钮，所有霓虹灯熄灭。

霓虹灯循环左移的时序图及变量表详见表 11-7。

2. 控制程序

本例涉及 ROL 函数，其输入参数 IN 的数据类型可以是 BYTE、WORD、DWORD，即被移位的数据输入参数 N 为向左移位的位数。因为有 8 盏霓虹灯，可以选用一个 BYTE 型数据 A1 作为 IN，其从低位到高位对应于 Y0~Y7，对应位为 1 则亮灯，为 0 则熄灯。A1 初始值为 16#01，每 200ms 使 N 加 1，Y0—Y7—Y0—Y7 循环点亮的过程就是 N 值在 0—7—0—7 之间循环变化。

表 11-7 霓虹灯循环左移的时序表及变量表

时序图	变量表	
X0 X1 Y0 Y1 Y2 Y3 Y4 Y5 Y6 Y7	变量	控制说明
	X0	左循环按钮
	X1	复位按钮
	TON1	计时 200ms 定时器
	A1	BYTE 亮灯数初值 01 表示最右 1 盏灯
	A3	UINT 当前 8 盏灯的状态
	A2	BYTE 当前灯状态
	CTU1	计数器
	SR1	置位优先保证上升沿启动的计时器可以完成计时

霓虹灯循环左移的实现程序如下：

1）ST

```
R_TRIG1（CLK:=X0）；
SR1（S1:=R_TRIGI.Q,R:=X2）；
TON1（IN:=NOT TON1.Q AND SR1.Q1,PT:=T#200ms）；
CTU1（CU:=TON1.Q,R:=CTU1.Q,PV:=INT#8）；（* 每 200ms 计数器加 1 *）
A2:=ROL（EN:=SR1.Q1,IN:=A1,N:=CTU1.CV）；（* 将 0x01 向左移位 *）
A3:=BYTE_TO_UINT（A2）；      （* 将 BYTE 型数据转为 UINT 后输出 *）
```

X0 为循环按钮，R_TRIG1 检测其上升沿，SR1 置位信号为 R_TRIG1.Q，复位信号为 X2，SR1 的输出 Q1 为 ROL 函数的 EN 输入。按下 X0 后，TON1 的输出 TON1.Q 每 200ms 产生一个脉冲，作为计数器 CTU1 的计数信号，同时 ROL 函数将 16#01 向左逐渐移动送至 A3 输出，每 8 次会复位 CTU1 重新开始。

2）FBD

ST 代码中除了 A2 的赋值在 FBD 中被合并外，FBD 与 ST 代码连接关系一致，实例名称也是一样的，把 ST 代码分析对照 FBD 读一遍即可理解图 11-18。

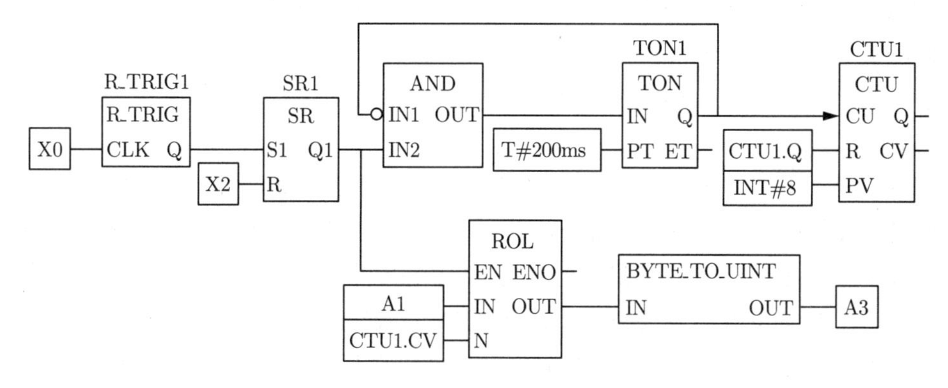

图 11-18 霓虹灯循环左移 FBD 程序

11.2 伺服电动机运动控制

本节的示例程序涉及 HZMC 库中几个关键运动控制功能块的使用，包括绝对位移、相对位移、回零、设置逻辑坐标系、速度控制、电子凸轮和轴组合等，是开发者必须掌握的伺服电动机运动控制知识。本节示例可在 Win32 环境下离线仿真实验学习，当然如果带实体伺服进行练习效果会更好。

11.2.1 电动机正反转 1

1. 控制要求

输入电动机速度和目标位置 a，电动机位置则为 0—a—0—a—0 的不断循环做正反转动作。其变量名、类型及说明见表 11-8。

表 11-8 电动机正反转 1 变量名、类型及说明

变量名	分类	类型	说明
X0	输入	BOOL	开始按钮
EndPos	输入	LREAL	目标位置，缺省值 100.0
Velocity	输入	LREAL	最大速度，缺省值 100.0
AxisID	输入	INT	运动控制轴轴号
abso1	功能块	MC_Absolute	绝对位移功能块
ppi11	功能块	PPIInfo	轴信息显示

2. 控制程序

电动机正反转 1 控制程序包括图 11-19（a）所示由 FBD 编写的主程序和图 11-19（b）所示的名为 pr_move 的 SFC 功能块。在主程序中对 11 号轴初始化（MC_Init）和上电（MC_Power），X0 调用正反转功能块 pr_move，并通过 PPIInfo 功能块读取轴信息。

SFC 功能块 pr_move 实现了电动机的正反转动作，在 SFC 程序中使用了绝对位移功能块 MC_Absolute（见表 11-8 所示变量名 absol）实现了电动机的点位运动，MC_Absolute 功能块可以按照设定的速度和加速度让电动机移动到逻辑坐标指定的某目标位置。它有 5 个输入，分别是 AxisID（轴号），Execute（功能块启动标志，为高电平时启动功能块），Position（目标位置），Velocity（运动轴速度），Acceleration（运动轴加速度）。当到达目标位置后，该功能块的输出 Done 输出为真（见第 9 章）。如 11.3.5 节框架所示，开发者主要在流程 SFC 中调用运动类指令，尤其需要注意的是调用后，必须在下一步做 Execute:=0 的复位调用，以保证再次回到调用步时，运动指令状态安全且 Execute 可以获得上升沿。

上电时轴初始位置为逻辑坐标零，将 MC_Absolute 的目标位置设置为 100.0，到达后返回上电时零点，完成一个正反转流程，然后循环完成以上动作。START 为初始步，按下 X0，则跳转至 MOVE_STEP 步；abso1 的 Execute 上升沿启动，11 轴按照

输入速度运动至 EndPos 位置；到达该位置后，以 abso1 的 Done 信号为跃迁条件跳转至 CHANGE_STEP；CHANGE_STEP 完成 11 轴的目标位置设置，若当前 Pos > 0.0，说明 11 轴正转到了 EndPos，则令 Pos 为 0，跳转至 MOVE_STEP 后开始反转，否则说明 11 轴反转回到了逻辑零位置，则令 Pos 为 EndPos，跳转至 MOVE_STEP 步开始正转。

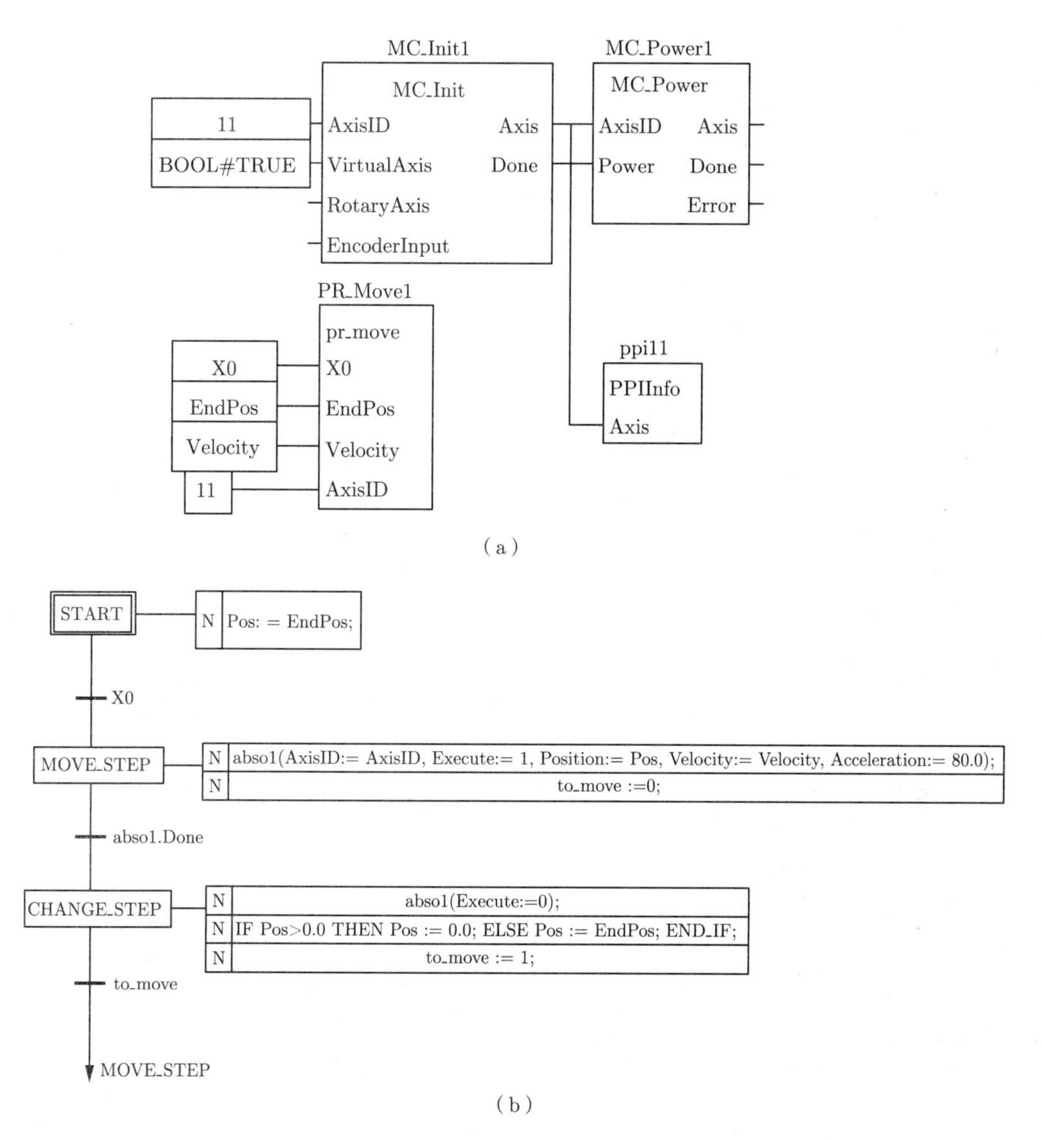

图 11-19 电动机正反转 1 控制程序
（a）主程序；（b）正反转 SFC 功能块 1（pr_move）

在 Win32 环境下运行该程序，强制 X0 为真，可以看到如图 11-20（a）所示的位移曲线，其中左图为脉冲坐标位置，右图为逻辑坐标位置；查看轴信息显示功能块如图 11-20（b）所示，图中① 所示指令速度 INTERV 的值为 40.0 而非表 11-8 第 4 行中设置的 100.0，这是因为如图 11-20（c）中② 所示，在对象字典中 4022.A 的入口值为

40m/s，11# 轴的最大速度被钳位了。注意：对象字典中轴参数从 2# 设备开始（1# 设备为主站），即 1# 子入口为 2# 轴参数，因此 11# 轴子入口的为 A，11# 轴的最大速度约束位置为 4022.A。

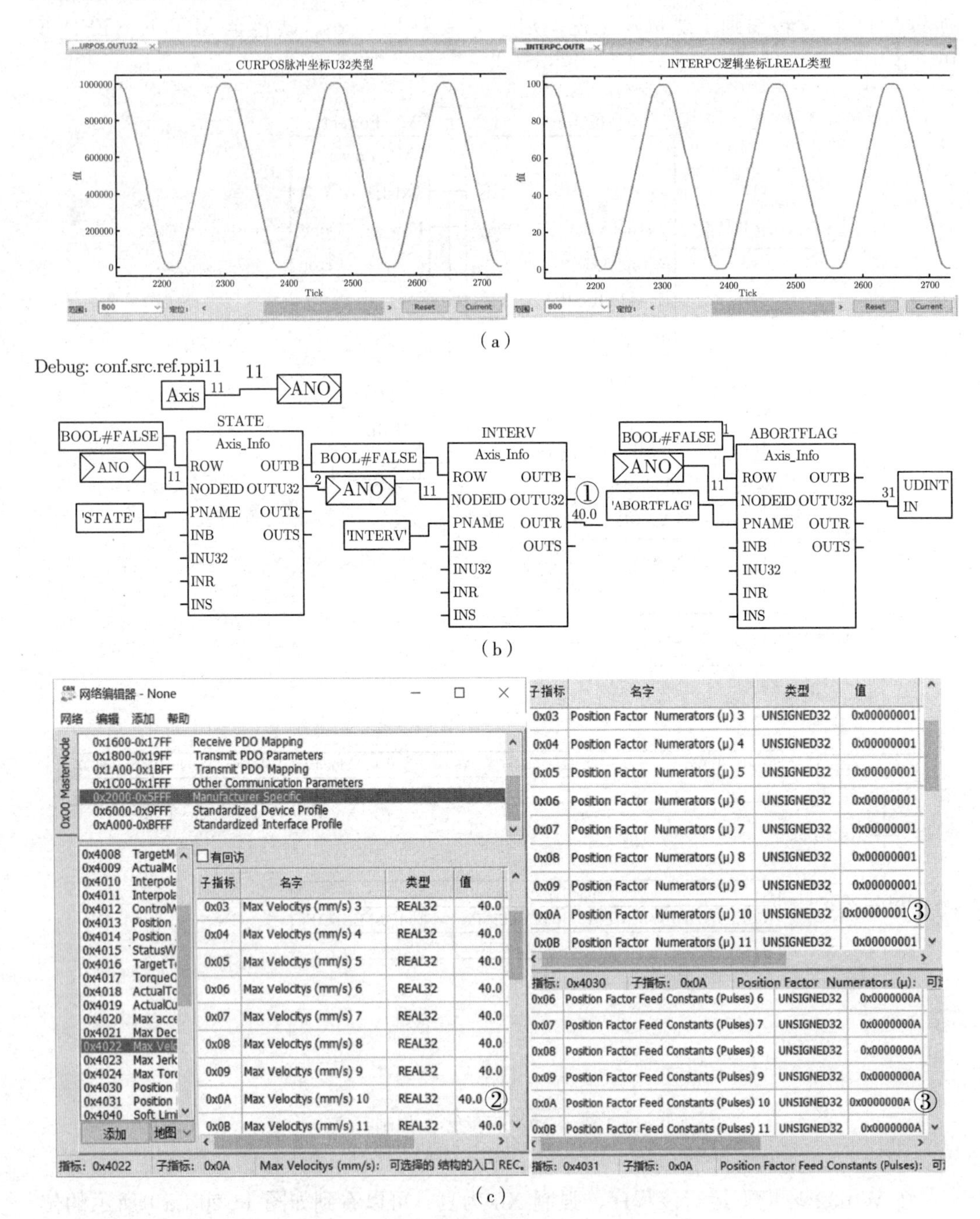

(a)

(b)

(c)

图 11-20 电动机正反转 1 仿真图

(a) 位移曲线；(b) 轴信息；(c) 对象字典参数

逻辑坐标的运动范围是 [0~100.0]，单位为毫米，脉冲坐标是 [0..10^6]，这是因为在对象字典中设置了 11# 轴的电子齿轮分子、分母比是 1/10（见图 11-20（c）中③，4030.A 入口的分子为 1，4031.A 入口的分母为 10），这样每毫米是 $10 \times 1000 = 10^4$ 个脉冲，所以逻辑坐标 100.0 对应的脉冲坐标就是 10^6；每次运动时观察轴的状态 STATE 会在 1 静止运动和 2 离散运动之间切换，而打断标记 ABORTFLAG 会加 1。这些轴信息在调试运动过程中非常有用，建议读者结合 PLCopen 规范和第 9 章的相关内容仔细体会。

示例程序是 Win32 环境的仿真运动试验，如果要带实体伺服，则需要 PAC 和包括伺服在内的 EtherCAT 设备构成控制系统网络；在 HPAC 中将目标运行时从“Win32”改为“ECAT”，连接 PAC 主站进行总线扫描；图 11-19 的主程序按分配好的轴号调用 MC_Init，虚轴参数改为假或不接；在对象字典中根据电动机参数设置真实的电子齿轮比，程序的其他部分不变；构建烧写到 PAC 上后即可进行实体伺服正反转试验。

11.2.2 电动机正反转 2

1. 控制要求

电动机分 10 次等间距正转达到 100 位置，再直接反转回到 0 位置，停止 8s 后重复该动作。

2. 控制程序

电动机正反转 2 的 FBD 主程序与 11.2.1 节的示例相同，仅 SFC 功能块 pr_move 代码不同。功能块 pr_move 的部分变量、类型和说明见表 11-9，功能块 pr_move 的 SFC 程序如图 11-21 所示。

表 11-9 电动机正反转 2 的部分变量、类型和说明

变量名	分类	类型	说明
StartBtn	输入	BOOL	开始按钮
step_d1	局部	LREAL	每段位移，缺省值 1.0
continue	局部	BOOL	单次位移
stop	局部	BOOL	回到 0 点
AxisID	输入	INT	轴号，缺省值 11
rela1	位置	MC_Relative	相对位移功能块

本例使用 MC_Relative 相对位移功能块完成电动机正反转。MC_Relative 的功能块有 5 个输入，分别是 AxisID（轴号），Execute（功能块启动标志，为高电平时启动功能块），Distance（相对位移），Velocity（运动轴速度），Acceleration（运动轴加速度，默认为最大加速度）。MC_Relative 启动后，运动轴将移动到距离当前位置 Distance 的目标位置，到达目标位置后，该功能块的输出 Done 输出一个正脉冲。

将目标位置 10.0 分成 10 段，使用 MC_Relative 功能块每次移动 1.0 的位移，移动 10 次，到达 10.0，再将 MC_Relative 功能块的 Distance 设置为 −10.0，返回 0 位，

停止 8s 后循环完成以上动作。

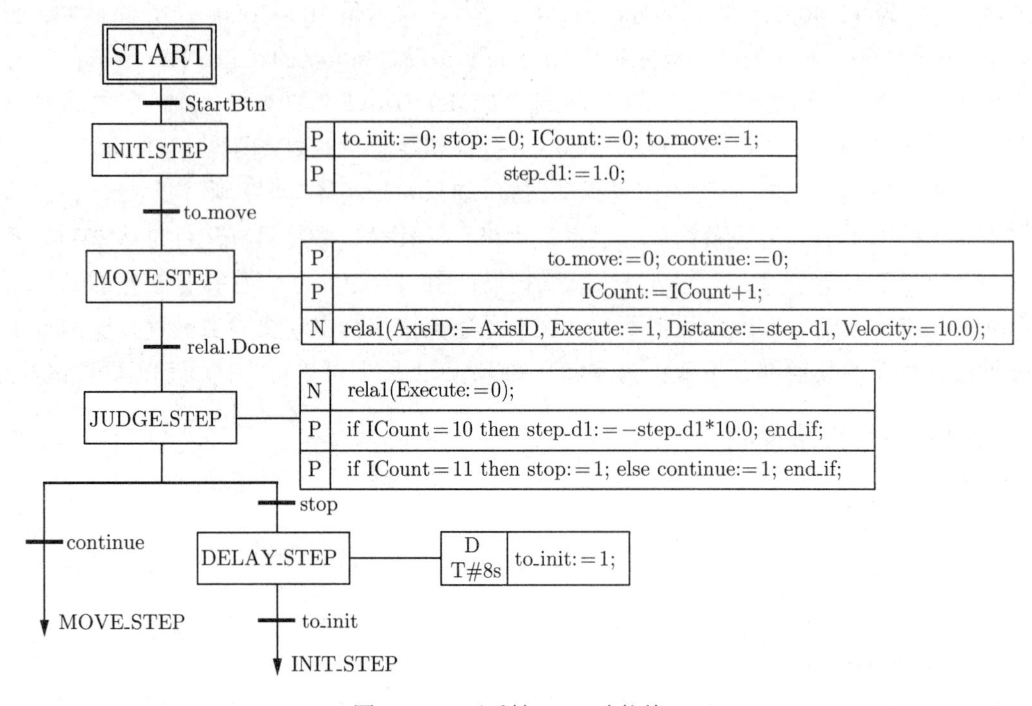

图 11-21 正反转 SFC 功能块 2

START 步不做任何动作，等待 StartBtn 为真，跳转至 INIT_STEP，令 step_d1（缺省值）为 1.0，跳转至 MOVE_STEP 步启动 MC_Relative，移动 step_d1 的相对位移，ICount 加 1，到位后 Done 信号输出一个正脉冲，跳转至 JUDGE_STEP 判断下一次 MC_Relative 时的 Distance，若已经到达 10.0，则将下一步 Distance 设置为 −10.0，回到 0 位。第 11 次说明已回到 0 位，则暂停标志 stop 为真，停止 8s 后重复执行。

本例中 stop 为真表示一组动作执行完毕，电动机回到了 0 位，否则 continue 为真执行下一段位移。其他 BOOL 类变量都是一些开关门处理，对照 SFC 代码简单分析一下就可以理解了。注意：本 SFC 违反了状态封闭原则，一旦启动则无法回到 START 步（见 6.3.3 节）。另外，以后示例程序对变量的解释将穿插在文本中，不再单独列表。

在 Win32 环境仿真，强制 X0 为真，观察 INTERPC 波形如图 11-22 所示。

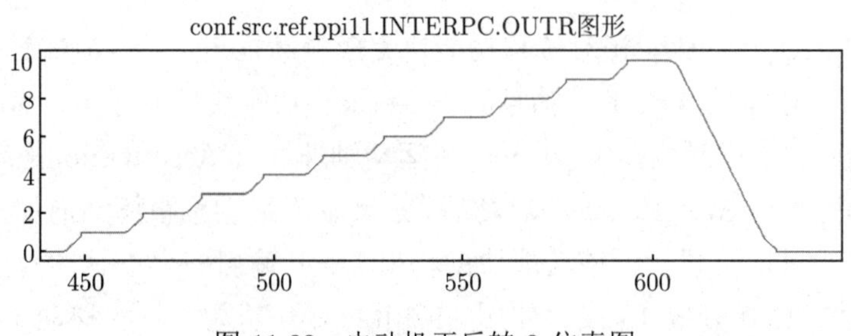

图 11-22 电动机正反转 2 仿真图

11.2.3　无限单向位移

1. 控制要求

电动机正向移动 100mm，停止 8s 后，再正向 100mm 无限进行下去。

2. 控制程序

无限单向运动使用了两个 SFC 编写的控制功能块和 FBD 编写的主程序，如图 11-23 所示，分别操作 11# 和 12# 轴进行对比。有 SetPosition 和无 SetPosition 的无限单向位移运动 SFC 程序如图 11-24 所示，在图 11-24（b）程序中增加了名为 sp、类型为 MC_SetPosition 的功能块实例。

与 11.2.2 节中示例的 SFC 类似，本例也使用相对位移 MC_Relative 实现轴的移动，11.2.2 节中的示例是转动 10 次后返回 0 位，而本例是无限单向循环，就必须考虑电动机的坐标系范围问题。

HZMC 库中脉冲坐标的最大值为 2^{32}，相应的逻辑坐标量程行程是 $2^{32}\times$MPP/1000，HZMC 库将零点设置为中间以方便负向的移动，因此逻辑坐标范围为 $[-2^{31}\times$MPP/1000，$(2^{31}-1)\times$MPP/1000)，其中 MPP 为每脉冲对应的微米数（见 9.5.1 节），大小由电子齿轮比的设置决定，本例为了加速溢出的进度，修改电子齿轮比为 1/10000，这样最大的逻辑坐标为：$2147483648\times 1/10^7\approx 214.7$mm，也就是说每次到了 214.7mm 位置，逻辑坐标就会变成负值，这就是此轴的最大编程坐标值，功能块目标位置必须在编程坐标范围之内。

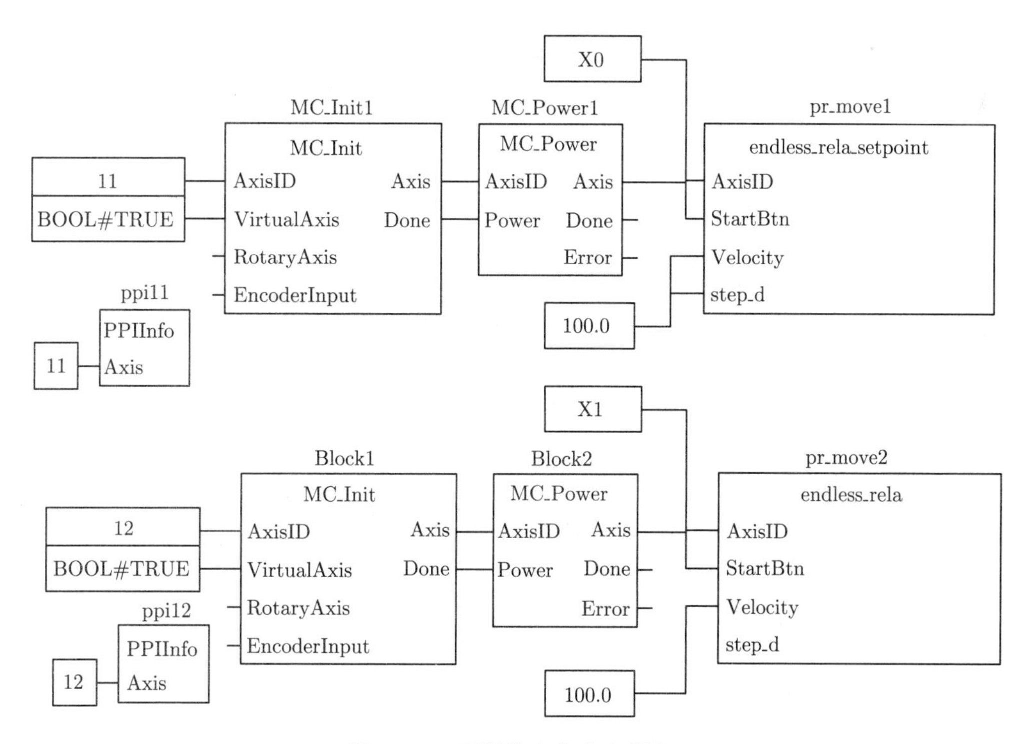

图 11-23　无限单向位移主程序

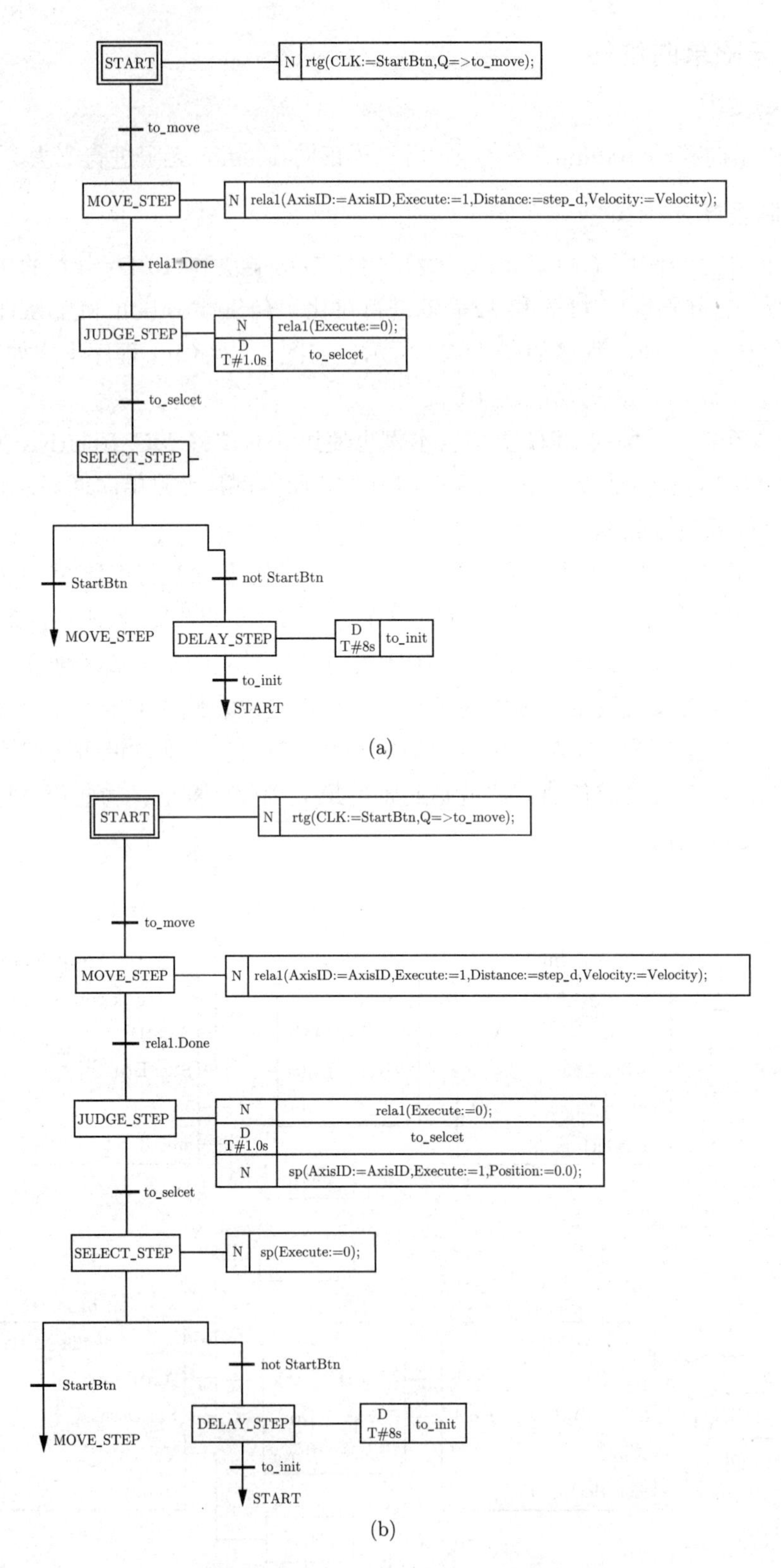

图 11-24 无限单向位移 SFC 程序
（a）endless_rela 功能块代码；（b）endless_rela_setpoint 功能块代码

如图 11-24（b）中① 所示，调用了 HZMC 库的 MC_SetPosition 功能块，其作用是设置电动机当前脉冲坐标的逻辑坐标，本例将当前位置设为逻辑 0 点，所以图 11-24（b）的程序每次到达 100mm 后，就重新设置了坐标系，再做一次 0 ~ 100 的相对位移，只要单次运动不溢出，就可以无限走下去（如果单次位移都会造成溢出，那就必须考虑别的办法，比如降低齿轮比来降低精度，否则行程无法保证），MC_Velocity 是唯一可以用单个指令就可以无限走下去指令，但 HZMC 库也做了专门处理，保证了位置的正确更新。

在 Win32 环境下运行该程序，观察两个程序在 PPIInfo 功能块中的 INTERPC 波形，可以看到 11# 轴（见图 11-25 中右上曲线）的运动正常，每次移动到 100mm 都会停 8s，相应的轴状态也会在 1 和 2 之间切换；但 12# 轴（见图 11-25 中右下曲线）的运动前 2 次从 0 ~ 100 和从 100 ~ 200 曲线正常，但第 3 次运动启动到达了 214.7mm 后 INTERPC 直接跳变为 –214.7，然后电动机就反复从 –214.7 运动到 214.7，而目标位置 300mm 永远达不到，因此电动机始终在运动状态 2，不会切换到静止状态 1，电动机处于失控状态，可能出现危险事故。

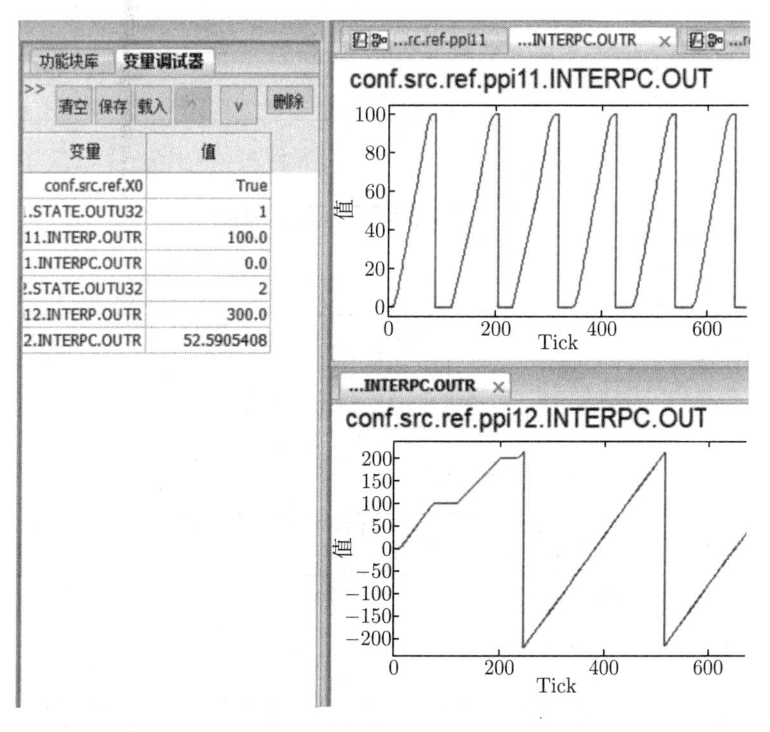

图 11-25 无限单向位移仿真图

无限单向运动形式在专机中很常见，例如伺服电动机驱动一个物流线，每个工位停顿后加工，这个生产过程就是无限单向运动，此时就必须定时或定距重设逻辑坐标系，以保证永不失控。

理解逻辑坐标的编程范围有限也很重要，开发者不能发出超限的指令。另外对

HPAC 编程系统在 Win32 环境下做长时间的曲线显示，可能会出现显示卡顿和误差较大等问题，可不必理会，长时间的离线仿真尽量用调试变量或 Modbus 等通信手段查看内部状态。用控制器做在线调试则非常稳定，可以做长时间曲线显示。

11.2.4 缓冲模式

1. 控制要求

对给定的多个绝对位置和速度，要求每个位置连续跑到，只要有位置给定就恢复运行，总过程连续进行不被打断。

2. 控制程序

缓冲模式示例程序用 SFC 实现的连续做绝对位移的功能块 MC_BufferedAbsolute 代码如图 11-26 所示，Execute 上升沿后进入并行发散，左右两个并发段可以看成是两个独立的线程。左边线程负责将新的 Position/Velocity 数据送到缓冲队列，右边线程则从队列中获取目标和执行绝对位移指令。

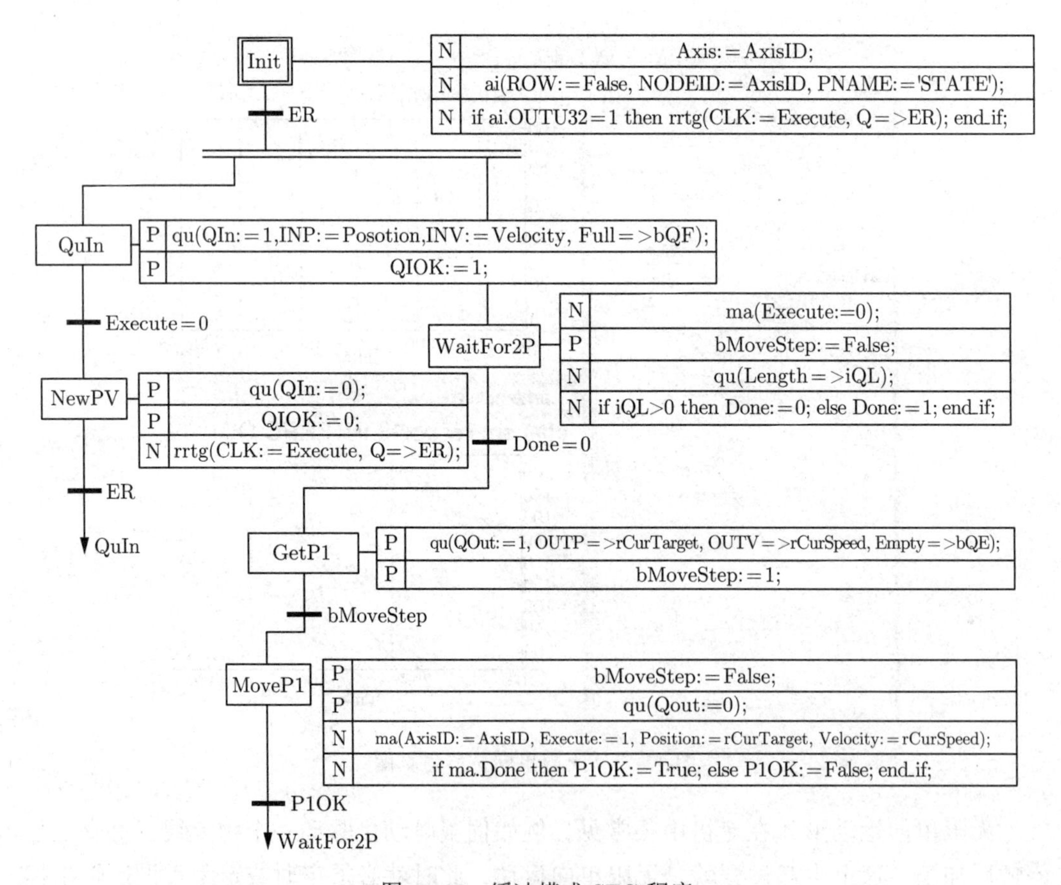

图 11-26 缓冲模式 SFC 程序

qu 是一个长度为 10 的双浮点数队列功能块 QPV10 的实例，其 ST 代码如下：

```
FUNCTION_BLOCK QPV10
  VAR_INPUT
    QIn : BOOL;      (* 入队 *)
    QOut : BOOL;     (* 出队 *)
    INP : LREAL;     (* 入队位移 *)
    INV : LREAL;     (* 入队速度 *)
  END_VAR
  VAR_OUTPUT
    OUTP : LREAL;    (* 出队位移 *)
    OUTV : LREAL;    (* 出队速度 *)
    Empty : BOOL;    (* 队列空 *)
    Full : BOOL;     (* 队列满 *)
    Length : INT;    (* 队列长度 *)
  END_VAR
  VAR
    a_bit : INT;        (* 入队编号 *)
    a0..a9 : LREAL;     (* A 队列缓冲区 *)
    b0..b9 : LREAL;     (* B 队列缓冲区 *)
    C1 : CTU;           (* 入队计数器 *)
    C2 : CTU;           (* 出队计数器 *)
    R1 : R_TRIG;        (* 入队上升沿 *)
    R2 : R_TRIG;        (* 出队上升沿 *)
  END_VAR
C1（CU := QIn, R := Reset1, PV := 1,  Q => out1）;
R1（CLK := out1, Q => Reset1）;
if out1=1 then a_bit:=a_bit+1; （* 入队编号后移 *）
（*入队*）
 if a_bit<=10 then
  case a_bit of
1:a0:=INP;b0:=INV;  （* 对入队编号项赋值，入队 *）
...
10:a9:=INP;b9:=INV;
end_case;
else a_bit:=10;Error_Out_Of_Range:=1;end_if; （* 当前项越界队列满 *）
end_if;

C2（ CU := QOut, R := Reset2, PV := 1, Q => out2）;
R2（ CLK := out2, Q => Reset2）;
if out2=1 then a_bit:=a_bit-1;OUTP:=a0;OUTV:=b0;
（* 出队，入队编号减 1 *）
if a_bit>=0 then （* 队列不空，前移 *）
```

```
    a0:=a1;b0:=b1;
    ...
    a8:=a9;b8:=b9;
    a9:=0.0;b9:=0.0;
    else a_bit:=0;Error_Null:=1;end_if;  (* 队列空 *)
    end_if;
  if a_bit=0 then Empty:=1;else Empty :=0;end_if;
  if a_bit=10 then Full:=1;else Full:=0;end_if;
  if Reset=1  then Error_Null:=0;Error_Out_Of_Range:=0;end_if;
  Length:=a_bit;
  END_FUNCTION_BLOCK
```

该 ST 功能块主要是维护了 Position 和 Velocity 各 10 个 LREAL 类型的队列。入队和出队操作分别用 QIn 和 QOut 的上升沿触发，用计数器控制操作的项（由于没有使用数组或结构体而有些烦琐），出队列后数据会依次前移。

示例程序执行并对 MC_BufferedAbsolute 的 Execute 强制为真后，Position 和 Velocity 的缺省值进入队列，可以看到轴 2 开始了第一段的位移；设置当新的 Position 和 Velocity 后，对 Execute 强制为假再为真，给左边线程一个上升沿，即可将新的指令送入队列进行缓存，前段执行完毕后本段也会按序执行，后继目标指令可以依此进行操作；进入缓存的每个指令都获得了执行，电动机会依次到达每个指令的目标位置，而整个过程不会被打断，到达最后一个位置后 Done 为真。

HZMC 库中没有实现 PLCopen 规范中的缓冲模式（BufferedMode）和段间的融合（Blending）选项。因为 PLC 更多应用在相互打断的乱序运动场景中，而缓冲模式和融合更多用于轨迹控制，完全可以由更灵活的脚本来实现。另外，本 SFC 不满足状态封闭原则，启动后无法回到 Init 步（见 6.3.3 节），读者可自行修改。

11.2.5 电动机回零

1. 控制要求

X1 开关按下后开始回零，用 X2 模拟零点开关，观察回零过程中的波形，X2 释放后回零结束；延时 2s 后移动到坐标 30.0 的位置，记录位置。

2. 控制程序

电动机回零的 FBD 的主程序如图 11-27（a）所示，其运行结果如图 11-27（b）所示，电动机回零的运动过程如下：① 按钮 X1 启动后，电动机先以 10.0 的速度寻找 X2 回零开关；② X2 为真表示碰到零点开关，电动机减速并反向慢慢移动释放 X2；③ X2 为假表示 X2 被释放，回零结束，此时纵坐标表示的脉冲位置在 250000 附近；④ 延时 2s 后电动机执行绝对位移到 30.0 位置；⑤ 完成后的位置在 $250000+30\times10000=550000$ 附近。

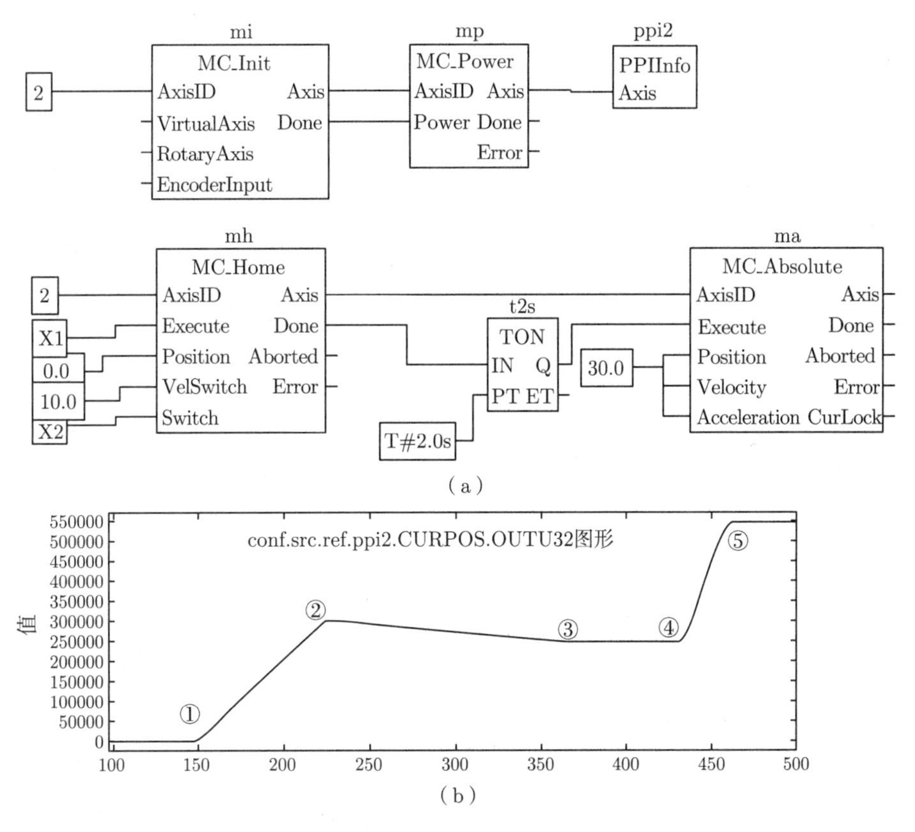

图 11-27　电动机回零程序和结果

(a) FBD 程序；(b) 位移曲线

回零结束后执行一个绝对位移，可以用回零的 Done 驱动 MC_Absolute 的 Execute，加上 2s 延时以在波形曲线上区分两个动作。

MC_Home 用上升沿触发，示例程序中 X1 的边缘检测可以不需要，X1 为真启动程序后，先给 X2 为 1 表示碰到了零点开关，再给 X2 为假表示释放了开关。绝对编码器的伺服不需要回零，调试时将某编码器位置作为零点记录，上电后恢复即可完成回零。

11.2.6　电动机点动

1. 控制要求

两台伺服电动机，一组开关，使能开关为真后才可以点动运动，选择轴号后按下正反方向键，则电动机正向或反向按预设速度转动，一直按下则一直转动，松开或同时按下正反方向键则停止转动。

2. 控制程序

电动机点动使用了结构体作为参数传递信息，定义了手动命令 ManuCmd 结构体。手动响应为直接类型 BOOL，手动命令定义了 ManuOP 功能块接收的命令参数，定义如下：

```
TYPE
  ManuCmd : STRUCT
    Enabled : BOOL;   (* 手动功能使能 *)
    AxisID : INT;     (* 点动轴号 *)
    Forward : BOOL;   (* 前向点动 *)
    Backward : BOOL;  (* 后向点动 *)
    ManuVelocity : LREAL := 2.0;  (* 点动速度 *)
  END_STRUCT;
END_TYPE
```

电动机点动主要包括了点动使能开关、选择的轴号、方向按钮和速度设定等，使用结构体作为参数，不仅接口的数量大幅减少，而且修改非常容易，增加和删除接口不需要删掉被依赖的功能块实例，所以对于经常需要改变的用户级功能块，可尽量采用结构体作为参数，但对于重用价值高的功能块库，则尽量使用简单类型作为参数。

HPAC 尚不支持直接调试结构体的成员，为此本例利用功能块的结构体功能（见 2.3.2 节）进行结构体调试的技巧，设计与结构体成员相似的调试功能块 ShowManuCmd：

```
FUNCTION_BLOCK ShowManuCmd
  VAR_INPUT
    i : ManuCmd;    (* 待展开调试的结构体实例 *)
    mp : INT;       (* 调试用 Modbus 起始地址 *)
  END_VAR
  VAR
    Enabled : BOOL;  (* 以下内部变量 *)
    AxisID : INT;    (* 与待调试结构体同名 *)
    Forward : BOOL;  (* 以避免歧义 *)
    Backward : BOOL; (* 内部变量增删方便 *)
    hw : HOLD_WRITE; (* Modbus 写入功能块 *)
  END_VAR

  Enabled:=i.Enabled;    (* 内部变量 *)
  AxisID:=i.AxisID;      (* 直接等于待调试 *)
  Forward:=i.Forward;    (* 结构体属性 *)
  Backward:=i.Backward;
  hw（mp,AxisID）;             (* 顺便写入到 Modbus 的 Holding 寄存器中 *)
  hw（mp+1,BOOL_TO_INT（Enabled））;
  hw（mp+2,BOOL_TO_INT（Forward））;
  hw（mp+3,BOOL_TO_INT（Backward））;
END_FUNCTION_BLOCK
```

手动 FBD 主程序如图 11-28（a）所示。程序包括了初始化上电①、点动运动②

功能块，其中点动功能块 mop（ManuOP 实例）使用了点动命令 cmd（ManuCmd 类型结构体变量）作为输入参数，在其上部是从变量获取数据构建 cmd 结构体属性③。按照④ 所示，将 cmd 连接到 ShowManuCmd 调试功能块 scmd 实例（注意，scmd 形参 mp 的实参 11 是调试 Modbus 数据区的起始地址，不是轴号）。这样调试时可在 FBD 中通过 scmd 看到属性值的变化，如⑤ 所示，用 scmd.AxisID、scmd.Enabled、scmd.Forward 和 scmd.Backward 展开了 cmd 功能块的属性值。也可以如图 11-28（b）中① 所示，通过调试变量表查看 cmd 结构体内部成员的状态。

调试功能块 ShowManuCmd 最后几行代码把属性值也顺便保存到了 Modbus 数据区从 mp 开始的 4 个寄存器，HPAC 中 Win32 仿真环境下 Modbus 的使用如图 11-28（c）所示：① 在插件树的最后插入 ModbusWin 插件（如果工程已插入了该插件则不必重复插入）；② 增加 gcc 的链接选项 “-L.-lmodbus”。构建 Win32 运行时并执行后，即可使用 Hold_×××× 等功能块操作 Modbus 寄存器。

在本例工程文件夹中有一个名为 zh16.mbp 的 Modbus 配置文件，PLC 程序执行后，双击 zh16.mbp 后打开 Modbus Poll，可以看到调试结果如图 11-28（d）所示：① 连接到 127.0.0.1:520 端口；② 设置协议为 TCP/IP 后确定连接；③ 数据区会出现相应地址的变量值。可以在配置文件中为变量地址增加别名，例如地址 11 的别名是 AxisID，可以看到当前选中的轴号为 11（语句 hw（mp,AxisID）的执行效果）。在 PLC 程序配合下，也可以直接在数据区输入命令，例如在地址 13 输入 1，Hold_Read 读取后可作为向前的点动指令，这样可以把 Modbus Poll 作为一个远程调试器使用。在本章后继示例工程文件中，如果有 ModbusWin 插件和 mbp 配置文件，均可按本例操作。

实现点动 ManuOP 功能块的代码如下：

```
FUNCTION_BLOCK ManuOP
  VAR_INPUT
    cmd : ManuCmd;      (* 手动命令结构体 *)
  END_VAR
  VAR_OUTPUT
    StateSafe : BOOL; (* 安全可切换否 *)
  END_VAR
  VAR
    eab : BOOL;               (* 手动使能 *)
    exct : BOOL;              (* 启停标志 *)
    velo1 : MC_Velocity;      (* 启动功能块 *)
    halt1 : MC_Halt;          (* 停止功能块 *)
    direction : INT := 1;     (* 方向 *)
    ai : Axis_Info;
    curid : INT := 11;
    ftg : F_TRIG;
  END_VAR
```

```
    eab:= cmd.Enabled;
    ftg（eab）;
    if not eab then
      halt1（AxisID := curid,Execute:=ftg.Q）;
                                            (* 退出 ManuOP 时停止轴的运行一次 *)
    else
      exct:= xor（cmd.Forward,cmd.Backward）;(* 方向和启停控制 *)
      if cmd.ForWard then direction:=1;end_if;
      if cmd.BackWard then direction:=-1;end_if;
      velo1（AxisID := curid,Execute:=exct,(* 两个按键的异或为真则启动 *)
      Velocity:=INT_TO_LREAL（direction）*cmd.ManuVelocity,Acceleration
      :=cmd.ManuVelocity）;
      halt1（AxisID := curid,Execute:=not exct）;
                                            (* 非启则停，与 velo1 交替执行 *)
    end_if;
    ai（ROW:=False,NODEID:=curid,PNAME:='STATE'）;
    if ai.OUTU32 = 1 then
      StateSafe:=1;                                    (* 静止则安全 *)
      curid:=cmd.AxisID;                               (* 安全才切换 *)
    else
      StateSafe:=0;
    end_if;
END_FUNCTION_BLOCK
```

功能块使能的下降沿触发 MC_Halt 功能块执行一次，功能块执行一次还是一直执行（功能块的 Execute 参数不是 ftg.Q 而是 not eab 或者常量 1），只有一个程序时的运行结果没有区别，但在 11.3.5 节单轴装配机例中，如果要使用该功能块手动代码，那么在自动模式下手动程序调用的本功能块的 not eab 条件为真，该功能块的 hatl1 仍将执行！自动模式运动指令就会被干扰，执行一次使得该功能块对全局的干扰最小。如果用工作和复位逻辑的角度看（见 11.3.1 节），“执行 MC_Halt 一次”是手动功能的复位逻辑，手动的工作逻辑是方向和启停控制，启停与否是 Forward 和 Backward 的异或，意味着如果同时按下正反两个按钮，电动机不动。最后是安全可切换状态的判断，当两个轴均为静止时，输出 StateSafe 为真。

velo1 和 halt1 分别是 MC_Velocity 和 MC_Halt 功能块的实例。对 MC_Velocity 功能块，当 Execute 为真时，轴进入连续运动（轴状态等于 3，见 9.5.2 节）；而对 MC_Halt 功能块，当 Execute 为真时，停止轴的运动，并切换回静止状态（轴状态等于 1）；两者条件正好相反，保证了这两个功能块必然二选一有效，轴始终处于该功能块控制下，不需要在别处做额外处理；如果运动过程中切换了轴号，直接传递给这两个功能块会有问题：可能 MC_Velocity 速度模块让 11 轴转动，但切换后可能会调用

12 轴的 MC_Halt，所以运动过程中切换轴号是危险的，只有确保轴为静止状态时才可切换轴号，这就是倒数第 4 行代码的作用。

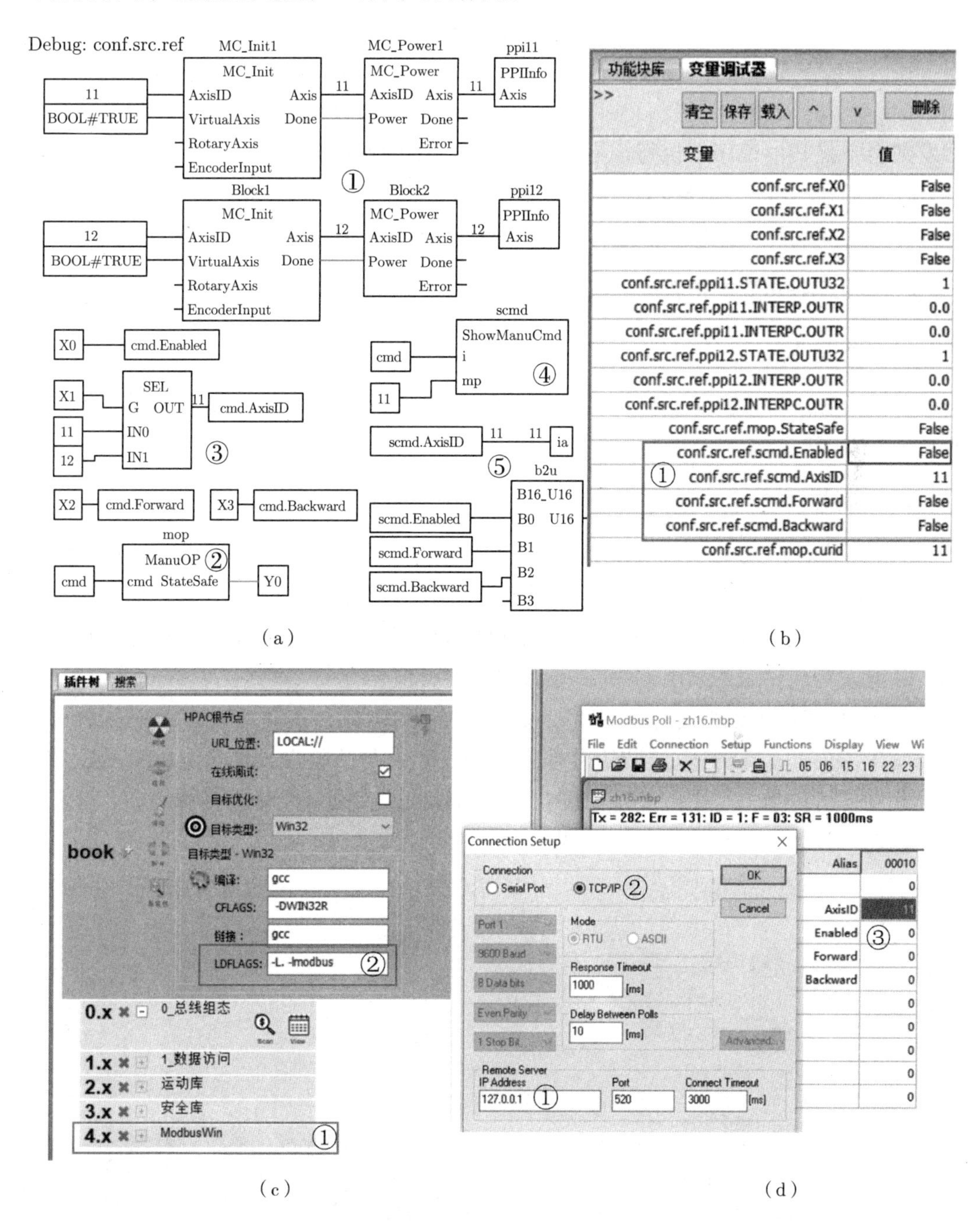

图 11-28 电动机点动程序和调试

(a) 电动机点动 FBD 程序；(b) 变量调试窗口；

(c) ModbusWin 插件设置；(d) 在 Win32 下远程调试

电动机的点动也叫 JOG 模式，是慢吞吞走的意思，经常用于手动调试机床时，使用按键或手摇控制轴的手动运行。作者推荐使用 ST 编写手动模块，是因为手动模式下，经常需要处理大量的轴和信号点，用 ST 编写代码复制粘贴方便，比较适合简单重复的逻辑功能开发，读者理解该功能块后可以快速开发多轴、多信号的手动模式代码。

在 ST 或 FBD 等具有全局扫描特性的 POU 中调用运动功能块时要注意时序，例如本例中手动模式使能无效后 halt1 只能执行一次，所以用下降沿触发，如果用真值触发则会干扰其他程序的执行，另外 halt1，velo1 的调用时序、轴号的切换也做了细致设计，而在 SFC 等局部扫描特性的 POU 中对运动功能块的调用时序则大为简化，只需总体上实现安全可切换状态即可。

11.2.7 电子凸轮正反转

1. 控制要求

一个虚拟主轴以恒定速度运行，另一个从动轴根据电子凸轮表进行跟随，做两次正反转运动。

2. 控制程序

电子凸轮的 FBD 主程序如图 11-29（a）所示。3# 轴设置为虚拟主轴，如图 11-29（a）中① 所示，在初始化完成后调用了设置电子凸轮表功能块 stcam，在对象字典中设置了虚拟主轴的模为 180.0，每移动 180 个单位的距离后其 PC 值会自动清零，可以根据 PC 值作为凸轮表的索引，每 2° 设置一个偏移值，查找 2# 跟随轴的偏移位置。

MC_CamIn 功能块设置主动轴参数是 3 表示 3# 轴，从动轴为 2，图 11-29（a）中② 所示的 TableID 是电子凸轮表号，凸轮表号 1 与凸轮表设置功能块 stcam 中的编号相同，可以为一个跟随关系而设置多个凸轮表，实现跟随轴的多种运动。

凸轮表设置功能块 stcam 的代码如下：

```
FUNCTION_BLOCK stcam
  VAR
    idx : INT := 0;
    scm : SET_CAM;
    xs : INT := 180;
    i : INT;
  END_VAR
  scm（1,0,INT_TO_LREAL（xs））;  (* 1# 凸轮表第 0 项为表的长度 *)
  for i:=1 to xs do
  scm（1,i,0.0）;               (* 1# 凸轮表初始化数据项初始化 *)
  end_for;
  scm（1,9,0.5）;                (* 1# 凸轮表非零项填充 *)
  scm（1,10,1.0）; scm（1,11,1.5）; scm（1,12,2.0）; scm（1,13,2.5）;
  scm（1,14,2.0）; scm（1,15,1.5）; scm（1,16,1.0）; scm（1,17,0.5）;
  ...
```

```
END_FUNCTION_BLOCK
```

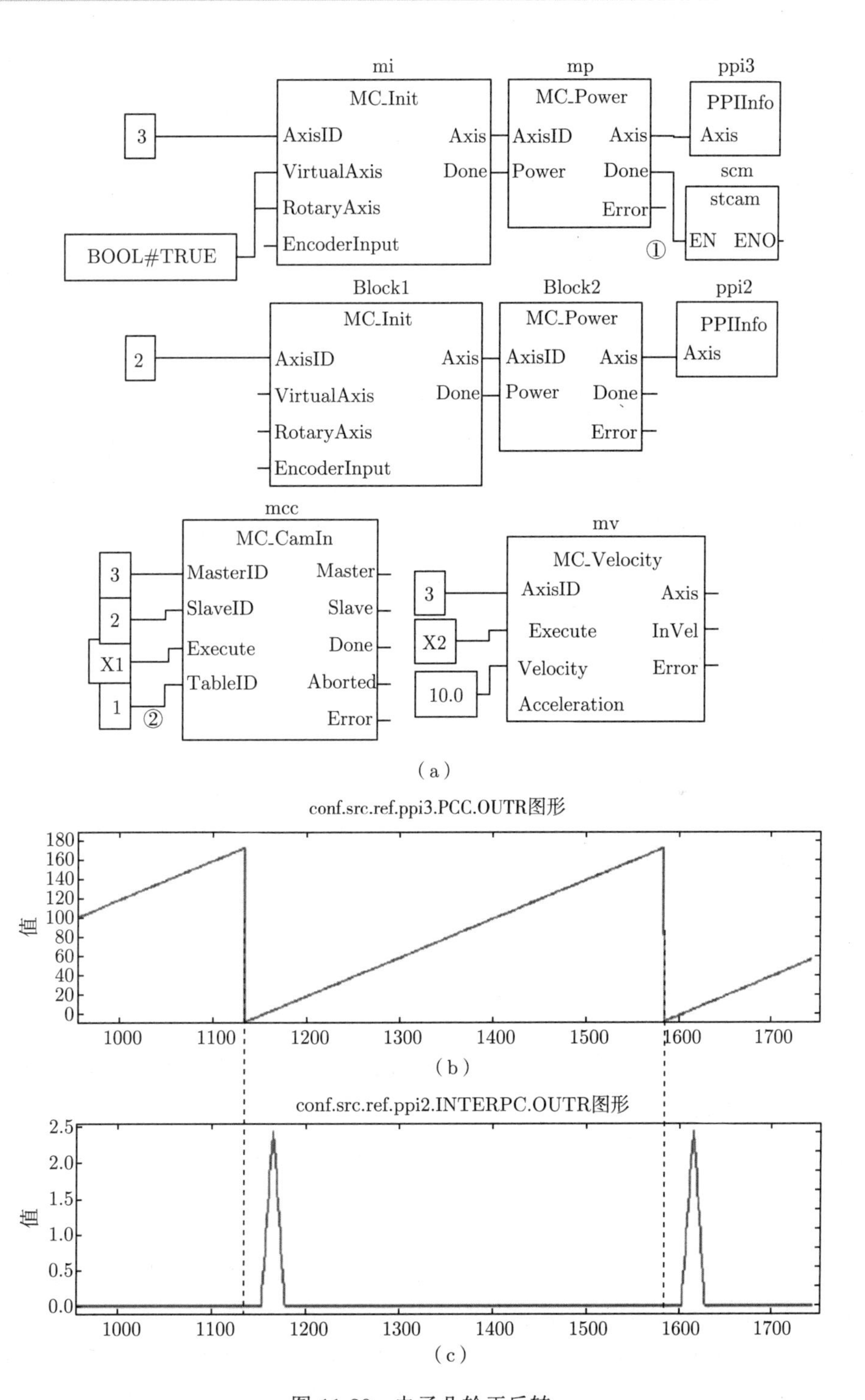

图 11-29 电子凸轮正反转

(a) FBD 主程序；(b) 3# 轴位移曲线；(c) 2# 轴位移曲线

HPAC 中最多设置 10 个凸轮表（编号 0 ~ 9），每个凸轮表是最大不超过 60K 项的数组，电子凸轮表的格式是：第 0 项表示凸轮表的长度，例如本例是 180 项，然后是每个项对应的从动轴逻辑坐标，单位为毫米。语句“scm(1,9,0.5);”的含义是设置 1# 凸轮表的第 9 项为 0.5mm，在本例中表示在 3# 轴转动到位置 9 开始，2# 轴开始启动一个到 0.5mm 的运动。

HZMC 库会根据电子凸轮表的内容，控制从动轴的位置。凸轮表只在整数项设置，整数间的位置会进行线性插值；如果设置的位置偏移过大，从动轴可能不会按时到达凸轮的设定位置，会根据从站加速度约束尽可能地进行跟随；如果觉得 180 的精度不够，也可以设置更高项数的电子齿轮表，但需要相应地修改主动轴的模（位置关系不变）和齿轮比（速度关系不变）。

主动轴的位移曲线如图 11-29（b）所示，从动轴跟随的位移曲线如图 11-29（b）所示。3# 主轴的 PC 在 0 ~ 180 之间变化，而从动轴 2# 轴的跟随位置与凸轮表设置一样。注意：一旦建立了凸轮跟随关系，就不能再用功能块操作从动轴，所以对主动轴和从动轴的坐标系设置或回零操作，应在 CamIn 使能之前完成。

通过一些精心计算的凸轮曲线进行跟随，可以实现例如飞剪、旋切等一些精巧的同步配合运动，在包装、印刷机械中得到大量应用，也可以做相当复杂的轨迹控制，实现插齿机、凸轮轴磨、缝纫机的运动轨迹控制。

11.2.8 轴组合

1. 控制要求

一个轴（主动轴）以速度模式运行，另一个轴（从动轴）进行跟随，并可按指令对两个轴的相位进行动态调整。

2. 控制程序

轴组合的 FBD 的主程序如图 11-30 所示。程序调用了 MC_Combine 定义 4# 轴是 2# 轴和 3# 轴的组合，其中 3# 轴是一个模为 360.0 的旋转轴；X1 启动后 4# 轴进入跟随状态 5，此时对 2# 轴和 3# 轴的任何运动都会造成 4# 轴跟随；X2 启动了 3# 轴的速度模式运动，X3 启动了对 2# 轴的一个相对位移运动。

图 11-31（a）所示是附加位移的 2# 轴位移曲线，图 11-31（b）所示是正常速度的 3# 轴位移曲线，图 11-31（c）所示是 4# 轴在正常速度模式下叠加了一个相对位移动作的曲线。

如果运动前 4# 轴和 3# 轴的相位差为 0，运动后 4# 轴的相位会滞后 30 个单位，具体到电动机的角度大小取决于 2# 轴的电子齿轮比（如转 1 圈位移是 360，则角度为 30°）。可以通过这个相对位移功能块，在两个旋转的伺服轴上控制两者的相位差，如果在轴上固定一个偏振块，可根据两者的相位差实现精确的振动控制。

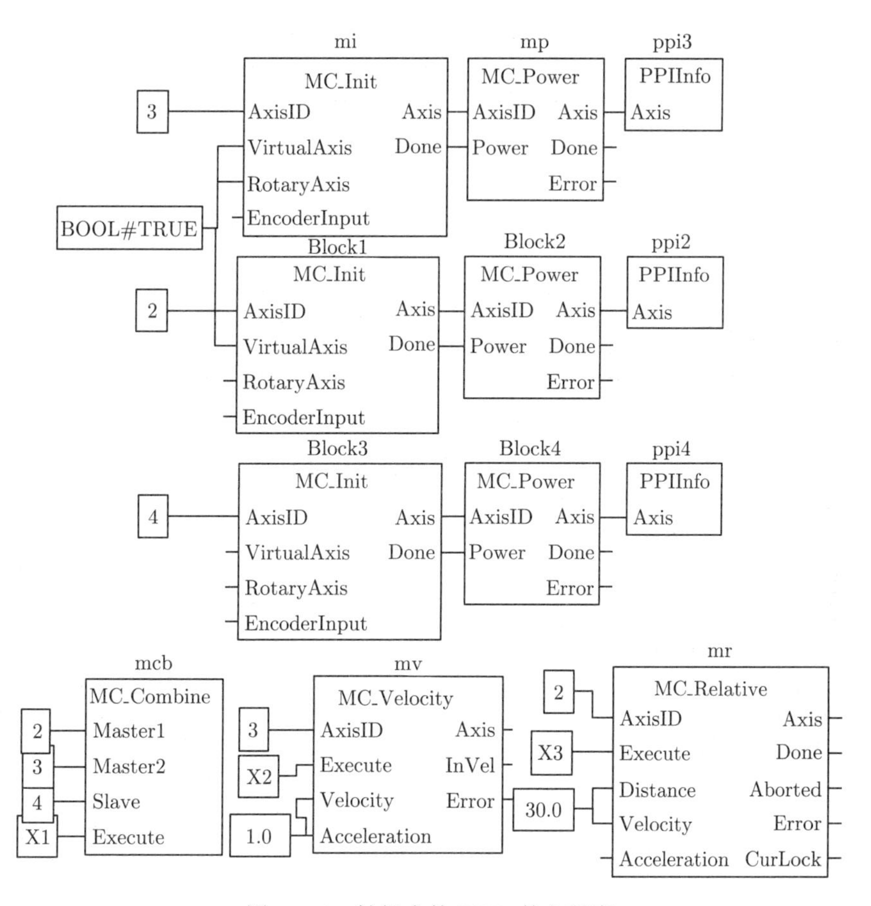

图 11-30　轴组合的 FBD 的主程序

PLCOpen 规范中定义的 MC_SuperImposed 功能块只能附加一个相对位移，HZMC 库定义的轴组合 MC_Combine 功能更强，可以实现速度与速度、速度与绝对位移、速度与相对位移等各类叠加运动的组合。

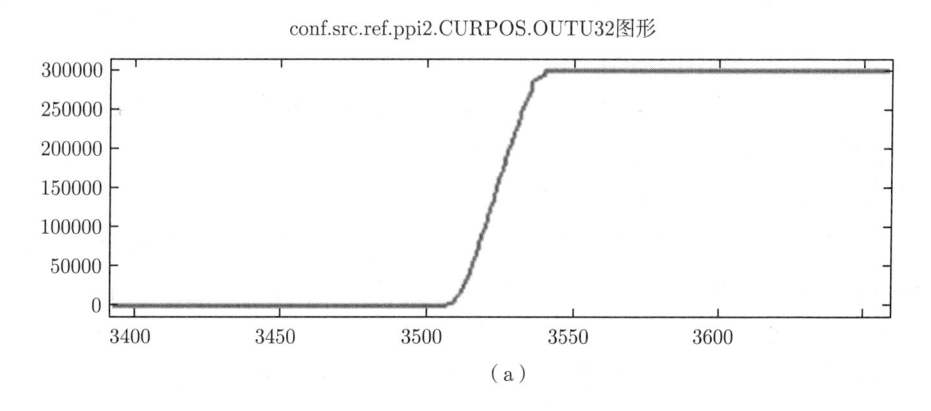

（a）

图 11-31　轴组合仿真图

（a）2# 轴位移曲线；（b）3# 轴位移曲线；（c）4# 轴相对位移曲线

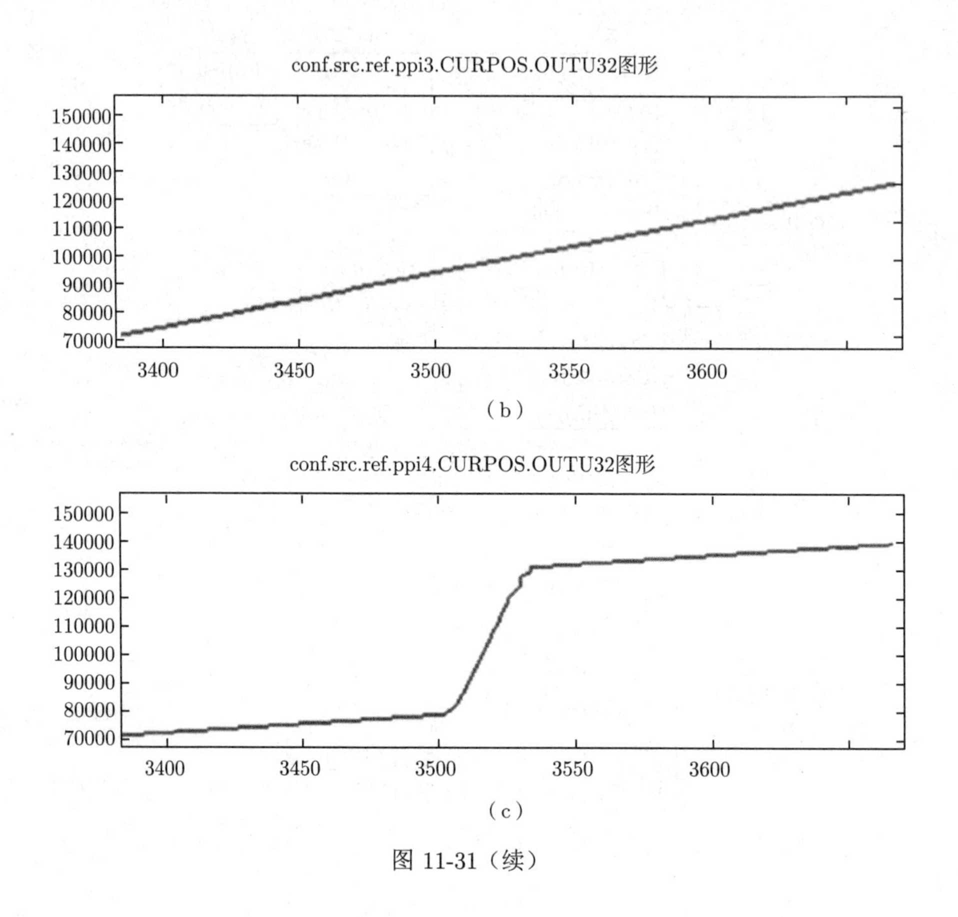

（b）

（c）

图 11-31（续）

11.3 安全集成设计模式

本节示例除 11.3.4 节的循环计数示例程序需要控制器设备外，其他均可在 Win32 环境下仿真运行。本节将从 HZSF 库中模式切换、急停和限位功能块开始介绍安全集成的设计理念，对 HZSF 的其他功能块并没有逐一进行介绍（第 10 章介绍了部分应用场景），目标是讲解 IEC 61131-3 应用开发的通用设计方法：基于最小操作模式（Operation Mode）的安全集成（Safety Intergration）设计模式（Design Pattern）。

设计模式中的模式（Pattern）是针对某一类问题提出的一套通用解决方法，这样后来者再次面对此类问题时，只需套用该方法即可，无须重新设计。考虑到任何自动化系统都可通过状态图访问其功能或评价其设备综合效率（Overall Equipment Effectiveness, OEE），2008 年美国仪表、系统和自动化协会（ISA）的开放化能力自动化协调会（Open Capability Automation Coordination, OMAC）工作组基于状态图理论提出了 PackML 规范，为包装机械定义了一个具有 17 种操作模式的状态机。注意：这里的操作模式，是机器的一种工作状态（与设计模式的中文相同但英文不同，二者是完全不同的概念），它因首次实现了操作一致性和通用的“外观感受”而被推荐使用。

然而 17 种模式相对复杂，作者归纳的任何自动化装备都应具备的操作模式最少有以下 5 种：

（1）停机。装备被关闭电源后所处的状态，此时所有执行部件的动力电源会关闭，但控制器可能带电，此时可以进行工艺参数的设置或保存等操作，该状态也是上电后的系统初始状态。

（2）待机。执行部件动力电源上电后，装备处于等待操作的待机状态，此时所有执行机构应确保无任何动作，安全约束开始起效，有异常发生会切换至事故状态。

（3）事故状态。当有严重异常或者急停按钮按下后系统进入该状态，系统将提供导致异常的信息，操作人员处理后，复位退出该状态。无论严重程度如何，异常都由安全逻辑统一处理，对一些潜在的隐患或轻微的异常可以不打断其他运行模式，仅提供警告信息，认真编写错误和警告信息可大幅提高控制系统的可维护性和 OEE。

（4）手动。可以接受手动命令操作机构，所有手动操作均处于安全约束下，目的是调试机器。

（5）自动。机器按照预期的设计，根据传感器数据和工艺流程要求自主执行，目的是生产产品。

其中，待机、手动和自动是系统的正常状态，停机是初始化状态而事故则是异常状态。只有这 5 种模式是全局的、缺一不可的，其他模式是这 5 种模式的子模式，是局部的、时有时无的，通用的应用设计模式只需要这 5 种状态（或操作模式）就够了。

例如，PackML 中的测试模式，通常用来获取当前的一些工艺参数，例如温度、模拟量的零点漂移值等，这个测试模式如果是每次必须执行的且必须进行人工干预的，可以作为待机的子模式，开机必须测试后再进入待机状态；如果是可选的，可以作为手动的子模式，由用户决定是否进行测试；如果是不需要人工干预的，可以作为自动的子模式，由系统自动测量补偿。

再例如半自动模式，通常用来对某个部分机构执行一段设定的工艺动作，该段动作的执行过程是自动完成的，但必须由人工来启动这段动作。如果该半自动操作仅仅是自动模式的一种特殊形态，例如按一个键执行一个周期的半自动方式，或选择执行自动模式的某个可并发分支，则可通过对自动模式的代码增加标志来区分，这样的半自动就是自动的一种子模式；如果半自动操作的动作段之间完全独立，可先将不同动作段封装为功能块，再根据其意图进行选择：如果执行这些动作段的目的是调试设备，则将半自动作为手动的一个子模式；如果执行这些动作段的目的是生产产品，则可作为自动模式的子模式对这些功能块进行调用。

注意：手动和自动的概念是系统级的，生产过程中可能会有人工干预的场景，此时的人工干预应该理解为自动模式下的“人工输入指令”而非手动，即在自动生产状态下，有的指令由程序给定，而有的指令由外部输入或人工给定，例如摇动手轮、输入参数等，只要目的是生产产品都应列入自动模式。

PackML 定义 17 种模式来实现包装机械操作一致性的理念与本书的最小操作模

式并不矛盾，只是最小操作模式通用性更强，也更易于学习推广而已。

11.3.1 模式切换

1. 控制要求

设计停机、待机、手动、自动和“事故”状态共5种操作模式的SFC，使用SF_ModeSelector 功能块实现这 5 种状态的切换。

2. 控制程序

模式切换定义了以下数据类型：

```
TYPE
  SFT : STRUCT
    mode0 : _SAFEBOOL := 0;     (* 接模式切换安全开关 *)
    mode1 : _SAFEBOOL := 0;
    mode2 : _SAFEBOOL := 0;
    Reset : BOOL := 0;          (* 接功能开关点位 *)
  END_STRUCT;
  EN_SS : STRUCT                (* 仿枚举结构体 *)
    Init : BOOL := 0;
    Idle : BOOL := 0;
    Manu : BOOL := 0;
    Auto : BOOL := 0;
    Alarm : BOOL := 0;
  END_STRUCT;
  OPMT : STRUCT                 (* 模式状态机 *)
    Mode : INT := -1;           (* 当前模式 *)
    FunErr : INT := -1;         (* 功能错误类型 *)
    ErrType : INT := -1;        (* 错误类型 *)
    StateEnabled : EN_SS;       (* 目标模式使能 *)
    StateSafe : EN_SS;          (* 当前模式安全可切换 *)
  END_STRUCT;
END_TYPE
```

其中，SFT 为描述安全 I/O 的结构体，它包含了系统所有与安全应用相关的输入、输出变量，其中复位接入功能 BOOL，其余均为安全 BOOL，将接入模式切换开关。OPMT 为描述模式状态机的结构体，内置了与模式切换相关的成员，包括当前模式、错误类型等，使能状态和安全状态标记所引用的为 EN_SS 类型（ENable_StateSafe），它是用结构体实现的仿枚举数据类型。当模式状态机切换到某个模式时，相应的使能标记为真，例如当前处于 Auto 模式，则 OPMT.StateEnabled. Auto 为真；Auto 模式处于安全可切换状态时（安全可切换概念见 6.3.3 节），OPMT. StateSafe.Auto 为真。

主程序 FunApp 的 FBD 程序如图 11-32 所示。

主程序分成上部的逻辑功能区和下部的变量测试区，逻辑功能区有安全操作功能块 SafeOP 和模式状态机功能块 OPModes。由于本示例程序只是空白的框架没有模式处理代码，为方便调试将所有模式的安全可切换状态均设置为常量 1（见图 11-32 中①，gOPM.StateSafe.Idle 在状态机中已处理，只需设置其他 4 个）；下部调用了结构体 SFT 和 OPMT 的调试功能块（分别是 ShowSFT 和 ShowOPMT），如图 11-32 中② 所示的状态机 EN_SS 类型增加了注释以提高可读性（当前模式为 2，因此 Manu 为绿色高亮）；如图 11-32 中③ 所示几个 gSF 结构体变量为 _SAFEBOOL 类型的安全输入（注：HPAC 中安全布尔的黄色高亮显示，印刷后为浅灰填充色，请注意辨识）。

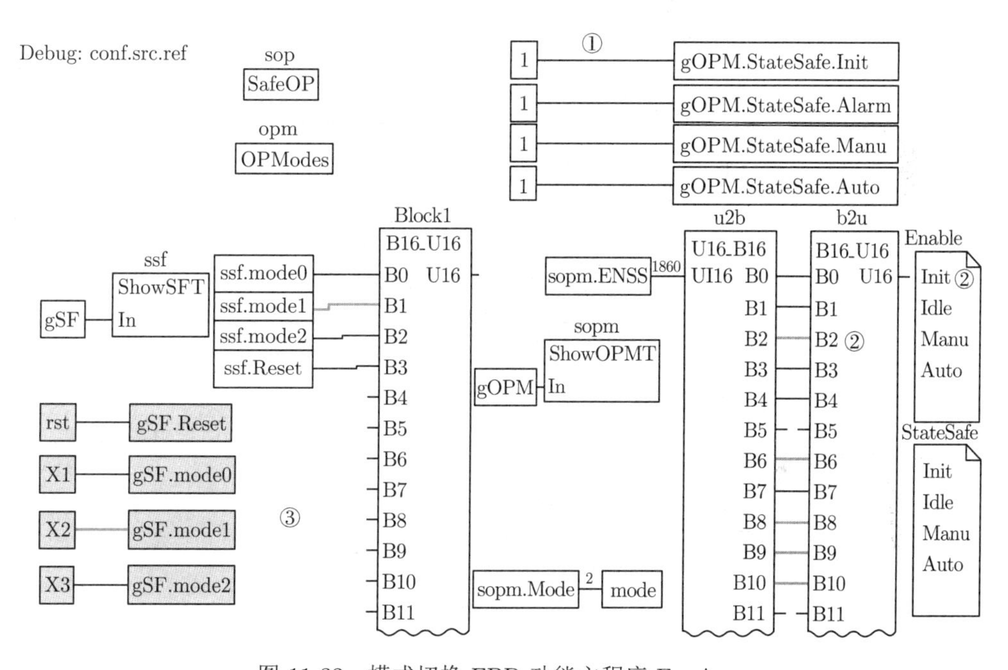

图 11-32 模式切换 FBD 功能主程序 FunApp

操作模式状态机 OPModes 的 SFC 程序如图 11-33 所示。其中，Off_0 为关机模式（见图 11-33 中①，下划线后的数字是相关模式时 gOPM.Mode 的值），初始化成功后进入待机 Idle_1 模式，此后在 Ready 步等待用户选择进入手动 Manual_2 或自动 Automatic_4 模式，发生故障则切换到 Alarm_8 事故报警模式。

Alarm_8，Automatic_4 和 Manual_2 三种模式的切出需要以下几个步骤（以自动模式为例）：（1）用户通过模式切换功能块（SafeOP）改变了当前模式（gOPM.Mode<>4）；（2）OPModes 状态机通知 Auto 程序即将切出（见图 11-33 中②：gOPM.StateEnabled.Auto:=0；）；（3）Auto 内快回到安全步后（见图 11-41），设置 Auto 模式的安全可切换状态 gOPM.StateSafe.Auto 为真；（4）Auto 模式安全可切换（见图 11-33 中③），则切换到 Idle_1 模式，再切入目标模式。

第 3 步 gOPM.StateSafe.Auto 如果不为真则无法完成切换，本例无 Auto 程序，因此在 FunApp 中设置包括 Auto 的所有模式安全可切换均为常量 1（见图 11-32）。

安全操作的 FBD 程序如图 11-34 所示。程序包括第一行的模式处理和第二行的错误处理两部分，模式处理调用了 SF_ModeSelector 功能块，ModeMonitorTime 所设置的 10s 的超时延时是为了仿真调试，实体模式切换开关的延迟一般可以设置在 200ms 以内；自动切换设置为真。模式输入来自 gSF 结构体变量的安全 I/O，其输出经过 bu2 模块编码为 0、1、2、4 分别表示前 4 种状态编码，如果有任何错误发生则切换为事故报警模式 8；第二行错误处理部分的 bu 功能块用于对故障编码，在错误发生后可以由 gOPM.ErrType 查看故障源。

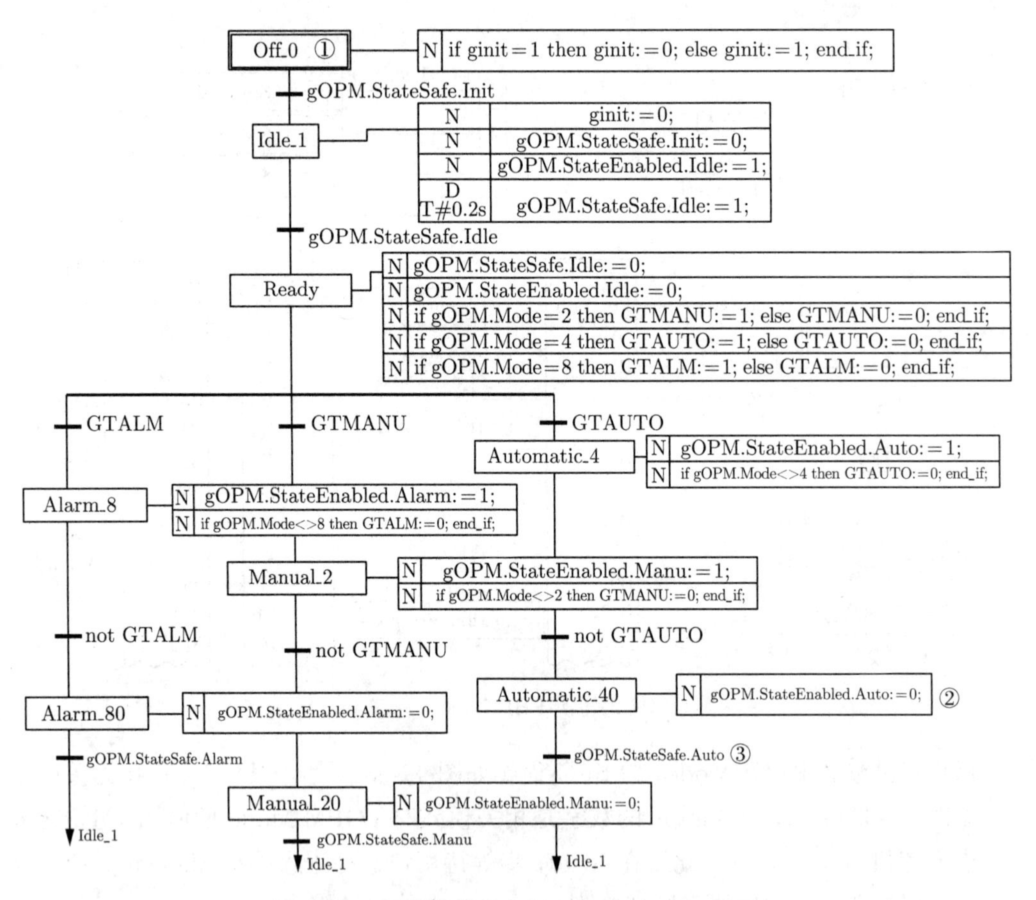

图 11-33　操作模式状态机 SFC 程序 OPModes

模式切换启动后，在 ModeMonitorTime 即 10s 以内，如果设置了主程序中 X1，X2，X3 中某个点为真，则直接进入相应的模式，例如 X1 进入 Idle_1、X2 进入 Manu_2、X3 进入 Auto_4，在 sopm.Mode 可以得到相应的模式值，且 sopm.ENSS 相应的使能位为真；如果 10s 内没有输入，则超时进入事故报警模式，故障编码报告为模式选择故障，报警后 X1~X3 的合法输入也不会有模式切换动作，功能块必须复位；如果 X1~X3 的输入数据有误，比如给定了两个真，也会进入模式选择故障；对 X1~X3 和 rst 强制赋值时，可以打开 OPModes 状态机图，查看各个模式的切换动作。

模式切换只涉及操作模式切换的状态机，没有提供具体模式下的处理程序，是安全集成最小操作设计模式的最小系统，读者应认真消化并观察思考模式的变化。

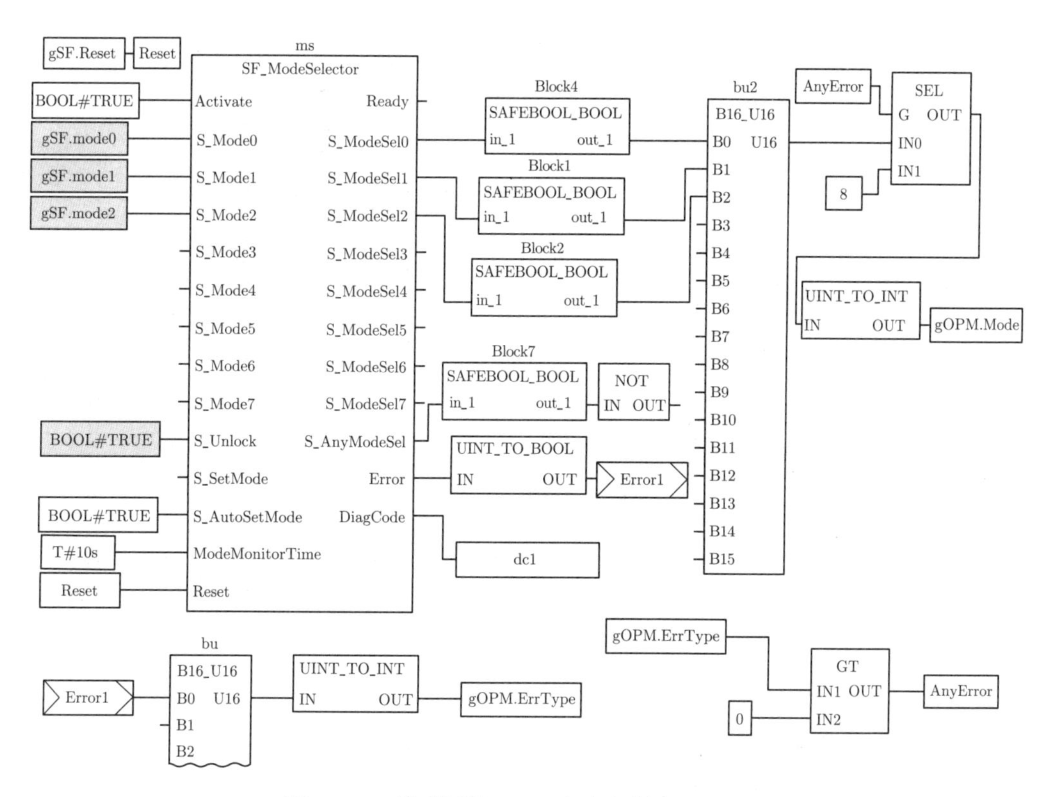

图 11-34 模式切换 FBD 安全主程序 SafeOP

这个设计模式，提出了 5 种最小操作模式，每种模式下包括工作逻辑和复位逻辑（例如自动的快回逻辑），这些逻辑代码均位于对应的模块程序中。模式状态机切入时，先设置相应模式的使能打开工作逻辑，切出时先关闭使能启动复位逻辑，复位完成安全可切换为真，模式程序才会完成。

11.3.2 急停和限位

1. 控制要求

在安全操作功能块中增加对急停和限位的处理，观察其反应。

2. 控制程序

急停和限位的 FBD 主程序如图 11-35 所示。对比 11.3.1 节的示例，本程序增加了急停 EStop、11 轴限位 A11Limit 和安全门 SafetyDoor 三个安全相关的输入，应在 SFT 结构体中相应增加这三个变量，在 SFT 中成员到底是 _SAFEBOOL 还是 BOOL 取决于接入的实体传感器类型，以安全门为例，如果接入到了一个实体防护门安全开关（Guard Switch）上就需要用 _SAFEBOOL，此时负逻辑 0 表示开门事件发生；如果只是用一个行程开关接到普通 I/O 上则可以用 BOOL，此时用正逻辑 1 表示事件发生。

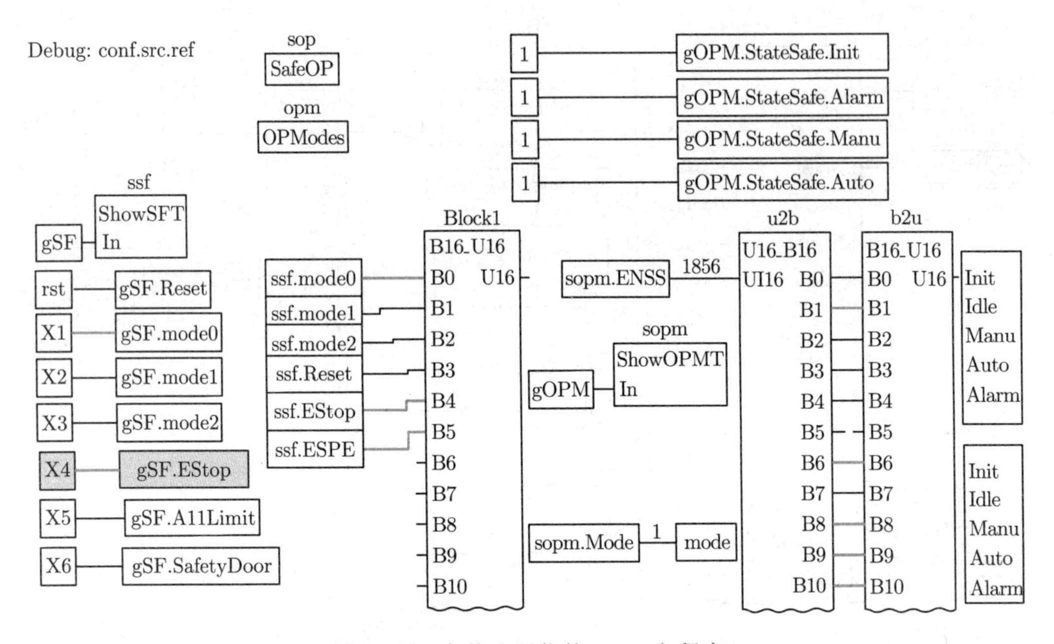

图 11-35 急停和限位的 FBD 主程序

示例程序中 EStop 为 _SAFEBOOL 类型，表明该开关接到了一个实体急停开关上，而其他两个为 BOOL 类型，表明这两个信号接到了功能 I/O 上。程序启动时，EStop 的缺省值为 1 表示无急停，A11Limit 和 SafetyDoor 为 0 时表示无限位、门关闭，此时系统处于待机模式 1。

在安全操作功能块中，除了 11.3.1 节中示例的模式切换部分，本例增加的代码如图 11-36 所示。其中，左上部分表明 A11Limit 和 SafetyDoor 两个信号合并成了安全信号 ESPE，两者中任一事件发生则发出名为 ESPE 的安全事件。右上部分调用了两个 SF_ESPE 功能块，分别使用了 ESPE 和 EStop 两路安全信号，其中 ESPE 信号构成一路防护安全通道，接入电敏防护装置（Electro-Sensitive Protective Equipment, ESPE）SF_ESPE 功能块上，EStop 急停信号在 PLCopen 规范中本应接入 SF_EmergencyStop 功能块，然而急停功能块与 SF_ESPE 功能块的行为在规范中是完全一致的，HZSF 库中将急停功能块 EStop 作为一种特殊的 ESPE 没有重复实现，因此第二路 EStop 也接到了 SF_ESPE 上。

为演示复位功能差别，本例将 ESPE 信号设置成自动复位为真，这意味着对于限位和安全门事件，信号复位后会自动恢复正常模式；对于拍下急停后的报警事件，急停解除后还必须复位才可恢复正常模式。相应地在如图 11-36 ①所示，图 11-36 中的故障类型中增加了安全门和限位两个 gSF 的 I/O 点。

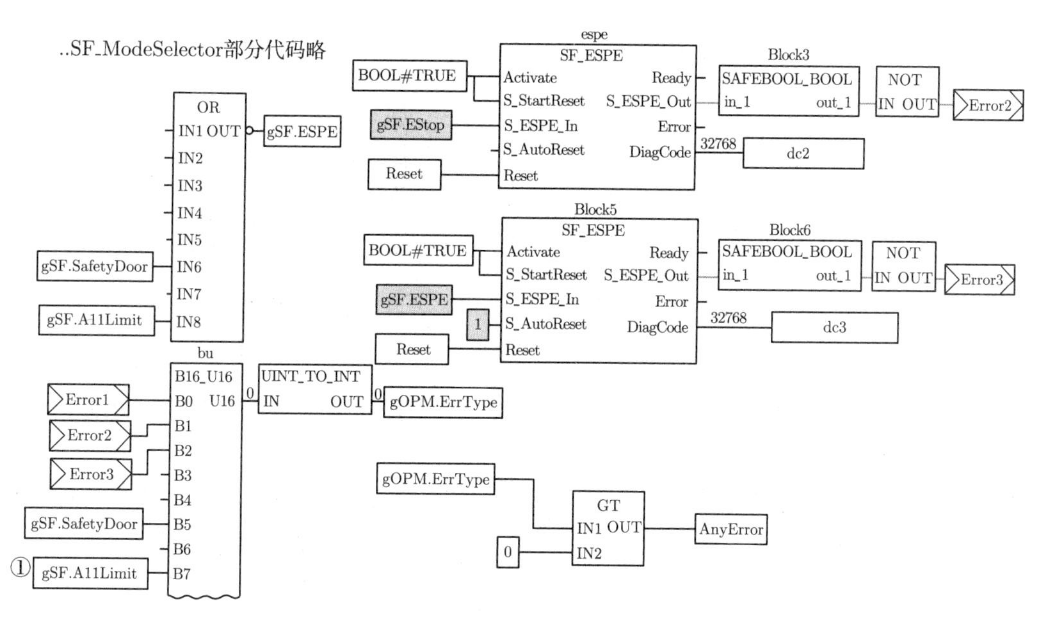

图 11-36 急停和限位 FBD 安全主程序 SafeOP

11.3.3 流程和报警

1. 控制要求

切换到自动模式后，可启动走马灯流程；在自动模式下，须处理参数设置错误的问题，并与系统安全报警区分；控制信号和参数数据可在线设置或从 Modbus 中获取。

2. 控制程序

流程和报警示例程序增加了功能输入（Functional InPut Type）信息的 FIPT 结构体。控制信号和参数可在线设置或从 Modbus 或 QTouch HMI 二者之一的来源获取（在 OPMT 结构体中增加 UINT 类型 ModbusOrHMI 作为区分）。

```
FIPT : STRUCT
  HorseGo : BOOL;                (* 走马灯启动 *)
  AutoVelocity : LREAL := 2.0; (* 速度-未使用的空参数 *)
END_STRUCT;
```

增加了该类型的全局变量 gFI，在图 11-37 所示的主程序中增加了对 gFI 的调试功能块。

对布尔型变量直接查看，对浮点数则送到了 16# 外部显示地址，在 Modbus 和 QTouch 中同时显示，多路数据输出功能块 MHW 的代码如下：

```
FUNCTION_BLOCK MHW
  VAR_INPUT
    Idx : INT;
```

```
    INR : LREAL;
  END_VAR
  VAR
    modbusWrite : HOLD_WRITE;        (* 写到 Modbus *)
    hmiWrite : QTOUCH_WRITE;         (* 写到 QTouch *)
  END_VAR
  modbusWrite（Idx,LREAL_TO_INT（INR））;
  hmiWrite（Idx,INR）;                (* 两者使用了相同的 Idx *)
END_FUNCTION_BLOCK
```

MHW 功能块将数据同时送到 Modbus 和 QTouch 的 Idx 号寄存器中，对两个数据区使用相同的地址有助于简化 QTouch 工程的移植：HPAC 包括屏机分离和屏机一体两种形式，后者通过共享数据区与 QTouch 通信，前者是通过 Modbus/TCP 协议与触摸屏通信，触摸屏也可由 QTouch 开发，相同的变量地址避免了切换时重复对点工作。

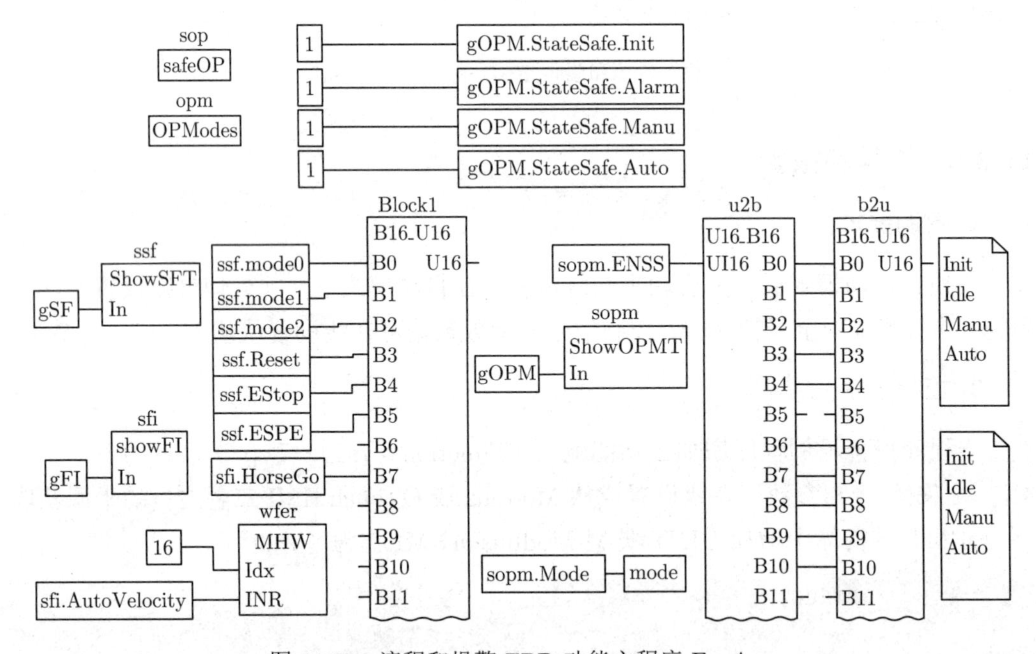

图 11-37　流程和报警 FBD 功能主程序 FunApp

图 11-38 演示了利用 Modbus 进行工程调试（需要安装 Modbus Poll 软件）。示例程序在 Win32 下运行后，在示例程序文件夹中双击打开名称为 zh23.mbp 的配置文件进入 Modbus Poll 软件，按照图 11-38 所示的操作步骤，即可操作本例使用的 16 个地址的数据区，前 10 个地址是输入区，可以输入模式、复位启动等按键命令，后 6 个是输出区，可以看到当前的模式、错误代码、走马灯状态和设置的参数等信息。

如果未设置动作超过 10s，则会看到 11# 地址的模式 Mode 变为 8，12# 地址的错误类型 ErrType 为 1（模式切换错误），此时可以在 1# 地址 Reset 栏输入 1 后，错误复位；在 2# 输入模式 Mode 输入 4，可以看到 11# 也变为 4，说明进入自动模式，在 5#Go 输入 1 后，可以看到 13#SFC_Horse 地址的走马灯数据变化。读者可设置错误的速度（大于 20）进行调试，在 12# 和 13# 地址查看出错信息，也可以在 4# 输入 1 做 11.3.2 节的急停复位实验。

Modbus 输入的数据通过图 11-39 所示的 Idle 程序读入系统中。如图中虚线所示，Idle 程序分成上下两行，第一行是对全局变量 gOPM.ModbusOrHMI 的设置，缺省值 0 表示数据来自 Modbus，即屏机分离从网络 Modbus 传递数据，示例程序读取了 QTouch[0]，如果它大于 0.5（比如 1.0），则 gOPM.ModbusOrHMI 设置为 1，表示数据来自 QTouch，即屏机一体直接与本地 QTouch 交互数据。

如图 11-39 中虚线所示，Idle 的第二行分为三列，前两列调用了多路数据访问功能块 MHR，有了 hr2 功能块的处理后，可在图 11-38 所示的 Modbus 地址 2 中直接输入目标模式 1，2，4 分别表示 Idle，Manu 和 Auto 即可，相比模式切换示例程序，必须先复位当前模式的布尔值再置位新模式的布尔值，其操作上要更简洁。

第三列是将当前模式输出到地址 10，Idle 程序只处理了当前模式的输出，其他开关或界面的输出分散放在了别的 POU 中，本示例程序末尾会对这个安排进行解释。

多路数据访问功能块 MHR 的代码如下：

```
FUNCTION_BLOCK MHR
  VAR_EXTERNAL
    gOPM : OPMT;          (* 内置有 Modbus Or HMI 属性作为全局开关 *)
  END_VAR
  VAR_INPUT
    IdxMH : INT;          (* Modbus，QTouch 统一的 Idx *)
  END_VAR
  VAR_OUTPUT
    OUTR : LREAL;         (* 输出的浮点数 *)
    OUTU : UINT;          (* 输出的整形数 *)
    OUTB : BOOL;          (* 输出的布尔数 *)
  END_VAR
  VAR
    DType : UINT;
    modbusRead : HOLD_READ;
    hmiRead : QTOUCH_READ;
  END_VAR
   DType:=gOPM.ModbusOrHMI;
  IF DType =0 THEN        (* 数据来源于 Modbus *)
    modbusRead（IdxMH）;
    OUTR:=INT_TO_LREAL（modbusRead.OUTI）;
  ELSIF DType=1 THEN      (* 数据来源于 QTouch *)
    hmiRead（IdxMH）;
    OUTR:=hmiRead.OUTR;
```

```
    END_IF;
    OUTU:=LREAL_TO_UINT (OUTR); (* 统一从 LREAL 转 *)
    OUTB:=LREAL_TO_BOOL (OUTR); (* 统一从 LREAL 转 *)
END_FUNCTION_BLOCK
```

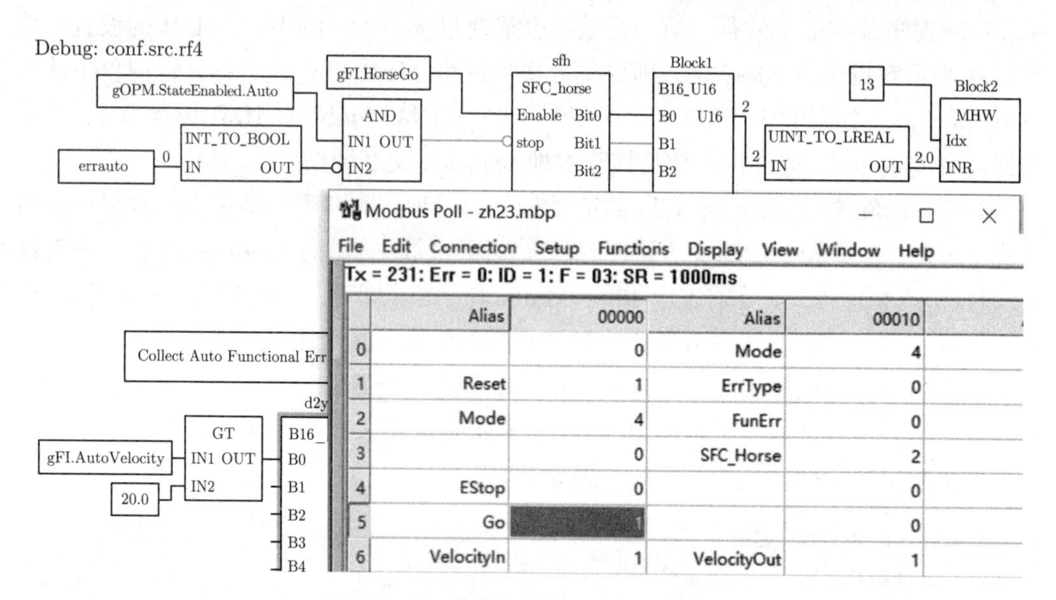

	Alias	00000	Alias	00010
0		0	Mode	4
1	Reset	1	ErrType	0
2	Mode	4	FunErr	0
3		0	SFC_Horse	2
4	EStop	0		0
5	Go	1		0
6	VelocityIn	1	VelocityOut	1

图 11-38 流程和报警 Modbus 操作

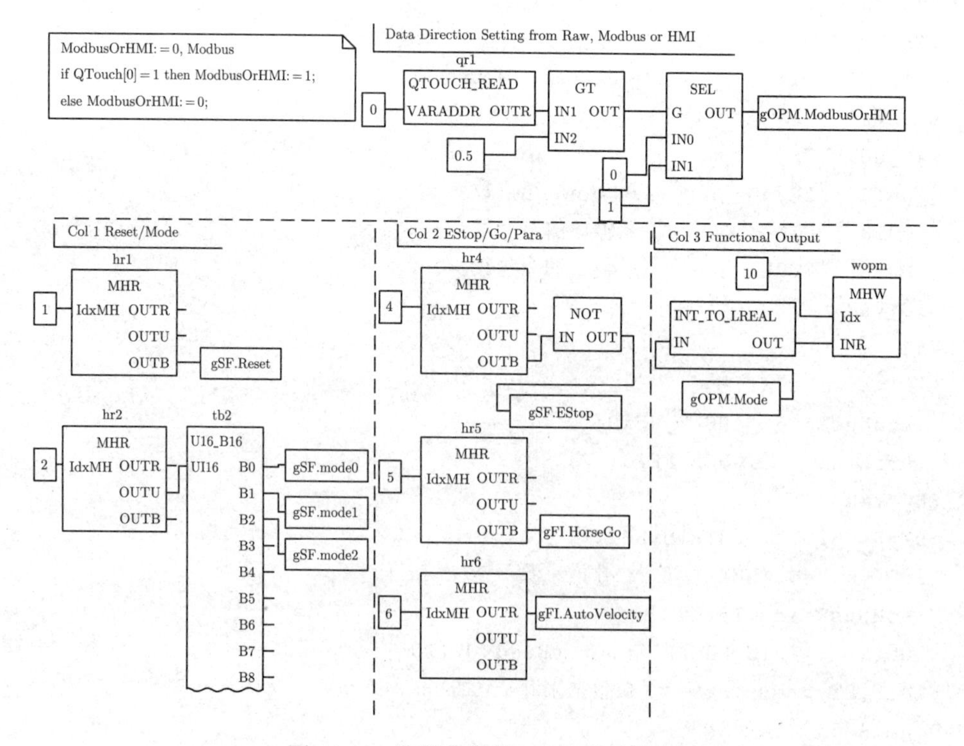

图 11-39 流程和报警 FBD 背景程序 Idle

功能块根据 gOPM.ModbusOrHMI 的取值，从相应的数据源中获取数据，分别设置了 LREAL，UINT 和 BOOL 三类输入、输出接口，以方便分别与参数类、I/O 类和开关类三类数据进行连接。

自动模式下执行如图 11-40 所示的 Auto 程序。两行程序进行了流程和错误报警的处理，分别是正常情况下和系统发生异常后的控制动作。流程处理调用了走马灯 SFC 功能块，用输入 Enable 和 Stop 分别控制走马灯的走和停，输出到 8 个位，送到外部 Modbus 或 QTouch 的地址 13 上显示。第二行第一列收集了自动模式下的一些错误，本例设定了一个速度不能超过 20.0 的错误条件（见图 11-40中②），第二行第二列判断当处于自动模式下时报告 gOPM.FunErr，并将功能错误码显示在外部显示地址 12。

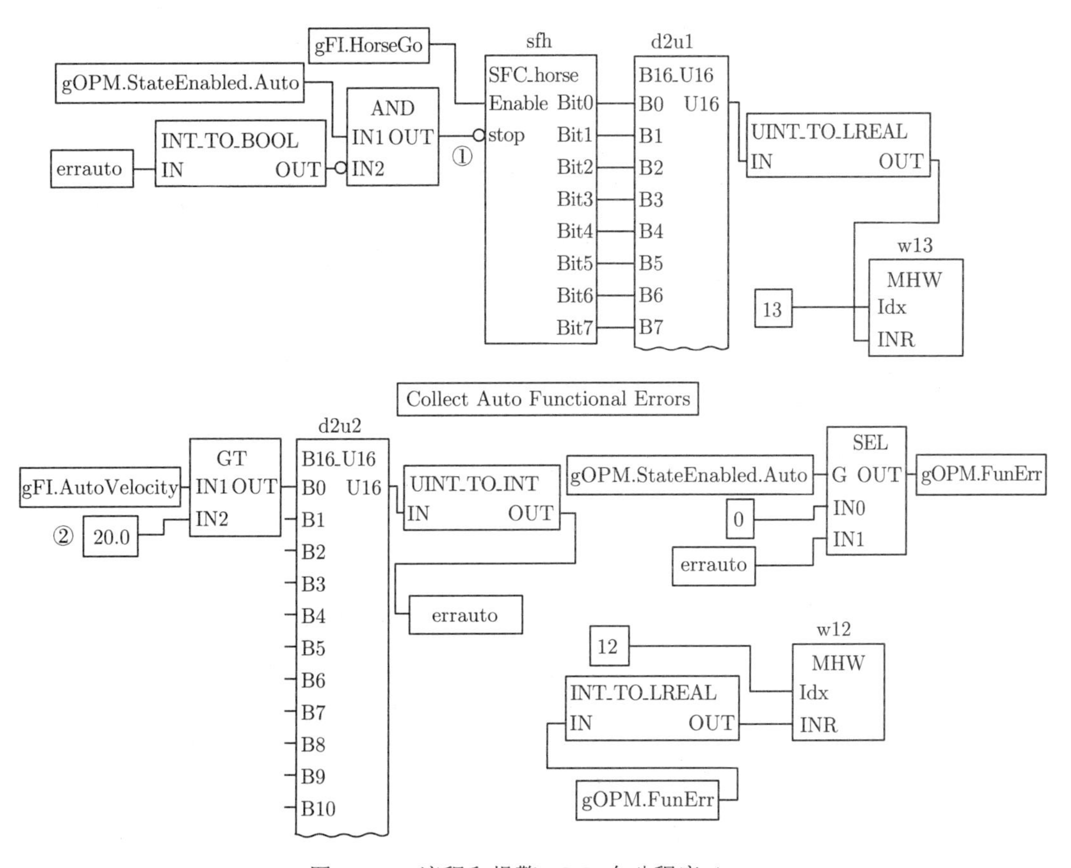

图 11-40 流程和报警 FBD 自动程序 Auto

应用错误通常不必切换到事故报警模式，有的会造成功能暂停，有的只需要屏幕或语音提示即可，所以应用错误在相关模式的内部区分处理即可，而安全类错误必须在事故报警模式程序 Alarm 中予以统一处理。

Auto 程序的第一行（见图 11-40 ①）的 stop 信号逻辑解释如下：如果模式切换，gOPM.StateEnabled.Auto 会变为假，因此走马灯会停止，如果速度超过 20.0 参数越界，也会停止，因为 errauto 为真，但 errauto 不会造成系统模式切换，恢复为 20.0 以内后走马灯即可继续运行。走马灯的自动流程 SFC 代码（SFC_Horse 功能块）如图 11-41 所示。它使用了与图 6-11（b）类似的快回结构，其中 Start 为初始状态也是安全状态，在每个耗时步都会检测 stop 信号，如果为真则立刻跳回 Start。

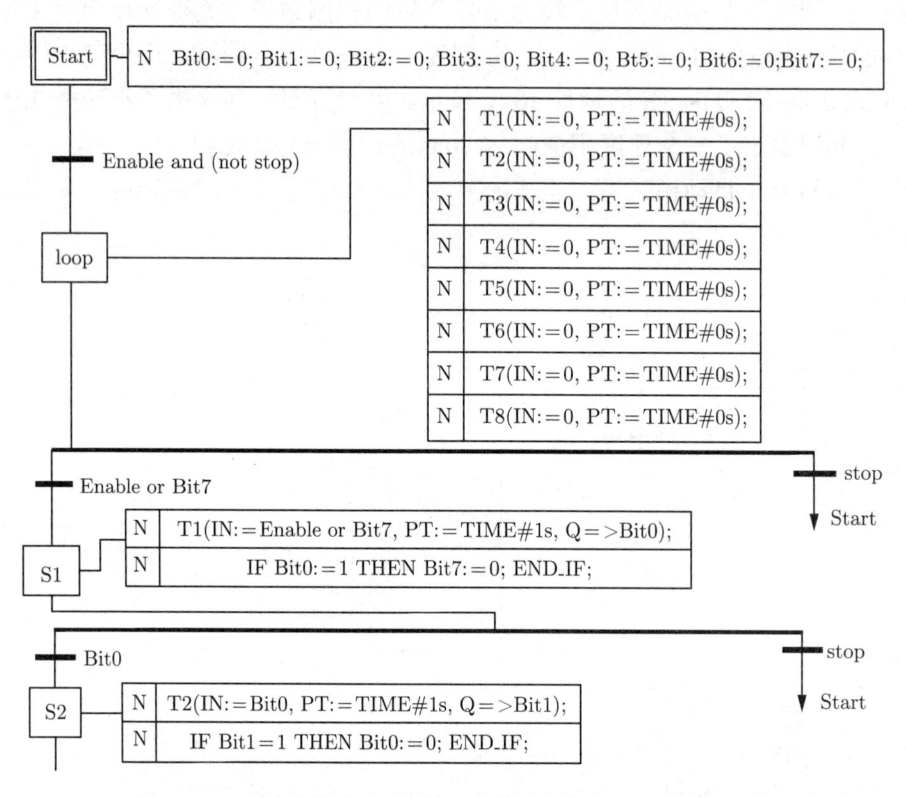

图 11-41　走马灯的自动流程 SFC 代码（SFC_Horse 功能块）

在图 11-42 所示的 Alarm 程序中将错误类型送到外部显示地址 11。

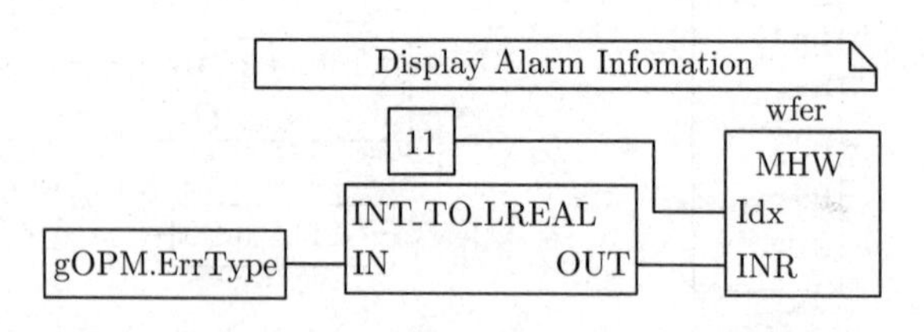

图 11-42　流程和报警事故状态 FBD 程序 Alarm

示例程序的 Idle 程序被设计为其他模式的背景任务，它具有全局执行特性，是专门用于数据交换的程序，所以 gOPM.StateEnabled.Idle 即使等于 0，Idle 程序依然会执行。本例的信息输入，包括功能、安全和参数输入全部集中在 Idle 中，而系统的输出则由数据拥有者 POU 分散负责。这样安排的原因是输入数据的去向意义很明确，就是汇聚到工程数据结构的各个数据项中，而这些数据项构成了应用系统的信息模型，通常已经很好地实现了文档化。而输出数据的来源较多且与程序上下文相关，如果集中进行输出处理，那就不能体现出哪段代码应该对此输出信息负责，因此对于本例来说，当前模式是全局的应放到 Idle（gOPM.Mode，10）中，错误类型由 Alarm（gOPM.ErrType，11）负责，而功能流程（SFC_Horse，13）和错误（gOPM.FunErr，12）由 Auto 负责。

11.3.4　循环计数

1. 控制要求

在 11.3.3 节示例中增加走马灯循环次数的计数值，每循环一次加一，自动保存到文件系统中，上电时读入并恢复；设置一个信号，用于将计数值清零。

2. 控制程序

循环计数示例程序在 FIPT 类型中增加了以下两个成员：

```
RoundCount : INT;  (* 计数值 *)
ClearCount : BOOL; (* 清零信号 *)
```

增加了初始化程序 Init，它是由 ginit 全局变量启动的单任务：

```
CONFIGURATION conf
  RESOURCE src ON PLC
    VAR_GLOBAL
      gOPM : OPMT;       (* 全局状态机 *)
      gSF : SFT;         (* 安全开关 *)
      gFI : FIPT;        (* 功能输入 *)
      ginit : BOOL;      (* 初始化执行标记 *)
    END_VAR
    TASK tsk2 (INTERVAL := T#20ms,PRIORITY := 0);
    TASK tsk1 (SINGLE := ginit,PRIORITY := 10);
    PROGRAM ref WITH tsk2 : FunApp;
    PROGRAM ref2 WITH tsk2 : Alarm;
    PROGRAM ref3 WITH tsk2 : Idle;
    PROGRAM ref4 WITH tsk2 : Auto;
    PROGRAM refi WITH tsk1 : Init;
  END_RESOURCE
END_CONFIGURATION
```

本例的 PLC 代码变化较少，将修改部分汇总于图 11-43。在 Idle 中增加了读入 ClearCount 清除计数信号；在 FunApp 中增加了清除计数和计数值两个属性的调试，由于本示例程序序要初始化和自动两个程序，因此对 gOPM.StateSafe.Init 和 gOPM.StateSafe.Auto 设置常量 1 的处理要删掉（见图 11-43 中 ①）；在 Auto 中增加了清除计数的逻辑：若 ClearCount 为 1 则设置 RoundCount 为 0 并写入 RBUF[3]，RoundCount 可以在 Modbus 和 QTouch[17] 显示；新增的 Init 程序读入了 3 号和 10 号 RBUF 寄存器的内容分别送到计数值 RoundCount 和初始化成功标记 gOPM.StateSafe.Init（前面的示例程序为常量 1，现在初始化任务 Init 成功后设置）；在自动模式里调用的 SFC_Horse 流程处理中，与图 11-41 相比有两处修改：一处是安全可切换状态的处理，当处于 Start 状态时 gOPM.StateSafe.Auto 为 1，一旦离开安全步则处于非安全状态（见图 11-43 中 ②），这样与快回结构配合可以确保该子 SFC 失去焦点时必然处于 Start 安全状态；另一处是对 RoundCount 的加一处理，并写到了 RBUF[3] 中（见图 11-43 中③），可被 rlog.py 脚本读取记录到日志文件中。

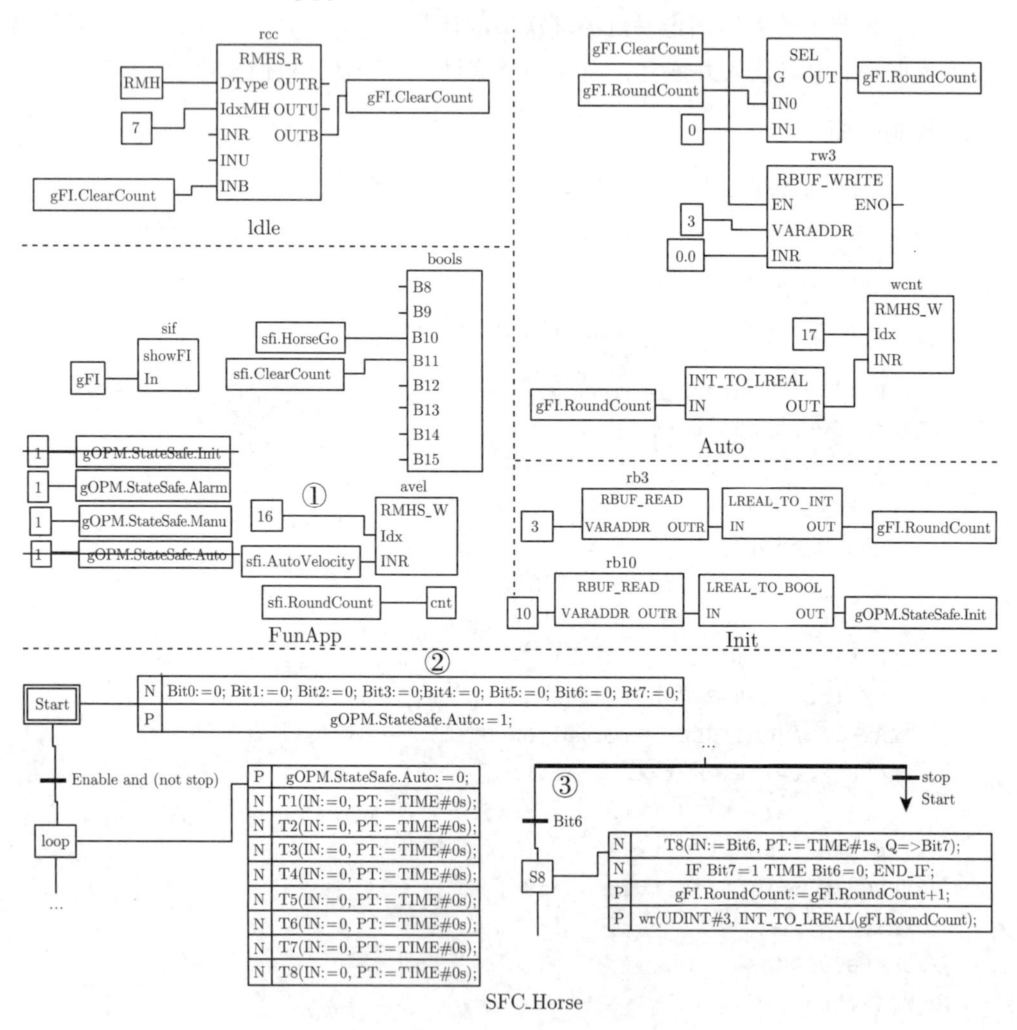

图 11-43 循环计数修改汇总

有关变量初始化和记录计数值的 rlog.py 脚本代码如下：

```
##rlog.py script to Init/Save RoundCount
import plc,time,logging,sys,os
from logging import handlers
logger = logging.getLogger ()
```

```
logger.setLevel (logging.INFO)
log_path = os.path.split (plc.__file__) [0] + '/logs/'
logfile = log_path + 'plc.log'

#Get Last Count from ./logs/plc.log
try:
 s=open (logfile) .readlines ()
 i=-1
 while len (s[i].strip () ) ==0:
  i = i-1
 #get %d from "cur:%d" as lastcnt
 lastcnt=int (s[i].split () [-1].split (':') [-1])
except:
 lastcnt=0

#file split at 200 Byte, Backup 2
fh=handlers.RotatingFileHandler (logfile,'a',200,2)
formatter = logging.Formatter ("% (asctime) s - \
% (filename) s[line:% (lineno) d] - % (levelname) s: % (message) s")
fh.setFormatter (formatter)
logger.addHandler (fh)

plc.plcstart ()
time.sleep (0.1)

cntaddr = 3
initSSaddr = 10

plc.set_rbuf (cntaddr,lastcnt) #\ref Init Program
plc.set_rbuf (initSSaddr,1.0) #\ref Init Program

while 1:
 time.sleep (1)
 rb = plc.get_rbuf (cntaddr)
 if rb<>lastcnt:
   lastcnt = rb
   logger.info ("cur:%d\n",lastcnt)
```

除了正常加载 PLC 任务启动功能外（plc.plcstart ()），rlog.py 程序还增加了日志处理功能，从 PLC 的 RBUF[3] 中读取循环计数值，并保存到日志文件中。设置了日志的自动循环覆盖，以免日志文件过大。上电后解析日志文件，获得最近一次记录的计数值 lastcnt，调用 PLC 的 Python 脚本接口，用 set_rbuf 写到 RBUF[3] 中，并给 RBUF[10] 写 1 表示初始化成功。PLC 运行过程中，不断查询 RBUF[3]，如果跟 lastcnt 不一致则保存并替换 lastcnt，保存最新的计数值。

可启动多个终端连接到 PAC 上，在一个终端中手工启动定制化脚本，另一个终端中进行日志结果查看等其他操作，图 11-44 演示了多个终端的操作。

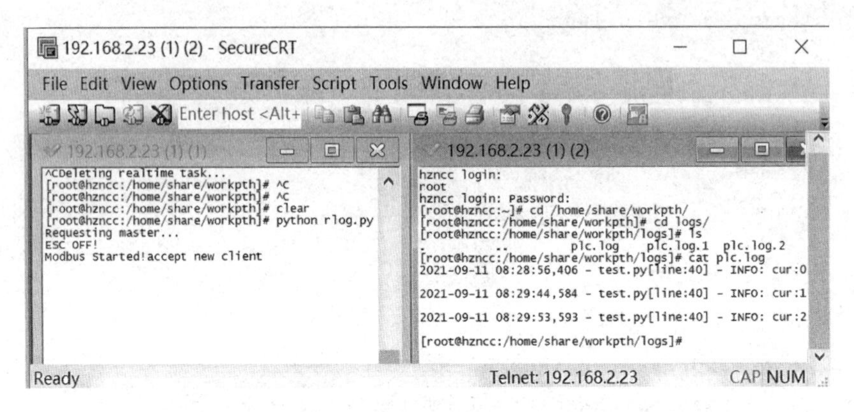

图 11-44 循环计数多终端操作

除循环计数中的 Python 脚本外，还可以使用 8.3.1 节介绍的 QTouch 的掉电保持来恢复计数值，用最后一个掉电保持变量的固定值作为安全可切换标志，上电恢复完成后即设置初始化程序的安全可切换标注。全系统的交互图如图 11-45 所示。启动 PLC 后，rlog.py 从日志中获得 lastcnt 写到 RBUF[3] 并设置初始化成功标记 RBUF[10]；系统操作模式状态机 gOPM（见图 11-33）分段处于初始状态 OFF_0，该状态通过 ginit 全局变量触发 Init 程序的执行，Init 实际上只会执行一次，读到 RoundCount 后设置初始化成功标记，gOPM 状态机跃迁到 Idle_1 待机模式；在 Idle_1 状态中，可通过 Modbus Poll 与 PAC 通信，切换模式、显示状态及错误，当选择了自动模式后，gOPM 跃迁到 Automatic_4 自动模式；gOPM 会给自动模式使能信号 gOPM.StateEnabled.Auto，SFC_Horse 流程可以由 HorseGo 信号启动，期间更新 RoundCount 的值到 RBUF[3]；rlog.py 会轮询 RBUF[3]，如果不一致就保存；如果发生模式切换或报警，gOPM 会关闭自动模式使能信号，自动模式的流程会进行复位操作，切换自己到 Start 步并发出安全可切换信号 gOPM.StateSafe.Auto；gOPM 收到可切换的反馈后，完成状态切换。

从交互图中可以看到初始化（Init）是由 ginit 启动的单任务，只会在系统状态机为初始状态时执行一次。待机（Idle）具有全局执行特性，而手动（Manu）、自动（Auto）和报警（Alarm）是受操作模式状态机 gOPM 控制的局部执行模式，由状态机发出相应的使能，这三种局部模式程序才可执行。局部模式程序必须返回安全可切换的状态才能转换到其他状态，手动、自动和报警这三种局部模式的代码保证了安全可切换的正确性，比如手动应当在轴全部处于静止状态时才可安全切换，报警时将机器停下，则可安全切换，而自动模式的流程应改造为快回结构，以保证安全切换和恢复。

本例中 Auto 程序跟 Idle 一样是全局执行的，例如 RoundCount 清零等逻辑在任何状态下都可以执行，系统的哪些行为具有全局执行特性取决于实际需求，一般情况下只有在自动模式下才会执行自动流程。在图 11-45 所示的交互图中将 Auto 和 SFC_Horse 列在一起，是想表明自动模式工作逻辑的主体一般是由 SFC 实现的模式功能块，在本例中就是 SFC_Horse 功能块，而 Auto 程序只是一个容器。

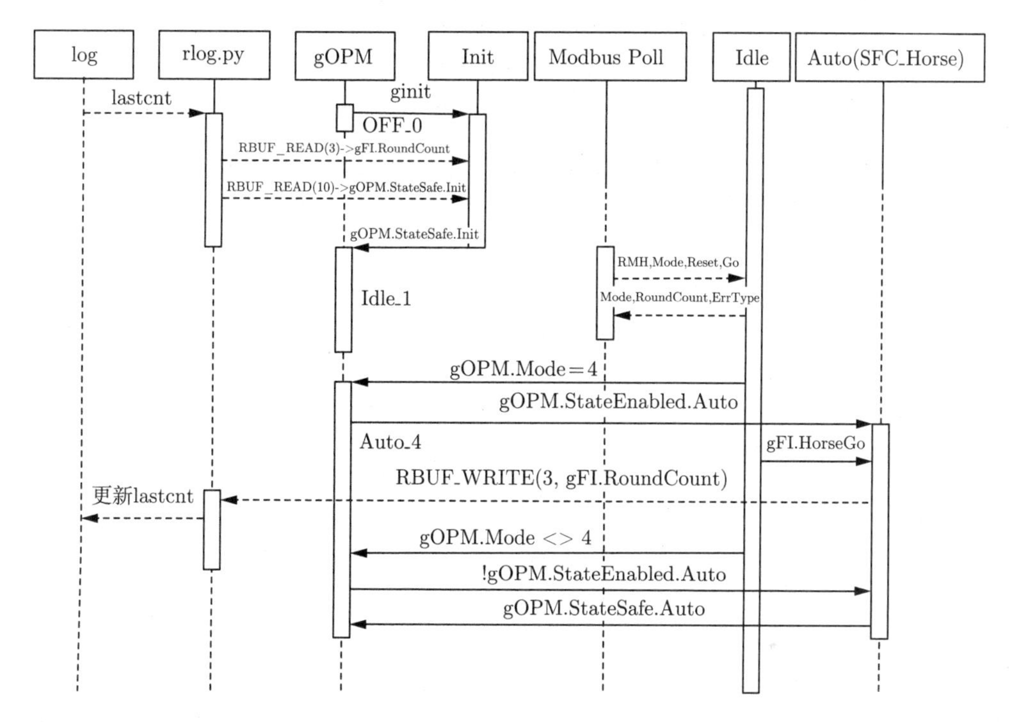

图 11-45 循环计数系统交互图

在自动流程 SFC_Horse 中，可获得系统的全部数据，不仅可以操作 gFI.RoundCount 等数据，还可以对安全可切换信号 gOPM.StateSafe 进行处理，实现了 gOPM 的可切换性。

11.3.5 单轴装配机

1. 控制要求

单轴装配机是一个同步带轮驱动的单轴输送线控制系统，手动功能可以控制机器正反转，自动功能根据回零开关确定起点后，执行无限单向动作，送料到位后发出气缸指令实现装配动作。

2. 控制程序

单轴装配机在功能输入结构体 FIPT 中定义了以下成员：

```
FIPT : STRUCT
  AutoGo : BOOL;          (* 自动模式的执行 *)
```

```
    AutoVelocity : LREAL := 2.0;  (* 自动模式速度 *)
    Pause : BOOL;              (* 暂停 *)
    Zero11 : BOOL;             (* 回零开关 *)
    RoundCount : INT;          (* 循环计数 *)
    ClearCount : BOOL;         (* 清除计数 *)
    ManuForward : BOOL;        (* 手动正向 *)
    ManuBackward : BOOL;       (* 手动反向 *)
    Lamp0 : BOOL;              (* 气缸动作 *)
  END_STRUCT;
```

本例只有 1 个输出变量，所以直接排到了 FIPT 的后面，如果输出信号较多可以单独建立 1 个 FOPT 结构体。手动时轴点动和自动的命令结构体如下：

```
  JogCmd : STRUCT
    Enabled : BOOL;            (* 命令使能 *)
    AxisID : INT := 11;        (* 手动当前轴号 *)
    Forward : BOOL;            (* 手动正向 *)
    Backward : BOOL;           (* 手动反向 *)
    ManuVelocity : LREAL := 10.0;  (* 手动速度 *)
  END_STRUCT;
  AutoCmd : STRUCT
    Enabled : BOOL;            (* 命令使能 *)
    AutoGo : BOOL;             (* 自动执行 *)
    Pause : BOOL;              (* 暂停 *)
    Zero : BOOL;               (* 回零开关 *)
  END_STRUCT;
```

增加了周期任务执行的手动程序 Manu，如图 11-46（a）所示。

轴点动操作功能块 JogOP（见图 11-46（a）中 ①）与 11.2.6 节的 ManuOP 功能块代码完全一致。而 ManuIOOP（见图 11-46（a）中 ②）功能块代码如图 11-46（b）所示，只有一个将零点开关送到 Lamp0 的对应点灯操作的输出。注意：这个功能块需要 EN/ENO 使能控制，只有程序处于手动状态才会执行，否则会干扰自动模式发出 Lamp0 控制信号见 11.2.6 节复位逻辑为“执行 MC_Halt 一次”的分析。

程序 Init 如图 11-47 所示，与 11.3.4 节的示例程序相比增加了 gOPM.Debugging 选项，如果将此变量值改为 1，则直接给出 gOPM.StateSafe.Init 信号，这样在 Win32 调试时无须定制化脚本也可启动模式状态机。

如图 11-48 所示，背景程序 Idle 主要负责输入信号的获取，有些输入信号来自总线 I/O，有些来自 HMI，有的可以是两者的组合。 11.3.3 节的多路数据访问功能块 MHR 已经实现了 HMI 两类数据源的统一处理，本例在此基础上实现了总线 I/O 的统一化处理，程序分三行，第一行处理 MH 信号用于区分 HMI 数据来自 Modbus（缺省 MH=0）还是 QTouch（如果 QTouch[0]=1，则 MH=1）。

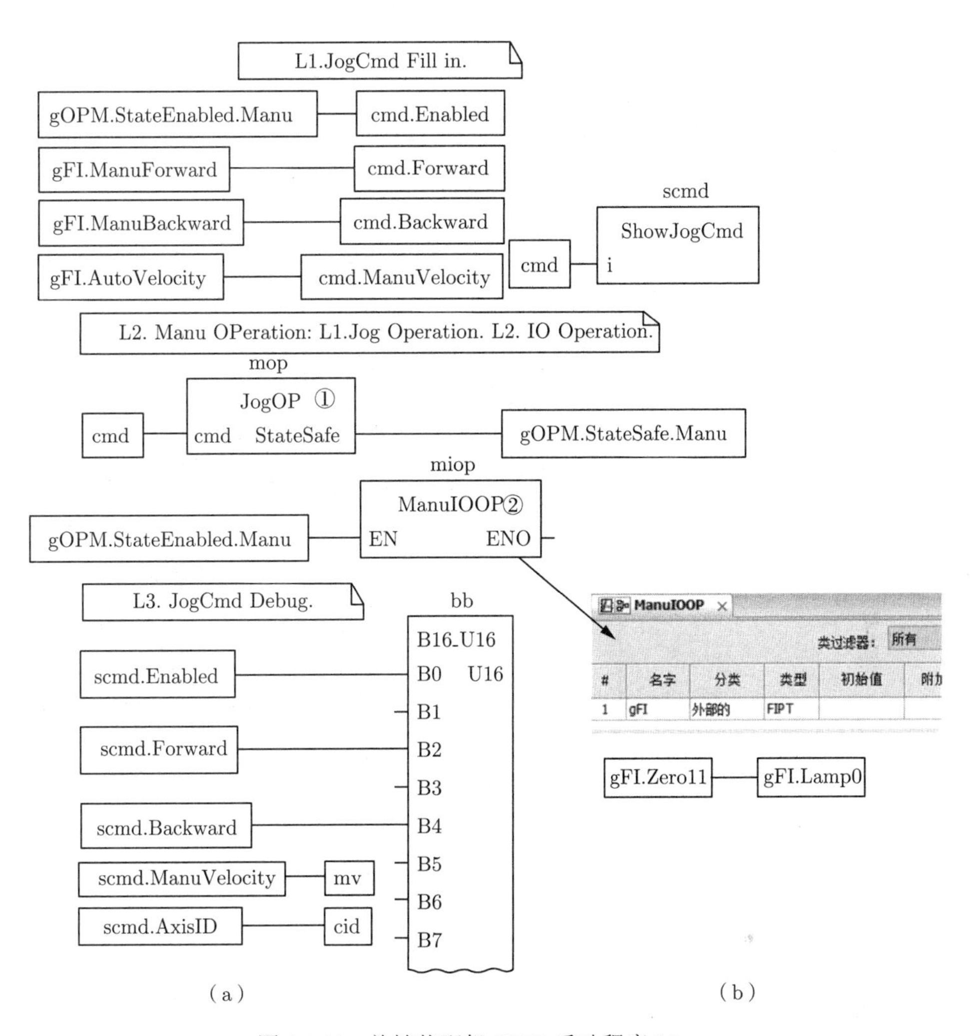

图 11-46 单轴装配机 FBD 手动程序 Manu
(a) 手动程序; (b) ManuIOOP 功能块

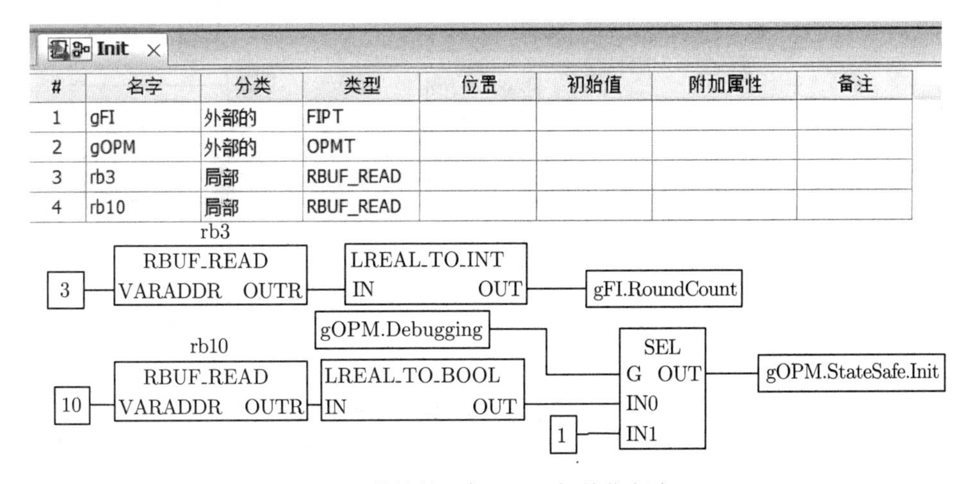
Init

#	名字	分类	类型	位置	初始值	附加属性	备注
1	gFI	外部的	FIPT				
2	gOPM	外部的	OPMT				
3	rb3	局部	RBUF_READ				
4	rb10	局部	RBUF_READ				

图 11-47 单轴装配机 FBD 初始化程序 Init

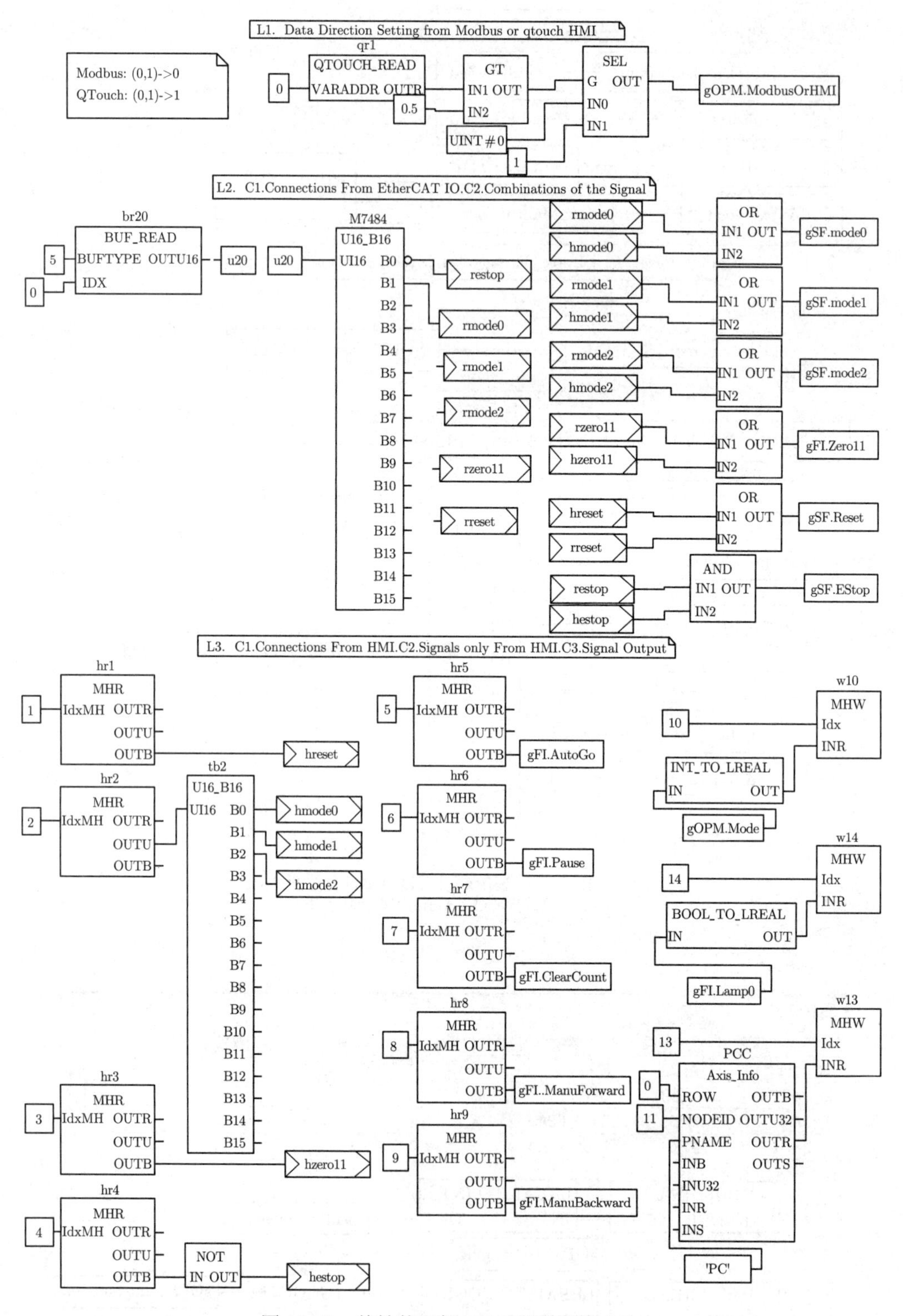

图 11-48 单轴装配机 FBD 背景程序 Idle

第二行第一列从获取总线 I/O 数据，代码将急停、模式切换、零点开关和复位等

6 个实体开关接到了第一个总线输入模块的具体点位（实际只连了前两个），并接到了 FBD 的相应连接上（例如急停信号的连接 restop 即 raw estop 表示实体急停开关），如果不使用 FBD 的连接和目标则必须为每个 BOOL 信号定义 2 个变量，点位较多时变量数过多难以维护。另外示例程序中，并没有将 br20 和 u20 连上，这是为了方便读者在 Win32 环境下学习示例程序，在 COE 目标系统上使用时，需要将 u20 后 4 个实体开关连上才能从总线上获取输入。

第二行第二列实现了连接点到输入信号的组合，这里的输入信号是来自总线 I/O 和 HMI 的连接点的组合，例如模式切换 modeX 是高电平有效，所以来自总线的连接 rmodeX 和来自 HMI 的连接 hmodeX 两者任一为高则有效，所以是两者的或，而急停信号 EStop 是低电平有效，所以总线的 restop 和 HMI 的 hestop 两者任一为低则有效，所以是两者的与，组合后，实现了各类输入信号的统一化，按钮和屏幕均可操作。

第三行第一列给出了所有来自 HMI 的连接点位，第二列给出了只能来自屏幕操作的一些输入信号，第三列将两个输出变量送到了屏幕上（送到总线上的逻辑需要调用 BUF_WRITE，读者可自行增加）。

示例程序的主要思路是 HMI 与总线分别汇聚到 h××× 和 r××× 的连接点，然后再合并到点位信号上，不用额外增加变量数，也便于 HMI 在屏机分离和屏机一体间不同形态的切换。

HPAC 总线过程数据区均以 UINT 为单元类型（每个单元可交换 16 个数字量），按设备连接顺序依次整单元分配（见表 7-9 和 7.5.2 节）。Modbus 的 Holding 寄存器也是 16 位（INT 类型），可以利用这一点实现本地控制（点位来自总线）和远程控制（点位来自 Modbus 上位机）的切换（见 8.2.4 节）。

图 11-49（a）所示的 Idle 程序体现了这种编写思路，如果是本地控制则图 11-49（b）所示的 DI_IO 功能块使能为真，如果是远程控制则图 11-49（c）所示的 DI_MB 功能块使能为真。本地点位信息来自三个 EL1008 模块，前两个汇集到了如图 11-49（d）所示的 UI10 数组类型变量 DIC 中（10 个一组编号管理），再将数组作为参数传入如图 11-49（e）所示的 DI_Harness 功能块中，这里给出了前两个模块的线束（将接头和预定长度的电缆连接而成的预制线，以提高电气施工效率）定义，演示了与 Modbus 远程控制定义一致时的代码复用（见图 11-49（c），Modbus 控制时急停、复位信号与模式选择一样用位的组合实现，而图 11-48 用了两个寄存器）。第三个 EL1008 的线束 HI03，则用了六个 Holding 寄存器实现等价的远程控制，演示了本地和远程定义不同时的代码差异。对输出点位，可以不是二选一而是同时向本地和远程执行写操作，代码可参见随书示例程序。

图 11-49 所示代码强化了线束定义，电气工程师可对照代码独立进行线束生产、安装和调试。当然，点位信息的合理组织是 PAC 应用开发的难点，需要应用开发者的软件工程思维，HPAC 组也将继续开发其他应用场景的框架示例。

事故处理程序主要是调用 MC_Stop 功能块停止轴的运动，如果伺服支持运行时报警后复位，可增 MC_Reset 功能块到 SafeOP 安全主程序中，如图 11-50 所示。

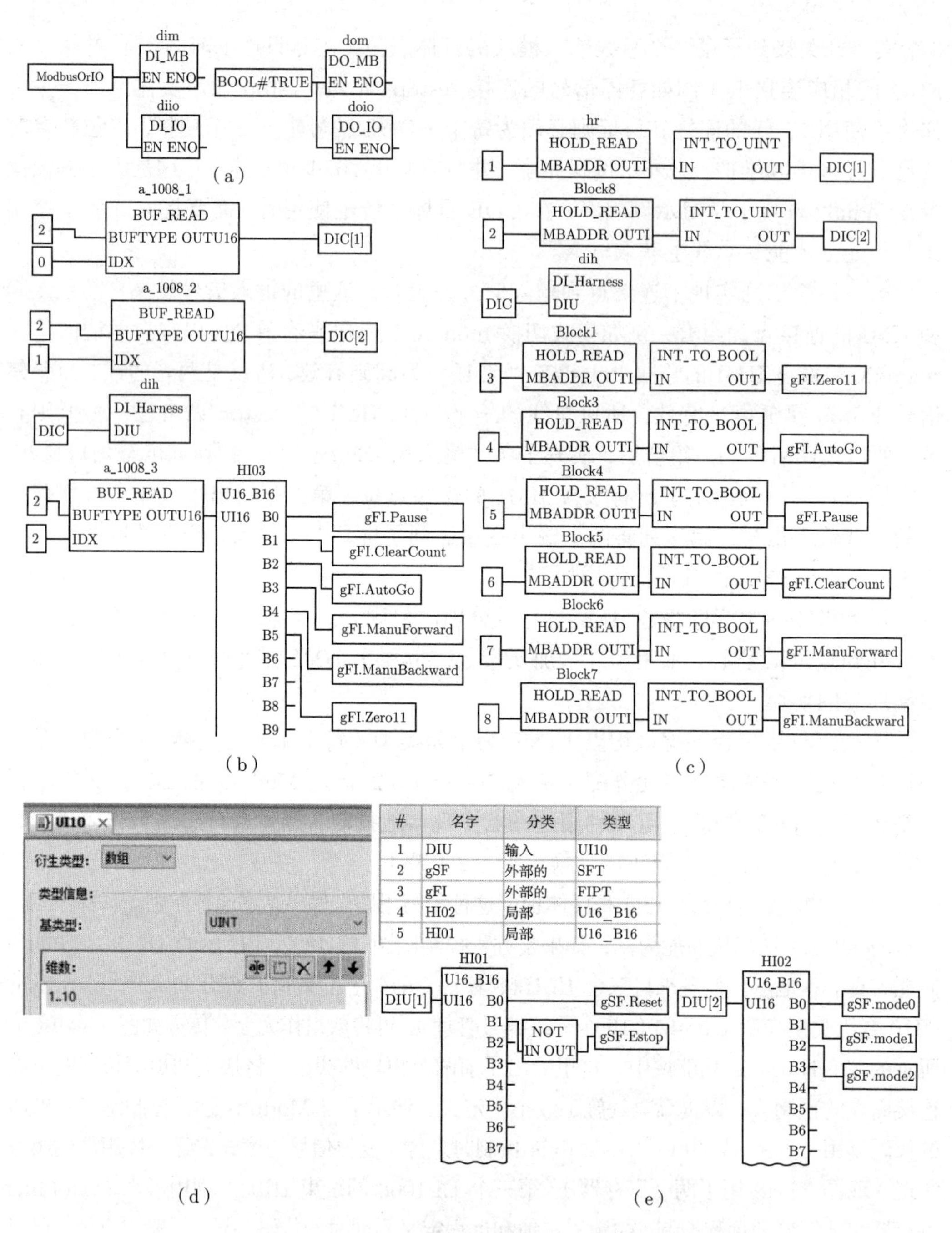

图 11-49 本地总线和远程控制切换的示例

（a）Idle 程序；（b）本地总线点位；（c）远程控制点位；（d）线束数据类型；（e）线束定义功能块

自动模式主程序 Auto 如图 11-51 所示。与 Manu 结构类似，都包括了命令的填充区、模式功能块的调用区和命令调试区，此外还有计数清零的逻辑，这个逻辑没有受 gOPM.StateEnabled.Auto 控制，因此手动和待机时也可以执行该操作。

示例程序的自动模式操作功能块 AutoOP 代码如图 11-52 所示。启动后即进入一个并行发散，右边分支的第一个步 Auto_SafeState 设置为自动模式操作 SFC 的安全状态，此步活动 0.1s 后会设置安全可切换输出 StateSafe 为 1。AutoGo 信号的上升沿会启动后继运动流程，并复位 StateSafe 为 0。后继首先进行回零操作，绝对位移后就是在 Set0 步设置了新的 0 点并继续绝对位移，如此循环往复做无限单向运动，并保存了加工循环次数。在每个耗时步都有快回结构，一旦使能为假立刻跳转到安全步。在 SFC 中调用了 Abs1、Home1 和 sp 三个运动功能块，在安全步和每次执行的下一步，都有 Execute 为 0 的复位调用，这是为了确保在任何执行顺序下，复位调用都会被执行：正常执行在下一步复位，被打断则在安全步复位。

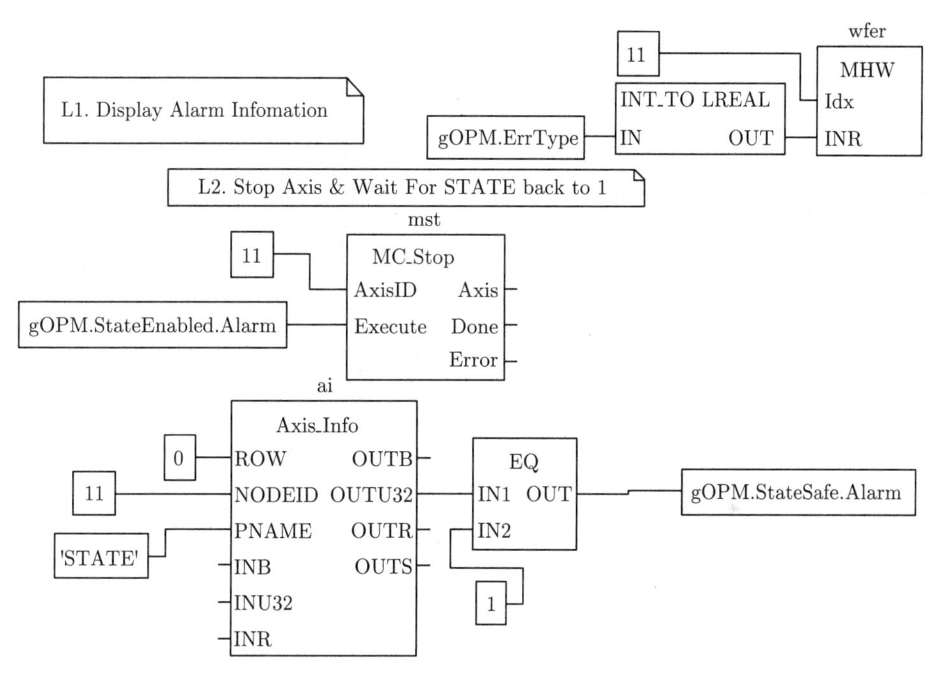

图 11-50　单轴装配机 FBD 事故状态程序 Alarm

左边分支处理了命令属性对内部变量赋值，PAUSE_SET_FEEDRATE 的行动代码如下：

```
rtg (CLK:=Pause,Q=>w0en) ;      (* Pause 上升沿-FEEDRATE := 0.0 *)
ftg (CLK:=Pause,Q=>w1en) ;      (* Pause 下降沿-FEEDRATE := 1.0 *)
ai (EN := w0en, ROW := BOOL#TRUE, NODEID := AxisID, PNAME
:= 'FEEDRATE', INR := 0.0) ;
ai (EN := w1en, ROW := BOOL#TRUE, NODEID := AxisID, PNAME
:= 'FEEDRATE', INR := 1.0) ;
```

根据 Pause 信号调用 Axis_Info 中的修调参数，设置修调为 0 会暂停电动机的转动，但保留了轴的运动信息，一旦恢复即可继续运行，无须专门保存断点恢复执行，非常方便。

自动流程 AutoOP 的 SFC 和图 11-33 的模式状态机程序一样，启动后无法再返回初始状态，自动流程是封闭状态还是死循环取决于专机应用实际需求，但都应保证作为子 SFC 嵌套使用的安全性，AutoOP 的快回结构和安全可切换标志保证了这一点。如果把 AutoOP 的右边分支看成是一个子 SFC，则此时的安全步就是子 SFC 的初始状态。如果应用增加“软件关机”这一功能，因为 AutoOP 是 OPMode 的子状态机，此时可设置 BGN 为安全步，在此步时允许 OPMode 跃迁到 OFF_0，这样 AutoOP 和模式状态机都实现了状态封闭性。

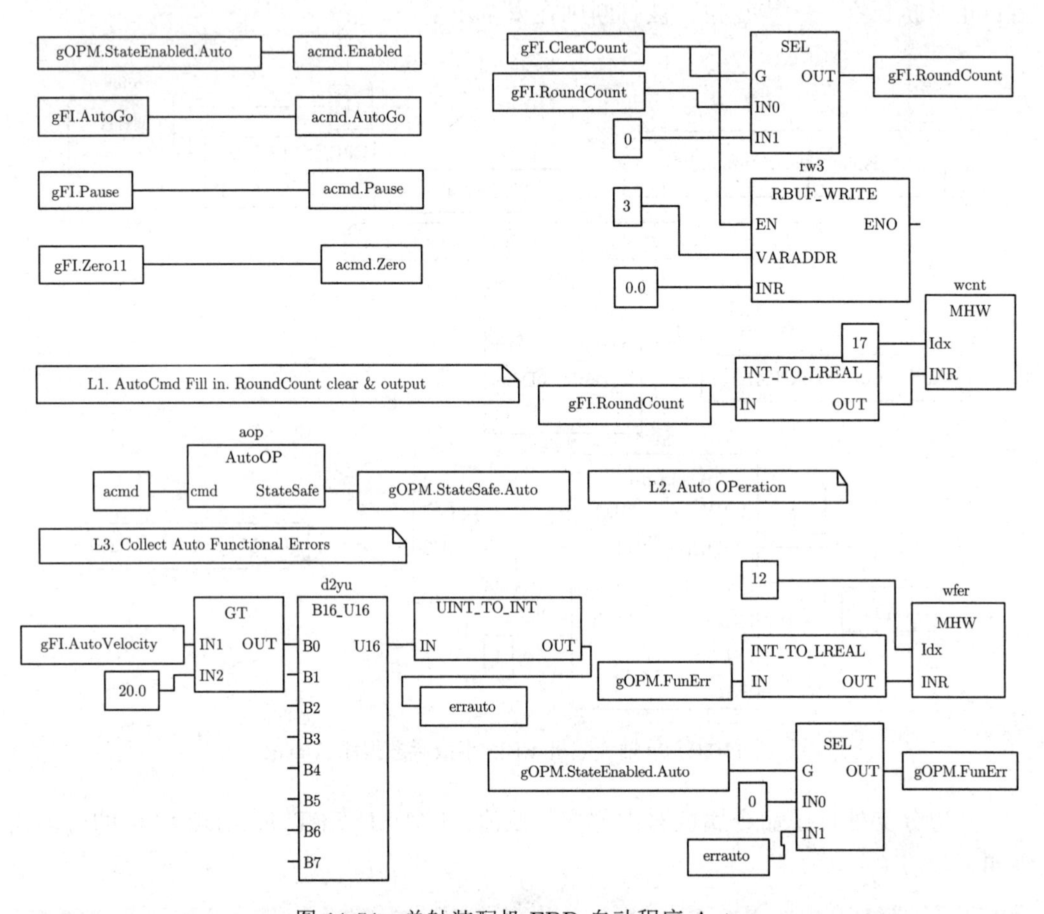

图 11-51　单轴装配机 FBD 自动程序 Auto

另外，AutoOP 访问全局数据使用了以下方式：（1）直接使用外部变量的方式，例如 gFI.RoundCount；（2）外部命令接口，例如 cmd.Zero；（3）外部命令赋值内部变量，例如 Enabled，Pause，AutoGo 等。

三种方式各有特色。第一种相当于传统的全局变量，最为灵活，但如果大量使用维护起来会比较麻烦，建议仅用于确实具有全局特征的一些属性，通常数量不多但引用位置多，可以避免重复包装，减少代码量。第二种经过了命令结构体的包装，具有一定的接口属性，可用来对杂乱信号进行分类，提升了代码的可读性，尤其是手动命令结构体，各个系统差不多，可以进行打包，甚至编码处理，这样开发新的应用时手动模式代码几乎可以不动。例如，某些应用需要接受上位调度台操控，可将调度命令编码为命令结构体，以提高代码的可维护性。第三种形式初看起来有些多余，但这种形式的 SFC 代码可重用性很好，如果需要重用一段已经调试好的、使用内部变量的 SFC 逻辑，那么可以直接复制过来做成右侧分支，左侧分支可以看成是外部环境与该 SFC 逻辑的交互接口（当然本例的右侧分支也演示了前两类形式的使用，因此可重用性受到了破坏）。

自动流程中，在 Set0 步发出气缸输出动作 Lamp0，如果需要多个装配步骤，可以将 Set0 步展开为一个“装配”子 SFC，根据需求编排流程。

单轴装配机的主程序如图 11-53 所示，第一行是轴初始化的三连功能块：初始化、上电和轴信息调试功能块，注意调试功能块也会消耗处理器计算资源，如果系统轴数较多建议共用轴调试功能块。第三行是全局结构变量的调试。第二行则调用了操作模式状态机和安全操作功能块，安全应用在功能应用程序中，并不完全符合图 10-1 所示的分离架构，在 PAC 系统中应该有一个专门的安全控制器（例如倍福的 EL6900），运行安全逻辑，目前 HPAC 仅支持安全集成软件，暂不支持分离架构系统。

安全操作功能块的程序与图 11-36 没有区别（限位 A11Limit 未接，读者可自己改正）。本节示例程序演示了基本的安全需求，如有其他安全需求，比如光幕、安全门锁、上下料等，在安全操作功能块中做相关修改即可。操作模式状态机是系统的主状态机，控制了每个模式的使能，每个模式在使能控制下执行相关逻辑，焦点离开前复位到安全步，整个系统即可流畅运行。

示例程序用 263 行代码就基本完成了一套单轴装配自动产线，具有模式切换、手动调试、自动运行流程及暂停恢复、安全故障处理等功能。该程序已在多个实际产线上应用验证过，其他专机只是电动机和 I/O 点数量、动作流程不同而已，一般 300 行代码就够了。

11.3.6 小结

上述基于最小操作模式的安全集成设计模式的主要特征有：

（1）归纳了 5 种最小操作模式。手动和自动模式为正常工作状态，会接收调度系统或操控台的操作指令，完成规定的动作；停机和待机为工作准备状态，会执行初始化和设备检查等工作；而事故为异常工作状态，用于异常情况的处理。

（2）双安检结构。功能与安全为两套独立的软件模块，在功能模块中完成逻辑、运动、信息化和人机交互等控制功能，但其每一步动作均处在安全逻辑的监管之下，系统每个行为的正确性都由功能和安全双重逻辑保证。

（3）安全集成设计。与功能模块采用 PLCopen 运动功能块的做法类似，在安全模块中采用了 PLCopen 安全功能块（例如模式切换、门锁、顺序进入、光幕闯入、双手操作等），通过操作模式构建了应用软件的主体框架。不仅集中解决了应用的安全需求，为应用提供了一个简单清晰的标准化开放平台，还为开发人员聚焦于工艺集成的功能块提供了示范和保障。

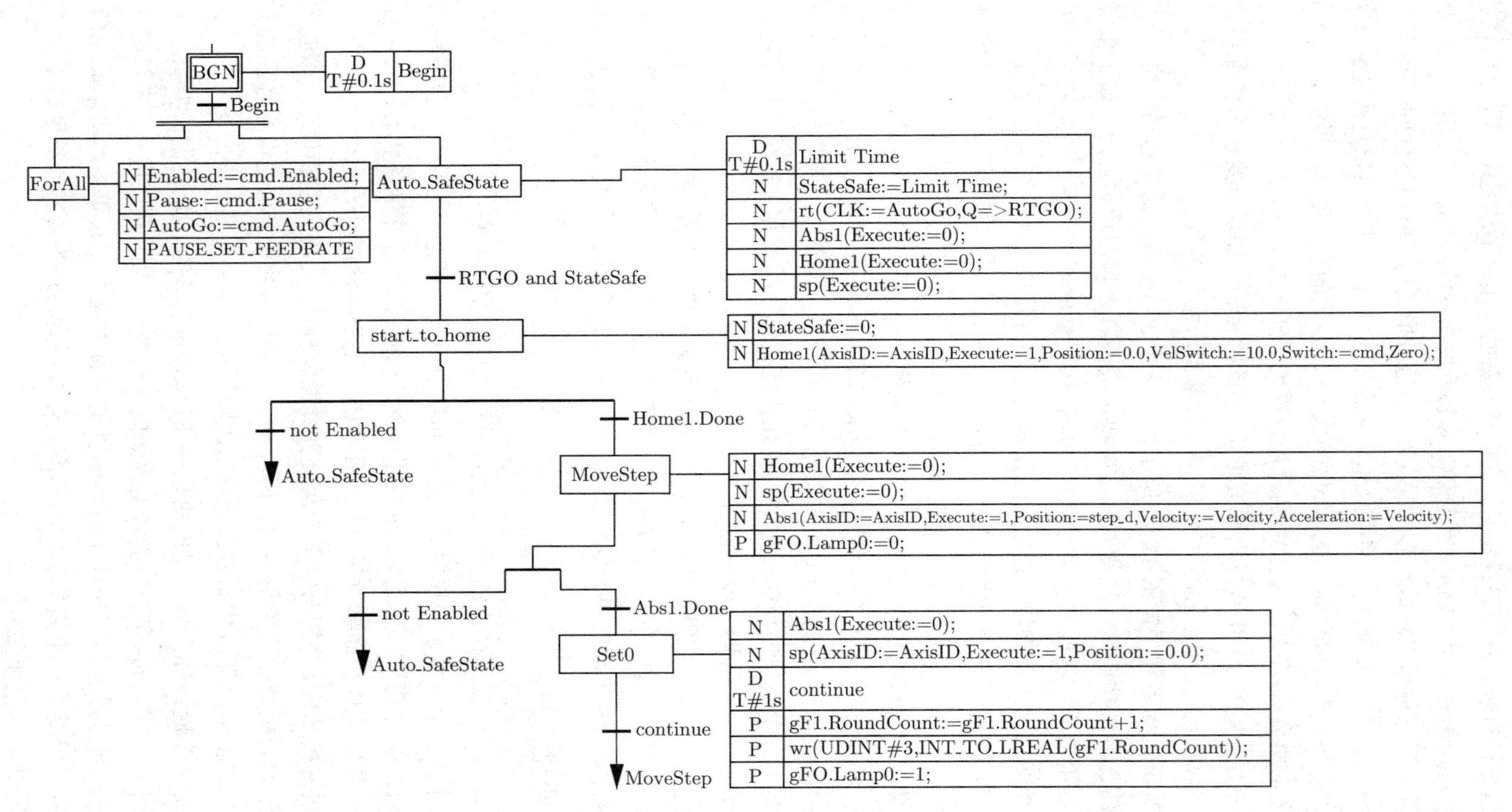

图 11-52 单轴装配机 SFC 自动流程程序 AutoOP

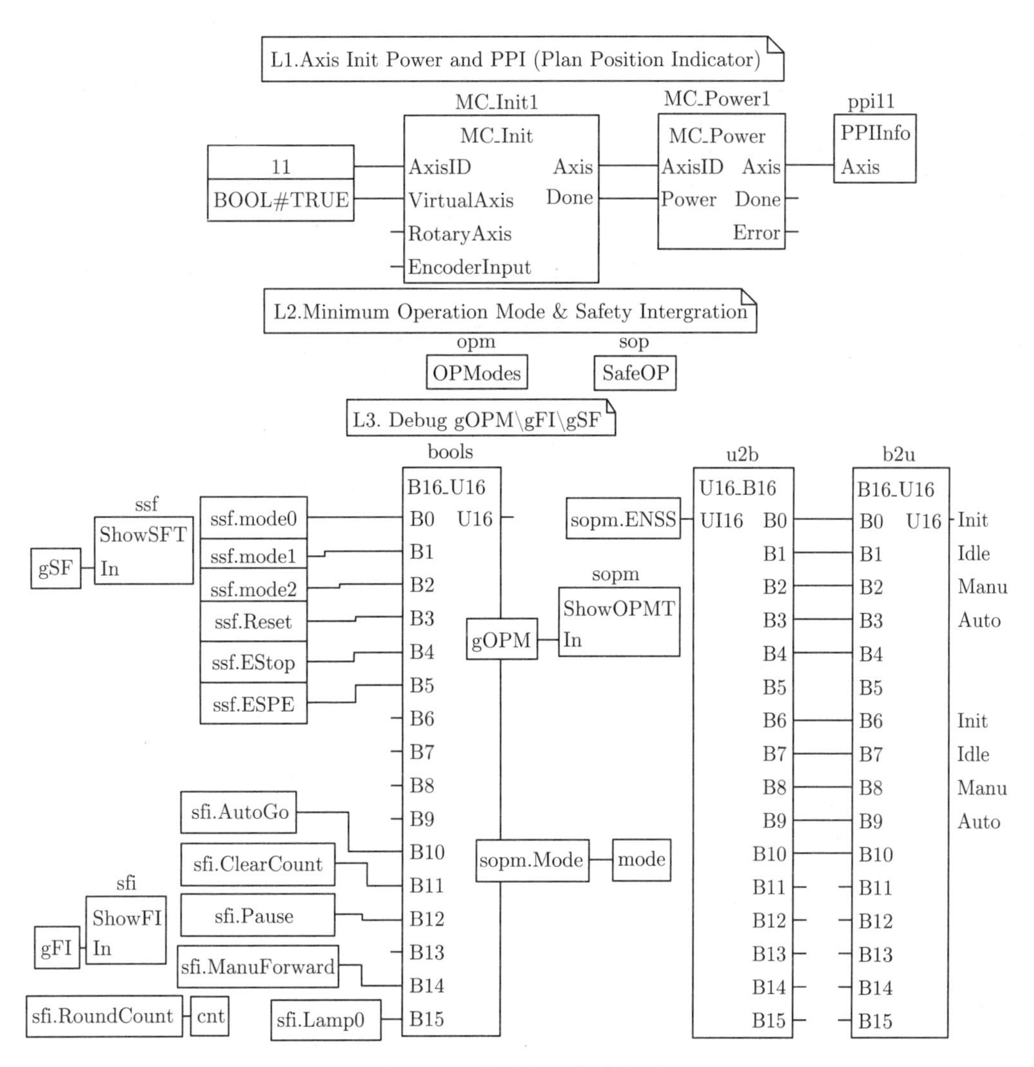

图 11-53 单轴装配机主程序

（4）标准模型化设计。代码基本采用标准化图元组态绘制而成，可将代码汇总打印到一张 A3 图纸上，产线的电气连接点位、工艺动作流程、事故异常处理等所有细节，都可以对照查看和解释讨论。

排列整齐后的代码风格千人一面，这有利于保护企业数字资产权益。组态绘制是一种右脑思维活动，一旦理解终生不忘也不会出错，开发门槛大幅降低，这有利于更多开发者放开手脚去探索真正的核心技术。

表 11-10 列出了在面对新的专机时，单轴装配机示例程序的 263 行代码中哪些 POU 需要修改、需要如何修改等指导意见，其中“大、小、微”表示改动量，“增、改”表示修改的方式是增量还是要删掉原有部分代码，例如“小增”的意思是小幅增量方式修改，而“小改”则是小幅修改但可能会删掉原有的部分逻辑。

表 11-10 设计模式应用指导

标识符	功能	代码量	改动量	改动指导
OPMT	操作模式结构体	7	0	已经完备
EN_SS	使能安全结构体	5	0	如果模式不改，则不需要改
SFT	安全信号结构体	8	小增	新增的安全信号
FIPT	功能信号结构体	8	大增	新专机的输入信号，如果信号较多，可以增加输出类型数据 FOPT
JogCmd	轴点动命令结构体	5	0	如果参数不改，则不需要改
AutoCmd	自动命令结构体	4	大改	新专机需要传递的信号可重新编排
PPIInfo	显示某轴的信息	FBD 22	0	已经收集了轴的全部信息
MHR	读取某地址的 HMI	ST 10	0	已实现 Modbus 和 QTouch 统一
MHW	写某地址的 HMI	ST 2	0	已实现 Modbus 和 QTouch 统一
OPModes	5 种模式状态机	SFC 32	0	如果模式不改，则不需要改
SafeOP	安全应用	FBD 10	小增	如果有新的安全需求，则需要增加相应的安全功能块
ShowOPMT	模式类型调试	ST 16	0	模式结构体无须修改
ShowSFT	安全输入调试	ST 6	小增	如果增加安全信号，则在此增加以便调试
ShowFI	功能输入调试	ST 8	大增	新增输入信号则在此增加以便调试；如果信号较多可以增加功能输出，并相应增加 ShowFO 功能块
ShowJogCmd	轴点动命令调试	ST 5	0	通过轴号实现重用
ShowAutoCmd	自动命令调试	ST 4	大增	新增的输入信号传递给自动流程
JogOP	轴点动	ST 19	0	通过轴号实现重用
ManuIOOP	手动信号对点	FBD 1	大增	新专机的输入信号需要重写
AutoOP	自动流程	SFC 21	大改	新专机动作流程需要重新编排，并发结构和左分支可保留，快回结构必须保留
Init	初始化程序	FBD 6	小增	新专机的初始化变量需要添加
Idle	数据交互背景任务	FBD 25	大改	新专机的 I/O 信号需要重连
Manu	手动模式	FBD 10	0	专机手动基本一致
Auto	自动模式	FBD 12	小改	新专机的加工计数和错误码可能会改，其余不改
Alarm	事故模式	FBD 3	小增	增加新的轴安全标记，需要修改成各轴安全标记的逻辑与
FunApp	系统主程序	FBD 14	微增	除信号调试信息外其他不改

面对新的专机，首先对安全需求进行分析，在 HZSF 库中选择对应的安全集成功能块增加相应的安全信号到 SFT、ShowSFT 中，并修改 SafeOP，在确保设备功能安全的前提下开始专机的开发；其次是分析应用的功能需求，梳理所需的运动轴和 I/O 点，建立应用的功能信息流网络，需要修改 FIPT，ShowFI，Idle 和 ManuIOOP 等实现对点操作，完成后设备即可在手动模式下实现动作并进行机构测试；再次是对正常工作流程进行

编排，修改 AutoCmd，AutoOP 等 POU，实现机器对各类命令的自动化处理流程，如果需要与调度系统交互，可对命令结构体进行编码并逐一实现流程，完成后在主程序实现调度交互协议即可；最后是归纳系统的全部信息流，包括初始化和参数保存，以及异常流程处理流程和错误提示等，系统 HMI 的开发与上述过程保持同步即可。

读者掌握这种可重用设计模式后即可以不变应万变，开发出结构简洁、安全可靠的专机控制应用。开发完成后可以把全部代码整理成如图 11-54 所示（删掉了调试部分代码）的系统图纸，该图纸具有完备性、直观性和可解释性，因此在设备的开发、运行、维护等生命周期中，从这个图纸上电气工程师可规划线束（WireHarness）、工艺工程师可以分析工艺流程、安全工程师可以评估风险、维修工程师可制定检查表及流程、操作员可理解各子系统的交互协议等，这个图纸就是物理设备的元模型或控制系统的数字孪生体。

而应用开发工程师，作为上述元模型的作者，可与工艺人员一起，在安全集成的标准化平台上继续进行工艺集成的探索和实践，由此形成的工艺集成功能块则构成了企业真正的核心技术和最宝贵数字化资产，这应该是“工业 4.0”时代新质生产力的形成之道。

习 题 11

1. 编写霓虹灯循环左移的 SFC 程序。
2. 编写电动机正反转的 FBD 程序。
3. 编写电动机点动的 FBD 程序。
4. 编写 Python 脚本读取文本文件，调用缓冲模式的功能块。
5. 设计电子凸轮表，让两个电动机同步走出一个圆形轨迹。
6. 试将单轴装配机回零功能块移到初始化程序中。
7. 在单轴装配机示例程序的主程序中增加一个由 Modbus 接口控制的命令选项（加到 gFI 中），支持两种命令：命令一为执行原装配机功能；命令二为调用走马灯 SFC 控制几盏灯（按照指导原则主要在 AutoOP 中修改）。

参 考 文 献

[1] International Electrotechnical Commission. International Standard-Programma ble controllers: Part 3 Programming languages: IEC 61131-3:2003(e)[S]. Geneva: International Electrotechnical Commission Central Office, 2003.

[2] 中达电通股份有限公司. DVO-PLC 应用技术手册 101 例 [R/OL].(2008-02-18) [2023-10-25]. https://www.docin.com/p-293314806.html.

[3] 肖腾腾. 遵循 IEC 61131-3 与 PLCopen 标准的嵌入式软 PLC 应用开发的研究 [D]. 武汉: 华中科技大学, 2016 .

[4] 彭瑜, 何衍庆. IEC 61131-3 编程语言及应用基础 [M]. 北京: 机械工业出版社, 2009.

[5] 郇极, 靳阳, 肖文磊. 基于工业控制编程语言 IEC 61131-3 的数控系统软件设计 [M]. 北京: 北京航空航天大学出版社, 2011.

[6] 黄青青. 基于时间自动机理论的 PLC 程序设计方法及应用 [D]. 武汉: 华中科技大学, 2018.

[7] 石甲安. 基于 IEC 61131-3 标准的华中 8 型 PLC 软件设计 [D]. 武汉: 华中科技大学, 2016.

[8] BOTERENBROOD H. CANopen: high-level protocol for CAN-bus: V3.0[S]. Amsterdam: NIK- HEF, 2000.

[9] 彭廉清. 基于 EtherCAT 从站的 Windows 实时化改造技术研究 [D]. 武汉: 华中科技大学, 2022.

[10] HPAC 项目组. COE 组态工具扩展规范 [EB/OL]. (2023-08-23) [2023-10-25]. https://ts0zfg.yuque.com/ts0zfg/cusxrp/iz81go?singleDoc.

[11] HPAC 项目组. HPAC 插件开发规范 [EB/OL]. (2021-06-17) [2023-10-25]. https://wxswkm.yuque.com/wxswkm/zvtazz/yd056z?.

[12] HPAC 项目组. HPAC 项目组知识库 [EB/OL]. (2023-10-13)[2023-10-25]. https://ts0zfg.yuque.com/ts0zfg.

[13] 蔡利民, 黄媛, 陈涛. QTouch 组态软件控制技术及应用 [M]. 武汉: 华中科技大学出版社, 2016.

[14] 王翰. 基于 PLCOpen 规范的运动控制系统研究与实现 [D]. 武汉: 华中科技大学, 2014.

[15] 周明华. 基于 PLCOpen 规范的运动控制库研究与实现 [D]. 武汉: 华中科技大学, 2016.

[16] 高朝阳. 基于 PLCOpen 及 OPC UA 的标准化机器人控制软件研究 [D]. 武汉: 华中科技大学, 2019 .

[17] PLCopen. Funtion blocks for motion control (Part 1&2), V2.0[S]. Netherlands: Technical Committee2, 2011.

[18] PLCopen. Safety Software Concepts and Function Blocks (Part 1), V1.0[S]. Netherlands: Technical Committee5, 2006.

[19] 刘绝强, 宋永立, 王健. 安全集成伺服驱动技术 [J]. 制造技术与机床, 2012(3):49-52.

[20] PLCopen, Safety Software User Examples (Part 2), V1.01[S]. Netherlands: Technical Committee5, 2008.

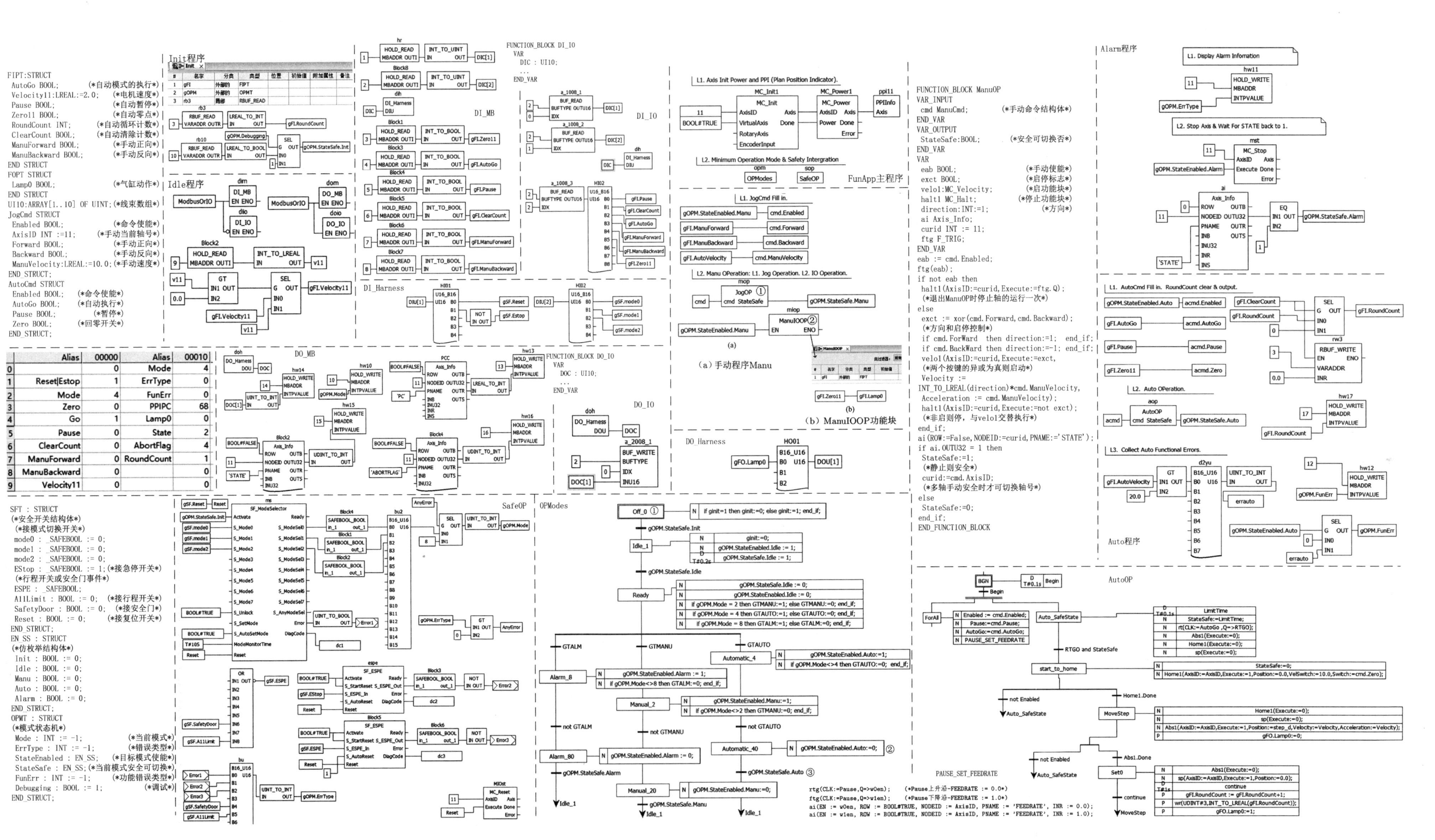

图11-54　单轴装配机控制系统元模型V0.2版